镁铝尖晶石的合成、烧结和应用

刘建华　编著

北　京
冶　金　工　业　出　版　社
2019

内 容 简 介

本书在对镁铝尖晶石综合论述的基础上，侧重对镁铝尖晶石粉末活性和烧结致密化这些关键问题进行了深入探讨，对固相合成、湿化学法合成和机械活化合成的镁铝尖晶石活性进行对比，并对镁铝尖晶石的各种烧结机理进行了研究，对镁铝尖晶石的应用也做了较为系统的介绍。

本书对从事镁铝尖晶石的研究、开发的工程技术人员有较高的参考价值和较强的实用性，也可以向读者提供广泛的知识交叉和技术交叉信息，启发和促进各自专业知识的学习和技术的研发。

图书在版编目(CIP)数据

镁铝尖晶石的合成、烧结和应用/刘建华编著. —北京：冶金工业出版社，2019.1
ISBN 978-7-5024-8002-8

Ⅰ.①镁… Ⅱ.①刘… Ⅲ.①尖晶石-研究 Ⅳ.①P578.4

中国版本图书馆 CIP 数据核字(2019)第 027809 号

出 版 人 谭学余
地　　址 北京市东城区嵩祝院北巷 39 号 邮编 100009 电话 (010)64027926
网　　址 www.cnmip.com.cn 电子信箱 yjcbs@cnmip.com.cn
责任编辑 于昕蕾 美术编辑 吕欣童 版式设计 禹 蕊
责任校对 郭惠兰 责任印制 李玉山
ISBN 978-7-5024-8002-8
冶金工业出版社出版发行；各地新华书店经销；三河市双峰印刷装订有限公司印刷
2019 年 1 月第 1 版，2019 年 1 月第 1 次印刷
169mm×239mm；16.25 印张；316 千字；250 页
48.00 元
冶金工业出版社 投稿电话 (010)64027932 投稿信箱 tougao@cnmip.com.cn
冶金工业出版社营销中心 电话 (010)64044283 传真 (010)64027893
冶金工业出版社天猫旗舰店 yjgycbs.tmall.com

前　言

镁铝尖晶石（MAS）的化学式为 $MgO \cdot Al_2O_3$，是一种熔点高（2135℃）、体膨胀系数小、热导率低、热震稳定性好、抗碱侵蚀能力强的材料，主要应用于光学透明陶瓷、中子辐射电阻、湿度传感器和耐火材料等领域。镁铝尖晶石在自然界中是一种接触变质产物，也有少数来自火成岩和沉积岩，天然产出很少，目前工业应用主要以合成原料为主。合成镁铝尖晶石的原料一般采用的是 Al_2O_3 粉（或特级铝土矿）与轻烧氧化镁（或菱镁矿）粉。目前关于镁铝尖晶石粉体合成的方法主要包括固相法（传统固相法、低热固相法、凝胶固相法）、湿化学法（沉淀法、冷冻干燥法、溶胶凝胶法、水热合成法、燃烧合成法）、高能球磨法、机械合成法等。其中固相法工艺简单、成本低且经济效益高，适用于陶瓷、耐火材料领域的大量生产，但其合成温度较高，得到的产物粒度较大，纯度较低，故不能应用于高性能材料的制备。湿化学法则是实现低温制备微细、均匀粉末的非常有前景的方法，其合成的尖晶石粉末反应活性高，能在相对较低的烧结温度下达到较高密度，可用于制备致密的半透明、透明陶瓷或其他高性能材料。机械合成法是一种有效地、低成本地制备纳米粉的方法，但其产物颗粒不均匀。对镁铝尖晶石合成方法的研究将不断向实现超细、高纯、均匀性好、易于烧结等高性能粉末的工业化生产方向发展，这样既能提高镁铝尖晶石作为传统耐火原料的性能，又突破了其在高科技领域的应用限制。另外，烧结助剂、烧结方法和烧结工艺对镁铝尖晶石的烧结致密化都有重要的影响。为了使从事镁铝尖晶石的研究、开发的工程技术人员能适应这一新的形势，提高自身的技术和业务素质，本书作者根据国内外相关研究的最新发展，结合作者多年的工作实践编著了本书。

在编著过程中，昆明理工大学微波冶金团队给予了大力支持和帮助。该书的出版得到了云南省稀贵金属材料基因工程重大科技专项(项目编号：2018ZE008和2018ZE027)、昆明理工大学高层次人才平台建设项目（项目编号：KKKP201763019）和碳纤维制备中微波新方法的探索研究（项目编号：KKK0201863053）的资助。在此，向他们一并表示衷心的感谢。

由于时间仓促，加之作者水平有限，书中不当之处在所难免，敬请广大读者及同行们批评指正。

刘建华

2019年1月

目　　录

1 绪　论

1.1 镁铝尖晶石简介

镁铝尖晶石的结构可以看成是岩盐结构和闪锌矿结构的结合。镁铝尖晶石是分子组成为 $MgAl_2O_4$ 的等轴晶系化合物，其晶胞是由 32 个立方密堆积的氧离子（O^{2-}）和 16 个在八面体空隙中的铝离子（Al^{3+}）以及 8 个在四面体空隙中的镁离子（Mg^{2+}）组成。另外氧的 4 个金属配位中有 3 个金属配位处于八面体中，剩下 1 个金属配位处于四面体中[1]。尖晶石结构由 X 射线衍射分析表明，尖晶石晶格中所有 O 原子都是相同的，并且紧密堆积形成一个立方结构。该结构中形成八面体和四面体空隙这两种空隙，三价离子较小将填充于八面体空隙，四面体空隙将被二价离子填充。因此四面体空隙必须是八面体的两倍，才能与二价和三价离子数相匹配，其结构示意图如图 1-1 所示[2,3]。$MgAl_2O_4$ 的这种结构中剩下的间隙是空置的，但是它们在保持稳定结构范围内有能力容纳各种阳离子，在高温下其结构也是稳定的，并且在高温下也不存在相转变[4,5]。图 1-2 是 $MgO-Al_2O_3$ 二元相图。由 $MgO-Al_2O_3$ 二元相图可知，$MgAl_2O_4$ 是二元系统中唯一的中间化合物，熔点为 2135℃。$MgAl_2O_4$ 结构中的 Mg^{2+} 离子的位置与金刚石结构中的碳原子所占据的位置几乎是相同的，这可以解释镁铝尖晶石具有相对较高的硬度和高的密度（3.58g/cm³）的典型特征[1]。另外由于 $MgAl_2O_4$ 晶体的结构是一种饱和结构，使得其热稳定性能非常好、耐化学侵蚀性能和耐磨性能也非常优良，并且在还原或氧化气氛中能够保持很好的稳定性[5]。

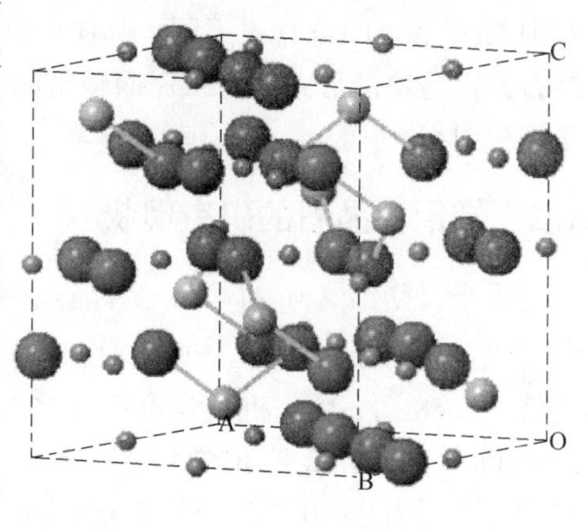

图 1-1　镁铝尖晶石结构示意图

正因为 $MgAl_2O_4$ 具有这些优良的结构和性能，$MgAl_2O_4$ 被广泛应用于冶金、化学和电化学等领域[6,7]，尤其是耐火材料领域[8]。在自然界中镁铝尖晶石是一种接触变质产物，另外还有少数来自沉积岩和火成岩，但是天然产出的量非常

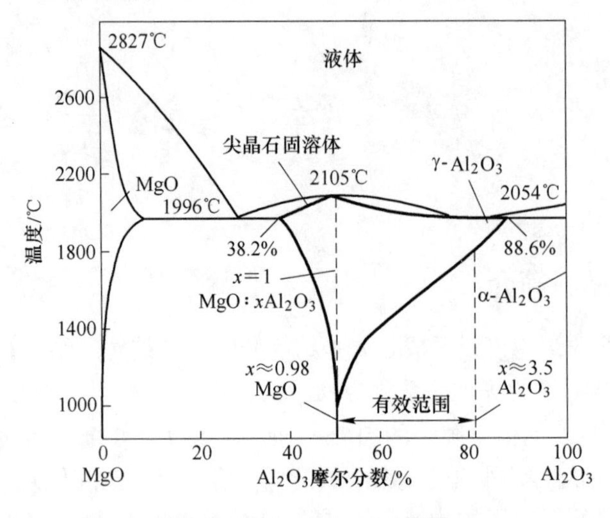

图 1-2 MgO-Al_2O_3 二元相图

少。耐火材料用镁铝尖晶石大部分是由 MgO 和 Al_2O_3 人工合成的[10]。镁铝尖晶石中 MgO 和 Al_2O_3 含量不同，其使用的方式和领域也不相同[9]。例如，MgO-尖晶石是以砖块的形式用于水泥回转窑的内衬，Al_2O_3-尖晶石是以浇注料的形式用于钢包内衬。

1.2 镁铝尖晶石的研究现状

近来，镁铝（$MgAl_2O_4$）尖晶石（MAS）由于其具有优良的特性而受到学术界和工业界的极大关注，例如，高熔点（2135℃），高硬度（16GPa），密度相对较低（3.58g/cm^3），机械强度高（135～216MPa），在 1300℃ 时的压强为 120～205MPa，高电阻抵抗化学侵蚀，高电阻率，相对低的体膨胀系数（在 30～1400℃之间为 9×10^{-6}℃$^{-1}$），高抗热冲击性等[11~15]。此外，到 1735℃，镁铝尖晶石与 SiO_2 不能反应。直到 2000℃，可以与 MgO 或 CaO 反应。直到 1925℃ 才与 Al_2O_3 反应，碱土金属除外。表 1-1 列出了多晶镁铝尖晶石的典型特性[11~16]。天然的镁铝尖晶石资源不能满足工业生产的需要，作为耐火材料原料的尖晶石的天然资源还没有发现，通常所用的尖晶石都是人工合成的。

表 1-1 多晶镁铝尖晶石的典型特性

性能	数值						
密度 /g·cm^{-3}	3.58						
硬度 /kg·mm^{-2}	1398						

续表 1-1

性能	数 值						
20℃比热容 /J·(g·K)$^{-1}$	0.88						
泊松比	0.26						
熔点/℃	2135						
在25℃强度	103MPa（4点弯曲）	172MPa（双轴）	110MPa（张力）	2.69GPa（压缩）	273GPa（弹性模量）	192GPa（体积模量）	110GPa（剪切模量）
体膨胀系数 /K^{-1}			5.6×10^{-6}（20~200℃）	7.3×10^{-6}（25~500℃）	7.9×10^{-6}（25~1000℃）		
介电强度 /kV·mm^{-1}	490（1.27mm）	580（0.25mm）					
抵抗力 /Ω·cm	$>10^{14}$（25℃）	5×10^{14}（300℃）	2×10^{14}（500℃）	4×10^{14}（700℃）			
导热系数 /W·(m·K)$^{-1}$	24.7（25℃）	14.8（100℃）	5.4（1200℃）				
介电特性		1kHz	1MHz	9.3GHz			
	介电数	8.2	8.2	8.3			
	介电损耗	0.00025	0.0002	0.0001			
不同波长的折射率 λ	1.736（0.49μm）	1.727（0.59μm）	1.724（0.66μm）	1.704（1.0μm）	1.702（2.0μm）	1.698（3.0μm）	1.685（4.0μm）

用含 MgO 原料和 Al_2O_3 原料（煅烧氧化铝或铝矾土）合成的镁铝尖晶石研究工作早在20世纪30年代即已开始。1939年，以工业氧化铝和活性氧化铝为原料合成了镁铝尖晶石，并用于制砖。40年代，人们研究发现，在镁砂中加入氧化铝粉能改善其热震稳定性，这实际上是镁铝尖晶石结合的镁砖。当时这种镁砖主要用于水泥窑，但后来除生产白水泥的窑炉之外，它被镁铬质耐火材料所取代。主要原因：一是镁砂制造工艺的发展使镁砂的纯度得以提高，硅酸盐相含量低的镁砂也具有较好的抗剥落性，不需要添加氧化铝也能生产热震稳定性好的镁砖；二是国外质量高的铬铁矿资源较为丰富，生产的镁铬质耐火材料具有较好的热震稳定性和抗侵蚀能力。

我国因没有高质量的铬铁矿资源，从20世纪50年代开始就进行了含镁铝尖晶石镁砖（镁铝砖）的研究，在镁砖的基质中加入氧化铝或特级铝矾土，烧成时在基质中形成镁铝尖晶石。以镁铝砖代替硅砖提高了平炉炉顶的寿命和平炉作业率。尽管与镁铬砖相比，镁铝尖晶石耐火材料具有突出的抗渣性和耐剥落性以及较好的抗蠕变能力，但直到20世纪70年代，欧洲和美国很少使用尖晶石为原料生产碱性制品。20世纪70年代末，日本首先认识到镁铬砖在水泥回转窑烧成带与水泥熟料中的碱发生反应生产可溶的K_2CrO_4和（K，Na）$Cr(SO_4)_2$等，对人的健康有害（铬公害）；其次日本还发现在现代水泥分界窑的过渡带和烧成带前端，普通镁铬砖的使用寿命不理想。于是，日本于1976年开始在水泥工业中使用尖晶石耐火材料。20世纪70年代末许多国家在水泥窑上推广尖晶石耐火材料的另一个重要原因是水泥窑的燃料由烧油改为烧煤，窑内气氛不稳定，窑衬中的铁会发生$Fe^{2+}\leftrightarrow Fe^{3+}$的价态变化，并伴有体积效应，导致窑衬气孔率增大和结构变弱而易于损坏。低铁含量的镁铝尖晶石制品能避免这一现象的发生。

高纯烧结尖晶石的生产始于1980年前后。它使尖晶石耐火材料的价格比用电熔尖晶石时更低；由于原料较纯，尖晶石耐火材料的性能也得到提高。不但用于水泥回转窑，在玻璃窑蓄热室、平炉顶及钢包内衬都取得了良好的使用效果。镁铝尖晶石的消耗量不断增加。我国在20世纪80年代后期也对合成尖晶石进行了大量的研究与试生产。特别是针对我国具有丰富的高质量菱镁矿和铝矾土资源的特点，开发了铝矾土基尖晶石，其用于钢包衬砖和浇注料取得了一定的效果。目前我国也正在大力加强对多品种高新尖晶石原料及制品的研究与生产。

1.3 $MgAl_2O_4$粉体的合成

烧结粉体的纯度与粒度对材料的烧结有重要的影响。在低温下制备出烧结活性好、成分均匀、分散性优良、粒径分布窄和纯度高的镁铝尖晶石粉体具有非常重要的意义。目前合成的主要原料是氧化物、硫化物、氯化物、金属醇盐、硝酸盐及氰化物等，并采用固相法、共沉淀法、溶胶-凝胶法、冷冻-干燥法及水热合成法等方法合成$MgAl_2O_4$粉末。下面就几种常用的镁铝尖晶石粉体合成方法进行介绍。

1.3.1 共沉淀法

共沉淀法是一种最有可能实现大规模生产镁铝尖晶石的湿化学法。其制备方法主要是先用水溶性铝、镁盐按化学计量比配制溶液，然后在充分搅拌后使各成分在原子水平达到均匀，最后加入适量的沉淀剂得到镁铝的共沉淀物，沉淀物再经煅烧得到纳米级别和高纯的镁铝尖晶石粉体。

Zawrah等[17]用镁和铝的氯化物作为镁和铝的来源，按$Mg^{2+}/Al^{3+}=1/2$配料，在80℃的去离子水中溶解，并且用磁力搅拌器搅拌溶液，然后添加过量的NH_4OH调节溶液的pH值为9.5~10.5，直到磁力搅拌器搅不动，得到沉淀物。将沉淀物在80℃下陈化1h，然后冷却到室温，用去离子水反复清洗沉淀物并且过滤，直到滤液中没有氯离子，将清洗后的沉淀物于烘箱中在110℃干燥24h，得到镁铝尖晶石的前驱体。通过热重分析和X射线衍射分析发现将沉淀的粉末在

1000℃煅烧即可得到镁铝尖晶石粉体。马亚鲁[18]以化学纯 $AlCl_3 \cdot 6H_2O$ 和 $MgCl_2 \cdot 6H_2O$ 为原料，按摩尔比 $Mg^{2+}/Al^{3+} = 1/2$ 配制成浓度为 0.5mol/L 的混合溶液。以化学纯 NH_4OH 作为沉淀剂，在缓慢滴入氨水溶液的同时快速搅拌以调节混合溶液的 pH 值在 11~12 之间。并且在 65℃下保温 30min 就会看到白色絮状凝胶出现，凝胶经水洗和离心分离后置于烘箱中干燥，而后在 900℃煅烧 1h，就可以得到 $MgAl_2O_4$ 粉末。

该方法的优点是合成温度低（≤1000℃），并且合成的镁铝尖晶石粉末的成分均匀、颗粒尺寸小和颗粒形状近似球形，粉末的比表面积较大，烧结活性好，易于烧结致密化。但是这种方法也有不足之处，即沉淀物需要反复的水洗，过滤困难且容易引入杂质。

1.3.2 溶胶-凝胶法

溶胶-凝胶法是一种应用较多的纳米粉体制备方法。在采用该方法制备纳米镁铝尖晶石粉末的过程中，首先必须制备金属醇盐，通常以镁粉和铝粉为原料，按化学计量比混合，然后与碱混合，在一定温度下搅拌，生成含镁铝的醇盐。将醇盐水解、缩聚即可得到凝胶，然后将凝胶干燥后经适当热处理就将获得高纯纳米级的 $MgAl_2O_4$ 粉末。

Pacurariu 等[19]采用溶胶-凝胶法合成高纯、化学计量比的镁铝尖晶石粉末。用硝酸镁和异丙醇铝作为原料，硝酸镁溶液边搅拌边添加到异丙醇铝中，添加完后将温度升至 110℃，将形成的凝胶在 150℃烘箱中烘干。所有试样在不同温度下煅烧 1h，通过 X 射线衍射分析表明镁铝尖晶石的起始合成温度为 500℃，并且可获得纳米级镁铝尖晶石粉末。仝建峰等人[20]采用分析纯的 $Mg(OH)_2 \cdot 4MgCO_3 \cdot 6H_2O$ 和 Al_2O_3 为原料，并按摩尔比为 1∶2(Mg∶Al) 混合溶液。用丙烯酰胺（C_3H_5NO）作为单体，引发剂为过硫酸铵（$(NH_4)_2SO_6$）水溶液，交联剂为 N，N′-亚甲基双丙烯酰胺，四甲基乙二胺（$C_6H_{16}N_2$）被用作催化剂，JA-281 陶瓷料浆为分散剂，并且用 $NH_3 \cdot H_2O$ 来调节混合溶液的 pH 值。然后在 1250℃左右将反应生成的产物煅烧 3h，即可得到颗粒呈球状、粒度分布均匀和反应完全的 $MgAl_2O_4$ 粉末。

采用溶胶-凝胶法制备镁铝尖晶石粉体的起始合成温度相对较低。但是采用这种方法也存在一些不足，主要是由于镁铝金属醇盐的水解和缩聚速度很快，前驱溶液反应时的速度不易被控制，微粒易发生凝聚，并且金属醇盐前驱体价格昂贵。

1.3.3 冷冻-干燥法

冷冻-干燥法主要步骤是先将配制好的金属盐溶液喷雾到低温液体上，立即冷冻液滴，然后在低温低压下升华脱水，再将金属盐粉末干燥，而后焙烧得到 $MgAl_2O_4$ 粉末。

Wang 等[21]采用冷冻-干燥法制备 $MgAl_2O_4$ 粉末。起始原料选择的是洁净的甲氧基镁和铝溶胶。其中的铝溶胶主要是由铝与异丙醇发生水解反应和溶胶反应所得。另外甲氧基镁是在 N_2 气氛中过量的甲醇和镁（纯度为 99.99%）反应 24h 后经分馏所制得的。按一定的摩尔配比将铝溶胶逐渐引入到甲氧基镁溶胶中即可得到镁铝尖晶石溶胶，然后用喷嘴将镁铝尖晶石溶胶喷射到盛有液氮的盘子上，再在压力为 8.0Pa 的干燥箱内将凝固后的尖晶石溶胶逐步加热到 50℃ 并且保温至所有的冰升华为止。在加热过程中，$Al(OH)_3$ 和 $Mg(OH)_2$ 将会逐渐反应生成 $MgAl_2(OH)_8$。将上述干燥粉末在 1100℃ 煅烧 12h 即可得到 $MgAl_2O_4$ 粉末。经过扫描电镜分析发现，该粉体的粒径约为 50nm，所以制得的粉末具有很高的烧结活性。

这种方法合成铝镁尖晶石粉末的温度也相对较低，所制得的粉末具有很高的烧结活性，但是粉末易发生团聚现象。

1.3.4 水热合成法

水热合成法的主要做法是以氢氧化物或氧化物为原料，在一个密封容器中，以水为介质，然后在高温高压（$T>25℃$，$P>100kPa$）的工艺下制备粉体，其实质是将前驱体溶解在水热介质中，然后成核并生长，最终形成具有粒度均匀和结晶形态良好的晶粒的过程。

刘旭霞[22]等用氧化铝和氧化镁作为原料，以 NH_4F 作矿化剂和尿素作结构调变助剂，将上述物料按一定配比混合后置于反应釜中，然后加热到适当的温度并进行水热处理，将处理后的物料粉碎制成铝镁尖晶石前驱体粉体，并在不同温度下煅烧。研究结果表明铝镁尖晶石前驱体的合成温度是 180℃，将前驱体粉末加热到 550℃，即可得到铝镁尖晶石粉末。Krijgsman 等人[23]采用水热法合成 $MgAl_2O_4$ 粉末。主要实验过程是以 $Mg(OH)_2$ 和 $Al(OH)_3$ 作为原料，按一定摩尔比混合后在 4MPa 和 523K 条件下制备得到 $Mg(OH)_2$ 和（$AlOOH)_{45}$ 的复合粉末，然后在一定温度下煅烧即可制备得到 $MgAl_2O_4$ 粉末。

采用水热合成法合成镁铝尖晶石粉末的起始温度比较低、粒径分布均匀、团聚程度很低、晶粒发育较完整，并且制备过程污染小。但是水热法需要在高温高压下进行，具有较大危险性。另外选择的原料溶解度必须要很好，以避免在 $MgAl_2O_4$ 粉末合成反应前原料就已经晶化。

1.3.5 固相合成

湿化学法可以获得无团聚、超细颗粒以及分散均匀的粉体，这种粉体具有良

好烧结活性，容易烧结成致密的材料。然而，全球尖晶石的年消耗量巨大，大于205000t[24]，而这些方法的工艺流程比较复杂，而且制备成本较高。因此考虑到这些因素，在工业上一般不采用这些方法来制备耐火材料。

镁铝尖晶石耐火材料所需的粉体一般是通过固相反应法制备得到。工业生产中应用最广的是以镁和铝的氧化物或氢氧化物或碳酸盐作为原料，按化学计量比配料，然后在一定温度下煅烧合成镁铝尖晶石。Wagner[25]描绘了固相反应合成镁铝尖晶石的原理，见图 1-3。Wagner 认为这个反应过程是由阳离子通过产物层相互扩散，氧离子保留在原始的位置。为了保持电中性 $3Mg^{2+}$扩散到氧化铝一侧和 $2Al^{3+}$扩散到氧化镁一侧，即在 $MgO/MgAl_2O_4$ 一侧尖晶石的生成量与在 $Al_2O_3/MgAl_2O_4$ 一侧尖晶石的生成量之比是 1∶3。方镁石与刚玉通过固相反应生成镁铝尖晶石会有约 8%的体积膨胀，这可以通过它们的密度差简单地计算得到（α-Al_2O_3，3.99g/cm^3；MgO，3.58g/cm^3；$MgAl_2O_4$，3.58g/cm^3）。由于存在体积膨胀，通过一步煅烧难以获得致密的镁铝尖晶石烧结体。为了避免体积膨胀的问题，通常采用二步煅烧过程来获得致密的镁铝尖晶石。随着 $MgAl_2O_4$ 产物层厚度的增加，Mg^{2+}和 Al^{3+}通过反应物和产物扩散到反应界面越来越困难，所以需要较高的合成温度，即在 1500℃ 以上的温度下煅烧氧化铝和氧化镁的混合物，$MgAl_2O_4$ 的合成率方可达 80%以上[26]。

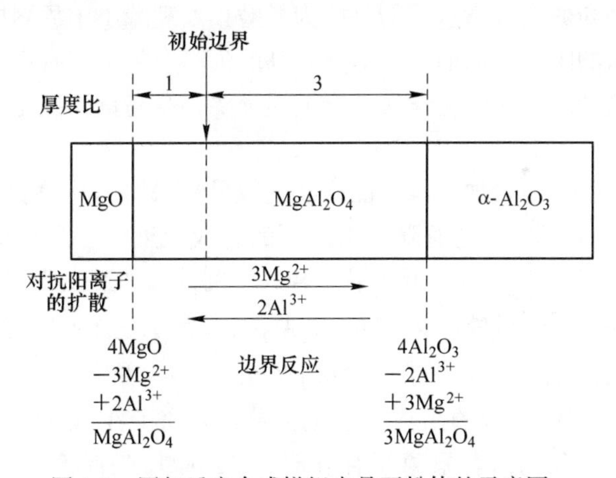

图 1-3 固相反应合成镁铝尖晶石粉体的示意图

由固相反应动力学可知，原料的组成和活性会直接影响 $MgAl_2O_4$ 的合成速率，进而影响 $MgAl_2O_4$ 的合成温度。为此，大量的研究试图通过提高原料的烧结活性来降低其烧结温度和提高其合成率。

Tripathi 等[27]研究了 MgO 原料的活性对合成镁铝尖晶石的影响。在 1100℃ 轻烧的 MgO 和惰性煅烧 MgO 作为原料（晶粒尺寸分别是 78nm、178nm，比表面积分别是 13.2m^2/g、1.0m^2/g）分别和氧化铝混合制备 $MgAl_2O_4$，研究发现尖晶石的开始合成温度都是1200℃，但是，采用轻烧MgO原料所得$MgAl_2O_4$粉末的合成率较高。另外Sarkar等[28]研究了在800～1600℃煅烧所得Al_2O_3的活性对富镁尖晶石和富铝尖晶石烧结性能的影响。研究结果表明镁铝尖晶石的体积密度随Al_2O_3煅烧温度的提高而增大；但采用1600℃煅烧所得Al_2O_3的惰性较大，使得所得镁铝尖晶石的体积密度有轻微的减小。由此可以看出原料的活性对$MgAl_2O_4$的合成有直接影响。除了合成原料的温度会对其反应活性有影响外，高能球磨预处理也可以改善其反应活性。原料经高能球磨预处理后，原料的比表面积将增大，甚至导致晶格发生畸变，而在表面会产生许多破键，这样将使得粉末内部存储的表面能和变形能大增，这有利于提高原料的反应活性[29]。Kim等[30]采用行星球磨来干磨$Mg(OH)_2$和$Al(OH)_3$原料，发现原料经球磨15min后在780℃煅烧可得到结晶化的$MgAl_2O_4$，在球磨15min后经900℃煅烧1h可获得$MgAl_2O_4$相。Kong等[31]研究了采用高能球磨预处理MgO和Al_2O_3粉末对这些原料反应活性的影响。通过对球磨后混合料的XRD图谱分析发现没有新的物相出现，这表明MgO和Al_2O_3在球磨过程中没有发生反应。但是由SEM图可以看出MgO和Al_2O_3的晶粒尺寸明显减小（100～300nm），认为是由高能球磨能降低$MgAl_2O_4$合成温度所致。高能球磨12h后，在900℃煅烧2h就可形成$MgAl_2O_4$尖晶石相，在1300℃煅烧$MgAl_2O_4$晶体可发育完全。另外以粉磨过的混合料作为原料煅烧得到的材料有很高的密度，这可能是因为粉磨预处理减小了原料颗粒尺寸，缩短了阳离子互扩散的距离，从而得到活性较高的尖晶石粉末，有助于下一步的致密化过程。虽然这种方法比湿化学法的合成温度要稍微高点，但是这种方法工艺非常简单。

同时，通过引入能增加或减小晶格缺陷数目的添加剂，增加或减小空位溶度(增加缺陷会增加活性)，进而降低尖晶石的合成温度，也是当前的主要研究热点。从文献报道来看[1]，可降低尖晶石合成温度的添加剂主要有AlF_3、$MgCl_2$和V_2O_3等。Kostic等[32]研究了以MgO和Al_2O_3（摩尔比1∶1）为原料，AlF_3对合成$MgAl_2O_4$的影响。由于F^-半径为0.136nm，O^{2-}半径为0.176nm，F^-离子取代O^{2-}并入晶格中，产生大量的阳离子空位，导致阳离子在Al_2O_3和尖晶石晶格中的扩散增强了。因此，当有氟离子存在时，$MgAl_2O_4$尖晶石粉末在较低的温度（1100℃）下，合成率可大于85%。然而氟化物具有挥发性，这些氟化物气体对设备的腐蚀性非常大。因此，Ganesh等[33]在研究添加$AlCl_3$来促进$MgAl_2O_4$尖晶石粉末的烧结致密化时发现$AlCl_3$也有利于促进$MgAl_2O_4$尖晶石粉末的合成，但并未对其进行深入详细的探讨。

由上述可知，影响镁铝尖晶石固相合成的因素很多，如原料活性、煅烧温度、煅烧时间和添加剂等。针对这样的情况一般是采用正交法来研究，但是正交法的实验量较大，并且不能就实验结果的有效性进行分析。响应曲面法

(RSM)[34]是一种比较有效的优化实验过程的方法。通过响应曲面法建立的连续曲面模型可以评估影响生物过程的因素及其相互作用关系，以达到确定最佳水平范围的目的。并且这种方法所需测试验组数量相对较少，这有利于节省人力、物力和财力。由于响应曲面法具有这些优点，这种方法被广泛用于实验过程的优化。响应曲面法，又称作回归设计。回归设计是基于多元线性回归来主动收集数据，以获得改良的回归方程的方法。响应曲面回归模型是数学、统计学和计算机科学综合发展的必然结果。因为它是建立一个更接近现实的复杂多维空间曲面，所以本研究也希望能应用响应曲面回归模型来确定煅烧温度、煅烧时间和添加剂添加量之间的关系，并确定 $MgAl_2O_4$ 尖晶石粉末合成最优的工艺条件。

1.4 $MgAl_2O_4$ 尖晶石的烧结

烧结是陶瓷材料烧成过程中的重要环节。坯体的烧结是在比其熔点温度更低的温度下加热，使其将颗粒间隙自发地填充，以达到致密化的过程。在高温条件下，烧结过程中的主要变化是坯体中的颗粒间由点接触逐渐形成面接触；坯体中颗粒间联通的气孔逐渐变成孤立的封闭气孔；大部分或全部的气孔从坯体中逐渐排除，使坯体的致密度逐渐增大和强度增加，获得具有一定性能的烧结体。因此，烧结是指在低于熔点温度下加热使得粉体表面积减小和孔隙逐渐被填充的过程。生坯烧结的驱动力是粉体表面能降低并且系统自由能降低的过程。烧结过程通常分为烧结前期和烧结后期这两个主要的阶段。烧结前期主要的特征是原子扩散随着烧结温度升高而加剧，另外温度升高也使得颗粒间的接触逐渐变为面接触。孔隙随着温度的升高逐渐缩小，并且连通孔隙也会随温度的升高而逐渐变成孤立的封闭气孔。晶界通常先出现在小颗粒晶粒之间，随着烧结过程的逐渐进行，晶界迁移逐渐增大，晶粒尺寸也逐渐地长大。烧结后期的主要特征是晶界上的物质继续扩散到孔隙中，导致孔隙缓慢消失。此外，晶界迁移越来越剧烈，将使晶粒快速生长[35]。

影响陶瓷烧结的因素主要有：原料活性、添加物和烧结工艺（烧结温度和烧结时间）等[36]。烧结的实现是基于在表面张力作用下的晶界迁移。高温氧化物难以烧结的重要原因之一就在于这些氧化物具有较大的晶格能和较稳定的结构状态，晶界迁移需要较高的活化能，即较高的活性。为了提高原料活性，一般通过减小物料粒度来实现，但是依靠机械粉碎来提高物料活性是有限的，并且需要消耗较多的能量。因此，化学方法常被用来提高物料活性。活性氧化物通常是采用其相应的盐类热分解制成。长期的研究发现，母盐的形态和热分解工艺条件对氧化物的制备和活性有着非常显著的影响。此外，烧结助剂和其他添加剂通常也会显著改变烧结速度。特别是当添加剂可以与基体物质形成固溶体时，这会导致基体物质的晶格发生畸变而被活化，这有利于增大物质扩散速度和烧结速度。这种影响在形成间隙型或缺位型固溶体时甚为剧烈。由此可知，添加适当的烧结助剂可促进生坯的烧结致密化。部分氧化物在烧结过程中将会有体积效应的发生，这对于致密化是非常不利的，并很容易导致体裂。为此，我们可以想象是否有一种添加剂可以适当抑制这种情况的发生，这样就可以达到促进坯体致密化的目的。在烧结后期，晶粒尺寸将快速长大，对烧结致密化也有一定的作用。然而，如果发生了二次再结晶或晶粒间歇性的生长过快，容易导致反致密化过程并影响烧结体的微观结构。此时加入适当的添加剂将可以抑制异常晶粒长大，可以促进生坯的致密化。

烧结工艺主要是通过改变物质迁移的方式或途径来影响烧结的进程[37~39]。影响烧结的各种因素中，烧结温度是非常重要的。众所周知，提高烧结温度，将有利于促进坯体的烧结。另外延长烧结时间，也有利于促进坯体的烧结致密化。然而，如果烧结时间过长或者烧结温度过高，将会导致晶粒生长的异常，容易导致过烧。因此，烧结时间和烧结温度的选择非常重要。气氛对烧结的影响也是非常复杂的，即不同材料所需的烧结气氛也不相同。压力对烧结的影响主要表现为对排除坯体孔隙的影响。

关于镁铝尖晶石原料活性对其烧结致密化的影响在前一节已经描述，下面主要对添加物和烧结工艺对镁铝尖晶石烧结致密化的影响的研究现状进行综述。

1.4.1 烧结助剂影响 $MgAl_2O_4$ 尖晶石烧结致密化的研究现状

为了实现促进烧结致密化的目的：一方面，可通过活化晶格来降低烧结活化能。这种方法主要是通过掺杂可以破坏晶格结构从而引起晶格畸变或者产生缺陷来达到促进烧结的目的。另一方面，可以采用一些方法来加速扩散过程。例如在系统中产生液相，通过表面张力作用将颗粒黏结和填充孔隙，同时依据“溶解-沉淀”机理，通过液相传质小颗粒逐渐在大晶粒表面沉积，实现促进烧结致密化的目的。Ganesh[1]研究表明没有任何一种烧结方法可以在不添加烧结助剂的情况下实现 $MgAl_2O_4$ 尖晶石的致密化。另外，相比于其他方法，通过添加一些烧结助剂来实现促进材料致密化的目的，具有成本低、效果好、工艺简便的优点。前人也就此进行了大量的研究，根据其降低烧结温度的机理不同，主要分为以下三种：（1）形成阴离子空位；（2）形成固溶体；（3）形成新的物相。

1.4.1.1 形成阴离子空位

添加剂离子的半径和价态与主体离子的半径和价态的不同，将导致晶格畸变的发生和空位的形成，并且有利于促进烧结致密化。Ghosh 等[40]研究了 ZnO 对 $MgAl_2O_4$ 尖晶石致密化的影响。研究结果表明添加 0.5%或 1%（质量分数）ZnO 后，在烧结温度为 1550℃ 时获得的 $MgAl_2O_4$ 尖晶石烧结体的致密度可达 99%。

研究表明 ZnO 有利于促进 $MgAl_2O_4$ 尖晶石的烧结致密化。这主要是由于在高温下 ZnO 进入尖晶石结构中，由于 Zn^{2+} 离子半径与 Mg^{2+} 离子和 Al^{3+} 离子半径的不同导致晶格畸变，形成阴离子空位，促进了传质和扩散。

1.4.1.2 形成固溶体

当添加剂与主体物质之间形成固溶体时，将会促进传质和扩散，进而实现烧结致密化。Sarkar 等[41] 研究了不同添加剂对镁铝尖晶石的烧结致密化的影响。当添加 TiO_2 后，在 1400℃煅烧得到的氧化物原料在 1650℃得到的烧结体的致密度达到 90%以上。可能的原因是尖晶石结构中 TiO_2 溶解和 Al_2O_3 脱溶，另外四价钛离子占据尖晶石晶格中三价铝离子的位置导致晶格应变，这有助于促进传质过程，导致致密化增强。相比而言，添加的 Cr_2O_3 可与 $MgAl_2O_4$ 尖晶石固溶，进入尖晶石晶格增加阳离子的扩散和改善物质传质，从而有利于致密化过程。Baik[42]研究发现添加 TiO_2 比添加 MnO_2 更有利于 $MgAl_2O_4$ 尖晶石的致密化。在 Ju[43] 的研究中指出添加 Cr_2O_3 可与尖晶石相形成固溶体，从而有利于改善 $MgAl_2O_4$ 尖晶石的耐氧化物熔体腐蚀性能。

1.4.1.3 形成新相

另外一些烧结助剂添加后会与 $MgAl_2O_4$ 尖晶石发生固相反应生成第二相，第二相的形成有利于活化晶格，促进烧结。田忠凯等[44]在 MgO 和 Al_2O_3 的摩尔比 1∶2 的条件下分别添加 1%~4%（质量分数）稀土氧化物，在 1100~1650℃烧结。研究发现添加稀土氧化物（Y_2O_3 和 Nd_2O_3）得到的烧结体的致密度最大值都在 90%以上，这说明添加稀土氧化物有利于促进 $MgAl_2O_4$ 试样的致密化。这是由于添加的 Nd_2O_3 和 Y_2O_3 在烧结过程中与基体物质形成了 $NdAlO_3$ 和 $Al_5Y_3O_{12}$新的物相，从而促进了镁铝尖晶石的烧结致密化。

总的来说，添加适当的烧结助剂可以促进坯体的烧结致密化。稀土氧化物因具有优良的物理化学性能，其促进坯体烧结致密化的作用尤其明显。稀土阳离子与主晶格元素离子半径的差异直接影响到 $MgAl_2O_4$ 尖晶石的致密化。对比所有稀土氧化物发现，Sc_2O_3 中的三价 Sc 离子的半径是所有稀土离子半径中最小的，并且其与三价 Al 离子具有相似的特性。因此 Sc_2O_3 是一种潜在的镁铝尖晶石的烧结助剂。

1.4.2 烧结工艺对 $MgAl_2O_4$ 尖晶石烧结致密化的影响

通过添加烧结助剂的方法可以大幅促进镁铝尖晶石的烧结致密化，但是由于添加的第二相与基体材料的物理化学性质不同，使得其难以获得完全致密（相对密度>99%理论密度）的烧结体。

因此，探索合理的烧结工艺，实现材料的烧结致密化，对于获得材料的目标性能至关重要。要获得完全致密材料的关键是控制烧结过程中的晶粒生长。然而为了获得高致密的材料，以前的方法（提高烧结温度）容易导致晶粒的异常长大，所以有必要开发新的烧结工艺，例如热压烧结、热等静压烧结、放电等离子烧结、微波烧结和无压烧结等。

1.4.2.1 热压烧结

热压烧结[45]是将粉末装填于模具中，并将其放置在烧结炉中，然后加热到预定温度，此时对坯体施加压力，粉末在短时间内被烧结成均匀、致密和细晶粒材料。因此，该方法将成型和烧结在一个流程中进行。由于热压是压制和烧结同时进行的过程，所以致密化程度要比一般烧结高得多、迅速得多。热压烧结具有诸多优点，例如可以有效抑制晶粒的长大和提高烧结密度，甚至可以制得完全致密化的产品。另外相对于传统烧结法，成型压力较小，烧结时间较短和烧结温度较低。例如热压烧结 SiC、Si_3N_4 和 Al_2O_3 三大系列材料的过程中，在热压温度为 1500~1800℃、保温时间为 30~50min 条件下，可以获得高致密度和细晶粒的材料。但是热压烧结也有一些缺点，例如效率较低（单件生产），仅仅能生产简单形状的产品，而且后续的加工非常困难。

1.4.2.2 热等静压烧结

热等静压烧结工艺[46]是通过流体介质将高压和高温同时施加于材料的表面，使成型和烧结一次性完成。通过热等静压烧结法可以制备得到微观结构均匀和高致密度的烧结产物。另外该烧结技术具有生产能耗低、工序少、周期短和材料损耗小等特点。Leiderman[47]等采用热等静压工艺成功制备出组织较均匀、晶粒为亚微米级的 WC-Co 系金属陶瓷。然而，热等静压烧结技术对设备的设计制造水平有很高的要求，其中包括辅助系统的配套、自控水平和设备功能等。

1.4.2.3 放电等离子烧结

放电等离子烧结[48]是在粉末颗粒间施加脉冲电流进行加热烧结，因此有时也称为等离子体活化烧结。由于放电等离子烧结集热压、等离子活化、电阻加热为一体，因此该烧结工艺具有烧结温度低、烧结时间短、升温速度快和晶粒尺寸均匀等诸多优点。利用该方法可以有效控制烧结体的细微结构，从而获得致密度高的烧结产物，还可以调控材料的微观结构和提高烧结试样的力学性能。然而目前尚不完全清楚放电等离子烧结的基础理论，另外放电等离子烧结的自动化生产系统还不完备，很难制得形状复杂、性能优良的产品。

1.4.2.4 微波烧结

微波烧结[49]是利用微波的特殊波段与基体材料耦合而产生大量的热量，将材料加热到烧结温度而达到烧结致密化的目的。该烧结技术具有能量利用率较高、升温速度较快和安全卫生无污染等优点。Agrawal[50]等对 WC-Co 系金属陶瓷采用微波进行烧结，发现其确实能有效地细化晶粒。然而，在烧结过程中容易引起热失控效应，并且烧结样品的加热不均匀，这将严重影响烧结产物性能。

1.4.2.5 无压烧结

采用上述几种方法虽然可以获得完全致密的陶瓷材料（致密度>99%），但是上述几种方法对设备要求很高，生产成本也较高，并且难以批量生产。因此工业生产 $MgAl_2O_4$ 尖晶石耐火材料一般采用无压烧结。无压烧结是指在常压下，将生坯加热至致密材料的方法。它适用于不同形状、不同大小物件的烧结，温度也便于控制。相对于“热压”和“气氛加压”而言，无压烧结是在无外加驱动力，保持在 0.1MPa 的某种气氛（空气、氢气、氩气和氮气等）下进行的。相比于上述几种烧结方法，通过传统的无压烧结方法难以获得致密的烧结体。因此需要研发一种新型的无压烧结方法。

1.4.3 两步烧结

烧结发生的标志是生坯的致密度增加，并且伴随气孔和晶粒的形状以及尺寸的改变。在烧结发生之前，生坯是由很多孤立的固体颗粒组成，并且固体颗粒之间的接触为点接触。随着温度的升高，原子振动的幅度将大幅增大，然后接触点附近有越来越多的原子进入原子力作用的范围，导致颗粒间连接强度逐渐增大，烧结体的强度也随之增加。随着黏结面的逐渐扩大，形成了烧结颈，之前的颗粒界面就转变为晶粒界面。晶界迁移随着烧结过程的进行而增大，导致晶粒逐渐长大。通常把烧结过程分为烧结前期、烧结中期和烧结后期这三个主要阶段[51]。

（1）烧结前期：在此阶段，经过成核、晶粒长大等一系列的过程后引起烧结颈的形成，而颗粒间的接触逐渐由点接触转变为接触面更大的晶体结合。宏观上来看是烧结收缩不明显或者不发生，另外试样的密度增加一般也不增大。但是颗粒接触面的增大会引起烧结体的强度等性质显著增强。

（2）烧结中期：在这一阶段，烧结体中的孔隙逐渐减小，孤立的开孔隙逐渐形成连通的气孔网络，最后气孔会因通道变窄而分解成封闭气孔。材料的致密化主要在这一阶段完成，在这一阶段烧结体的外形明显收缩，另外其体积密度显著增加，抗弯曲强度和抗压强度等强度性质也会显著改善。

（3）烧结后期：在这个阶段主要发生的是以下几个变化：1）闭气孔的球化

和缩小，最后逐渐消失；2）晶粒的快速长大；3）陶瓷的体积密度也会有一定的增加。总的来说是被烧结成具有一定微观结构的烧结试样。

由以上理论可以很好地理解陶瓷烧结与致密化的机制，为研究陶瓷的烧结工艺和致密化与晶粒长大这两者之间的关系提供指导。

烧结后期的晶粒快速长大主要是取决于晶界与气孔之间的作用关系。一方面，在一定条件下晶界将被气孔钉扎，而使得晶界很难迁移，晶粒长大难以发生。另一方面，当烧结驱动力较大时，晶界和气孔会一起运动，此时晶界很容易发生“自由”运动而不受气孔的钉扎，导致晶粒发生异常长大。由此可知，晶粒长大受晶界和气孔作用有关的晶界迁移过程的影响。晶粒长大速率在很大程度上会受晶界与气孔之间的相对运动速度的影响。一种情况是当气孔的运动速度比晶界的运动速度要小时会导致气孔与晶界脱钩，也就是发生气孔被孤立在晶粒内部而晶界发生自由运动。在无压烧结的过程中，一般不愿意看到这种情况的发生。因为一旦出现这种情况，造成晶粒内的孤立气孔在烧结末期很难收缩，另外就是会导致晶粒异常长大的现象发生。另一种情况是，晶界的运动速度与气孔的运动速度相当时，晶粒长大过程主要受气孔运动的制约，这与晶界上第二相牵引晶界运动的情况相类似。还有一种情况是气孔运动速度比晶界运动速度快时，晶粒长大就是受晶界的运动决定的。第二种和第三种情况的晶粒长大非常缓慢，而第一情况发生的晶粒长大较快。

在传统无压烧结中，唯一可控因素是温度。所以一般可以通过调控烧成制度来控制晶粒生长过程，例如等速烧成、等温烧成、分段烧成、快速烧成等。由于材料的晶粒生长过程与致密化过程发生的目标温度不同，所以可以选择一种烧成机制实现生坯致密化的同时控制晶粒生长。在传统无压烧结末期，晶粒生长速率随温度呈指数级增长。因此对传统无压烧结而言，在烧结末期晶粒生长的控制非常困难。所以要想获得高致密度的材料，就必须在烧结的中后期，采用特殊的烧结工艺来调控致密化与晶粒生长两者的发生。

Chen 和 Wang[52] 在 2000 年首次提出采用两步烧结法制备致密的 Y_2O_3 陶瓷的思路。两步烧结是指将坯体快速升温到一定的温度（T_1），短暂保温或不保温后，以快速的降温速率（20~50℃/min）降低温度到一定温度（T_2），并长期处于这个温度。这一方法的基本原理是在保温阶段维持晶界扩散的同时抑制晶界迁移，结果是在抑制晶粒生长后，致密化过程还可以继续进行，以实现完全致密化。Bodišová[53] 等研究了两步烧结法制备 Al_2O_3 陶瓷，在升温到 1420℃后再降温到 1150℃的工艺条件获得了致密度为 98.8%和晶粒尺寸为 0.9μm 的 Al_2O_3 陶瓷。Sagel-Ransijn[54] 等用这种方法制备了 Y-TZP 陶瓷，在升温到 1350℃后再降温到 900℃的工艺条件下获得了与 1500℃传统烧结工艺条件下硬度相当的 Y-TZP。徐海军[55] 等也用这种方法制备了纳米二氧化锆材料，将粒度为 30nm 的二氧化锆冷压成型制成相对密度为49%的生坯，然后将坯体加热至1250℃以获得94%的相对密度，后降温至1050℃保温20h，制得相对密度大于99%、晶粒尺寸为100nm的二氧化锆陶瓷。徐海军[55]等采用两步烧结法制备得到了致密的和晶粒尺寸细小的Y_2O_3陶瓷，主要是因为采用两步烧结法可以有效抑制烧结后期的晶粒尺寸的长大。图1-4表明Y_2O_3两步烧结升温制度以及在这一过程中Y_2O_3的相对密度和微观结构的变化。从图1-4可知，生坯密度为44%的Y_2O_3以10℃/min升温速率加热到1422℃获得一个致密度为78%和粒径为155nm的Y_2O_3，然后立即快速降温到一个较低的温度保温20h，获得完全致密和粒径为157nm的Y_2O_3。

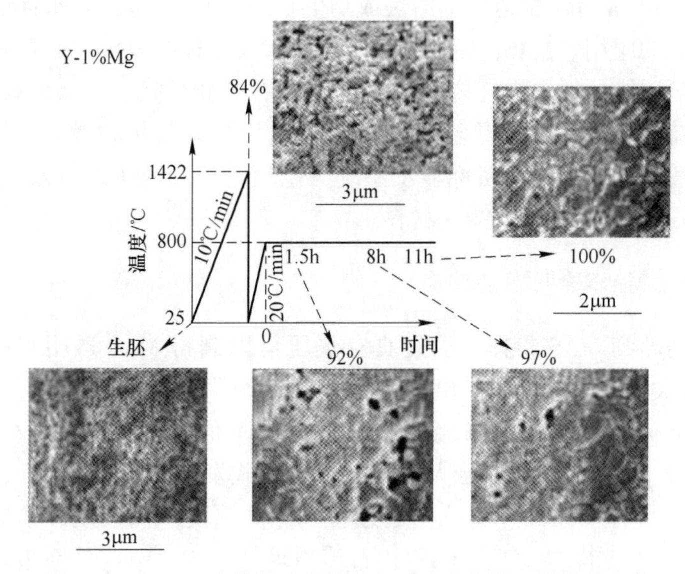

图1-4 Y_2O_3两步烧结过程中的相对密度和微观结构的变化

1.5 镁铝尖晶石的应用

1.5.1 镁铝尖晶石粉体的应用

1.5.1.1 传统应用领域

MAS质耐火材料的研究工作开始于20世纪50年代，开发出平炉炉顶用镁铝砖。日本于1976年解决水泥工业中耐火材料Cr的污染问题[56]，促进了MAS其在耐火材料领域的应用。20世纪80年代，我国常规钢包内衬采用煅烧矾土作颗粒，以镁砂和矾土混合料细粉制成不烧砖或浇注料，取得了良好的使用效果。MAS耐火砖具有优良的抗热震破坏能力、抗氧化还原气氛能力和环境亲和性，代替难熔的镁铬氧化物在大型干法水泥回转窑的过渡带和冷却带使用时，其寿命是镁铬砖的2~3倍[57]。同时MAS具有高强的抵抗碱性熔渣能力，对铁氧化物的作用也较稳定。在使用过程中，MAS有选择地与钢水中的FeO反应，过量的FeO和MgO形成连续固溶体。MAS现已成为生产优质耐火浇注料的重要组成物质。与$MgO \cdot Cr_2O_3$质耐火材料相比，MAS具有更突出的抗渣性、耐剥落性以及较好的抗蠕变性能。MAS质耐火材料主要应用于钢包内衬、平炉炉顶、水泥回转窑烧成带衬砖。

1.5.1.2 镁铝尖晶石单晶

1945年Farben首次报道用焰熔法成功生长出MAS单晶，从那时起MAS单晶得到非常广泛的应用。MAS单晶用作微波段上声波器件的传声介质材料。用它制作的微波延迟线的插入损耗要比用蓝宝石或石英介质低。在微波段MAS单晶的声衰减比蓝宝石或石英低得多。用MAS单晶为介质制作的微波声体波器件适用于微波雷达、脉冲雷达、目标显示系统、稳频系统和电子对抗系统等[58]。掺杂MAS单晶还是理想的可调激光材料。

1.5.1.3 MAS透明多晶陶瓷

采用高纯超细MAS粉体，通过真空热压可以制得MAS透明多晶陶瓷。何捷[59]等人以尖晶石为衬底制作出多量子阱LED器件，MAS透明陶瓷已成为集成电路衬底候选材料，也是良好的金属氧化物半导体元件的绝缘基质材料。随着导弹技术的发展，导弹制导系统已从单一的制导方式发展到复合制导。这就要求研制整流罩材料具有多波段、宽范围透过特性，高强度和高硬度、较好的热稳定性。目前使用的红外材料热压MgF_2、石英玻璃和$CaO\text{-}Al_2O_3$体系玻璃难以满足上述要求，而MAS材料正适用于导弹的整流罩材料。透明MAS陶瓷还可用作远红外波段窗口材料，其透过波段从紫外、红外到毫米波，以适应导弹制导系统多种制导方式的要求[60]。透明多晶尖晶石材料可用于新型灯具，与目前成熟的氧化铝灯管相比具有抗高温相变、抗钠蒸气腐蚀的优点。P. Hing[61]基于尖晶石耐火度高和对碱的化学稳定性高的特点，将透明多晶尖晶石置于高压钠灯管内部经受1200h的实验，表明透明多晶尖晶石用于高压钠灯管是可行的。立方晶系的尖晶石较之六方晶系的氧化铝更易得到透过率高的制品，从而可提高灯管亮度和使用寿命。

1.5.1.4 MAS催化剂

某些复合金属氧化物不仅本身具有催化活性，而且被广泛地用作负载型金属催化剂的载体材料。它不仅兼备两种氧化物优点，还具有两种氧化物不具备的新

优点，是潜在的催化材料，使包括尖晶石在内的复合氧化物的开发成为当今催化领域的一个重要研究方向。MAS 在化学反应中广泛地用作催化剂和催化剂载体，并在很多反应中起重要作用[62]，如烷烃、烯烃、醇等的脱氢，F-T 合成，合成 NH_3，过氧化物分解反应等，也可用于环保催化中去除 NO_x、脱 SO_2、含酚废水处理等。

1.5.2　镁铝尖晶石砖的应用

镁铝尖晶石在自然界中极少存在，实际用的镁铝尖晶石多为人工合成原料，可采用烧结法或电熔法制备。$MgAl_2O_4$ 中含有 28.2%（质量分数）的 MgO 和 71.8%（质量分数）的 Al_2O_3，其熔点为 2135℃，在 $MgO-Al_2O_3$ 二元系统中以化合物存在。镁铝尖晶石具有体膨胀系数小，热导率低，抗热震性好且抗侵蚀能力强等特点，因此镁铝尖晶石质耐火材料的应用范围非常广，而且使用效果好。

选用镁砂和尖晶石为原料生产的镁铝砖，统称镁铝尖晶石砖或方镁石尖晶石砖。其主要矿物组成是方镁石（熔点 2805℃）和尖晶石（熔点 2135℃），且为等轴晶系，热膨胀为各向同性。因尖晶石体膨胀系数为 7.6×10^{-6}℃$^{-1}$，方镁石体膨胀系数为 13.5×10^{-6}℃$^{-1}$，使制品在烧成过程中内部形成大量的微裂纹，有利于提高制品的结构韧性，缓冲热应力，阻碍已形成裂纹的扩展，因此镁铝尖晶石砖具有高的抗热冲击能力和抗结构剥落性能。

第一代尖晶石砖追溯到 1936 年，由镁砂和氧化铝或高铝矾土细粉经烧结制成[63]。原位镁铝尖晶石的生成使砖体的结构比较松散，同时由于具有对热应力敏感、抗盐侵蚀和挂窑皮性差等较多缺点，一直未能在水泥窑中广泛使用。20 世纪 80 年代出现的第二代产品以预反应尖晶石砂和镁砂为基本原料，其体积密度、显气孔率、抗侵蚀性等性能均有较大提高，虽然存在挂窑皮性、抗碱蒸气和液相渗透性、抗变形产生的应力差等缺点，但具有比镁铬砖更优良的热力学性能和抗热-化学侵蚀能力，在预分解窑过渡带逐渐取代了镁铬砖[64]。

20 世纪 90 年代中期出现了第三代尖晶石镁砖，一部分尖晶石是预合成的，另一部分尖晶石是原位形成的，可以利用形成镁铝尖晶石的松散效应提高抗热震性[77]。在抗碱、硫蒸气和熟料液相侵蚀，抗力学应力以及抗热负荷能力等方面都有所提高，可在上、下过渡带和烧成带大量使用。第四代产品是由电熔尖晶石取代烧结尖晶石制作的。电熔尖晶石结构致密，晶粒粗大，有利于提高材料的抗侵蚀性和挂窑皮性。但镁铝质材料的挂窑皮性和抗侵蚀性还是不及镁铬质材料。

1.5.2.1　钢铁冶炼

随着钢铁冶炼技术的进步，也对耐火材料的性能提出了高的要求，而镁铝尖晶石质耐火材料由于其体膨胀系数低、抗热震性好及抗渣侵蚀性优良等特点被广泛应用于转炉、精炼炉的炉衬等部位[65]。

研究表明[66]，镁铝尖晶石砖应用在RH精炼炉上部，不宜直接接触钢水和炉渣而只承受炉气侵蚀，炉气中包括铁氧化物蒸汽和其他介质，SiO_2 和 CaO 含量很低，方镁石和尖晶石均可在极大限度将其固溶，生成系列尖晶石固溶体，由于其具有较好的抗热震性，其物理性能与镁铬砖的相近，因此镁铝尖晶石砖可以替代镁铬砖在RH真空炉上部槽使用。

1.5.2.2 有色冶炼

在红土镍矿回转窑直接还原生产镍铁工艺中，回转窑高温带温度在1400~1500℃，首先要解决的就是耐火材料的抗侵蚀性。红土镍矿在1350℃左右就已经是熔融状态，对窑炉内衬耐火材料的侵蚀较大，而一旦侵蚀就会导致材料的剥落，从而影响窑炉的使用寿命。因此，针对红土镍矿回转窑用耐火材料的研究则要求其有良好的抗侵蚀性和耐剥落性。从静态坩埚试验和回转抗渣试验两方面着手，在1400℃保温6~8h，对镁铝铁复合尖晶石砖抗镍铁原料矿的侵蚀进行观察。结果表明，镁铝铁复合尖晶石砖抗镍铁原料矿侵蚀性优良，未见明显的摄蚀面。因此将其用于某有色镍冶炼公司的镍铁回转窑上试用，使用寿命达到12个月以上，窑体仍未出现剥落和掉砖的现象，目前仍在使用中。目前除了镁铝铁尖晶石砖在镍铁回转窑上有良好的使用效果，还有研究表明[67]，在镁铝尖晶石砖中引入部分氧化锆，使 ZrO_2 与砖体基质以及红土镍矿渣生成 $CaZrO_3$ 等高黏度相，从而提高砖的抗侵蚀性，该镁铝锆砖具有气孔率低、体积密度高、抗热震性好等特点，在红土镍矿回转窑中取得了良好的使用效果。

1.5.2.3 其他应用

由于晶粒尺寸很大，致密的多晶镁铝尖晶石在光学上是透明的，在3~5μm的IR区域也是透明的且小于入射光的波长。现在，镁铝尖晶石已经取代了传统的氧化铝、蓝宝石、AlON（氧化铝）、ZnS和镧铌酸盐陶瓷，用在需要2~5.5μm波长范围内的光透射的领域。由于其基本性质、物相和薄膜形式的多孔镁铝尖晶石表现出作为电子湿度传感器的潜力[68]。其具有低介电常数（7.5）和低损耗正切（$\tan\theta=4\times10^{-4}$）属性，此外可以紧密匹配氧离子晶格结构[69]。由于镁铝尖晶石具有高熔点和高化学惰性，已被用于替代水泥回转窑和钢包中的传统铬铁矿基耐火材料。因为它们是其他重要的氧化物系统的组成，使得镁铝尖晶石成为集成电子设备的有吸引力的材料。后者的耐火材料含有Cr(Ⅵ)物质，从而造成环境和健康危害[70]。镁铝尖晶石的薄膜在热障涂层（TBCs）燃气轮机的热段部件。此外，镁铝尖晶石也被用作替代材料，其低酸度和良好的热稳定性使镁铝尖晶石成为 SO_2 到 SO_3 氧化的优良催化剂[71]。在环境、石油加工和精细化工领域，镁铝尖晶石还被用作各种反应的催化剂载体，包括 NO 的脱 SO_x、选择性催化还原（SCR）、氨合成、化学循环燃烧（CLC）、水煤气变换反应、甲烷催化蒸汽重整和丙烷脱氢[72]。

尽管有大量关于镁铝尖晶石的报道，但对镁铝尖晶石合成和烧结过程中存在的问题并没有完整的介绍和解决方法。例如与氧化铝和氧化镁形成镁铝尖晶石相关的体积膨胀问题，一步或两步烧结工艺开发，如何降低镁铝尖晶石产品加工成本，如何制备镁铝尖晶石粉末、单晶、晶须和薄膜，粉末烧结（即加工）技术、另外起始原料、化学组成（即非化学计量）、缺陷反应、杂质/烧结助剂、加工路线等对粉末的致密化行为的影响，如何检测和利用镁铝尖晶石粉末的光谱特性、光学性能、力学性能、介电性能、烧结材料的热性能和磁性能等相关的性能[73]。

参考文献

[1] Ganesh I. A review on magnesium aluminate（$MgAl_2O_4$）spinel：synthesis，processing and applications［J］. Int. Mater. Rev.，2013，58（2）：63-112.

[2] Kingery W D，Bowen H K，Uhlman D R. Introduction to ceramics，second edition［M］. A Wiley-interscience Publication，1976：42-56.

[3] Ganesh I，Srinivas I，Johnson B，et al. Effect of fuel type on morphology and reactivity of combustion synthesised $MgAl_2O_4$ powders［J］. British Ceramic Transactions，2002，101（6）：247-254.

[4] Kashii N，Maekawa H，Hinatsu Y. Dynamics of the cation mixing of $MgAl_2O_4$ and $ZnAl_2O_4$ spinel［J］. Journal of the American Ceramic Society，1999，82（7）：1844-1848.

[5] Sickafus K E，Wills J M. Structure of spinel［J］. Journal of the American Ceramic Society，1999，82（12）：3279-3292.

[6] 王诚训，王钰．耐火材料技术与应用［M］．北京：冶金工业出版社，2000.

[7] Ganesh I，Johnson R，Rao G V N，et al. Microwave-assisted combustion synthesis of nanocrystalline $MgAl_2O_4$ powder［J］. Ceramics International，2005，31（1）：67-74.

[8] Adak A K，Saha S K，Pramanik P. Synthesis and characterization of $MgAl_2O_4$ spinel by PVA evaporation technique［J］. Journal Materials Science Letters，1997，16（3）：234-235.

[9] Ganesh S，Bhattacharjee B P，Saha R，et al. An efficient $MgAl_2O_4$ spinel sdditive for improved slag erosion and penetration resistance of high-Al_2O_3 and MgO-crefractories［J］. Ceramics International，2002，28：245-253.

[10] 李晓娜．铝灰制备镁铝尖晶石及其在 Al_2O_3-$MgAl_2O_4$ 耐火材料中的应用［D］．上海，上海交通大学，2008.

[11] Belding J H，Letzgus E A. Process for producing magnesium aluminate spinel：US，US 3950504

A [P]. 1976.

[12] Magne P, Belser U. Esthetic improvements and in vitro testing of inceram alumina and spinell ceramic [J]. International Journal of Prosthodontics, 1997, 10 (5): 459-466.

[13] Kingery W D, Bowen H K, Uhlmann D R. Introduction toceramics, 2nd edition [M] . Japan: Springer, 1976.

[14] Li J G, Ikegami T, Lee J H, et al. Low-temperature fabrication of transparent yttrium aluminum garnet (YAG) ceramics without additives [J]. Cheminform, 2000, 31 (30): 961-963.

[15] Sharafat S, Ghoniem N M, Cooke P I H, et al. Materials analysis of the TITAN-ireversed-field-pinch fusion power core [J]. Fusion Engineering & Design, 1993, 23 (2-3): 99-113.

[16] Sharafat S, Ghoniem N M, Cooke P I H, et al. Materials selection criteria and performance analysis for the TITAN-Ⅱ reversed-field-pinch fusion power core [J]. Fusion Engineering & Design, 1993, 23 (2-3): 201-217.

[17] Zawrah M F, Hamaad H, Meky S. Synthesis and characterization of nano $MgAl_2O_4$ spinel by the coprecipitated method [J]. Ceramics International, 2007, 33 (6): 969-978.

[18] 马亚鲁. 化学共沉淀法制备镁铝尖晶石粉末的研究 [J]. 无机盐工业, 1998, (1): 3-4.

[19] Pacurariu C, Lazau I, Ecsedi Z, et al. New synthesis methods of $MgAl_2O_4$ spinel [J]. Journal of the European Ceramic Society, 2007, 27 (2-3): 707-710.

[20] 仝建峰, 周洋, 杜林虎, 等. 凝胶固相反应法制备镁铝尖晶石微粉的研究 [J]. 航空材料学报, 2000, 20 (3): 144-147.

[21] Wang C T, LinL S, Yang S J. Preparation of $MgAl_2O_4$ spinel powders via freeze-drying of alkoxide precursors [J]. Journal of the American Ceramic Society, 1992, 75 (8): 2240-2243.

[22] 刘旭霞, 范立明, 陈杰瑢, 等. 水热合成法制备镁铝尖晶石工艺条件研究 [J] . 工业催化, 2008, 16 (8): 18-22.

[23] Krijgsman P. Method and structure for forming magnesia alumina spinels: US, US 4912078 [P]. 1990.

[24] Ganesh I, Olhero S M, Rebelo A H, et al. Formation anddensification behavior of $MgAl_2O_4$ spinel: influence of processing parameters [J]. Journal of the American Ceramic Society, 2008, 91 (4): 1905-1911.

[25] Carter R E. Mechanism of solid state reaction between MgO-Al_2O_3 and MgO-Fe_2O_3 [J]. Journal of the American Ceramic Society, 1961, 44 (3): 116-120.

[26] Ganesh I, Teja K A, Thiyagarajan N, et al. Formation and densification behavior of magnesium aluminate spinel: the influence of CaO and moisture in the precursors [J]. Journal of the American Ceramic Society, 2005, 88 (10): 2752-2761.

[27] Tripathi H S, Mukherjee B, Das S, et al. Synthesis and densification of magnesium aluminate spinel: effect of MgO reactivity [J] . Ceramics International, 2003, 29 (8): 915-918.

[28] Sarkar R, Chatterjee S, Mukherjee B, et al. Effect of alumina reactivity on the densification of reaction sintered nonstoichiometric spinels [J]. Ceramics International, 2003, 29 (2):

195-198.

[29] 韩兵强，李楠．高能球磨法在纳米材料研究中的应用［J］．耐火材料，2002，36（4）：240-242.

[30] Wantae Kim, Fumio Saito. Effect of grinding on synthesis of $MgAl_2O_4$ spinel from a powder mixture of $Mg(OH)_2$ and $Al(OH)_3$ [J]. Powder Technology, 2000, 113: 109-113.

[31] Kong L B, Ma J, Huang H. $MgAl_2O_4$ spinel phase derived from oxide mixture activated by a high-energy ball milling process [J]. Materials Letters, 2002, 56 (3): 238-243.

[32] Kostic E, Bokovic S, Kis S. Influence of fluorine ion on the spinel synthesis [J]. Journal of the Materials Science Letters, 1982, 1 (7): 507-510.

[33] Ganesh I, Bhattacharjee S, Saha B P, et al. A new sintering aid for magnesium aluminate spinel [J]. Ceramics International, 2001, 27 (7): 773-779.

[34] 徐颖，李明利，赵选民，等．响应曲面回归分析法一种新的回归分析法在材料研究中的应用［J］．稀有金属材料与工程，2001，30（6）：428-432.

[35] 乐福新．影响陶瓷坯体烧结的因素分析［J］．陶瓷研究，2001，16（4）：15-17.

[36] 刘军．陶瓷烧结过程及影响因素分析［J］．沙棘：科教纵横，2010，10：198.

[37] 李如椿，陈永强，陈嘉庚．工艺因素对合成镁铝尖晶石性能的影响［J］．河北理工大学学报（自然科学版），2005，27（3）：73-77.

[38] 荆桂花，肖国庆．镁铝尖晶石基耐火材料的最新研究进展［J］．耐火材料，2004，38（5）：347-349.

[39] 张刚．铝电解用 $NiFe_2O_4$-10NiO 基金属陶瓷惰性阳极的致密化与强韧化［D］．中南大学，2007.

[40] Ghosh A, Das S K, Biswas J R, et al. The effect of ZnO addition on the densification and properties of magnesium aluminate spinel [J]. Ceramics International, 2000, 26 (6): 605-608.

[41] Sarkar R, Das S K, Banerjee G. Effect of additives on the densification of reaction sintered and presynthesised spinels [J]. Ceramics International, 2003, 29 (1): 55-59.

[42] Baik Y H. Sintering of $MgAl_2O_4$ spinel and its characteristics [J] . Yoop Hikhoechi, 1985, 22 (6): 19-36.

[43] Ju D S, Fang G F, Xiping C. Effect of Cr_2O_3 on slag resistance of magnesia spinel refractory [J]. Naihuo Cailiao, 1994, 28 (4): 189-192.

[44] 田忠凯，王周福，王玺堂，等．Nd_2O_3 对反应烧结合成镁铝尖晶石的影响［J］．武汉科技大学学报（自然科学版），2008，31（4）：377-380.

[45] 李蔚，高濂，归林华，等．热压烧结制备纳米 Y-TZP 材料［J］．无机材料学报，2000，15（4）：607-611.

[46] Dong S, Jiang D, Tan S, et al. Preparation and characterization of nano-structured monolithic SiC and Si_3N_4/SiC composite by hot isostatic pressing [J]. Journal of Materials Science Letters, 1997, 16 (13): 1080-1083.

[47] Leiderman M, Botstein O, Rosen A. Sintering, microstructure and properties of submicrometre cemented carbides [J]. Powder Metallurgy, 1997, 40 (3): 219-225.

[48] Nishimura T, Mitomo M, Hirotsuru H, et al. Fabrication of silicon nitride nano-ceramics by spark plasma sintering [J]. Journal of Materials Science Letters, 1995, 14 (15): 1046-1047.

[49] Upadhyaya D D, Ghosh A, Dey G K, et al. Microwave sintering of zirconia ceramics [J]. Journal of Materials Science, 2001, 36 (36): 4707-4710.

[50] Agrawal D, Cheng J, Seegopaul P, et al. Grain growth control in microwave sintering of ultrafine WC-Co composite powder compacts [J]. Powder Metallurgy, 2000, 43 (1): 15-16.

[51] Mayo M J, Hague D C, Chen D J. Processing nanocrystalline ceramics for applications in superplasticity [J]. Materials Science and Engineering A, 1993, 166 (1-2): 145-159.

[52] Chen I W, Wang X H. Sintering dense nanocrystalline ceramics without final-stage grain growth [J]. Nature, 2000, 404 (6774): 168-171.

[53] Bodišová K, Galusek D, Svancarek P, et al. Grain growth suppression in alumina via doping and two-step sintering [J]. Ceramics International, 2015, 41 (9): 11975-11983.

[54] Sagel-Ransijn C D, Winnubst A J A, Burggraaf A J, et al. Grain growth in ultrafine-grained Y-TZP ceramics [J]. Journal of the European Ceramic Society, 1997, 17 (9): 1133-1141.

[55] 徐海军，李嘉，师瑞霞．两段式无压烧结制备纳米二氧化锆材料 [J]．中国粉体技术，2006，12 (4)：11-14.

[56] 姜茂发，孙丽枫，于景坤．镁铝尖晶石质耐火材料的开发与应用 [J]．工业加热，2005，34 (2)：56-59.

[57] 徐学英，李隽索，梁嘉康．大型干法水泥窑用镁铝尖晶石砖的研制与使用 [J]．耐火材料，1994，(4)：210-212.

[58] 李春虎，赵九生，王大祥，等．纳米 MgO 和 $MgAl_2O_4$ 尖晶石的制备与表征 [J]．无机材料学报，1996，(3)：557-560.

[59] 何捷，林理彬，王鹏，等．电子辐照 $MgAl_2O_4$ 透明陶瓷诱导缺陷退火行为的研究 [J]．四川大学学报（自然科学版），2001，38 (5)：698-701.

[60] 黄存新，彭载学，王雁鹏，等．多晶铝酸镁的透明机理研究 [J]．人工晶体学报，1995，24 (3)：198-202.

[61] Hing P. Fabrication of translucent magnesium aluminate spinel and its compatibility in sodium vapour [J]. Journal of Materials Science, 1976, 11 (10): 1919-1926.

[62] 姜瑞霞，谢在库，张成芳，等．镁铝尖晶石的制备及在催化反应中的应用 [J]．工业催化，2003，11 (1)：47-51.

[63] 黄世谋，薛群虎．水泥回转窑烧成带用耐火砖无铬化研究进展 [J]．耐火材料，2014，48 (1)：70-73.

[64] 崔庆阳，薛群虎，寇志奇，等．水泥回转窑烧成带用耐火材料的最新研究 [J]．耐火与石灰，2011，36 (1)：1-4.

[65] 自建庄，金刺平．镁尖晶石无铬砖在水泥回转窑烧成带上的使用效果 [J]．国外耐火材料，2004，29 (1)：24-28.

[66] 陈肇友．RH 精炼炉用耐火材料及提高其寿命的途径 [J]．耐火材料，2009，2 (2)：81-95.

[67] 潘料庭，马淑龙．红土镍矿回转窑用低导镁铝锆砖的研制与实践［J］．铁合金，2015，（3）：19-22.

[68] Shimizu Y，Arai H，Seiyama T. Theoretical studies on the impedance-humidity characteristics of ceramic humidity sensors［J］. Sensors & Actuators，1985，7（1）：11-22.

[69] Iqbal M J，Ismail B. Electric，dielectric and magnetic characteristics of Cr^{3+}，Mn^{3+} and Fe^{3+} substituted $MgAl_2O_4$：Effect of pH and annealing temperature［J］. Journal of Alloys & Compounds，2009，472（1-2）：434-440.

[70] Driscoll M O. Fused spinel-monolithics market future［J］. IM Fused Minerals Review Special Issue，1997，（4），36-46.

[71] Waqif M. Evaluation of magnesium aluminate spinel as a sulfur dioxide transfer catalyst［J］. Applied Catalysis，1991，71（2）：319-331.

[72] Ballarini A D，Bocanegra S A，Castro A A，et al. Characterization of $ZnAl_2O_4$，Obtained by Different Methods and Used as Catalytic Support of Pt［J］. Catalysis Letters，2009，129（3-4）：293-302.

[73] Mroz T，Goldman L M，Gledhill A D，et al. Nanostructured infrared-transparent magnesium-aluminate spinel with superior mechanical properties［J］. International Journal of Applied Ceramic Technology，2012，9（1）：83-90.

2 镁铝尖晶石粉末的性质

对于各种性能（如热力学、热学、电介质、磁性、力学和光学）的深入研究和了解对于发现镁铝尖晶石陶瓷在其他几个新领域和应用中的适用性非常重要。以下部分讨论了镁铝尖晶石陶瓷的各种性能。

2.1 镁铝尖晶石粉末的光谱特征

纯镁铝尖晶石和各种金属掺杂的镁铝尖晶石粉末由于其晶体结构而具有优良的特性，这种结构对电学、磁学、电介质、光学和力学性能的影响是全面表征它们功能、潜力和在不同的工业和社会分支中各种新的应用的必要条件。并且有助于了解在不同烧结条件下这些陶瓷的致密化过程中金属离子的扩散机制。以下部分介绍镁铝尖晶石和掺杂镁铝尖晶石粉末的各种光谱特性。

图 2-1 显示了记录在 400～4000cm^{-1}之间的两种不同镁铝尖晶石粉末的傅里叶变换红外光谱[1,2]。A-MAS 是合成镁铝尖晶石粉末，而 T-MAS 是一种天然镁铝尖晶石粉末，其表面在乙醇-磷酸溶液中 80℃ 处理 24h。这两种粉末有在 509cm^{-1}和 698.85cm^{-1}两种主要透射带，中等尺寸的透射带约为 3450.6cm^{-1}和较小尺寸的透射带为 1625.2cm^{-1}。A-MAS 粉末存在两种额外较小的透射带分别为 2334.6cm^{-1}和 2893.2cm^{-1}，而 T-MAS 具有一种新的 1092.5cm^{-1}透射带。两种粉末在约 3450cm^{-1}和约 1625cm^{-1}透射带分别对应—OH 伸长振动峰和 H—O—H 弯曲震动峰。在约 698.85cm^{-1}和 509cm^{-1}所处的透射带对应于 AlO_6组，其建立镁铝尖晶石并指示镁铝尖晶石粉末的形成。纯 H_3PO_4 通常表明 500～550cm^{-1}较小透射带，1500～1800cm^{-1}的较大透射带和 2000～3200cm^{-1}的低强度带，这主要是由于磷酸盐分子的不同振动峰。在 T-MAS 粉末中，约在 2334.6cm^{-1}和 2893.2cm^{-1}的两个透射带缺失和在 1092.5cm^{-1}出现一个新的透射带。这间接表明在处理过的粉末的表面上磷酸盐涂层限制了一些官能团的振动峰。这可能是由于被 $H_2PO_4^-$官能团覆盖了。在 T-MAS 粉末中，1092.5cm^{-1}处出现的透射带归因于在粉末表面存在磷酸盐涂层。

在一项研究中[3]研究了一种高纯天然的镁铝尖晶石粉末，其化学组成为 27.33%MgO，71.45%Al_2O_3 和 1.08%FeO 以及一些少量的杂质金属，在正常的镁铝尖晶石中，Mg 和 Al 原子通常分别处于四面体和八面体位置。一些 Al 原子在高温下通过有序无序转变进入四面体位置。图 2-2 为天然镁铝尖晶石的拉曼光谱。

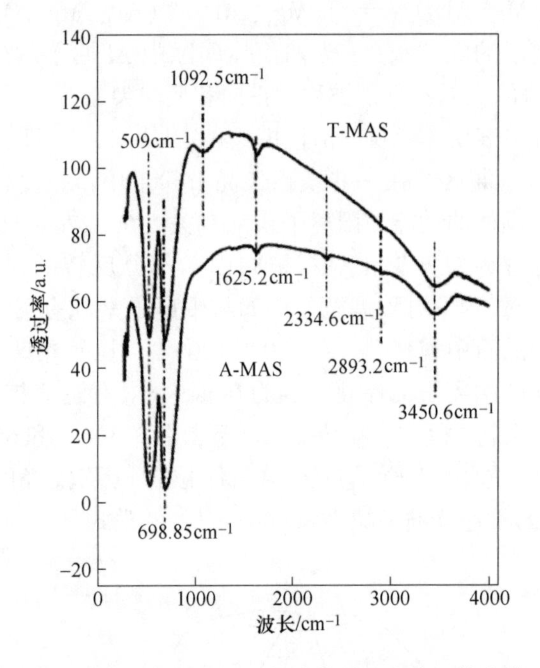

图 2-1 A-MAS 和 T-MAS 粉末傅里叶变换红外光谱

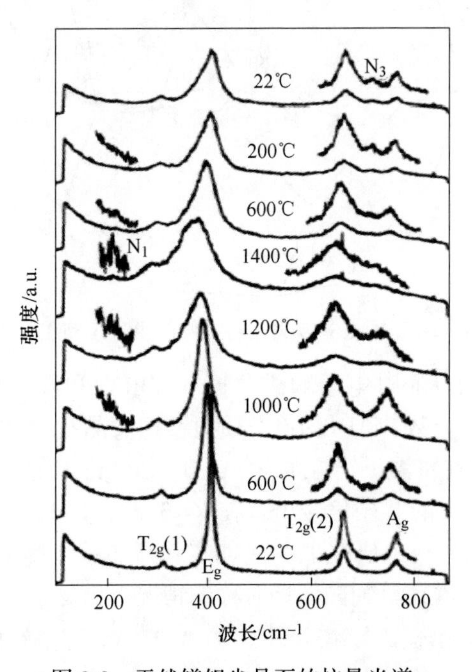

图 2-2 天然镁铝尖晶石的拉曼光谱

$$^{\mathrm{IV}}\mathrm{Mg}^{\mathrm{VI}}\mathrm{Al_2O_4} \rightleftharpoons {}^{\mathrm{IV}}(\mathrm{Mg}_{1-x}\mathrm{Al}_x)\ {}^{\mathrm{VI}}(\mathrm{Al}_{2-x}\mathrm{Mg}_x)\mathrm{O_4} \tag{2-1}$$

式中，上标为阳离子的配位数；x 为四面体间隙中 Al 原子的分数，称为反向参数。$x=0$ 和 $x=1$ 时的尖晶石分别被称为正向和反向尖晶石。因此 MAS 属于 Fd3m 空间族群，这预计可表明 5 个拉曼活性模式[4]。从图 2-3 可以看出面心立方尖晶石结构的第一个布里渊区。在一些镁铝尖晶石粉末中，拉曼模式比团体理论更好。研究表明这些额外的功能与阳离子紊乱有关。在 727cm^{-1} 处标注了一个额外模式，合成和热处理天然镁铝尖晶石被归因于部分反转的镁铝尖晶石。此外，410cm^{-1} 处最强烈模式的不对称展宽，例如与阳离子紊乱有关，它仅在合成或热处理的天然镁铝尖晶石中观察到。在 1100~1200℃，拉曼光谱还显示在镁铝尖晶石中有一个不可逆的阳离子无序化，因为在 409cm^{-1} 有迅速扩大峰和在 210cm^{-1} 和 520cm^{-1} 处出现两个弱模式。在转变温度下，在 313cm^{-1} 和 666cm^{-1} 的模式频率有所变化。通过较重的 Al 原子进入四面体位置以及较轻的 Mg 原子进入到 313cm^{-1} 处的模式的不连续频率减小和 666cm^{-1} 处的模式频率的增加。

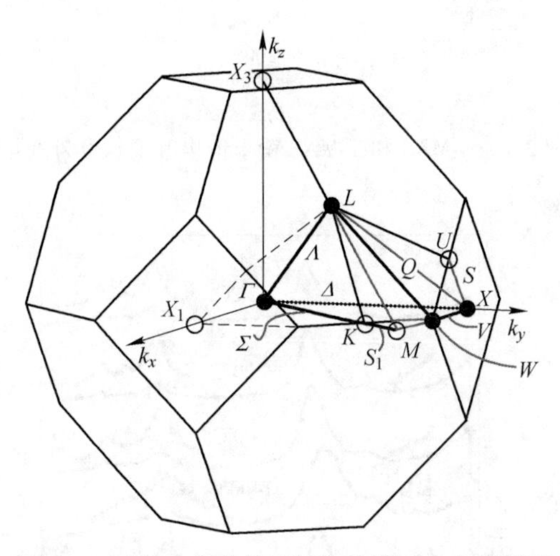

图 2-3 面心立方尖晶石结构的第一个布里渊区

在另一项研究中[5]通过电子顺磁共振（EPR）和漫反射紫外可见，研究了相当于 0.01%（摩尔分数）Al^{3+} 的铬杂质对镁铝尖晶石主体光学性质的影响光谱技术。图 2-4 显示了在室温下记录的 $MgAl_2O_4/Cr^{3+}$ 粉末的 EPR 谱图。可以看出，在低场区域，强烈广义的共振信号出现在 $g=3.82$，以及在 $g=5.37$ 和 4.53 处的一些弱共振信号。在另一项研究中[6]表明在强烈的晶体场中，零场分裂超过 MW 的能量，Cr^{3+} 的 EPR 谱在单轴晶体场对称的情况下由 $g_{\mathrm{eff}}=3.8$ 处的峰和 $g_{\mathrm{eff}}=5.4$ 处的信号正菱形场。由于 Cr^{3+} 离子属于 d^3 配置$^4A_{2g}$ 为基态的构型，四倍自旋简并性基态$^4A_{2g}$ 被随后的低对称场并分成两个 Kramers 双重态，$M_S=\pm3/2$ 和 $\pm1/2$。如果在这两个双偶之间有一个很大的分离，那么共振为 $g=2.6$[7]。低场区域的信号通常归因于孤立的 Cr^{3+} 离子，其中在高场区域中的信号接近 $g=2$ 是一种可能发生在成对的 Cr^{3+} 离子的迹象[8]。在 Singh 等人[5]的研究中，$g=1.96$ 处的信号可以指定为交换偶合的 Cr^{3+} 离子，而在 $g=5.37$、4.53 和 3.82 处的共振信号是由孤立的离子造成的。

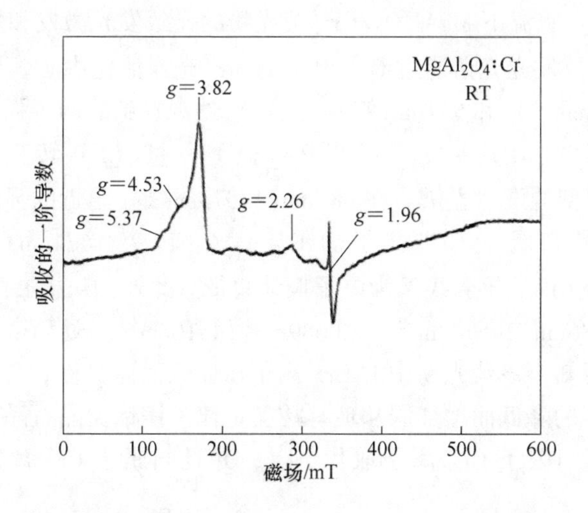

图 2-4 室温下 $MgAl_2O_4/Cr^{3+}$ 粉末的 EPR 谱图

图 2-5 显示了在室温下记录的 $MgAl_2O_4/Cr^{3+}$ 荧光粉的光谱。该谱是八面体对称中 Cr^{3+} 离子的特征。对于具有八面体对称性的 Cr^{3+} 离子，三个自旋允许的转

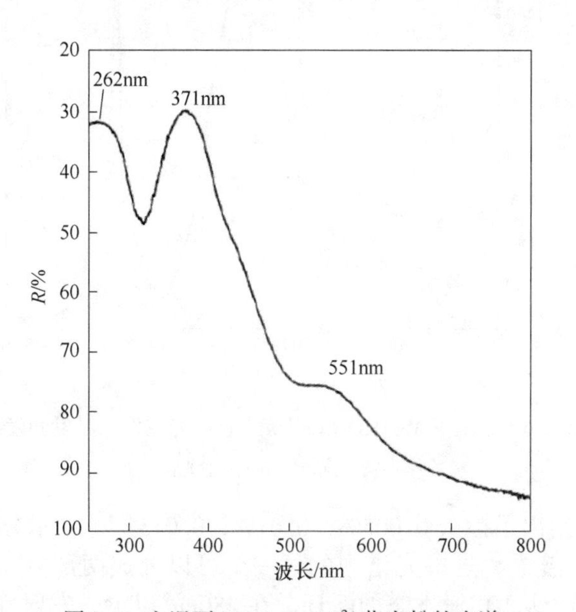

图 2-5 室温下 $MgAl_2O_4/Cr^{3+}$ 荧光粉的光谱

变$^4A_{2g}(F) \rightarrow {}^4T_{1g}$ (F)，$^4A_{2g}(F) \rightarrow {}^4T_{2g}(F)$ 和$^4A(F) \rightarrow {}^4T(P)$ 预计。观察到的在 371nm（26945cm^{-1}）和 551nm（18145cm^{-1}）两个宽带分别分配给转变$^4A(F) \rightarrow T_{1g}(F)$ 和 $A_{2g}(F) \rightarrow T_{2g}(F)$。在 262nm 处的 UV 区域被指定为 Cr^{3+}-O^{2-}的电荷转移带。

图 2-6 显示在室温下 $MgAl_2O_4/Cr^{3+}$荧光粉的光致发光激发和发射。$MgAl_2O_4/Cr^{3+}$荧光粉的光致发光光谱通过 Cr^{3+}离子的 $3d^3$ 充当活化中心。激发光谱主要由在 420nm(23803cm^{-1}) 和 551nm(18145cm^{-1}) 处观察到的两个强烈宽带构成，并且分别被分配到$^4A_{2g}(F) \rightarrow {}^4T_{1g}(F)$ 和$^4A_{2g}(F) \rightarrow {}^4T_{2g}(F)$ 转变。八面体位点中的 Cr^{3+}离子是典型的发射光谱。在 686nm(14573cm^{-1}) 附近的强烈尖锐峰是众所周知的 R 线，其归属于 Cr^{3+}离子的$^2E_g \rightarrow {}^4A_{2g}$ 转变。674nm(14833cm^{-1}) 和 706nm(14160cm^{-1}) 的较弱线条为电子振动边带。此外，从扩展的 R 线区域可以看出，R 线在 686nm(14573cm^{-1}) 和 689nm(14510cm^{-1}) 处稍微分为两条线。从图 2-4~图 2-6 可知，该荧光粉中的 Cr^{3+}离子扭曲八面体对称。共振 $g=1.96$ 处的自旋数 N 随温度的降低而增加服从玻耳兹曼定律。镁铝尖晶石晶格中的红色发射约为 686nm，其归因于 Cr^{3+}离子取代 Al^{3+}，并且归属于 Cr^{3+}离子的$^2Eg \rightarrow {}^4A_{2g}$ 转换。

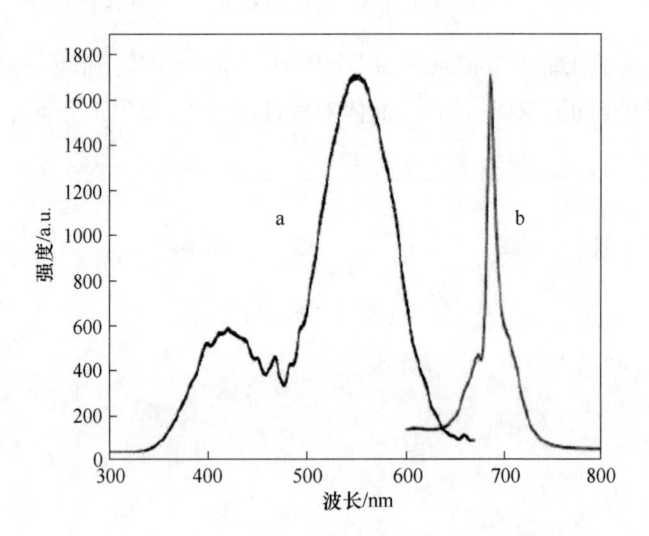

图 2-6 室温下 $MgAl_2O_4/Cr^{3+}$荧光粉的光致发光激发和发射

a—激发光谱；b—发射光谱

在图 2-7 中给出了掺杂 0.005%，0.01%，0.015%（摩尔分数）Tb^{3+}的镁铝尖晶石的发射光谱[9]。这些光谱中的每一个可以分成两部分。400nm 和 450nm 之间的发射归因于从$^5D_3$ 激发态的跃迁。在 480nm 以上，发射峰来源于$^5D_4$ 激发态的跃迁。Tb^{3+}的$^5D_4 \rightarrow {}^7F_J(J=6、5、4、3)$ 特征发射，在 415nm、438nm、

488nm、543nm、586nm 和 623nm 处分别被分配到$^5D_3$ 至$^7F_5$，$^7F_4$和$^5D_4$ 至$^7F_6$，$^7F_5$，$^7F_4$ 和$^7F_3$ 的转变。在紫外灯下，可以观察到强烈的绿色发光。$MgAl_2O_4/Tb^{3+}$相应的发射光谱示为较窄的发射，这归因于$^4f \to {}^4f$ 在 Tb^{3+}离子内跃迁。在所测的发射转变中，在 543nm 处绿色转变$^5D_4 \to {}^7F_5$显示出更高的强度，这归因于在宿主基体中 Tb^{3+}掺杂离子的特性。其他三个峰分别可以在 488nm($^5D_4 \to {}^7F_6$)，586nm($^5D_4 \to {}^7F_4$) 和 623nm($^5D_4 \to {}^7F_3$) 处看到，这是由于 350nm 处的激发。来自$^5D_3$ 激发态的发射强度随铽浓度的增加而减小并且在 543nm 处显示最大强度。这种现象归因于从$^5D_3$ 激发态到$^5D_4$ 激发态的能量转移[10]。相较于不同掺杂浓度的 Tb^{3+}的发射强度，可以观察到在 0.005%~0.015%（摩尔分数）掺杂浓度范围内，源自 Tb^{3+}的发光强度，$^5D_4 \to {}^7F_J$(J=6、5、4、3) 转变随着浓度的增加而增加；结果发光强度在 0~0.01%（摩尔分数）Tb^{3+}达到最大值。

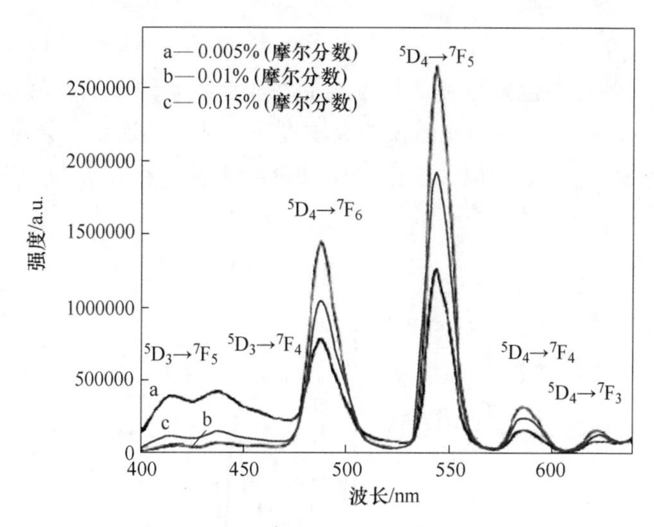

图 2-7 掺杂 Tb^{3+}的镁铝尖晶石的发射光谱

图 2-8 显示了纳米尺寸镁铝尖晶石粉末 TEM 和高分辨率 TEM（HRTEM）。这种纳米尺寸镁铝尖晶石是在 2∶1 摩尔比 $NH_4Al(SO_4)_2 12H_2O$ 和 $MgSO_4 7H_2O$ 熔盐烘烤 4h[11]。这些显微图谱中晶体的平均尺寸约为 35nm。一些较大的粒子可以是 40nm，一些较小的粒子可以达到 25nm 并且相对均匀。透射电子显微镜和高分辨透射电镜分析表明，该方法生成的粉末结晶良好，缺陷少。由这种粉末形成的高度透明的纳米陶瓷表现出透过率 T=80%。这些结果表明，分散良好的纳米粉末可采用低成本熔盐法在 1150℃下加热 4h 制得。

图 2-9 显示了在−223℃记录的 $MgAl_2O_4$/V 单晶的电子自旋共振（ESR）谱[12]。这种无色透明的镁铝尖晶石单晶由 Fujimoto 等在氧化性气氛中采用区域

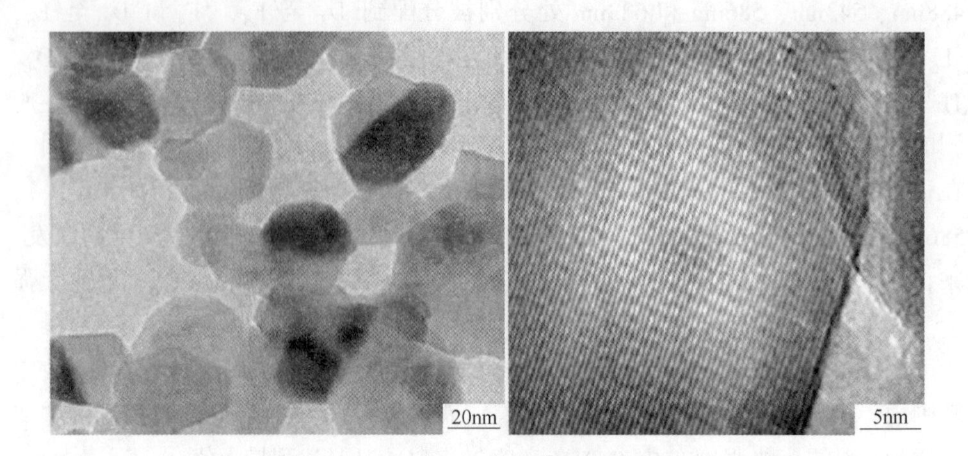

图 2-8 镁铝尖晶石粉末 TEM 和 HRTEM

熔炼法将 MgO（99.99%）和 Al_2O_3（99.999%）融化，Xe 灯被用于加热源。他们通过比较信号强度与已知浓度的标准样品在非饱和条件下的旋转次数，并考虑了温度，g 值，自旋量子数和光谱仪的灵敏度来评估旋转次数。该 ESR 研究表明掺杂的钒离子在电子基态下以 V^{5+}（$S=0$，$3d^0$）大部分存在 B 位点和少量 V^{5+} 存在 A 位点。

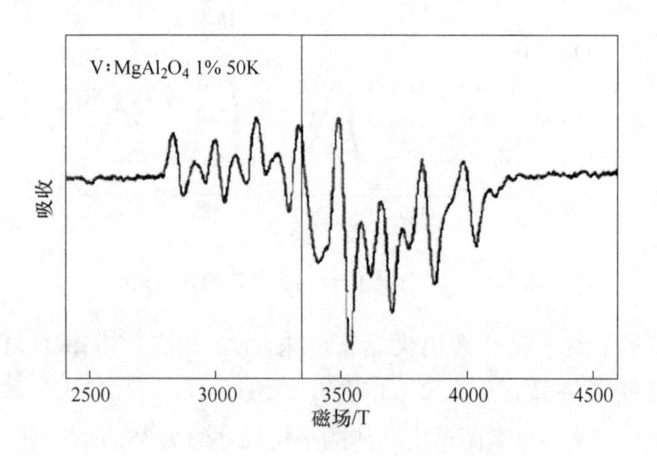

图 2-9 $MgAl_2O_4$/V 单晶的电子自旋共振谱

在另一项研究中[13]研究了通过上述相同区域熔炼法获得纯镁铝尖晶石和 Zn 掺杂镁铝尖晶石的单晶的价带光发射谱（XPS）（图 2-10）。由于 Zn 3d 亚壳层的光电离截面较大，与在 1486.6eV 的光子能量下的 O 2p 亚壳层的光离子化截面相比，Zn 3d 带在价带光谱中约 14eV 处可见。在纯 MAS 情况中，宽谱特征见于 O 2p 谱带之上并且低于费米能级，如图 2-10 中的箭头所示。该宽谱特征可能源自

Al-Mg 反位缺陷。在 Zn 掺杂的镁铝尖晶石中，宽光谱特征消失并且相对尖锐的边缘结构出现在 O 2p 带的正上方（由图 2-10 中的箭头表示）。

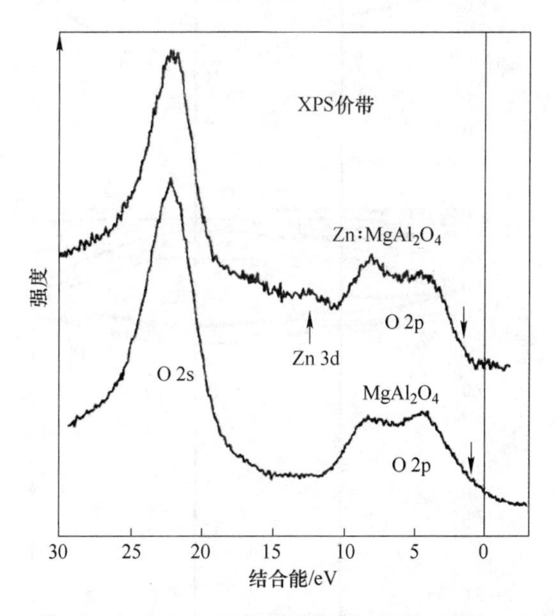

图 2-10 纯 MAS 和 Zn 掺杂的镁铝尖晶石的单晶的价带光发射谱

在一项研究中，Hosseini[14] 使用密度泛函理论计算了镁铝尖晶石的结构，能带结构、总态密度、介电函数、反射率、折射率和损失函数。针对 0~40eV 的能量范围得到光谱，采用全势线性化增广平面波与广义梯度近似方法计算。结果表明，材料在可见光波长处是透明的，并且折射率的色散曲线在长波长区域相当平坦并且朝向较短波长快速上升。800nm 处的折射率为 1.774 靠近可见区域。

沿着高对称性方向计算的镁铝尖晶石的电子能带结构如图 2-11 所示。计算采用广义梯度近似和松弛原子位置进行。在这项工作中计算出的总体能带分布图与前面报告的其他第一性原理计算结果相一致，价带顶部为费米能级能量规模。价带在来自导带状态的 Γ 点被 5.2eV 直接间隙隔开（图 2-11）。实验中，光学反射率测量表明 MAS 的最小带隙直接在 Γ 处为 7.8eV[14]。Hossini 计算的带隙小于实验值。这种差异可能来自广义的梯度近似，这被称为低估了绝缘子的能带隙。沿着 Γ-L 和 Γ-X，[111] 和 [101] 方向有两个间接带隙，且其值分别为 7.5eV 和 8.2eV。

图 2-12 显示了计算镁铝尖晶石结构的总态密度[14]。O 2s 较低的谱带分裂为两个：在−16.0eV 处具有非常尖锐的峰，而在双峰处具有低 2.0eV 宽的峰。能量范围为−18.2~−15.5eV 的尖锐结构主要归因于 O 2s 态与 Mg 3s 和 Al 3p 轨道杂

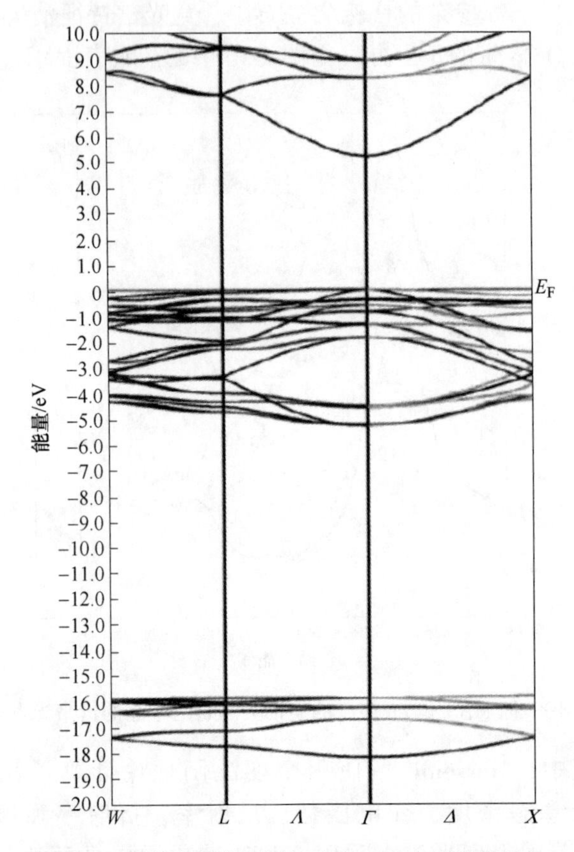

图 2-11 高对称性方向镁铝尖晶石的电子能带结构

化。导带来自 Mg 3s 和 Al 3p 两种状态的化合物。MAS 的（100）面的电子密度如图 2-13 所示[14]。该面不包含镁离子，表示氧离子（大圆）和铝离子（小圆）它们彼此之间对角地排列。二维和三维的（110）平面中的电子密度见于图 2-14。该平面包含所有三种类型的离子。在这个平面的两排镁离子之间有一个几乎没有或很小电荷的空通道。

Hossini 也记录了镁铝尖晶石的电子能量损失谱（图 2-15）[14]。通常，等离子体损失对应于价电子的集体振荡，并且它们的能量与价电子有关。在主要由等离子激元激发组成的带间跃迁的情况下，体积损失的散射概率直接与电子能量损失函数相关。图 2-15 还显示了除了与带间跃迁有关的等离子体激元峰之外的其他峰和特征。等离子体激元峰通常是光谱中最强烈的特征，并且这是一种能量，其中频率相关介电函数的实部在零损耗峰值之后变为零；在这个频谱中没有零损耗峰值。Hosseini 也记录了镁铝尖晶石折射率的色散曲线（图 2-16）。该曲线在长波长区域相当平坦，并且向较短波长快速上升，显示了电子带间跃迁附近的典

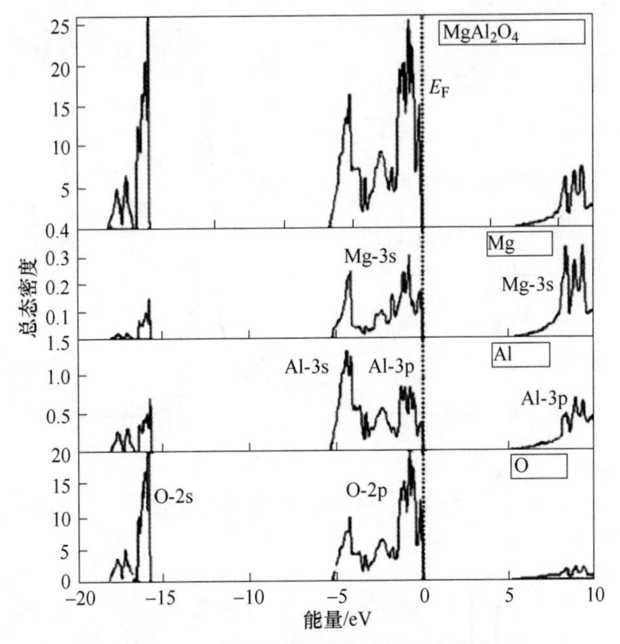

图 2-12　镁铝尖晶石结构的总态密度

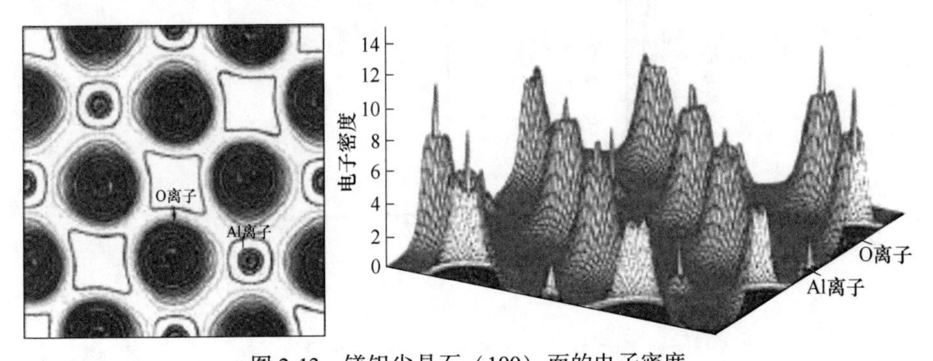

图 2-13　镁铝尖晶石（100）面的电子密度

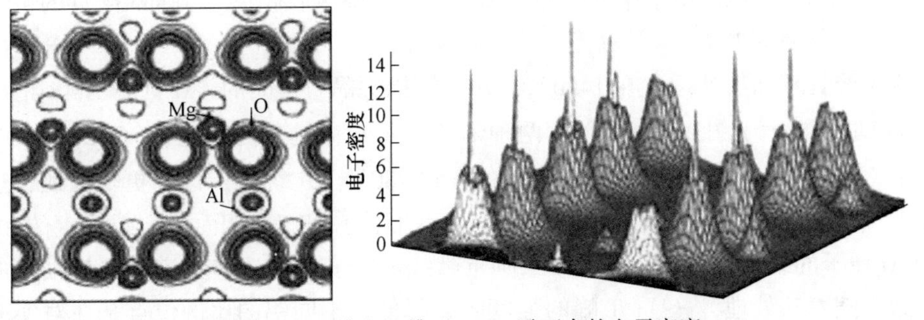

图 2-14　二维和三维（110）平面中的电子密度

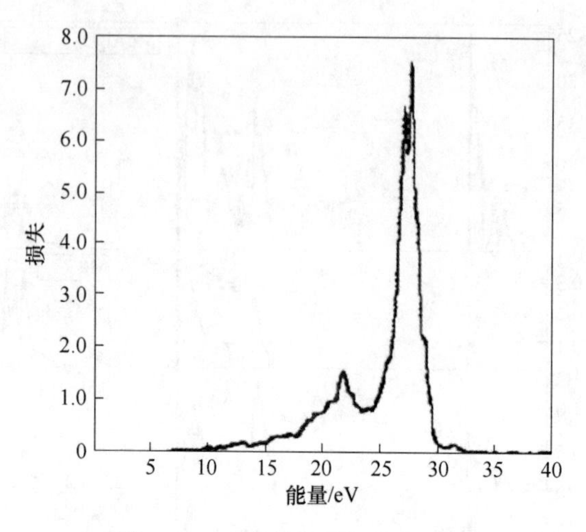

图 2-15 MAS 的电子能量损失谱

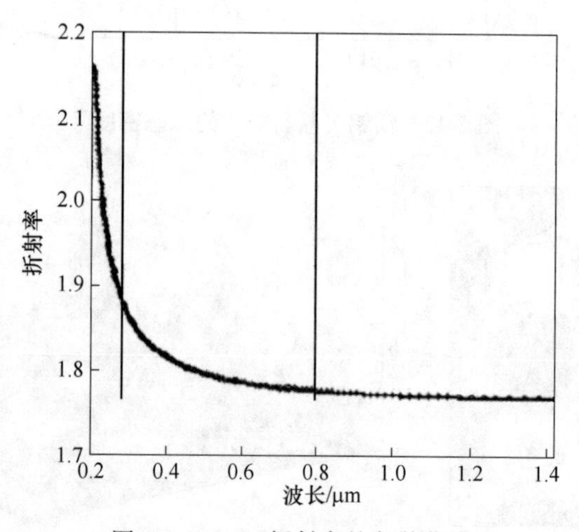

图 2-16 MAS 折射率的色散曲线

型的色散曲线形状。折射率的强烈增加与基本带隙吸收相关。800nm 附近的可见光区的折射率为 1.774，可见光的波长被遮蔽。

未经处理和热处理（在 1450℃，9h）镁铝尖晶石样品的^{27}Al MAS NMR 谱图中的 CT 谱显示于图 2-17 中[15]。两种谱图显示相同的趋势：范围（-20～10）×10^{-4}%对应于 AlO_6八面体的突出线和在（50～80）×10^{-4}%范围内的更少强线，这是四面体环境中 Al 原子的特征。由于 O（八面体）和 T（四面体）位置上的 Mg 和 Al 原子的统计分布，特征四极二阶贡献线形状变宽。这些光谱与文献报道的一致。随着热处理，［Al］T 峰的强度明显降低。不同铝的比例位点是在对实验线进行数值积分后获得的。表 2-1 总结了合成镁铝尖晶石的 O 和 T 位置中的铝比例。这表明镁铝尖晶石中的阳离子障碍在退火后部分降低。人们可以指出，天然镁铝尖晶石是正常的，但是在加热时变成反相。

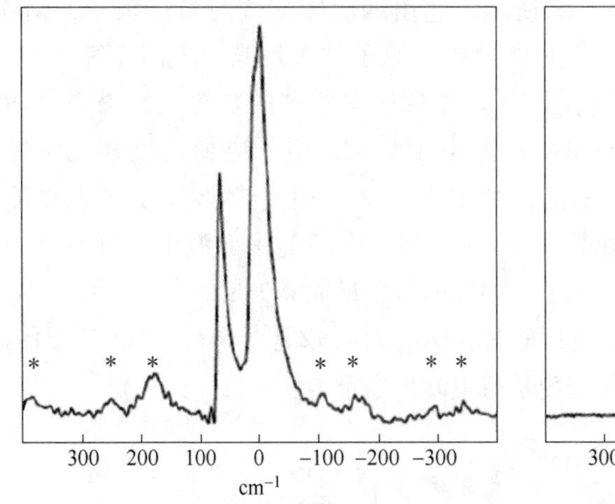

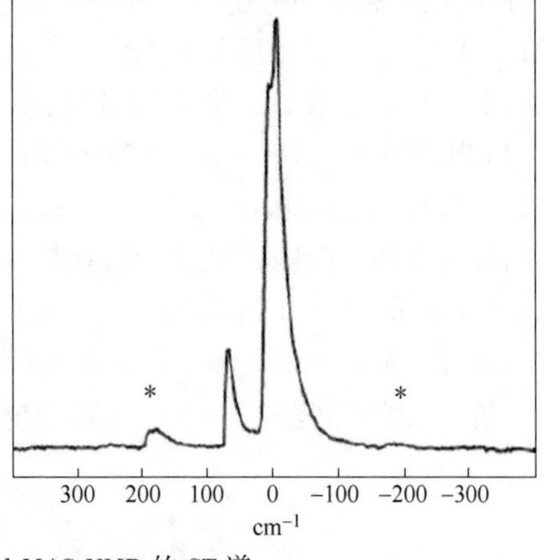

图 2-17 MAS 样品的 Al MAS NMR 的 CT 谱

表 2-1 合成镁铝尖晶石的 O 和 T 位置中的铝比例

$MgAl_2O_4$ 样品	$[Al]_O$	δ/%	$[Al]_T$	δ/%	i/%
收到	78	13.7×10^{-4}	22	68.5×10^{-4}	44
退火	88	13.4×10^{-4}	12	72.1×10^{-4}	24

2.2 电子结构和光学性质

尖晶石氧化物是陶瓷家族的重要成员，在光电、地球物理、磁和辐射环境中都有很好的应用[16]。在尖晶石家族中，镁铝尖晶石（$MgAl_2O_4$）通常被认为是尖晶石结构的模型[17]。因为氧化物具有一些有趣的特性如高强度和高熔点，它显示出较少的电损耗和电阻[18]。因此，$MgAl_2O_4$ 被用作耐火陶瓷和抗辐照材料的电介质。$MgAl_2O_4$ 也被用作涂覆材料以取代用于高压气体放电灯中的石英玻璃[19]。它被认为是多相催化剂的候选材料[20]。$MgAl_2O_4$ 透水板适用于湿度传感器，可用于监测和控制环境湿度和超滤膜[21]。$MgAl_2O_4$ 是地层的重要组成部分，它在地球物理学中扮演着重要的角色[22]。$MgAl_2O_4$ 通常被认为是 AB_2O_4 家族材料的模型[23]。这有几个理论[24]和实验方法[25]用来研究 $MgAl_2O_4$ 的特性。

在以前的文献中，所研究的化合物的不同参数的实验结果与理论工作之间存在明显的分歧。Becke-Johnson[26]采用高混合系数（0.5），以便与实验数据达成一致；也就是 $MgAl_2O_4$ 的带隙、状态密度和光学性质。mBJ 是一种经过改良的 Becke-Johnson，它可以精确地计算出带隙的误差，类似于昂贵的 GW 计算[26]。

这是一种近似于原子“精确-交换”的可能性和筛选条件的近似。

$MgAl_2O_4$ 的晶体结构是紧密堆积的面心立方（FCC）空间群 Fd3-m。每个立方体单元包含八个单元[27]，如图 2-18 所示。它由四面体配位的 Mg 和八面体配位的 Al 组成[28]。在目前的工作中，晶格参数和原子位置取自 Peterson 等人[25]的实验工作，如表 2-2 所示。我们利用 Wien2K 代码中实现的全势线性增强平面波（FPLAPW）方法，用于计算 $MgAl_2O_4$ 的电子结构、电子电荷密度和光学性质。用最近修改的 Becke-Johnson（mBJ）势来处理交换相关势[26]。为了获得能量特征值收敛，间隙区域波函数在具有 $\kappa_{max}=7/R_{MT}$ 中断的平面波中扩展，其中 R_{MT} 表示为最小原子球半径和 κ_{max} 给出了平面波膨胀中最大 κ 矢量的大小。对于 Mg 和 O 原子，R_{MT} 为 1.71 原子单位和对于 Al 原子 R_{MT} 为 1.72 原子单位。球体里面的原子价波函数扩展至 $I_{max}=10$，电荷密度是傅里叶扩展至 $G_{max}=12$（a. u.）$^{-1}$。

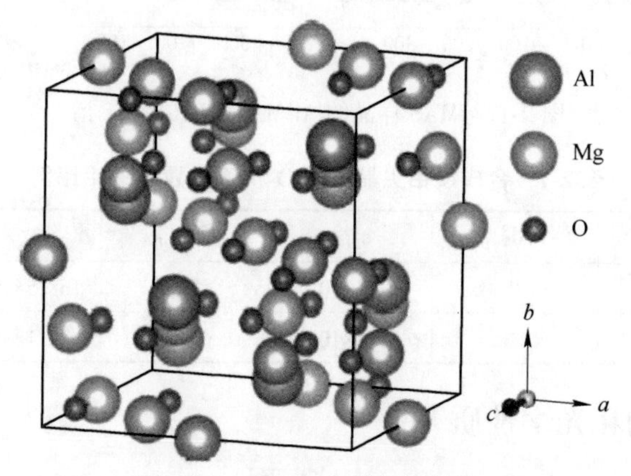

图 2-18 $MgAl_2O_4$ 的晶体结构

表 2-2 晶格参数和原子位置

项 目	原子位置		
	本研究	参考文献［25］	理论
Mg	（1/8，1/8，1/8）	（1/8，1/8，1/8）	（1/8，1/8，1/8）
Al	（1/2，1/2，1/2）	（1/2，1/2，1/2）	（1/2，1/2，1/2）
O	（0.263157，0.263157，0.263157）	（0.261714，0.261714，0.261714）	（0.2632，0.2632，0.2632，）
项 目	本研究	参考文献［25］	理论
晶格参数	8.175	8.085	7.905，8.027
带隙	7.8	7.8	5.20，5.55，7.4
$N(\omega)$	1.54	1.712~1.762	1.7320
$\varepsilon_1(0)$	2.38	1.69~1.73	1.763

可以通过最小化作用于原子的力（1mRy/a. u.）来优化结构。从松弛的几何形状，可以确定电子结构和化学键合，并且可以计算各种光谱特征并与实验数据进行比较。一旦在这种结构中力最小化，就可以在这些结构中找到自洽密度，通过关闭放松并驱动系统自我一致来定位。在不可减少的布里渊区域使用了 40 个 κ-点进行结构优化。为了计算总量，使用原子的角动量分解投射电子态密度，电子电荷密度分布和光学性质，使用 286 个 κ-点的更密集的网格。自洽计算中总能量的收敛是相对于具有 0.0001 电子电荷容量的系统总电荷。

材料的带结构非常重要，因为它与光学性质相关，并且它可以帮助解释化合物的许多物理性质。沿 BZ 中高对称方向计算的带结构如图 2-19a 所示。计算的带隙（7.8eV）显示与实验值（7.8eV）[25]具有高度的一致性，并且与先前理论计算值（5.20eV、5.55eV 和 7.4eV）的比较见表 2-2。图 2-19b 中的 PDOS 显示了轨道在波段形成中的贡献。在 4.0~5.0eV 之间的能量范围内，谱带来自 Mg-s/p、Al-s/p 和 O-s/p 态。Mg-s/p、Al-p 和 O-s 强烈杂化，O-p 态占主要的。在从 −4.0~−1.0eV 的能量范围内，O-p 态占优势，而其他态（Mg-s/p，Al-s/p 和 O-s）在谱带形成中显示出很小的贡献。从 −2.50~−1.12eV，带的形成来自 Mg-s、Al-s/p 和 O-s/p 态的组合。O-p 是最重要的，因为 Al-s 和 O-s 的贡献可以忽略不计。从 −1.0eV 到费米能级，带主要由杂化的 Mg-p、Al-p 和主要的 O-p 态形成。O-p 态的主导地位增加了与 Al 和 Mg 键合的离子性。价带主要由 O-p 态（1.5 态/eV 晶胞）形成，Mg-p 和 Mg 的贡献很小。Al-p 状态（0.035 个状态/eV 晶胞）。导带主要由 Mg-s 和 O-s 状态构成，杂化的 Mg-p 和 Al-p 态的贡献可忽略不计。在 12.0~14.0eV 之间的能量范围内，最前面的 Al-s 和 O-p 状态显示出强烈的杂交，而弱杂化的 Mg-p、Al-p 和 O-s 状态也有助于谱带形成。从 14.0~15.0eV，Mg-s，Al-s 和 O-p 状态占主导地位，而其他状态在该范围内显示出小的贡献。计算电子的有效质量（m_e^*）、重空穴（m_{hh}^*）和轻空穴（m_{lh}^*）。电子的有效质量比（m_e^*/m_e）、重孔（m_{hh}^*/m_e）和轻空穴（m_{lh}^*/m_e）分别在导带最小值（0.0085）、最高价带（−0.2475）和最低价带（−0.3488）中计算。与上部和下部价带中的空穴相比，计算的电子有效质量表现出导带中电子的高迁移率。

为了理解 $MgAl_2O_4$ 化合物原子之间的键合性质，计算了（001）和（$10\bar{1}$）面中的价电子电荷密度，如图 2-20a 和 b 所示。Al 和 O(Al-O) 之间的键显示离子混合共价性质。由于 Al(1.61) 和 O(3.44) 原子之间的电负性差异较大，因此电荷从 Al 转移到 O 位点，这导致 Al-O 键的离子性增加。从热-规模可以清楚地看出，蓝色显示最大电荷密度，红色显示零电荷浓度。为深入了解所研究化合物的键合性质，我们还绘制了（$10\bar{1}$）面中的电子电荷密度。很明显，（001）面仅显示两个原子，而（$10\bar{1}$）面包含 $MgAl_2O_4$ 的所有原子。（$10\bar{1}$）面具有 Mg-O

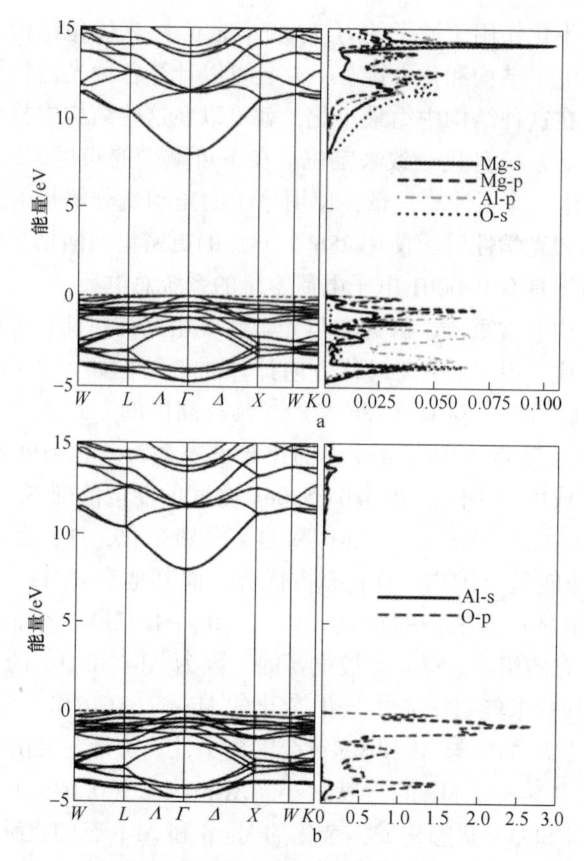

图 2-19 $MgAl_2O_4$ 的能带结构和态密度

共价键，其在（001）平面中不存在。Mg-O（1.73）的电负性差异大于 Al-O（1.43），因此 Mg-O 比 Al-O 显示出更大的离子性。

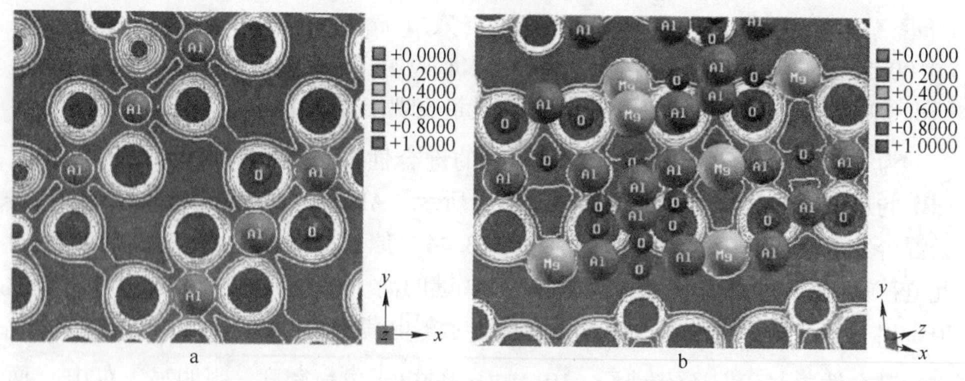

图 2-20 （001）和（$10\bar{1}$）面中的价电子电荷密度

a—（001）面；b—（$10\bar{1}$）面

固体的光学性质在材料研究中具有重要作用。如果没有正确理解材料的光学特性，就不可能在用于光通信的光子器件中得到改进[29]。计算光学性质的最重要因素是复杂的介电函数：

$$\varepsilon(\omega) = \varepsilon_1(\omega) + \varepsilon_2(\omega) \tag{2-2}$$

ε 显示材料对材料中传播的电磁辐射的电子响应。介电函数 $\varepsilon_2(\omega)$ 的虚部给出为[30]

$$\varepsilon_2(\omega) = \frac{4\pi^2 e^2}{m^2\omega^2 V_V} \sum_{C,\ K} \int_{BZ} |\langle \psi_K^V | \vec{P}_i | \psi_K^C \rangle|^2 \delta(E_{\psi_K^C} - E_{\psi_K^V} - h\omega) \tag{2-3}$$

图 2-21a 示出了介电函数的虚部。由于化合物是立方体，因此仅一种组分完全识别光学性质。在较低的能量范围内，材料显示出透明度。吸收边缘发生在 7.8eV，这表明电子从最初的价带（VBM）的第一次跃迁起源于 Al-p 和 O-p 态到由 Mg-s、Al-s/p 和 O-s 态形成的导带最小值（CBM）。主要光谱结构位于 16.0eV 左右。其余峰显示电子从较低能带转变为较高能带。介电函数 $\varepsilon_1(\omega)$ 的实部可以通过使用 Kramers-Kronig 关系[31]来确定：

$$\varepsilon_1(\omega) = 1 + \frac{2}{\pi} P \int_0^\infty \frac{\omega' \varepsilon_2(\omega')}{\omega'^2 - \omega^2} \mathrm{d}\omega' \tag{2-4}$$

介电函数 $\varepsilon_1(\omega)$ 的实部显示在图 2-21b 中。$\varepsilon_1(\omega)$ 的光谱显示在 12.0eV 处的最大峰值。它随着光子能量的增加而逐渐减小，并且在 22.0eV 时显示出最小值。进一步深入到光学性质中，Dressel[32] 和 Ravindran[33] 使用中给出的关系计算了折射率 $n(\omega)$、吸收系数 $I(\omega)$、反射率 $R(\omega)$ 和能量损失函数 $L(\omega)$：

$$n(\omega) = \left[\frac{\varepsilon_1(\omega)}{2} + \frac{\sqrt{\varepsilon_1^2(\omega) + \varepsilon_2^2(\omega)}}{2}\right]^{1/2} \tag{2-5}$$

$$I(\omega) = \left[\sqrt{\varepsilon_1^2(\omega) + \varepsilon_2^2(\omega)} - \varepsilon_1(\omega)\right]^{1/2} \tag{2-6}$$

$$R(\omega) = \left|\frac{\sqrt{\varepsilon(\omega)} - 1}{\sqrt{\varepsilon(\omega)} + 1}\right|^2 \tag{2-7}$$

$$L(\omega) = -\mathrm{Im}\left(\frac{1}{\varepsilon}\right) = \frac{\varepsilon_2(\omega)}{\varepsilon_1^2(\omega) + \varepsilon_2^2(\omega)} \tag{2-8}$$

计算出的折射率 $n(\omega)$ 如图 2-21c 所示，在静态极限 $n(0)$ 下的折射率计算值与实验和其他理论[14,16]结果见表 1。很明显计算的 $n(0)$ 与实验 $n(\omega)$ 不匹配，这归因于实验值 $n(\omega)$ 是在波长在 350~650nm 之间变化。介电函数 $\varepsilon_1(0)$ 的静态部分取决于材料的带隙。如图 2-21d 所示的吸收系数在 21.0eV 处显示出最大吸收峰值，这对应于 $\varepsilon_1(\omega)$ 的最小值。能量损失谱与材料中快速行进电子的能量损失有关，并且在等离子体处具有较大能量。能量损失谱的主要峰值位于30.0eV。反射光谱在0eV下显示4.5%的反射。当光子能量增加时，$MgAl_2O_4$的反射率也增加，并且在22eV处显示出42%反射的最大峰值，如图2-21f所示。将计算出的反射率与实验数据进行了比较[28]。如果在理论计算中选择较小的展宽，则可以使实验和理论曲线的大小之间的差异更小。在目前的计算中，展宽约为0.1eV。

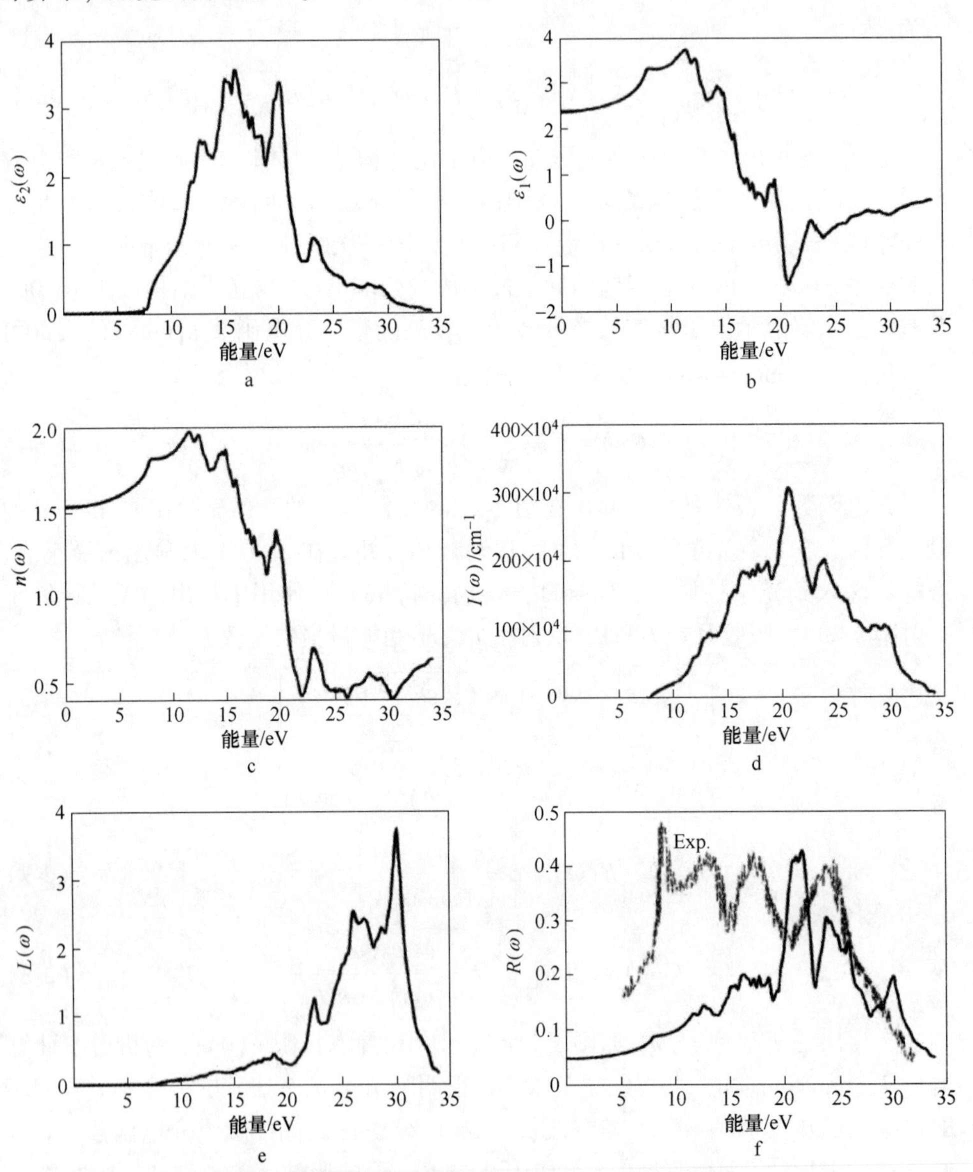

图2-21 介电函数的虚部（a）、介电函数的实部（b）、折射率$n(\omega)$（c）、吸收系数（d）、能量损失函数$L(x)$（e）和反射率$R(x)$（f）

2.3 热力学性质

在一项研究中，Jacob 等人[34,35]使用单晶 CaF_2 作为固态电解质并在固态电池中测量了反应（$MgO+Al_2O_3 \rightarrow MgAl_2O_4$）在 627～977℃的温度范围内的吉布斯能、焓和熵。这个电池的半电池氧化还原反应可以表示为

$$\text{Pt},\ O_2,\ MgO + MgF_2/CaF_2/MgF_2 + MgAl_2O_4 + \alpha\text{-}Al_2O_3,\ O_2,\ \text{Pt} \quad (2\text{-}9)$$

$$MgF_2 + 1/2O_2 + \alpha\text{-}Al_2O_3 + 2e \longrightarrow MgAl_2O_4 + 2F^- \quad (2\text{-}10)$$

$$MgO + 2F^- \longrightarrow MgF_2 + 1/2O_2 + 2e \quad (2\text{-}11)$$

由于氧分压在两个电极上都是一样的，所以反应可以表现为

$$MgO + \alpha\text{-}Al_2O_3 \longrightarrow MgAl_2O_4 \quad (2\text{-}12)$$

因此，该反应（2-12）的标准吉布斯能变化与能斯特方程（2-13）直接相关：

$$\Delta G_8^{\ominus} = -2FE = -23600 - 5.91T \quad (2\text{-}13)$$

式中，$\Delta G_8^{\ominus}$是反应（2-12）的标准 Gibbs 能量变化，J/mol；F 是法拉第常数。与温度无关的项在方程（2-13）右边给出了在平均温度下由组分氧化物形成 MAS 的“第二定律”焓。由 Shearer 和 Kleppa 报道[17]，求导值［(−23.6±1)kJ/mol］与在 692℃热量−24.8kJ/mol 和在 900℃热量−22.3kJ/mol，由 Charlu 等报道在 700℃下的−22.5kJ/mol，由 Navrotsky[36]报道在 700℃下的−23.8kJ/mol 相一致。

氧化物形成的 MAS 的第二定律熵在平均温度为 800℃时为（5.91±1.0）J/(mol·K) 小于评估值（8.7±4.2）J/(mol·K) 在 JANAF 表中的值[15]。如果 MAS 的粒径是 3μm，则电池的电动势 E 给出的基本上是标准摩尔吉布斯形成能。工作电极是从其组成氧化物形成的纳米晶体 MAS 在其正常热力学参考状态吉布斯（Gibbs）能量 ΔG_f。

$$\Delta G_f = -2FE \quad (2\text{-}14)$$

式中，F 是法拉第常数。可以从温度获得每种颗粒尺寸的 MAS 的形成相应的焓、熵和电动势系数。

$$\Delta H_f = -2FE + 2FT(\mathrm{d}E/\mathrm{d}T) \quad (2\text{-}15)$$

$$\Delta S_f = 2F(\mathrm{d}E/\mathrm{d}T) \quad (2\text{-}16)$$

MAS 的形成焓和熵是测量温度范围内的平均值。这些热力学性质值随着表面积线性增加：

$$\Delta G_f(927℃) = -30740 + 0.7514A \quad (2\text{-}17)$$

$$\Delta H_f = -23690 + 1.299A \quad (2\text{-}18)$$

$$\Delta S_f = 5.878 + 4.565 \times 10^{-4}A \quad (2\text{-}19)$$

这些结果表明，具有 13nm 平均颗粒的纳米晶 MAS 相对于其微晶中的其组分

氧化物（MgO 和 α-Al_2O_3）具有更高的焓。对于在 927℃ 下的粒子低于 5.8nm，发现 MAS 的吉布斯能高于氧化铝和氧化镁的微晶组分氧化物的等摩尔混合物。

2.4　电、介电和磁性能

在一项研究中，Iqbal 和 Ismail[38] 研究了过渡金属掺杂的镁铝尖晶石粉末的电、介电和磁性能。镁铝尖晶石的电阻率受用于粉末合成的起始前驱体溶液的 pH 影响（图 2-22a）。根据 MAS 和 $MgAl_{1.8}M_{0.2}O_4$（其中 M = Cr^{3+}，Mn^{3+}，Fe^{3+}）中掺杂剂的性质，金属-半导体转变在温度 T_{MS} 在 25 ~ 400℃ 的温度范围内（图 2-22b），T_{MS} 是金属-半导体转变样品电阻率达到最大值时的温度；在 T_{MS} 之上（$T > T_{MS}$）的是半导体行为（$-\Delta p/\Delta T$）和低于该温度（$T < T_{MS}$）的是金属行为（$+\Delta p/\Delta T$）。最初电阻率会降低 65 ~ 87℃，这归因于样品吸收的水分和其他杂质，如从空气中捕获的 CO_2 气体等。这些被捕获的杂质在 T 为 65 ~ 87℃ 并导致增加电阻率直到温度 $T = T_{MS}$，在该温度下有足够的活化能量可用于热激活载流子，然后是由于所捕获的电荷的释放，整个剩余温度范围内的电阻率降低。这种趋势是半导体的正常行为。这种电阻率的变化归因于过量的 Al^{3+} 阳离子从八面体位点迁移到富含氧化铝的四面体位点非化学计量的铝酸盐。

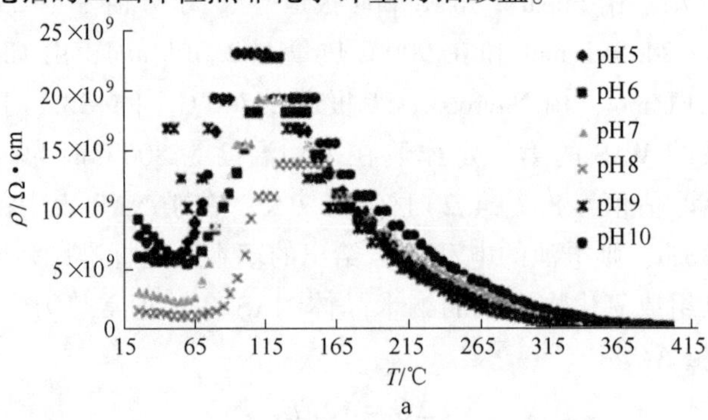

a

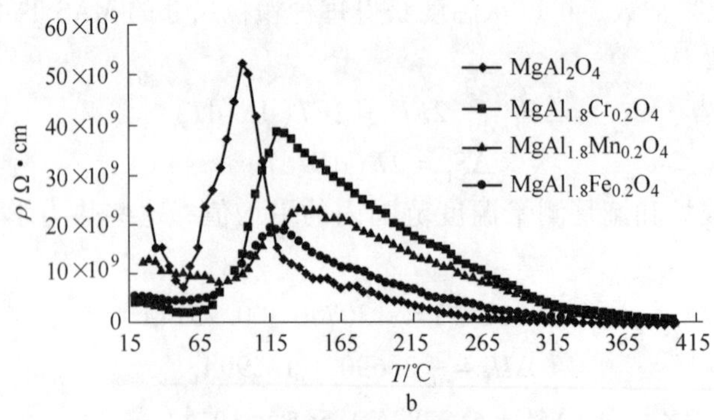

b

图 2-22　在 pH 5 ~ 10（a）和 MAS 和 $MgAl_{1.8}M_{0.2}O_4$（b）下合成的 MAS 的电阻率与温度的关系

在不同 pH 条件下形成的镁铝尖晶石的介电常数 ε 和介电损耗 $\tan\delta$，表现出类似的趋势（图 2-23）[38]。样品中的极化通常由所施加的电场而引起，这是以牺牲 Al 之间的电子交换为代价的 Al^{3+} 和 Al^{2+}。介电常数随着频率的增加而降低，最终在较高的频率下达到恒定值。介电常数和介电损耗在较低的频率下显示更高的值。随着偶极子没有足够的时间跟随高频率的电场反转，极化在较高频率下降。由于空间电荷极化，阳离子可能迁移到空位，形成双电层，使得材料可以像 T_{MS} 以下的电阻率曲线中所见的那样起作用，或者是由于体积变化或结构在转折点。这些样品显示在不同的 pH 值下低范围介电常数值从 8.26 到 10.21，pH 值为 9 时出现最低值。

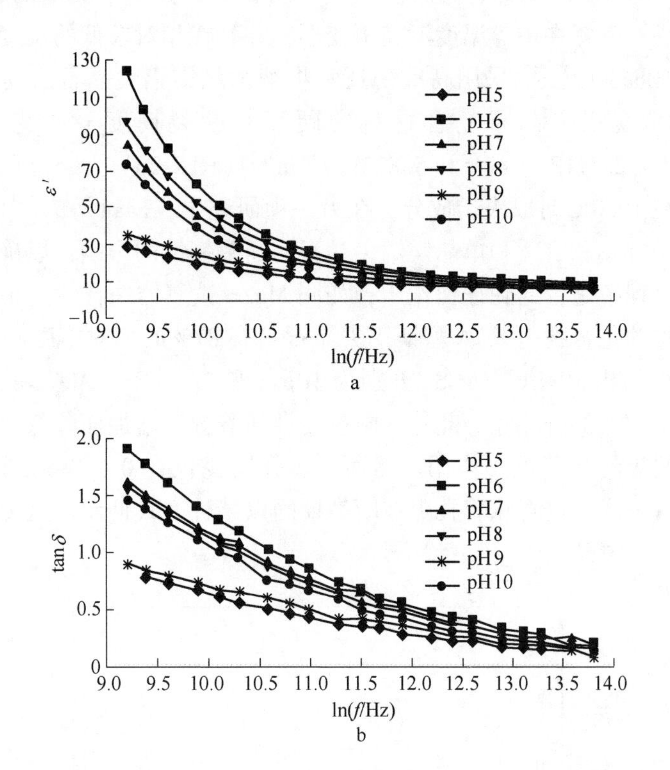

图 2-23 pH 5~10 合成的 MAS（a）和铝酸镁（b）介电常数与频率的曲线图

纯镁铝尖晶石表现出负磁化 M 和 Mn 和 Cr 掺杂的 MAS 衍生物，在室温下随着外加磁场 H 的增加而出现反磁性行为。然而，顺磁行为，即对于用 Fe 掺杂的镁铝尖晶石的施加磁场的正磁化。Charlu 等人[37]测量了包含四方 $MgMn_2O_4$ 和立方镁铝尖晶石固溶体的磁性，但是过渡金属取代对掺杂镁铝尖晶石样品的自旋取向的影响尚未给予很多关注。Navrotsky[36]的研究结果表明，通过将各种阳离子置换成镁铝尖晶石晶格，可以改变自旋的磁序。

2.5 力学性能

在一项研究中，Stewart 和 Bradt[39]研究了不同颗粒尺寸的单晶和多晶镁铝尖晶石的温度依赖断裂韧性。单晶和多晶镁铝尖晶石陶瓷都具有可比较的室温断裂韧度。多晶镁铝尖晶石的断裂韧性受粒度变化影响最小。在另一项研究中，Ghosh 等人[40]测量了完全致密、透明、多晶镁铝尖晶石从室温到 1400℃的抗折强度，用三点弯曲强度测试 V 形缺口梁和直槽梁以及压痕引起的受控微弱法测试。用 V 形试样和可控微缺陷技术从室温至 800°C 测试所得断裂韧性值非常相似(图 2-24)[40]。与温度相关的弯曲强度值（图 2-25）显示了类似的趋势[40]。致密的镁铝尖晶石陶瓷在中等温度下经历变形，并且在相对较低的温度下进行扩展变形[41,42]。Bhaduri[41,42]采用高致密技术将纳米晶镁铝尖晶石及其复合材料致密化。纳米晶镁铝尖晶石复合材料的硬度和断裂韧度分别为 2.89GPa 和 7.79GPa，以及 2.5MPa · $m^{1/2}$和 5.82MPa · $m^{1/2}$（图 2-26）[41]，这些镁铝尖晶石陶瓷的硬度在 1000℃时取决于成分。在另一项研究中，Laag 等人[43]研究了水对两种类型多晶（A 和 B）和单晶镁铝尖晶石的断裂韧性的影响，以确定水在亚临界裂纹扩展过程中是否起到任何作用，如同 MnZn 铁氧体一样，这是一种具有相同尖晶石结构的化合物[44]。A 型镁铝尖晶石具有 87%的相对密度和 B 型镁铝尖晶石具有 98%的相对密度，AGSs 分别为 10μm 和 2μm[45]。A 型表现出低弹性，这归因于其中的大部分孔隙。此外，断裂韧性随着湿度增加而降低，对于致密陶瓷来说，表明吸附起着重要作用。然而，多孔陶瓷仅在 0～10%之间急剧下降，之后几乎没有下降。这意味着孔隙在断裂期间以某种方式抑制。这种行为背后的确切机制仍然不清楚。

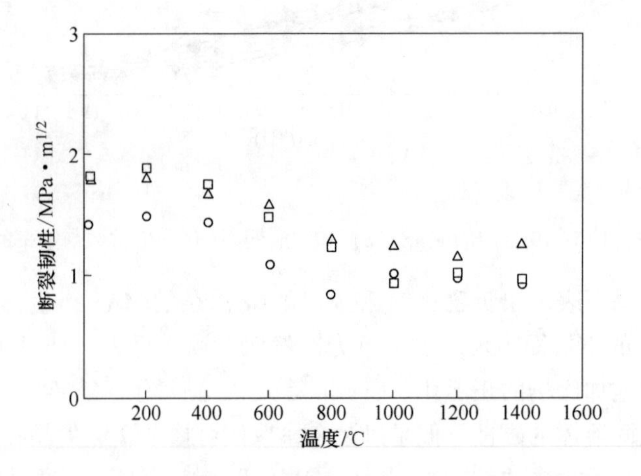

图 2-24　三种测试方法镁铝尖晶石的断裂韧性与温度的关系

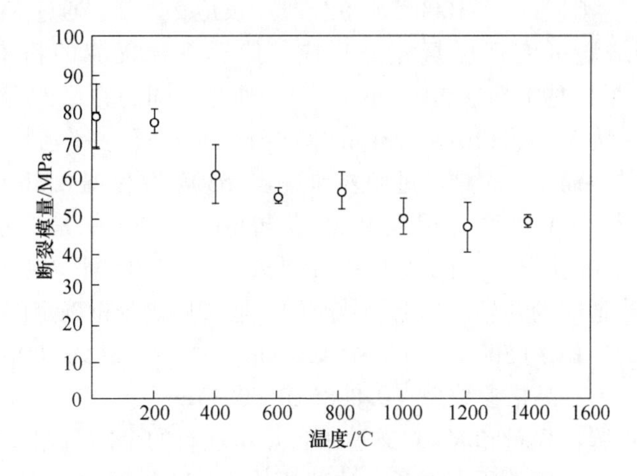

图 2-25 镁铝尖晶石断裂模量与温度的关系

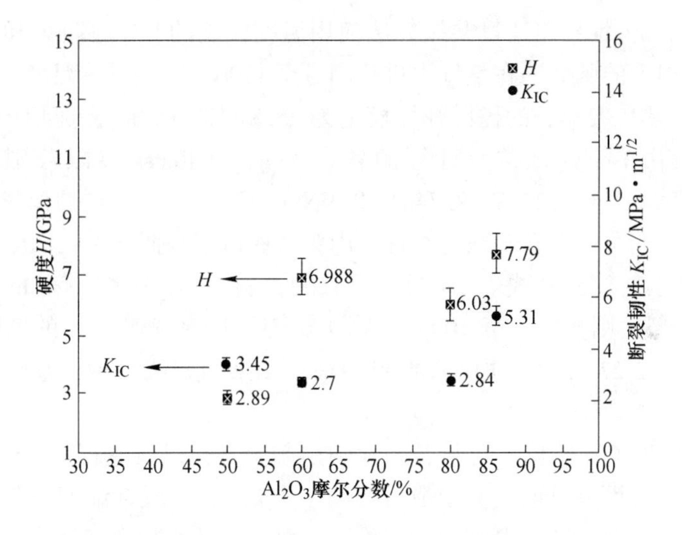

图 2-26 不同纳米晶镁铝尖晶石组分的硬度和断裂韧性

人们对多晶铝酸镁尖晶石的制造（以及所得的光学和力学性能）和稳定性有相当大的兴趣和研究[46]。对于力学性能，主要关注的焦点可能是高温变形和蠕变行为，因为据报道，化学计量 $MgAl_2O_4$ 满足五个独立滑移系统的 von Mises 准则[47]。几种关于多晶尖晶石强度的研究已在室温下完成。从这些强度研究中估计了 K_{IC}[48]；然而，只有有限的数据存在 K_{IC}，其中已经应用了断裂力学技术[49]。本研究报道了热压所得化学计量 $MgAl_2O_4$ 尖晶石的断裂韧性随晶粒尺寸和温度的变化。

从预先反应的粉末热压化学计量的 $MgAl_2O_4$，通过用 Al_2O_3 球和蒸馏水球磨混合 MgO 和 γ-Al_2O_3，并在 1000℃下在空气中反应 2h[50]。通过 X 射线衍射证实混合、干燥和焙烧可实现反复完全反应。然后将预反应的粉末在 1500℃和 20.67MPa 的石墨模具中真空热压 45min[51]。通过不同的原位，后浓缩热处理获得平均晶粒尺寸为 5μm、12μm、25μm 和 38μm 的尖晶石。平均粒度为 5μm 是冷却至室温获得的，而 12μm 是通过额外加热至 1550℃并保温 0.5h 获得的，25μm 是通过额外加热至 1600℃并保温 0.5h 获得的，而 38μm 是通过额外加热至 1700℃并保温 0.5h 获得的。在以 60℃/h 退火并在 1200℃下在空气中保温 24h，得到的坯料是半透明的并且理论上是致密的。通过质谱分析确定的化学显示存在 Ca(约 200μg/g)，B(约 500μg/g)，Si(约 400μg/g) 和 Fe(约 100μg/g)。对于化学计量的 $MgAl_2O_4$，晶格参数为 (0.8085±0.0003)nm。

制备样品的弹性模量和 K_{IC}，通过来自热压坯料的金刚石锯条来测量。从相同的坯料切割每种粒度的所有样品。这些棒使用 600 目的轮子进行金刚石磨削。断裂韧性试样的最终尺寸为 0.25cm×0.25cm×2.6cm。K_{IC}通过微裂纹控制技术来测量[52]。杨氏弹性模量通过共振方法使用温度控制的 SiC 电阻炉和用于耐火线的测量作为温度的函数。在空气中进行测量至 1200℃，超过该温度，信号的强度被抑制[53]。热压尖晶石的杨氏弹性模量为 $25.8\times10^4MN/m^2$，剪切模量为 $10.4\times10^4MN/m^2$。由单晶弹性常数计算的各自 Voigt 和 Reuss 界限分别为 $(29.2\sim25.8)\times10^4MN/m^2$ 和 $(11.7\sim9.74)\times10^4MN/m^2$[54]。$MgAl_2O_4$ 的模量完全在这些范围内，这表明可能存在轻微的纹理，因为这些值刚好低于 Voigt Reuss-Hill 平均值。杨氏弹性模量为线性 $f(T)$ 至 1200，斜率为-31.2MN/(m^2 ·℃)，与 Wachtman 一般规则相比，每 100℃下降 1%[55]。四种晶粒尺寸的断裂韧性随温度的变化如图 2-27 所示。实际数据点用最小二乘回归线显示，基于每个低温和高温区域的所有数据。

表 2-3 列出了每种粒度的断裂韧性和回归斜率，以及它们的 95%置信区间。几个一般性是显而易见的，其中最重要的一个是 K_{IC}在所有温度下与晶粒尺寸无关。同样明显的是，随着温度的升高，存在两个不同的断裂韧性降低的区域，即低温区域逐渐减少，高温区域韧性降低更快。两个区域之间的过渡似乎不依赖于晶粒尺寸，至少不超过所研究的平均晶粒尺寸的 5~38μm 范围。

这些趋势的一般形式，两个区域 $-(dK_{IC}/dT)$，与 Si[56]、SiC[57]、Al_2O_3[58]和 $MgAl_2O_4$ 以及钠钙硅酸盐玻璃的类似单晶测量形成对比[59]。单晶确实表现出低温降低的 K_{IC}区域；然而，在高温下，它们随着温度的升高呈现出快速增加的 K_{IC}值的第二区域，与这些多晶尖晶石的更快速降低相反。由于 K_{IC}的高温增加归因于单晶中的塑性流动过程和玻璃的黏性流动过程，这些结果表明>90℃下的快速高温降低可能与除了这些流动现象之外的物理过程有关。

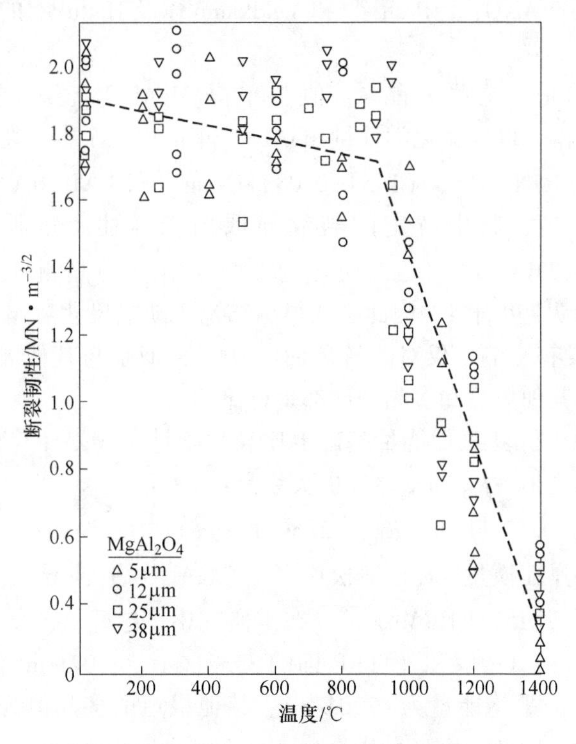

图 2-27 四种晶粒尺寸的断裂韧性随温度的变化

表 2-3 $MgAl_2O_4$ 的断裂韧性数据

晶粒大小/μm	室温 K_{IC}/MN·$m^{-3/2}$	(dK_{IC}/dT)/MN·$m^{-3/2}$·℃	
		低温	高温
5	1.94±0.10	$-4.0±2.1×10^{-4}$	$-3.2±0.5×10^{-3}$
12	1.98±0.14	$-2.4±2.9×10^{-4}$	$-1.8±0.3×10^{-3}$
25	1.83±0.14	$-1.3±1.2×10^{-4}$	$-2.5±0.5×10^{-3}$
38	1.97±0.18	$-1.9±4.1×10^{-4}$	$-2.8±0.6×10^{-3}$
结合	1.90±0.07	$-2.0±1.1×10^{-4}$	$-2.5±0.2×10^{-3}$

作为温度函数的断裂韧性似乎与晶粒尺寸无关，这是由表 2-3 中列出的室温断裂韧性证实的点。尽管 25μm 材料具有略低的平均 K_{IC}，但其置信带与之相矛盾。其他任何差异并不重要。结合所有粒度数据得到室温 K_{IC} 为（1.90±0.07）$MN/m^{3/2}$，与其他公布的多晶尖晶石值一致：1.7$MN/m^{3/2}$，2.0$MN/m^{3/2}$ 和 2.2$MN/m^{3/2}$。Rice 等人提出，当缺陷尺寸大于晶粒尺寸时，$MgAl_2O_4$ 的断裂表面能不是晶粒尺寸的函数。目前的结果，即 K_{IC}不是粒度的函数，证实了 Rice 等人的结论。因为本研究中的缺陷尺寸与晶粒尺寸比从 2 到 14 不等。缺少 K_{IC}，依

赖于晶粒尺寸也与 Al_2O_3 上 Pratt[60] 和 Veldkamp 以及 Hattu[61] 的测量值具有相似粒度范围。

同样重要的是，这些多晶 K_{IC} 值与单晶 $MgAl_2O_4$ 值的差别很小。对于 {100}，{110} 和 {111}，化学计量 $MgAl_2O_4$ 单晶中三个主要裂纹面的断裂韧性为（1.18±0.05）$MN/m^{3/2}$、（1.54±0.08）$MN/m^{3/2}$ 和 1.90±0.06$MN/m^{3/2}$。其他报道的单晶 K_{IC} 值，其中特定的裂纹面取向未详述，分别为 1.6$MN/m^{3/2}$、1.3$MN/m^{3/2}$ 和 1.7$MN/m^{3/2}$，也是可比的[62,63]。由于单晶测量的缺陷尺寸与晶粒尺寸比必须被认为小于 1，因此必须得出结论，缺陷尺寸对 $MgAl_2O_4$ 尖晶石的 K_{IC} 的测量几乎没有影响。仅对于解理面 {100}，似乎与其他 K_{IC} 值存在显著差异。实际上所有其他单晶和多晶韧性都是可比的。

然而，如果在断裂-表面能量基础上比较化学计量 $MgAl_2O_4$ 的单晶和多晶裂缝，则差异更加突出。K_{IC} 和 γ_f 之间的关系是：

$$K_{IC} = 2E\gamma_f(1 - \nu^2) \tag{2-20}$$

式中，E 是杨氏弹性模量，ν 是泊松比[64]。$MgAl_2O_4$ 各向异性，在室温下 E 是 $3.64\times10^5 MN/m^2$ 到 $1.71\times10^5 MN/m^2$。在本研究中，这些值产生的平均断裂面能量分别为 {100}、{110} 和（111）面的 3.57J/m^2、4.07J/m^2 和 4.85J/m^2，以及多晶 $MgAl_2O_4$ 的平均能量为 6.70J/m^2。其他报道的多晶值为 5J/m^2、6J/m^2、7J/m^2 和 10J/m^2。因此，多晶材料也只是单晶取向的两倍左右。这种单晶和多晶 K_{IC} 和 γ_f 值表明这两种形式的 $MgAl_2O_4$ 可表现出非常相似的强度行为。

低温区域中 dK_{IC}/dT 值的回归斜率与室温 K_{IC} 数据不完全一致；但是，它们都是相同的数量级。似乎没有与晶粒尺寸一致的趋势，只是最细的晶粒尺寸表现出略微更大的下降。随着温度的升高，降低 K_{IC} 的低温区域的大小可以通过结合杨氏弹性模量随温度升高而降低弹性模型来解释。γ_f 的表达式如下：

$$\gamma_f = (E/\alpha_0)(\lambda/\pi)^2 \tag{2-21}$$

$$K_{IC} = [\lambda E\sqrt{2}/\pi\alpha_0^{1/2}(1 - \nu^2)^{1/2}] \tag{2-22}$$

式中，λ 是离子之间吸引力的弛豫距离，是原子间距离。

$$\left(\frac{dK_{IC}}{dT}\right) = \frac{\lambda\sqrt{2}}{\pi\alpha_0^{1/2}(1 - \nu^2)^{1/2}}\left[\frac{dE}{dT} - \frac{1}{2}E\alpha - \frac{E\nu}{1 - \nu^2}\left(\frac{d\nu}{dT}\right)\right] \tag{2-23}$$

式中，α 是线性体膨胀系数。尽管对于多晶材料 λ 和 α 的值不能如单晶的各个平面那样指定，但是可以从等式（2-21）估计量 $\lambda/\alpha_0{}^{1/2}$，使用 K_{IC}、E 和 ν 的实验测量值。一旦估计出 $\lambda/\alpha_0{}^{1/2}$，就可以计算 dK_{IC}/dT（由等式（2-22）表示）。解决方程（2-23）得到 dK_{IC}/dT 为 -2.0×10^{-4} MN/（$m^{3/2}$·℃）在低温区域，与回归斜率完全一致。因此可以合理地得出结论，低温断裂区域本质上是弹性的，其温度依赖性受温度的支配。

在讨论从低温到高温断裂区域的约900℃过渡之前，必须讨论断裂面的外观，以进一步了解断裂机制。图2-28显示了在室温下750℃的25μm粒度$MgAl_2O_4$的断裂表面特征。1000℃和1400℃来自低温区域的两个断裂表面是穿晶和晶间混合的，而来自高温区域的两个断裂表面实际上是100%的晶间。在过渡温度正下方750℃的断裂表面看起来与室温下非常相似。考虑到K_{IC}在低温区域逐渐减小，因此在包含该区域的温度下裂缝表面形态没有明显变化也就不足为奇了。然而，在转变温度的正上方，裂缝已经完全是粒间的并且保持在1400℃。在图2-28的裂缝表面形态中，转变似乎与图2-27中的突变一样突然。显然，K_{IC}的突然中断与T曲线是这种断裂模式转变的直接结果。

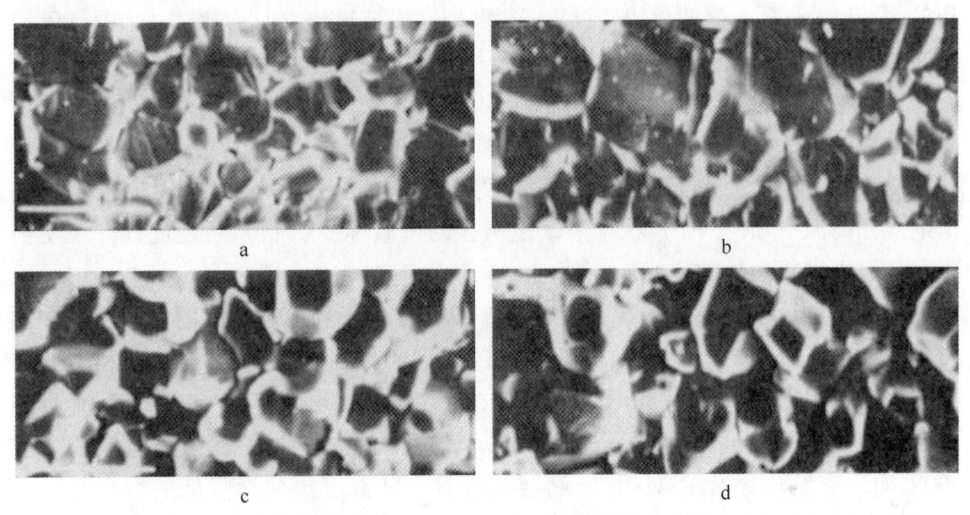

图2-28 在室温下（a），750℃（b），1000℃（c）和1400℃（d）（棒=50μm）的$MgAl_2O_4$（粒度25μm）的断裂表面

重要的是弹性模量降低与测量的最高温度1230℃呈线性关系。该结果表明，高于900℃转变温度的K_{IC}的快速下降与整个多晶组合体的平均弹性模量趋势没有直接关系。虽然$-(dK_{IC}/dT)$趋势取决于$-(dE/dT)$低温区域，其中存在明显的穿晶断裂，一旦发生断裂模式的转变（在高温状态下完全沿晶体失效），$-(dK_{IC}/dT)$比测量的$-(dE/dT)$预测大一个数量级。这种变化意味着指示晶间断裂的晶界K_{IC}可能与测量的总弹性模量无关，该弹性模量是整个试样的特征，但可能受晶界结构的控制。这表明非弹性机制可能在高温，$-(dE/dT)$区域内起作用，弹性模量降低不再是主导因素。

对于在大于9000℃下突然过渡到完全沿晶断裂，可以给出几种解释。在晶界处集中的杂质的存在以及裂纹尖端塑性增强的裂纹扩展机制导致晶界相干性的损失。然而，这些解释在解释这里观察到的趋势时并不完全令人满意，因为它们通常表明粒度效应，并且在本研究中测量的粒度不存在。例如，阳离子杂质Si、B、

Ca 和 Fe 可在晶界偏析并形成硼硅酸盐玻璃相。可以合理地预期，这种相的存在可能会削弱高温下的晶界，可能会增加它们对亚临界裂纹扩展或晶界滑动的敏感性，这可能导致晶界滑动或慢速裂纹生长引起的机制，正如 Evans 和 Langdon 所建议的那样。可能会出现明显的晶粒尺寸对转变温度的影响，同样，在高温区域可能会出现明显的晶粒尺寸效应-(dK_{IC}/dT)。看起来很重要的是，即使平均晶粒尺寸在 5~38μm 之间变化，与晶粒边界面积相比，在转变温度和 100%间隙中没有明显的差异。晶粒断裂高温区斜率-(dK_{IC}/dT) 在转变后减缓。然后必须在实验测量中缺乏晶粒尺寸效应的基础上拒绝晶界杂质偏析对断裂转变的影响。

应用裂纹尖端塑性机制，例如最初由 Clarke 等人提出的，后来由 Bradt 等人和 Evans 和 Langdon 修改，以产生 Stroh 型裂纹成核过程，具有吸引力作为 900℃过渡的解释。其最重要的一点是，转变发生在精确的温度范围内，其中位错塑性流动过程在 $MgAl_2O_4$ 单晶的断裂中变得重要。不幸的是，类似 Stroh 的模型需要通常分配给它的堆积长度尺寸、粒径。因此，如果以其当前形式应用，它们产生粒度依赖性。同样，由于没有明显的粒度依赖性，这些模型必须以其当前形式被拒绝。在高温-(dK_{IC}/dT) 状态下缺乏明显的过渡本身机制和断裂过程，说明需要在高温下进行额外的研究。

多晶化学计量尖晶石的断裂韧性与 5~38μm 的平均粒度范围内的晶粒尺寸无关。K_{IC}值与 {111} 面的单晶值相当。多晶尖晶石显示出两个不同的 K_{IC} 区域，随着温度的升高而降低。低温区的特征在于 $dK_{IC}/dT=-10^{-4}MN/(m^{3/2}\cdot℃)$ 和混合的穿晶和沿晶断裂形态。低温 dK_{IC}/dT 正是由弹性模量变化预测的。在900℃时，突然转变为高温区域。高温区域具有随温度更快速降低的数量级，并且其特征在于完全沿晶断裂形态。K_{IC} 值，它们在两个区域中的任何一个中的斜率及转变温度都不依赖于晶粒尺寸。

参考文献

[1] Ganesh I, Olhero S M, Araújo A B, et al. Chemisorption of phosphoric acid and surface characterization of as passivated AlN powder against hydrolysis [J]. Langmuir the Acs Journal of Surfaces & Colloids, 2008, 24 (10): 5359-5365.

[2] Olhero S M, Ganesh I, Torres P M C, et al. Surface passivation of $MgAl_2O_4$ spinel powder by chemisorbing H_3PO_4 for easy aqueous processing [J]. Langmuir the Acs Journal of Surfaces & Colloids, 2008, 24 (17): 9525-9530.

[3] Slotznick S P, Shim S. Insitu raman spectroscopy measurements of spinel up to 1400℃ [C]. AGU Fall Meeting, AGU Fall Meeting Abstracts, 2006: 470-476.

[4] Cynn H, Sharma S K, Cooney T F, et al. High-temperature raman investigation of order-disorder

behavior in the $MgAl_2O_4$ spinel [J]. Physical Review B, 1992, 45 (1): 500-502.

[5] Singh V, Chakradhar R P S, Rao J L, et al. Combustion synthesized $MgAl_2O_4$: Cr phosphors-An EPR and optical study [J]. Journal of Luminescence, 2009, 129 (2): 130-134.

[6] Barry T I. Exploring the role of impurities in non-metallic materials by electron paramagnetic resonance [J]. Journal of Materials Science, 1969, 4 (6): 485-498.

[7] Fuxi G. Optical and spectroscopic properties of glass [M] Berlin: Springer, 1992.

[8] Landry R J, Fournier J T, Young C G. Electron spin resonance and optical absorption studies of Cr^{3+} in a phosphate glass [J]. Journal of Chemical Physics, 1967, 46 (4): 1285-1290.

[9] Omkaram I, Raju G S R, Buddhudu S. Emission analysis of Tb^{3+}: $MgAl_2O_4$, powder phosphor [J]. Journal of Physics & Chemistry of Solids, 2008, 69 (8): 2066-2069.

[10] Kano T. Phosphor Handbook, (Eds.: S. Shionoya, W. M. Yen) [M]. BocaRaton: CRC press, 1998, 185.

[11] Zhang J, Lu T, Chang X, et al. Fast track communication: Related mechanism of transparency in $MgAl_2O_4$ nano-ceramics prepared by sintering under high pressure and low temperature [J]. Journal of Physics D Applied Physics, 2009, 42 (5): 52002-52006.

[12] Fujimoto Y, Tanno H, Izumi K, et al. Vanadium-doped $MgAl_2O_4$, crystals as white light source [J]. Journal of Luminescence, 2008, 128 (3): 282-286.

[13] Izumi K, Miyazaki S, Yoshida S, et al. Optical properties of 3d, transition-metal-doped $MgAl_2O_4$ spinels [J]. Phys. rev. b, 2007, 76 (7): 758-765.

[14] Hosseini S M. Structural, electronic and optical properties of spinel $MgAl_2O_4$ oxide [J]. Physica Status Solidi, 2008, 245 (12): 2800-2807.

[15] Morey O, Goeuriot P. "MgAlON" spinel structure: A new crystallographic model of solid solution as suggested by jamath, solid state NMR [J]. Journal of the European Ceramic Society, 2005, 25 (4): 501-507.

[16] Thibaudeau P, Gervais F. Ab Initio Investigation of Phonon Modes in the $MgAl_2O_4$ Spinel [J]. Journal of Physics Condensed Matter, 2002, 14 (13): 3543.

[17] Shearer J A, Kleppa O J. The enthalpies of formation of $MgAl_2O_4$, $MgSiO_3$, Mg_2SiO_4 and Al_2SiO_5 by oxide melt solution calorimetry [J]. Journal of Inorganic & Nuclear Chemistry, 1973, 35 (4): 1073-1078.

[18] Léger J M, Haines J, Schmidt M, et al. Discovery of hardest known oxide [J]. Nature, 1996, 383 (6599): 401-401.

[19] Bratton R J. Translucent Sintered $MgAl_2O_4$ [J]. Journal of the American Ceramic Society, 1974, 57 (7): 283-286.

[20] Govindaraj A, Flahaut E, Laurent C, et al. An investigation of carbon nanotubes obtained from the decomposition of methane over reduced $Mg_{1-x}M_xAl_2O_4$ spinel catalysts [J]. Journal of Materials Research, 1999, 14 (6): 2567-2576.

[21] Gusmano G, Montesperelli G, Nunziante P, et al. Humidity-sensitive electrical response of sintered $MgFe_2O_4$ [J]. Journal of Materials Science, 1993, 28 (22): 6195-6198.

[22] Irifune T, Fujino K, Ohtani E. A new high-pressure form of $MgAl_2O_4$ [J]. Nature, 1991, 349 (6308): 409-411.

[23] Galasso F S, Structure and properties of inorganic solids [M]. New York: Pergamon, 1970.

[24] Amin B, Khenata R, Bouhemadou A, et al. Opto-electronic response of spinels $MgAl_2O_4$ and $MgGa_2O_4$ through modified Becke-Johnson exchange potential [J]. Physica B Physics of Condensed Matter, 2012, 407 (13): 2588-2592.

[25] Peterson R C, Lager G A, Hitterman R L. A time-of-flight neutron powder diffraction study of $MgAl_2O_4$ at temperatures up to 1273K [J]. American Mineralogist, 1991, 76 (9): 172-180.

[26] Tran F, Blaha P. Accurate band gaps of semiconductors and insulators with a semilocal exchange-correlation potential [J]. Physical Review Letters, 2009, 102 (22): 226-401.

[27] Hill R J, Craig J R, Gibbs G V. Systematics of the spinel structure type [J]. Physics & Chemistry of Minerals, 1979, 4 (4): 317-339.

[28] Bortz M L, French R H, Jones D J, et al. Temperature dependence of the electronic structure of oxides: MgO, $MgAl_2O_4$ and Al_2O_3 [J]. Physica Scripta, 1990, 41 (4): 537.

[29] Singh J. Optical properties of condensed matter and applications [M]. England: John Wiley sons, 2006.

[30] Launay M, Boucher F, Moreau P. Evidence of a rutile-phase characteristic peak in low-energy loss spectra [J]. Physical Review B, 2004, 69 (3): 35-101.

[31] Tributsch H. Solar energy-assisted electrochemical splitting of water. Some energetical, kinetical and catalytical considerations verified on MoS_2 layer crystal surfaces [J]. Zeitschrift Fur Naturforschung A, 1977, 32 (9): 972-985.

[32] Dressel M, Gruner G. Electrodynamics of solids: Optical properties of electrons in matter [M]. UK: Cambridge University Press, 2002.

[33] Ravindran P, Delin A, Johansson B, et al. Electronic structure, chemical bonding, and optical properties of ferroelectric and antiferroelectric $NaNO_2$ [J]. Physical Review B, 1999, 59 (3): 1776-1785.

[34] Jacob K T, Jayadevan K P, Waseda Y. Electrochemical determination of the gibbs energy of formation of $MgAl_2O_4$ [J]. Journal of the American Ceramic Society, 1998, 81 (1): 209-212.

[35] Jacob K T, Jayadevan K P, Mallya R M, et al. Nanocrystalline $MgAl_2O_4$: measurement of thermodynamic properties using a solid state cell [J]. Advanced Materials, 2000, 12 (6): 440-444.

[36] Navrotsky A, Wechsler B A, Geisinger K, et al. Thermochemistry of $MgAl_2O_4$-$Al_{8/3}O_4$ defect spinels [J]. Journal of the American Ceramic Society, 2010, 69 (5): 418-422.

[37] Charlu T V, Newton R C, Kleppa O J. Enthalpies of formation at 970 K of compounds in the system MgO-Al_2O_3-SiO_2, from high temperature solution calorimetry [J]. Geochimica Et Cosmochimica Acta, 1975, 39 (11): 1487-1497.

[38] Iqbal M J, Ismail B. Electric, dielectric and magnetic characteristics of Cr^{3+}, Mn^{3+} and Fe^{3+} substituted $MgAl_2O_4$: Effect of pH and annealing temperature [J]. Journal of Alloys & Com-

pounds, 2009, 472 (1-2): 434-440.

[39] Stewart R L, Bradt R C. Fracture of polycrystalline $MgAl_2O_4$ [J]. Journal of the American Ceramic Society, 2010, 63 (11-12): 619-623.

[40] Ghosh A, White K W, Jenkins M G, et al. Fracture resistance of a transparent magnesium aluminate spinel [J]. Journal of the American Ceramic Society, 1991, 74 (7): 1624-1630.

[41] Bhaduri S, Bhaduri S B, Prisbrey K A. Auto ignition synthesis of nanocrystalline $MgAl_2O_4$ and related nanocomposites [J]. Journal of Materials Research, 1999, 14 (9): 3571-3580.

[42] Bhaduri S, Bhaduri S B. Microstructural and mechanical properties of nanocrystalline spinel and related composites [J]. Ceramics International, 2002, 28 (2): 153-158.

[43] Laag N J V D, Dijk A J M V, Lousberg N, et al. The influence of water on the fracture of magnesium aluminate ($MgAl_2O_4$) spinel [J]. Journal of the American Ceramic Society, 2005, 88 (3): 660-665.

[44] Keer H V, Bodas M G, Bhaduri A, et al. Electrical and magnetic properties of the $MgMn_2O_4$-$MgAl_2O_4$ system [J]. Journal of Physics D Applied Physics, 2002, 7 (15): 20-58.

[45] Wdowik U D, Parliński K, Siegel A. Elastic properties and high-pressure behavior of $MgAl_2O_4$ math aontainer loading mathjax, from ab initio calculations [J]. Journal of Physics & Chemistry of Solids, 2006, 67 (7): 1477-1483.

[46] Hing P. Fabrication of translucent magnesium aluminate spinel and its compatibility in sodium vapour [J]. Journal of Materials Science, 1976, 11 (10): 1919-1926.

[47] Groves G W, Kelly A. Independent slip systems in crystals [J]. Philosophical Magazine, 1963, 8 (89): 877-887.

[48] Choy D M, Palmour Ill H, Kriegel W W. Microstructure and room temperature mechanical pmpenies of hot-pressed magnesium aluminate as described by quadratic multivariable analysis [J]. J. Am. Cerarn. Soc., 1968, 51 (1): 10-16.

[49] Swanson G D. Fracture energies of ceramics [J]. J. Am. Ceram. Soc., 1972, 55 (1): 48-49.

[50] Ryshkewitsch E. Oxide ceramics [M] . New York: Academic Press, 1960.

[51] Swanson H E, Fuyat R K. Standard X-ray diffraction powder patterns [J]. Natl. Bur. Stund. Circ., 1954, 7 (8): 30-31.

[52] Petrovic J J, Jacobson L A, Talty P K, et al. Vasudevan, controlled surface flaw sin hot-pressed Si_3N_4 [J]. J. Am. Ceram. Soc., 1975, 58 (3-4): 113-116.

[53] Schreiber E, Anderson Q L, Soga N, et al. Elastic constants and their measurements [M]. New York: McGraw-Hill, 1974: 82-125.

[54] Simmons G, Wang H. Single crystal elastic constants and calculated aggregate properties, 2nd ed. [M]. M. I. T. Press, Cambridge, Mass, 1971: 96.

[55] Wachtman J B, Jr. Mechanical and thermal properties of ceramics [M]. Jr. NBS Spec. Pub., (U. S.), 1969: 139-168.

[56] John T St. The brittle-to-ductile transition in precleaved silicon single C stals [J]. Philos.

Mag. , 1975, 32 (6): 1193-1212.

[57] Henshall J L, Rowcliffe D J, Edington J W. Fracture toughness of single-crystal silicon cahide [J]. J. Am. Ceram. Soc. , 1977, 60 (7-8): 373-375.

[58] Wiederhorn S M, Hockey B J, Roberts D E. Effect of temperature on the fracture of sapphire [J]. Philosophical Magazine, 1973, 28 (4): 783-796.

[59] Shinkai N, Bradt R C, Rindone G E. Fracture toughness of fused SiO_2 and float glass a elevated temperature [J]. Journal of the American Ceramic Society, 2010, 64 (7): 426-430.

[60] Pratt P L. Fracture [M]. University of Waterloo Press, 1977: 909-912.

[61] Veldkamp J D B, Hattu N. On the fracture toughness of brittle materials [J]. Philips J. Res. , 1979, 34 (1-2): 1-25.

[62] Evans A G, Charles E A. Fracture toughness determinations by indentation [J]. J. Am. Ceram. Soc. , 1976, 59 (7-8): 371-372.

[63] Evans A G, Wilshaw T R. Quasi-static solid particle damage in brittle solids-I. Observations analysis and implications [J]. Acta Metallurgica, 1976, 24 (10): 939-956.

[64] Lawn B R, Wilshaw T R, Rice J R. Fracture of brittle solids (cambridge solid state science series) [J]. Journal of Applied Mechanics, 1977, 44 (3): 517.

3 镁铝尖晶石粉末的合成

天然的镁铝尖晶石资源不能满足工业生产的需要，通常所用的尖晶石都是人工合成的。合成方法主要有固相法、熔融法、共沉淀法、干燥及冲洗法、高温雾化法等。其中，前两种镁铝尖晶石生产方法适于工业。与熔融法相比，固相法具有合成工艺简单，生产成本低，能采用天然原料合成等优点，因此得以迅速发展。对于某些应用，如光学透明窗/圆顶/护套、催化剂和催化剂载体、湿度传感器等，采用湿化学法制备得到的镁铝尖晶石粉末是首要选择。湿化学法制备的镁铝尖晶石粉末具有许多优点，例如产品的活性高、均匀性好和纯度高。并且镁铝尖晶石颗粒的尺寸、形状和分布以及加工温度对于生产高性能陶瓷来说越来越重要。

3.1 合成条件对镁铝尖晶石粉末理化性质的影响

3.1.1 概述

在过去的几十年中，平均晶体尺寸为几纳米的纳米结构材料引起了极大的兴趣。这种结构可以增大材料的强度、硬度和比热容，以及改善其延展性和降低其密度和弹性模量等。镁铝尖晶石（$MgAl_2O_4$）是众所周知和广泛使用的材料之一。它是通过氧化镁和氧化铝中阳离子扩散（$3Mg^{2+} \rightleftharpoons 2Al^{3+}$）的固相合成反应，在高温（>1400℃）下通过氧化物颗粒之间的产物层相互渗透固相合成的[1]。它具有氧离子面心立方结构（fcc），每个单元有 8 个分子，其中有 64 个四面体和 32 个八面体位置[2]。在理想情况下，铝离子占据 16 个八面体位置和镁离子占据八个四面体位置[2]。该陶瓷材料因其耐火性、良好的抗热震性和机械强度、高熔点（2135℃）、高化学惰性、低体膨胀系数、低密度、优异的光学和介电特性，在化学、冶金和电化学中得到应用[3,4]。许多研究人员通过各种合成方法合成了铝酸镁，例如自蔓延（SHS）技术[5]，表面活性剂辅助沉淀[6]，自燃技术[7]，湿化学过程[8]，共沉淀[9,10]，熔盐法[11]，使用铝土矿和菱镁矿的反应烧结[12]，硝酸盐-柠檬酸盐燃烧途径[13]，溶胶-凝胶自燃方法[14]，微波辅助燃烧合成[15]，结晶和分解硝酸铝和硝酸镁混合物[16]等。在获得纳米结构材料的方法中，机械化学过程由于其简单性和低工艺成本而非常流行。机械化学活化合成方法是通过研磨过程改善反应物相互作用和接触的一种有效方法，可以提高产品的化学均匀性，降低热处理的严重程度[17]。机械化学研磨可以通过显著降低热处理温度来加速多组分体系中的反应[18]。许多研究人员已经在不同条件下使用各种机械化学合成方法来获得铝酸镁尖晶石[1,2,18]。已经使用不同的前体通过机械化学活化然后热处理如 Al_2O_3 和 $MgCO_3$ 来获得纳米晶铝酸镁尖晶石[1,18]。

由于在酸性和碱性环境中具有高化学惰性，以及在高温下具有高耐热性，铝酸镁尖晶石已被广泛应用于非均相催化作为不同负载金属氧化物催化剂的载体，用于清洁能源生产和环境生产。结果表明，通过共沉淀 Al 和 Mg 前体盐溶液，然后在高温下煅烧得到的 $MgAl_2O_4$ 具有较高的比表面积，适合作为催化剂载体的区域[19]。在本研究中，试图通过不同方法合成镁铝尖晶石，研究合成方法对所得尖晶石材料理化性质的影响。

3.1.2 研究设计

通过两种不同的合成方法制备铝酸镁样品。标记为方法 1 的第一种方法用于机械化学研磨 $Al(NO_3)_3 \cdot 9H_2O$(99% 纯度) 和 $Mg(NO_3)_2 \cdot 6H_2O$(99% 纯度) 的粉末前体以 2∶1 化学计量比进行初始混合物，然后在 650℃ 和 850℃ 下在空气中进行热处理。使用 PM100 型行星式球磨机进行高能球磨 1h、2h、3. 30h 和 5. 30h。机械化学研磨过程在室温下、空气气氛中 250mL 不锈钢研磨容器中进行，转速为 390r/min。球和粉末之间的质量比为 17∶1。

标记为方法 2 的第二种制备方法是将摩尔比为 1∶2 的硝酸镁和硝酸铝粉末的初始材料在玛瑙研钵中研磨 6h，然后在 240℃ 空气中热处理 4h 以获得熔体。之后，将样品粉末在 650℃、750℃ 和 850℃ 的空气中热处理 2h。

3.1.3 研究结果与讨论

初始 $Al(NO_3)_3 \cdot 9H_2O$ 和 $Mg(NO_3)_2 \cdot 6H_2O$ 盐以及之后的样品混合物在室温下不同时期机械活化后，在 650℃ 和 850℃ 下热处理 2h 的粉末 XRD 图谱如图 3-1 所示。在 240℃ 下共熔 4h 的样品在 650℃、750℃ 和 850℃ 下进行热处理的粉末 XRD 如图 3-2 所示。由图 3-1 显而易见的是起始硝酸盐混合物球磨 1h 和 2h 后的结构是相似的。将研磨时间增加至 3. 30h 和 5. 30h 导致混合物的 XRD 光谱发生变化，这可能是由于在机械活化过程期间所有组合物中形成具有不可识别中间化合物的峰。由于在不低于 650℃ 的温度处理下不存在这些相，因此推测它们是水合硝酸盐。在 650℃ 和 850℃ 的温度处理下，铝酸镁尖晶石相（PDF-77-1193）在先前机械活化的 XRD 中很清楚。样本衍射线在 31. 4°、36. 9°、44. 8°、59. 5° 和 65. 3° 处，尖晶石相对应于（220）、（311）、（400）、（511）和（400）平面。

此外，应该注意到在机械活化过程中发现了铁相痕迹（PDF-87-0721）（图 3-1）。铁相的存在可能是由于在机械化学研磨过程中样品与不锈钢球和容器之间

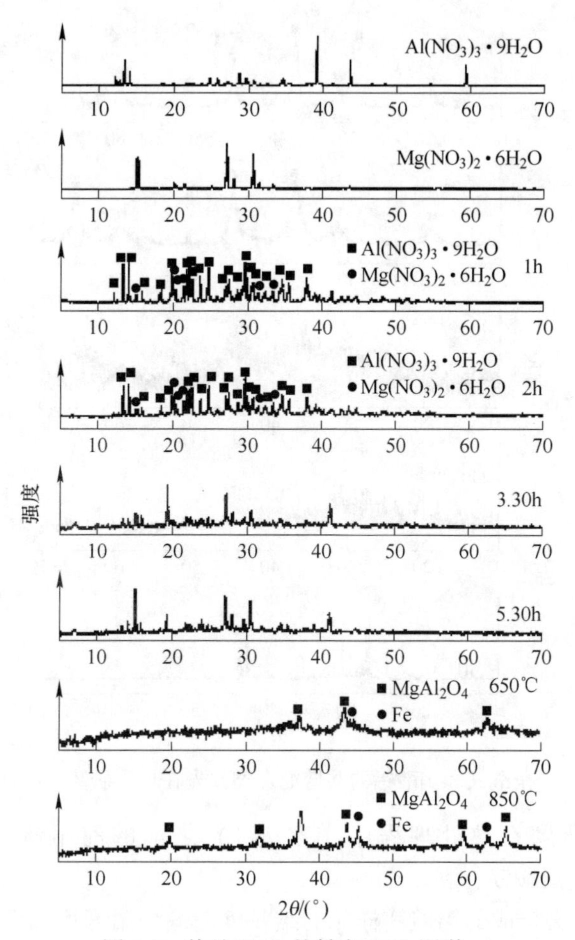

图 3-1 热处理 2h 的粉末 XRD 图谱

强烈且连续接触下的杂质。在机械活化期间获得的含铁污染物也由 Adhami 等人确定[20]。作者已经确定在研磨过程中将铁杂质掺入混合物中会导致形成一些 $MgFe_{0.6}Al_{1.4}O_4$ 尖晶石相[20]。根据文献［21］尖晶石粉末是通过固态反应制备的，其需要非常高的热处理温度（1400～1600℃）。然而，在目前的工作中，可以看出，由于初始粉末的较高反应性和接触表面积，可以通过将 6h 球磨粉末在 650℃下热处理 2h 来形成镁铝尖晶石。

在 240℃下硝酸镁和硝酸铝的共熔混合物预先在玛瑙研钵中混合 4h 的 XRD 图谱如图 3-2 所示。在 650℃下进行热处理导致形成铝酸镁尖晶石状结构的无定形相。然而，将热处理的温度升高至 750℃和 850℃导致形成公认的 $MgAl_2O_4$ 尖晶石相峰（PDF-77-1193）。尖晶石的峰展宽是由于在 650℃下形成的小晶粒尺寸。由于晶粒尺寸的减小，晶体中以相同角度折射的平面的数量减少，导致峰值变宽。可以得出结论，与通过方法 2（750℃）合成的样品观察到的相比，氧化

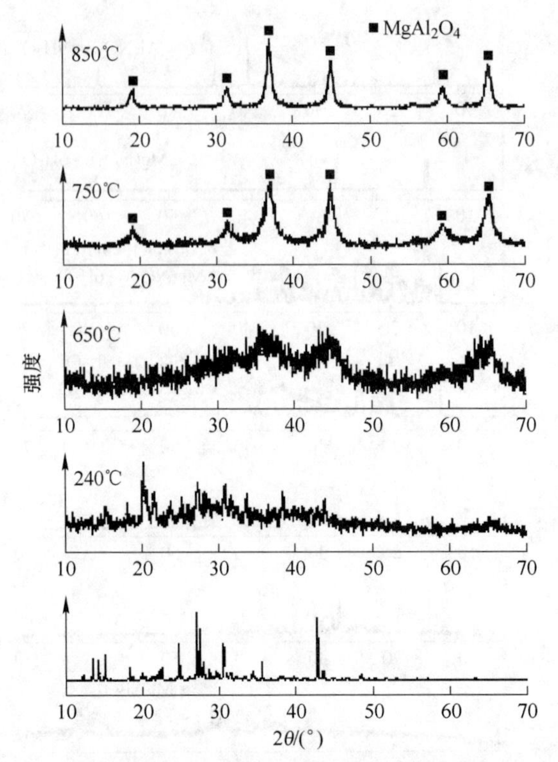

图 3-2 240℃下硝酸镁和硝酸铝的共熔混合物预先在玛瑙研钵中混合 6hXRD 图谱

物的机械化学研磨在热处理程序（方法 1）之前的前驱体导致在较低温度（650℃）下合成铝酸镁材料。

通过两种方法合成的铝酸镁样品的结晶度随煅烧温度增加而逐渐建立。铝酸镁相的平均微晶尺寸（D）、晶格应变（ε）和晶胞参数（a）列于表 3-1 中。这些参数由 Powder Cell 2.4 程序计算[22]和使用 Williamson-Hall 方程[23]：

$$\beta\cos\theta = 0.9\lambda/D + 4\varepsilon\sin\theta \tag{3-1}$$

式中，β 是全息半最大值（FWHM）；θ 是布拉格角；λ 是 X 射线束的波长；D 是相位的平均微晶尺寸；ε 是内应变的值。

表 3-1 的结果表明通过方法 1 和 2 合成的铝酸镁具有 7.6~15.0nm 的平均晶粒尺寸。从表 3-1 可以看出在 650℃（方法 1）和 750℃（方法 2）的较低热处理温度下获得的铝酸镁样品的平均微晶尺寸分别是 8.3nm 和 7.6nm。然后在 850℃加热材料（分别通过方法 1 和 2 获得的样品为 12.5nm 和 15.0nm）。这表明随着处理温度的增加，两个系列样品的微晶尺寸逐渐增加。这与 Govha 等人[24]和 Ewais 等人[10]确定的热处理对粒径增加影响是相同的。研究人员确定，铝酸镁尖晶石的粒径和结晶度随着煅烧温度的升高而增加[10,34]。这种相互作用可能与成核、生成粉末的生长速率，以及粉末尖晶石相的高结晶度有关。

表 3-1 $MgAl_2O_4$ 相的平均微晶尺寸 D，晶格应变 ε 和单位晶胞参数 a 的值

样　品	D/nm	ε/a. u.	a
$MgAl_2O_4$-650-方法 1	8.3	3.5×10^{-3}	8.11
$MgAl_2O_4$-850-方法 1	12.5	2.1×10^{-3}	8.09
$MgAl_2O_4$-750-方法 1	7.6	3.6×10^{-3}	8.07
$MgAl_2O_4$-850-方法 2	15.0	3.4×10^{-3}	8.08

通过方法 2 在 750℃ 下合成铝酸镁尖晶石具有最小微晶尺寸（7.6nm），如表 3-2 所示。因此，获得具有高表面积的超纳米晶体铝酸镁非常重要。

表 3-2 通过方法 1 和 2 获得的 $MgAl_2O_4$ 样品的结构特征

样　品	比表面积 S_{BET}/$m^2\cdot g^{-1}$	总孔体积 V_p/$cm^3\cdot g^{-1}$	平均孔径 D_p/nm
$MgAl_2O_4$-650-方法 1	92	0.12	5.4
$MgAl_2O_4$-850-方法 1	21	0.06	12.0
$MgAl_2O_4$-750-方法 1	98	0.13	5.3
$MgAl_2O_4$-850-方法 2	51	0.10	7.8

图 3-3a，b 和图 3-4a，b 显示了分别由方法 1 和 2 合成的不同氧化物质的 SEM，图 3-3c，d 和图 3-4c，d 分别由方法 1 和 2 合成的不同氧化物质放大 2000

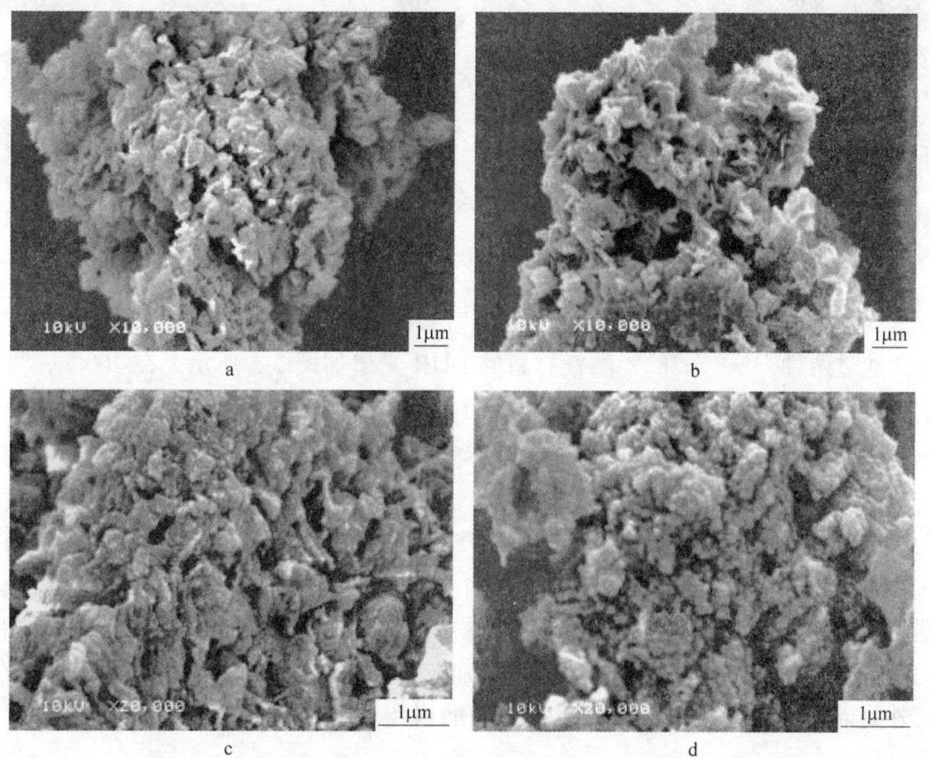

图 3-3 方法 1 合成的不同氧化物质的 SEM

倍的 SEM。在通过两种方法合成的铝酸镁样品的 SEM 图像中观察到具有不规则和球形形状的纳米颗粒。方法 2 获得的样品中具有不规则形状的颗粒占主导地位。随着温度处理的增加，存在颗粒的附聚。通过扫描电子显微镜获得的结果与通过粉末 XRD 分析得到的数据一致。

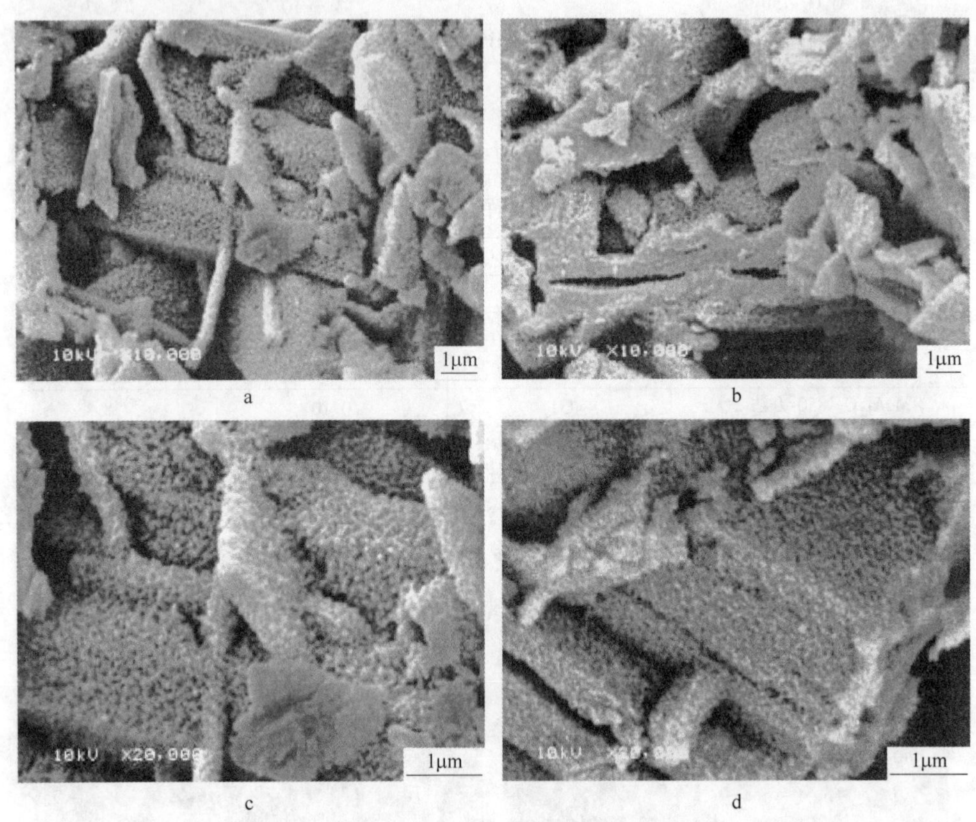

图 3-4　方法 2 合成的不同氧化物质的 SEM

通过两种方法合成的铝酸镁材料的 FTIR 光谱如图 3-5 所示。在 1000cm^{-1}以下观察到的吸收带可以表明氧化物的存在[25]。谱带位置在 ca. 508/515cm^{-1}和 ca. 692cm^{-1}归因于铝酸镁的尖晶石结构[10]。这些带是由 AlO_6基团的振动引起的，这些基团构成了铝酸镁尖晶石结构[25]。谱带在 ca. 3442cm^{-1}对应于羟基的伸缩振动（O—H）。随着材料热处理温度的升高，该带的面积和强度降低。谱带在 ca. 1628cm^{-1}可归因于样品表面物理吸附 H_2O 分子的变形振动[26]。这种带在高温处理时的外观，很可能是由于用 KBr 粉末样品压实过程中的吸水率。应该注意的是，在两种样品的较低热处理下（分别在方法 1 和 2 的 650℃和 750℃下），在红外光谱中没有观察到 1464cm^{-1}处的硝酸根离子特征带，表示硝酸镁和铝的完全分解。

由方法1和2合成的铝酸镁尖晶石材料的氮吸附-解吸等温线和孔径分布示于图3-6和图3-7。制备的样品的氮吸附-解吸等温线表现出不同的磁滞回线。通过方法1在650℃（图3-6a）和850℃（图3-6b）下制备的铝酸镁尖晶石材料分别显示出类型为H4和H3的磁滞回线。通过方法2在750℃（图3-6c）下合成的样品显示出滞后环型H2，而在850℃（图3-6d）下获得的材料显示出H2和H4型之间的样品。H2环与狭窄的颈部和宽体的毛孔相关（“瓶子”毛孔）[27]。H3环是板状颗粒聚集体的特征，产生狭缝孔。H4环对应于窄缝状孔[27]。

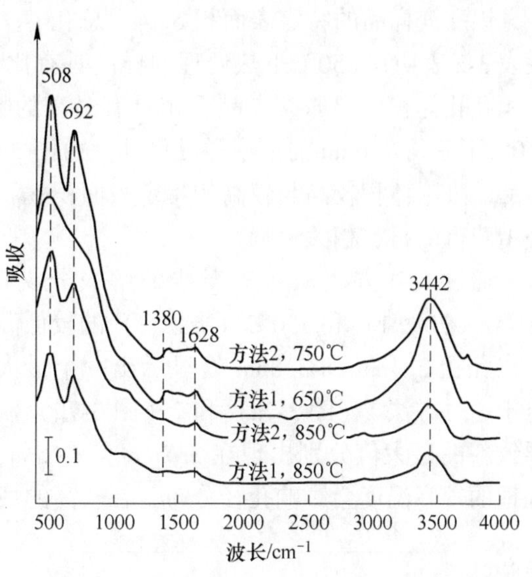

图3-5 铝酸镁材料的FTIR光谱

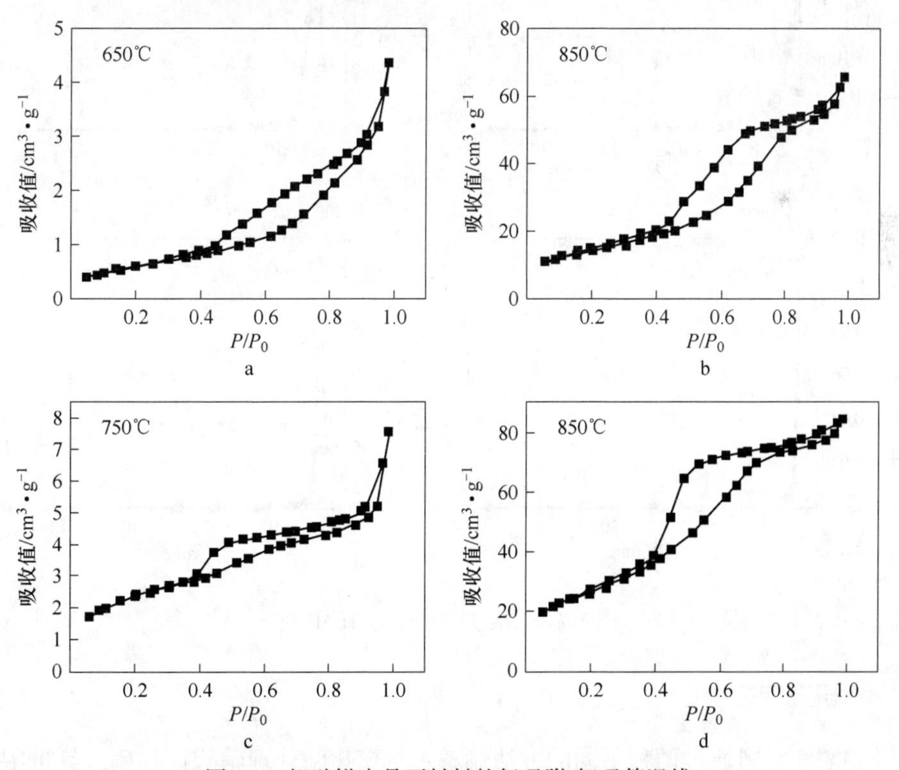

图3-6 铝酸镁尖晶石材料的氮吸附-解吸等温线

铝酸镁样品的特定表面积 S_{BET}，总孔容 V_p 和平均孔径 D_p 列于表 3-2。结果在表 3-2 表明在 850℃下热处理的样品具有比在较低温度下煅烧的样品更低的表面积和孔体积。铝酸镁尖晶石相具有最高的特殊表面积 $98m^2/g$，通过方法 2 在 750℃下获得 7.6nm 的最小微晶尺寸。由图 3-6 观察到通过方法 2 制备的铝酸镁样品的吸附体积较高与较高的特定表面积 S_{BET} 和较小的平均孔径 D_p 相关，与方法 1 获得的材料相关。

通过 BJH 方法从氮等温线的解吸分支计算的孔径分布显示在图 3-7。在 650℃（方法 1）和 750℃（方法 2）的较低温度下加热的样品的孔径分布曲线分别在孔径 3.4nm 和 3.8nm 处显示出一个最大值，这意味着样品含有小的中孔。对于通过方法 1（图 3-7a）和 2（图 3-7b）制备的样品，将温度增加到 850℃会导致新的最大值分别出现在 3.7nm 和 4.2nm，它由 Mosayebi 等人建立[6]。样品处理的较高温度会影响孔径分布，在较高的煅烧温度下会变宽。

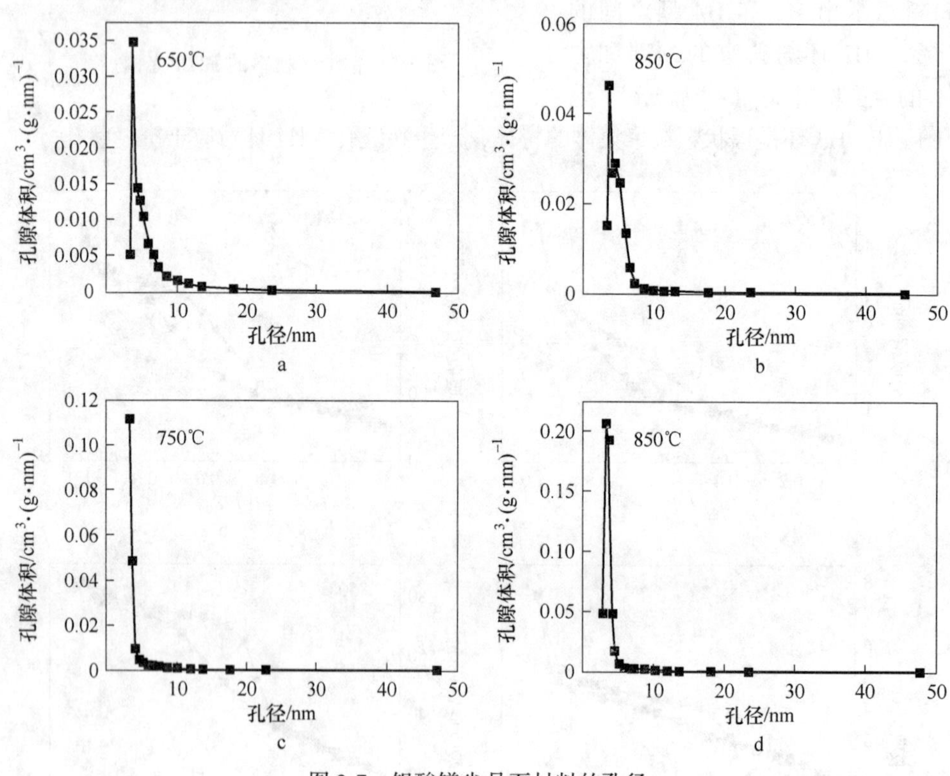

图 3-7 铝酸镁尖晶石材料的孔径

3.1.4 研究结论

铝酸镁材料通过两种不同的方法制备：机械化学处理硝酸铝和硝酸镁的混合

物，然后煅烧（方法1），并且在不同温度下仅通过热处理，不进行研磨（方法2）。建立了合成方法对理化性质的影响。温度升高导致铝酸镁纳米颗粒尺寸增加。所获得的铝酸镁材料的特征在于中孔结构。通过方法2在750℃下获得具有最大特征表面积98m^2/g的铝酸镁尖晶石相，其具有7.6nm的最小微晶尺寸。具有高表面积和纳米晶体尺寸的材料可以是负载型催化剂的合适载体。尽管尖晶石前体的长时间高能球磨导致在650℃的低温下合成铝酸镁尖晶石，但这种方法可能会增加生产成本。

3.2 氯在镁铝尖晶石合成过程中的作用

3.2.1 响应面法优化镁铝尖晶石的合成

3.2.1.1 研究概述

镁铝尖晶石具有立方结构，可以看作是岩盐结构和闪锌矿结构的组合[28]。由于结构稳定，镁铝尖晶石提供了理想性能的独特组合——化学稳定性，抗热震性，耐腐蚀性和优异的高温力学性能[29]。因此，镁铝尖晶石已被用于各种应用领域，如耐火材料、透明陶瓷材料、湿度传感器和阳极材料[30]。然而，由于烧结困难，镁铝尖晶石尚未大规模商业化生产[31]。这主要是因为在氧化镁和氧化铝形成尖晶石的过程中体积膨胀（约8%）[32,33]。因此，材料不能通过单级烧制而致密化。因此，采用双阶段烧制工艺来避免这个问题。在双阶段烧制过程中，首先在1400℃左右煅烧原料以完成尖晶石加工过程，然后烧结以达到致密镁铝尖晶石[34,35]。在第一烧制过程中镁铝尖晶石的较高的尖晶石化速率有利于减轻镁铝尖晶石在第二烧结过程中的体积膨胀的不利影响。因此，研究不同合成因素对镁铝尖晶石尖晶石化率的影响，进一步优化合成参数是非常重要的。

以往的研究[36]证明煅烧温度、保温时间、添加剂对镁铝尖晶石的合成有显著影响。它被证明了高煅烧温度，长保温时间和添加剂有利于提高尖晶石松解率。据报道，$AlCl_3$的加入促进了镁铝尖晶石的合成[37]。然而，$AlCl_3$含量对镁铝尖晶石的尖晶石反应速率的影响仍然存在。迄今为止，常规实践没有指出这些工艺参数（例如煅烧温度、保持时间和$AlCl_3$含量）对镁铝尖晶石的尖晶石率的综合影响。为了解决这个问题，有必要找到多变量统计技术来优化准备过程。在目前的工作中，研究了$AlCl_3$的添加对镁铝尖晶石的尖晶石反应速率的影响。考虑到$AlCl_3$质量分数、煅烧温度和保温时间的综合影响，应用响应面法研究这些因素对镁铝尖晶石尖晶石化率的影响。通过RSM的CCD获得最佳合成参数。

3.2.1.2 研究设计

研究的原料是高纯氧化铝和氢氧化镁。通过标准湿化学方法的化学分析和X

射线衍射研究的相鉴定来表征原材料。原料的化学和相组成列于表3-3中。原料在使用前在120℃下干燥48h。批料组合物由原料制成。$MgO:Al_2O_3$摩尔比设定为1:1。将无水$AlCl_3$加入上述混合物中，浓度（质量分数）范围为0.636%~7.364%。通过使用氧化锆罐和氧化锆研磨介质将所有批次单独地用异丙醇研磨3h。首先将得到的浆料风干，然后在120℃下烘箱干燥，然后将干燥的浆料压碎并通过分级筛（40目）得到所需的粉末。将这些粉末与作为黏合剂的5%PVA溶液混合，并在液压机上以10MPa单轴压制成圆柱棒。

表3-3 原料的理化性质

项目		Al_2O_3	$Mg(OH)_2$
化学分析	SiO_2含量/%	0.38	0.66
	Al_2O_3含量/%	99.12	
	Na_2O含量/%	0.11	0.19
	MgO含量/%		67.72
	CaO含量/%	0.14	0.83
	Fe_2O_3含量/%	0.25	0.13
相分析		刚玉	水镁石

煅烧实验在不同的煅烧温度、保持时间和$AlCl_3$的质量分数下进行。圆柱棒在120℃下干燥，然后在程序控制的电炉中在不同的煅烧温度下煅烧。加热速率保持在3℃/min直至最终温度，在峰值温度下保持时间。将它们空气冷却至室温。将圆柱棒压碎并通过分级筛（40目）得到煅烧粉末。通过常规酸溶解方法测定镁铝尖晶石的尖晶石化率（常规酸溶解方法：在3mol/L HCl中浸出粉末样品并用螯合物滴定测定溶液中Mg^{2+}离子的浓度Ⅲ）[38]。使用Cu-K_α辐射，通过X射线衍射（Japan Rigaku D/Max-2400）进行原料和煅烧粉末的相分析。这些粉末在15°~80°（2θ）的角度范围内扫描，扫描速率为0.005°/s。使用三变量和两个1级CCD来优化MAS的合成条件以获得高的尖晶石化速率。该方法有助于用最少量的实验优化有效参数，并分析参数和结果之间的相互作用[39]。三个独立变量分别是保持时间（x_1）、煅烧温度（x_2）和$AlCl_3$（x_3）的质量分数。在该设计中研究的独立变量的编码值和实际值都列在表3-4中。

表3-4 用于CCD的自变量及其水平

自变量	水平				
	-1.682	-1	0	1	1.682
保持时间x_1/min	130	150	180	210	230

续表 3-4

自 变 量	水 平				
	−1.682	−1	0	1	1.682
煅烧温度 x_2/℃	1016	1050	1100	1150	1184
$AlCl_3$的质量分数 x_3/ %	0.636	2	4	6	7.364

通过以上设计的基础预测最佳点，二阶多项式函数用于拟合相关性自变量和响应之间的关系。二次模型如下[40]：

$$Y = \beta_0 + \sum \beta_i X_i + \sum \beta_{ii} X_i^2 + \sum \beta_{ij} X_i X_j \quad (3\text{-}2)$$

式中，Y 是预测响应；β_0是拦截系数；β_i是线性项；β_{ii}是二次项；β_{ij}是相互作用项；X_i和 X_j是自变量的编码水平。

3.2.1.3 研究结果与讨论

从表 3-3 中可以看出，氧化铝由以下组成：99.12%（质量分数）的 Al_2O_3 和氢氧化镁含有 98.19%（质量分数）的 $Mg(OH)_2$。原料的 X 射线分析表明原料中存在的矿物相是刚玉（α-Al_2O_3）和水镁石。没有检测到次要阶段。

研究了保持时间（x_1）、煅烧温度（x_2）和 $AlCl_3$（x_3）的质量分数对尖晶石化率的影响。使用 CCD 的 20 次运行的结果在表 3-5 中给出，其显示 MAS 的尖晶石化率为 63.90%~80.21%。

表 3-5 使用 CCD 的 20 次运行结果

运行	x_1/min	x_2/℃	x_3（质量分数）/%	Y/%
1	150	1050	2	63.90
2	210	1050	2	64.61
3	150	1150	2	74.22
4	210	1150	2	79.52
5	150	1050	6	72.32
6	210	1050	6	74.78
7	150	1150	6	78.66
8	210	1150	6	80.21
9	130	1100	4	71.34
10	230	1100	4	72.34
11	180	1016	4	70.43
12	180	1184	4	79.52

续表 3-5

运行	x_1/min	x_2/℃	x_3（质量分数）/%	Y/%
13	180	1100	0.636	72.76
14	180	1100	7.364	80.20
15	180	1100	4	76.15
16	180	1100	4	77.17
17	180	1100	4	76.56
18	180	1100	4	77.09
19	180	1100	4	77.11
20	180	1100	4	76.72

使用方差分析（ANOVA）分析实验数据以评估拟合优度，其列于表 3-6 中。通常，ANOVA 和 P 值用于检查每个共同效应的显著性并指示每个参数的相互作用强度。

表 3-6 使用方差分析（ANOVA）分析实验数据以评估拟合优度

资源	平方和	df	均方	F	P 值
模型	389.14	9	43.24	18.43	<0.0001
x_1	10.38	1	10.38	4.42	0.0617
x_2	200.19	1	200.19	85.35	<0.0001
x_3	96.13	1	96.13	40398	<0.0001
$x_1 x_2$	1.69	1	1.69	0.72	0.4155
$x_1 x_2$	0.50	1	0.50	0.21	0.6542
$x_2 x_3$	22.65	1	22.65	9.66	0.0111
x_1^2	51.94	1	51.94	22.15	<0.0008
x_2^2	9.49	1	9.49	4.04	<0.0720
x_3^2	1.12	1	1.12	0.48	<0.5046
剩余的	23.46	10	2.35		
修正	22.66	5	4.53	28.53	0.0011
纯误差	0.79	5	0.16		
总离差	412.59	19			

从表 3-6 可以看出，该 x_1^2 模型实际上是显著的，这表明该模型适合于该实验。F 值为 18.43，P 值小于 0.0001 表明该回归在 99%置信水平下具有统计学意

义。此外，测定系数 R^2 为 0.9432，证明该模型是有效的。另外，调整后的系数。

测定系数 R^2 是 0.892。它暗示着准确性并且多项式模型的一般可用性是足够的。多变量线性回归用于计算二阶多项式方程的系数并获得回归系数。在本实验中，x_2，x_3 和相互作用项（x_2x_3，x^2）是重要的模型术语，而其他术语对响应无关紧要。

通过线性多元回归软件分析从实验获得的数据。方程的相应二阶响应模型，分析后建立的回归是

$$Y = 76.83 + 0.87x_1 + 3.83x_2 + 2.65x_3 + 0.46x_1x_2 - 0.25x_1x_3 - 1.68x_2x_3 - 1.9x_1^2 - 0.81x_2^2 - 0.28x^2 \tag{3-3}$$

式中，Y 是尖晶石反应速率的响应；x_1 是保持时间的编码值；x_2 是煅烧温度的编码值；x_3 是 $AlCl_3$ 的质量分数的编码值。

可视化自变量对响应的影响的最佳方法是绘制模型的表面响应图[41]。通过响应面图的三维（3D）视图可视化可以得出具有不同自变量组合的 MAS 的尖晶石化率。

煅烧温度和保温时间对 MAS 的尖晶石化率的影响如图 3-8 所示，固定的 $AlCl_3$ 质量分数为 4%。观察到尖晶石化率随着煅烧温度的增加而显著增加。

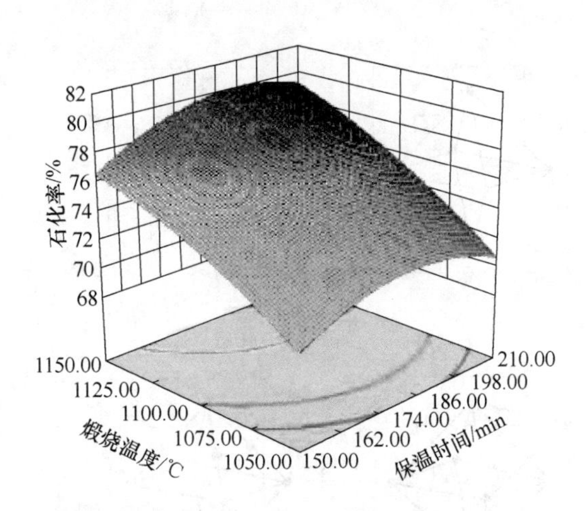

图 3-8 煅烧温度和保温时间对 MAS 的尖晶石化率的影响

根据 $MgO-Al_2O_3$ 相图[42]和 Wagner 机理[31]，通过 Al^{3+}/Mg^{2+} 相互转移到固态 MgO/Al 中实现 MAS 相的形成[43]。煅烧温度的升高将导致 MAS 的尖晶石化反应速率增加。换句话说，煅烧温度的升高具有足以发生固态反应的能量。

$AlCl_3$ 的质量分数和保温时间对 MAS 的尖晶石化率的影响如图 3-9 所示，固定的煅烧温度为 1100℃。图 3-9 显示尖晶石裂化率随着 $AlCl_3$ 质量分数的增加而增加。

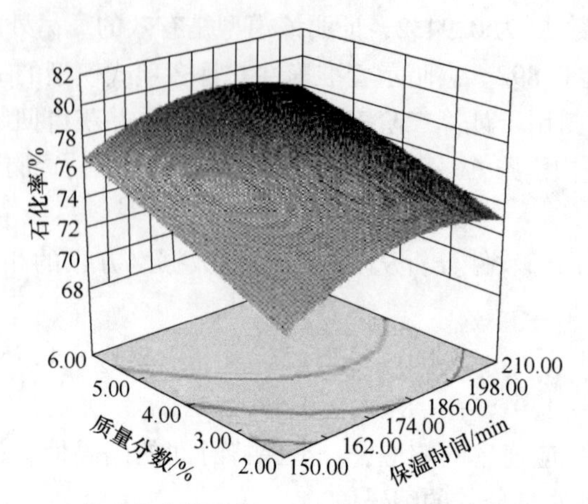

图 3-9 $AlCl_3$的质量分数和保温时间对 MAS 的尖晶石化率的影响

随着尖晶石厚度的增加，尖晶石层破坏了 MgO 和 Al_2O_3 之间的直接接触，增加了对扩散的抵抗力。根据 $AlCl_3$和 AlF_3具有相同的机制，来自矿化剂如 AlF_3 和 CaF_2的 F^-离子在取代氧化物离子时增加阳离子空位水平，从而增强固态反应以产生 MAS[44]。图 3-10 示意性地给出了在 Al_2O_3/尖晶石边界处的 Cl^-离子的机理。

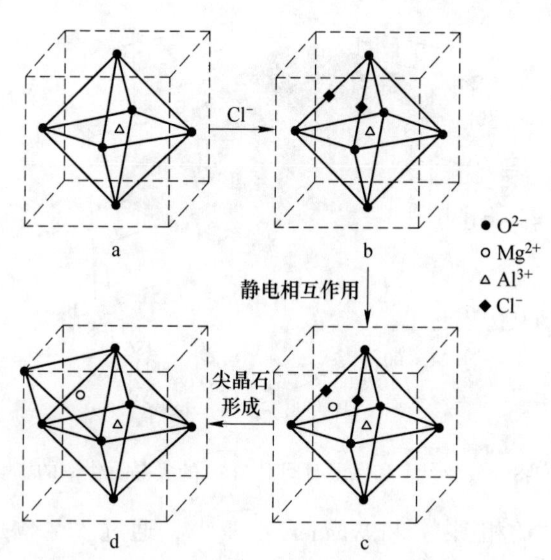

图 3-10 Al_2O_3/尖晶石边界处的 Cl^-离子的机理

最初，Cl^-离子可以在煅烧过程中掺入阴离子亚晶格中。可以增加 $MgAl_2O_4$ 中 Mg^{2+}空位的浓度。这可以促进 Mg^{2+}通过 $MgAl_2O_4$ 晶格的移动更容易。然后，由于热解和气化机理，Cl^-离子容易从样品表面逸出。样品表面上 Cl^-离子的浓度降低。因此，晶粒内的 Cl^- 离子扩散到表面。随着煅烧温度的升高，Cl^- 离子可以更快地逸出。此外，根据静电相互作用，在 Cl^- 离子结合在阴离子亚晶格中后，Mg^{2+} 转移到固态 Al_2O_3 中。扩散的 Mg^{2+} 在 Al_2O_3/尖晶石边界与 Al_2O_3 反应（$3Mg^{2+}+4Al_2O_3+MgAl_2O_4 = 4MgAl_2O_4+2Al^{3+}$）。

表 3-7 中给出了在最佳条件下响应的预测值和实验值。通过点预测方法和表面响应图获得了在最佳条件下 MAS 的预测尖晶石松解率。将实验值与预测值进行比较，以评估模型的有效性。

表 3-7　最佳条件下响应的预测值和实验值

保持时间/min	煅烧温度/℃	$AlCl_3$ 的质量分数/%	尖晶石松解率/%	
			预测值	实验值
189.00	1143.89	5.42	80.42	80.06

从表 3-7 中，最佳条件如下：保持时间为 189.00min，煅烧温度为 1143.89℃，$AlCl_3$ 的质量分数为 5.42%。尖晶石松动率的预测值为 80.42%。在这些条件下的实验值为 80.06%，表明实验值与预测值一致。煅烧粉末和干燥粉末的相分析显示在图 3-11 中。可以看到 MAS 的峰，以及刚玉和方镁石。

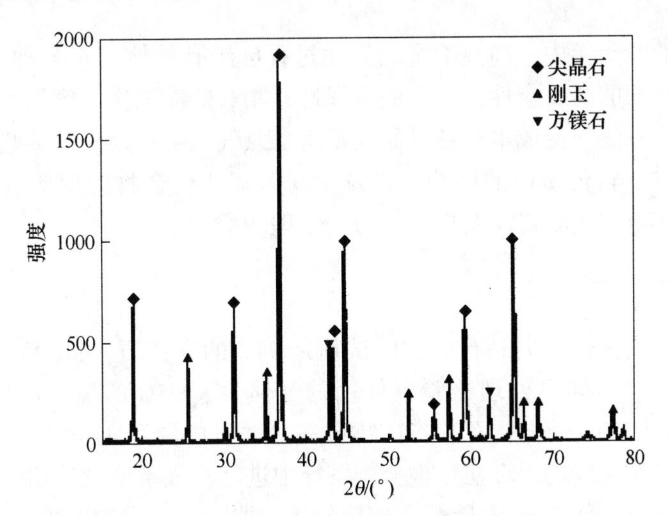

图 3-11　煅烧粉末和干燥粉末的相分析

根据 XRD 分析的结果（图 3-11），在优化条件下通过煅烧获得铝酸镁尖晶石，以及刚玉和方镁石。由 $Mg(OH)_2$ 的离解产生的 MgO 与 α-Al_2O_3 反应形成 MAS。因此，在最佳条件下通过接枝获得更高的 MAS 尖晶石松解率是可行的。另一方面，不存在 $AlCl_3$ 和其他氯化物的 X 射线衍射峰。在煅烧过程中，$AlCl_3$ 可能水解成 Al_2O_3 和气态 HCl。因此，添加 $AlCl_3$ 不会污染 MAS 产物。

3.2.1.4 研究结论

与煅烧温度下的保持时间相比，$AlCl_3$的煅烧温度和质量分数显著影响 MAS 的尖晶石化速率。优化的煅烧条件如下：保持时间为 189.00min，煅烧温度为 1143.89℃，$AlCl_3$的质量分数为 5.42%。在优化条件下，得到的 MAS 实验尖晶石松解率（80.06%）与预测值 80.42%一致。这表明 RSM 和 CCD 适用于确定 MAS 的尖晶石裂解过程的最佳条件，以获得最大的尖晶石松解率。添加 $AlCl_3$有利于促进由氧化铝和氧化镁形成 MAS 而没有任何污染。

3.2.2 用方镁石和氧化铝氯化法合成铝酸镁尖晶石

3.2.2.1 研究概述

铝酸镁尖晶石（$MgAl_2O_4$）由于其耐火性、耐机械性、良好的抗热震性、高化学惰性和优异的性能，是冶金、化学和电化学领域中广泛使用的陶瓷材料、光学和介电特性[17,45]。传统的尖晶石合成方法是在高温下固相合成[46]。现阶段可通过水热法、溶胶-凝胶、喷雾等离子体、冷冻干燥、共沉淀和气溶胶方法[9]制备。

在过去的几十年中，高温冶金的氯化过程已经有效地用于各种金属的提取。这是由于氯化剂的高反应性，反应的选择性，相对低的工作温度，对电解质的简单处理以及该方法的低成本。各种研究报道了氯气氛中热处理对某些材料（如氧化物和矿物质）转化阶段的影响，以及中间体氯化化合物的形成有利于产生产物，其通过其他方式获得需要更有活力的处理[47,48]。

3.2.2.2 研究设计

用于通过氯化合成尖晶石的固体试剂是99%的方镁石（MgO）和 99%的氧化铝（Al_2O_3）。不同热处理试验中使用的气体为 99.5%的氯。使用的比例为：71%的氧化铝和 29%的方镁石。将矿物质在盘磨机中混合 4min 以获得均匀混合物。等温和非等温煅烧测定在热重分析系统中进行，该系统设计用于在腐蚀性和非腐蚀性气氛中工作[7]。质量粉末使用约 1g 的样品，并使用 50mL/min 的气体流速。

在每个非等温实验中，样品在空气或 Cl_2/N_2（50%）混合物的气氛中以 5℃/min 的加热速率煅烧直至温度为 1000℃。在每次等温测定中，将样品置于设备内并在氮气气氛中以 5℃/min 的加热速率煅烧，直至达到工作温度。一旦该温度稳定，在 2h 的反应时间内通入气态混合物 Cl_2/N_2（50%）。当这段时间结束时，中断 Cl_2，并用 N_2吹扫样品，同时冷却反应器。$MgO-Al_2O_3$ 混合物的煅烧也在使用Shimadzu差示热分析仪的空气下以5℃/min的加热速率进行，以研究在空气中煅烧过程中可能发生的现象。

3.2.2.3 研究结果与讨论

A 表征 $MgO-Al_2O_3$ 混合物

对 $MgO-Al_2O_3$ 混合物的XRF分析显示出以下化学组成：37.86% Al和17.39%Mg。通过XRD进行矿物混合物的表征结果（图3-12）显示存在两种结晶相：氧化铝（JCPDS46-1131）和方镁石（JCPDS71-1176）。

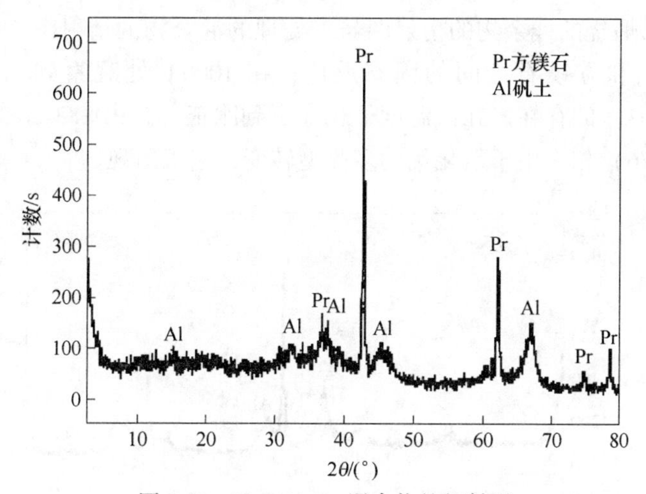

图3-12 $MgO-Al_2O_3$ 混合物的衍射图

B $MgO-Al_2O_3$ 混合物的热分析

图3-13显示了在空气和 Cl_2/N_2 混合物中进行的热重分析非等温煅烧测定的结果，以及 $MgO-Al_2O_3$ 混合物在空气中的差热分析。对应于在空气气氛中煅烧混合物的温谱图表明在该热处理过程中没有产生变化。DTA曲线显示在930℃处的

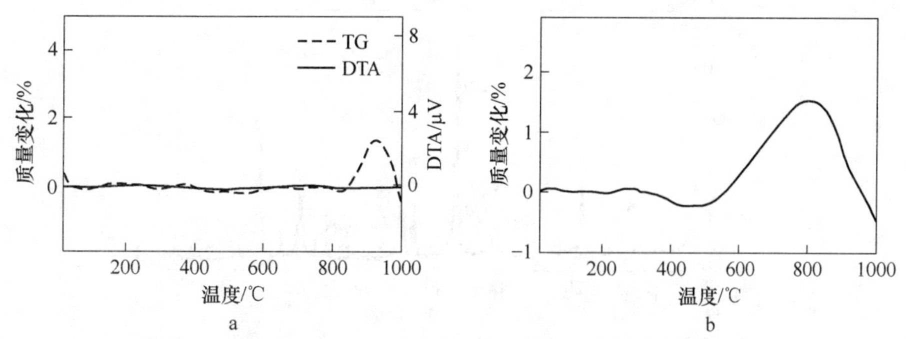

图3-13 空气和 Cl_2/N_2 混合物中进行的热重分析非等温煅烧测定

a—空气中；b—Cl_2/N_2 混合物中

小峰，其与通过氧化铝和方镁石之间的反应形成尖晶石相关联[1]。对应于 Cl_2/N_2混合物中的煅烧的热分析图显示在500~800℃的温度范围内质量增加，并且在800~1000℃之间发生质量损失。两个热分析图之间观察到的差异表明，在 MgO-Al_2O_3 混合物的热处理过程中氯的存在产生了与在空气存在下观察到的不同现象。因此，在2h的反应时间内，在600~1000℃的温度范围内，在空气和 Cl_2/N_2 混合物中进行额外的等温测定。这可能在两种气氛中的热处理过程中发生。

C 在空气中煅烧的 MgO-Al_2O_3 混合物的 XRD 和 Cl_2/N_2

对在空气中煅烧的混合物进行X射线衍射分析的结果示于图3-14。对应于在600℃和900℃煅烧的残余物的衍射图与未处理的混合物的衍射图相比没有变化。由于在氧化铝和方镁石之间的固态反应，在1000℃处观察到铝酸镁尖晶石（JCPDS77-1203）的存在。在该温度下也注意到刚玉（JCPDS83-2080）和方镁石（JCPDS71-1176）相。由于氧化铝的多晶型转变，刚玉出现。

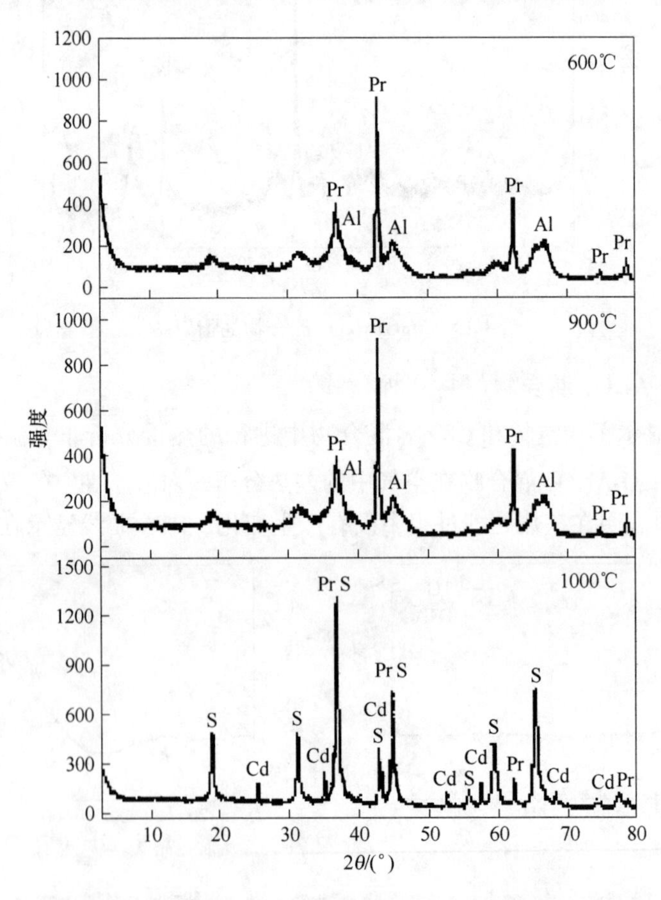

图3-14 空气中煅烧的 MgO-Al_2O_3 混合物X射线衍射分析

图 3-15a~e 显示了在 600~1000℃ 的温度范围内获得的氯化残基的衍射图。图 3-15a 表明峰的强度特征。方镁酶在 600℃ 下降，这是由于方镁石的氯化反应，根据反应产生氯化镁和氧气：

$$MgO+Cl_2 = MgCl_2+O_2(g) \tag{3-4}$$

$MgCl_2$ 的形成可以在热谱图中观察到，图 3-15b 表示在 500~800℃ 的温度范围内发生的质量增加以及在 700℃ 下通过 $MgCl_2$ 水合相（JCPDS74-1039）的存在得到的残留物的衍射图。

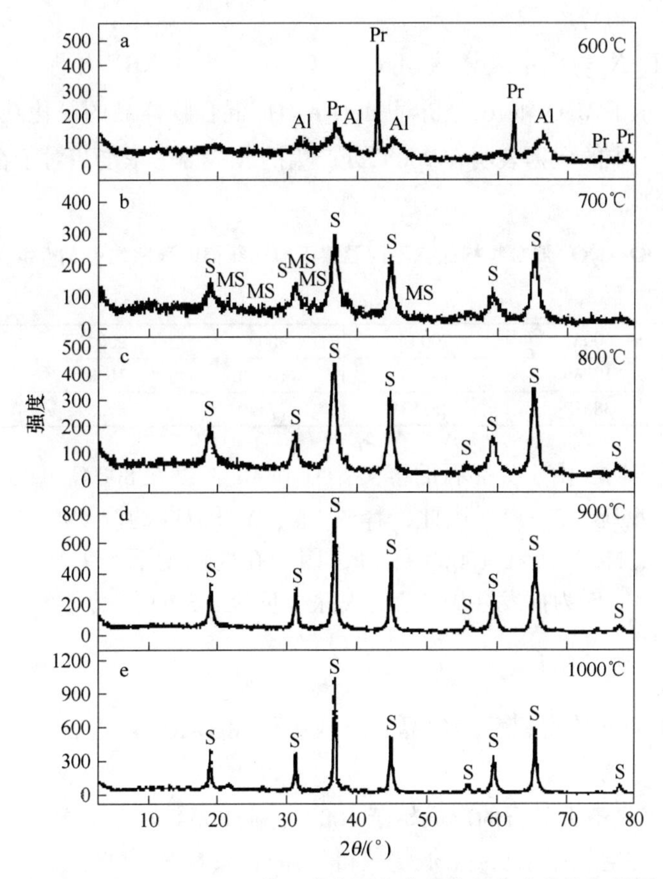

图 3-15　在 600~1000℃ 的温度范围内获得的氯化残基的衍射图

在 700℃，$MgCl_2$ 从固态变为液态。根据反应，液态 $MgCl_2$ 和 O_2 与氧化铝反应并在 700℃ 产生铝酸镁尖晶石：

$$MgCl_2(l)+1/2O_2(g)+Al_2O_3 = MgAl_2O_4+Cl_2(g) \tag{3-5}$$

在 Cl_2 存在下导致尖晶石形成的反应继续进行至研究中的最终温度。这可以在 700~1000℃ 之间获得的残基的衍射图中看出（图 3-15b~e），随着氯化温度的升高，铝酸镁尖晶石特征峰的强度增加。这种现象可以通过在 700~1000℃ 的温度范围内产生的质量增加和损失之间的差异得到证实。根据以下反应，铝酸镁尖晶石的氯化开始于约1000℃。

$$MgAl_2O_4+Cl_2(g) = MgCl_2(g)+1/2O_2(g)+Al_2O_3 \quad (3\text{-}6)$$

这种氯化导致相对于 $MgO\text{-}Al_2O_3$ 混合物的初始质量的轻微质量损失。通过衍射图的分析（图3-15）表明 $MgO\text{-}Al_2O_3$ 混合物与 Cl_2 之间的反应在700℃下产生铝酸镁尖晶石，并且在800~1000℃之间具有高选择性。Cl_2 与空气中结果的比较（图3-14和图3-15），表明当在 Cl_2 气氛中进行 $MgO\text{-}Al_2O_3$ 的煅烧时，尖晶石合成的温度降低至230℃。

D 在 Cl_2/N_2 气氛中煅烧的 $MgO\text{-}Al_2O_3$ 混合物的XRF分析

表3-8显示了MgO和Al分析对 $MgO\text{-}Al_2O_3$ 混合物样品的氯化获得的残留物的结果。表3-8中的数据表明在700℃处产生的Al和Mg浓度相对于在600℃处观察到的浓度降低。

表3-8 $MgO\text{-}Al_2O_3$ 混合物样品在不同温度下氯化获得的残留物中Mg和Al的含量

（%）

元素	600℃	700℃	800℃	900℃	1000℃
Al	17.36	15.14	16.26	16.82	15.43
Mg	38.12	35.53	37.40	37.54	39.53

表3-8还表明，由于尖晶石的事实，Al和Mg浓度在800℃和900℃之间开始增加尖晶石（反应（3-5）），因此，释放 Cl_2、Al和Mg的浓度增加。与在900℃下获得的相比，Mg浓度在1000℃下降，因为在此温度下，尖晶石开始被氯化，这种现象导致Mg作为挥发性 $MgCl_2$ 的去除（反应（3-6））。

3.2.2.4 研究结论

（1）氯的存在使得铝酸镁尖晶石合成中使 $MgO\text{-}Al_2O_3$ 混合物的热处理过程的温度显著降低。

（2）Cl_2 气氛中尖晶石的形成始于700℃，在800℃时完全选择性；刚玉和方镁石一起通过在空气中于930℃煅烧获得尖晶石。

（3）氯化温度在800~1000℃之间的升高导致尖晶石的显著结晶。

3.3 MgO含量和温度对镁铝尖晶石基复合材料结构与性能的影响

3.3.1 研究概述

刚玉（$\alpha\text{-}Al_2O_3$）属于三方晶系，结构中 O^{2-} 成六方最紧密堆积，Al^{3+} 则填充在其八面体空隙中。Al-O静电键强度为1/2，Al_2O_3 为晶格能较大，正负离子间键力很强[49]。刚玉熔点高达2050℃，莫氏硬度为9，机械强度高，密度为3.99 g/cm³。在刚玉结构中，由三个 O^{2-} 组成的面是八面体所共有，整个晶体可以看成是无数八面体［AlO_6］通过共面结合而成的大“分子”，故刚玉的稳定性较好[50]。正因为氧化铝性能稳定，所以氧化铝基陶瓷材料难以烧结[51]。目前，通常是从提高原料粉体的细度和活性，采用特殊烧结工艺，添加烧结助剂等来降低烧结温度，但是由于降低原料粉体粒度需要采用不同的预处理工艺，存在原料成本高、工艺复杂，而特殊烧结技术耗能大，部分烧结方式难以控制烧结体形状。因此，与其他方法相比，烧结助剂法具有成本低、效果好、工艺简便的优点[52]。为此，本研究提出采用反应烧结法制备复合材料，即通过添加 MgO 助剂，在烧结过程中与 α-Al_2O_3 发生固相反应生成 $MgAl_2O_4$，且 $MgAl_2O_4$ 尖晶石抗高温熔盐腐蚀能力强[53~55]，从而有利于整个材料的抗腐蚀能力。而本节重点研究 MgO 含量对镁铝尖晶石基复合材料的合成和烧结的影响，以及对抗压强度的影响。

3.3.2 MgO 含量对镁铝尖晶石基复合材料结构与性能的影响

MgO 含量对复合材料性能与结构影响的研究结果表明，MgO 含量为10%时，在1100℃热处理后的复合材料微观结构呈现微小颗粒 $MgAl_2O_4$ 完全包裹 Al_2O_3 大颗粒的结构，这种结构有利于提高材料的抗腐蚀性能，且复合材料的强度及高温性能也较优异。综上所述，选取 MgO 含量为10%的体系进行固相合成温度研究。为了能在较低温度下制备该复合材料，固相合成温度的上限选取为1200℃，选取固相合成温度为1000℃、1050℃、1100℃、1150℃、1200℃为研究对象，合成时间为2h，研究固相合成温度对 $Al_2O_3/MgAl_2O_4/Na_3AlF_6$ 复合材料尖晶石化程度、微观结构、密度、抗压强度及其高温稳定性的影响。

实验原料 α-Al_2O_3 和 MgO，采用 X-荧光分析（XRF）（XRF-1800）分析原料的化学成分，通过对原料粉末的 XRD 衍射（射线：Cu K_α）图谱分析原料的物相，采用真密度分析仪（3H-2000 TD1 全自动真密度分析仪）分析原料的密度和采用激光粒度分析仪（LS-POP（6））对原料进行粒度分析。原料的物理化学性质如表3-9所示。每一组物料中的 MgO 分别以质量分数2%、4%、6%、8%、10%添加。

表3-9 Al_2O_3 和 MgO 物理化学性质

组成		Al_2O_3	MgO
化学性质	SiO_2 含量/%	0.2857	0.0164
	Al_2O_3 含量/%	97.2863	0.0166
	Na_2O 含量/%	0.8089	
	MgO 含量/%		99.899

续表 3-9

组成		Al_2O_3	MgO
化学性质	CaO 含量/%	0.3360	0.0225
	Fe_2O_3 含量/%	0.1034	0.0101
物理性质	真密度/$g \cdot cm^{-3}$	3.97	3.57
	平均粒径/μm	21.7	5.8
	物相	刚玉	方镁石

镁铝尖晶石基复合材料制备流程如图 3-16 所示。实验前，将 α-Al_2O_3 粉末和 MgO 粉末置于鼓风干燥箱中，在 180℃ 干燥 24h 后备用。在 α-Al_2O_3 中分别添加 2%、4%、6%、8%、10%（质量分数）MgO，放入 500mL 聚四氟乙烯球磨罐中，并加入适量黏合剂 PVA、无水乙醇和 400g 氧化锆球，球磨 2h 混合均匀。然后，将球磨后的浆料烘干后，经 40 目不锈钢筛网过筛，将过筛物料在液压式万能试验机模压成型，成型压力 200MPa，成型后试样尺寸大致为 ϕ20mm×35mm。最后，

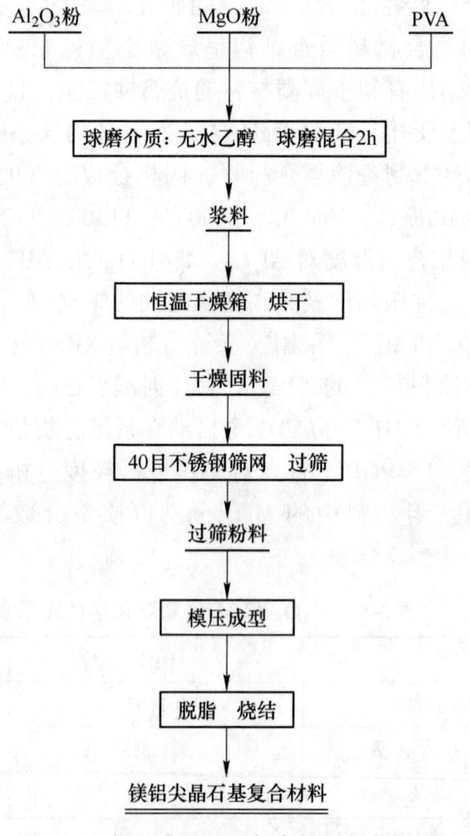

图 3-16 镁铝尖晶石基复合材料制备流程

将生坯在600℃条件下脱脂6h后，置于箱式电阻炉内进行烧结，升温速率为3℃/min，在1100℃保温2h，之后随炉自然冷却。

3.3.2.1 原料性能

Al_2O_3 粉末、MgO 粉末物相分析如图3-17和图3-18所示。

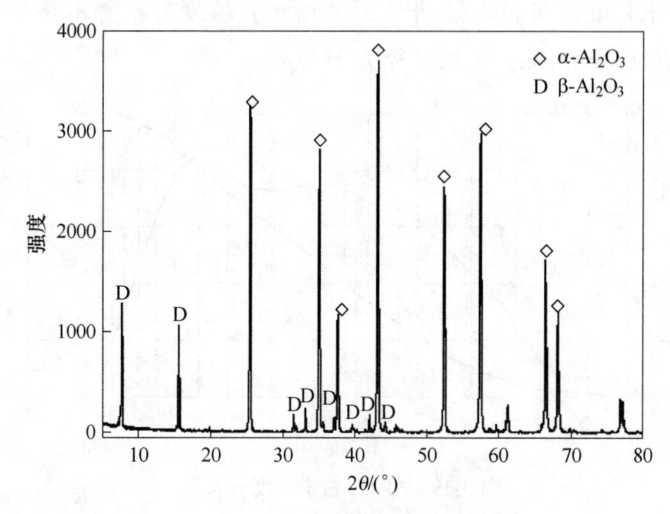

图3-17 Al_2O_3 粉末的XRD图谱

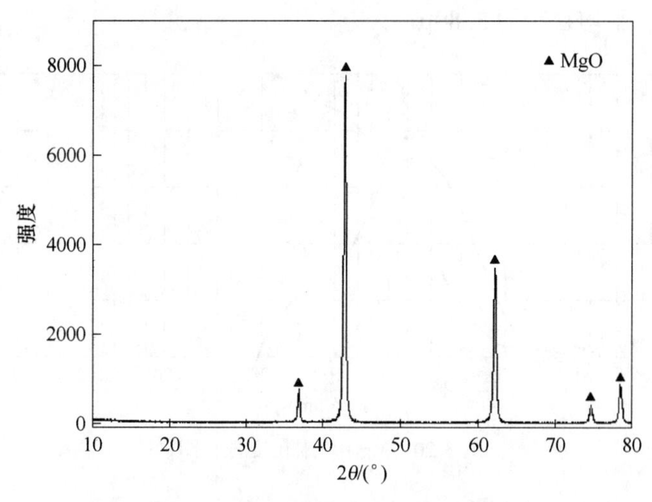

图3-18 MgO粉末的XRD图谱

Al_2O_3 是复合材料的基体相，其组成将直接影响复合材料的性能，故对充分干燥后（180℃干燥24h）的 Al_2O_3 粉末进行物相分析，图3-17为 Al_2O_3 粉末的XRD图谱。从图谱可以看出，所有衍射峰均为 Al_2O_3 的衍射峰，且有α和β两

种晶型 Al_2O_3 的衍射峰，主物相为 α-Al_2O_3。对充分干燥后（180℃干燥 24h）的 MgO 粉末进行物相分析，图 3-18 为 MgO 粉末的 XRD 图谱。从图谱中可以看出，所有衍射峰均为 MgO 的衍射峰，并没有其他杂质相的衍射峰。

3.3.2.2 Al_2O_3 粉末和 MgO 粉末粒度分析

Al_2O_3 粉末粒度分布和含量如图 3-19 所示，粒度分布并不是呈一个正态分布，中位粒径为 14.08μm，平均粒径为 21.7μm。

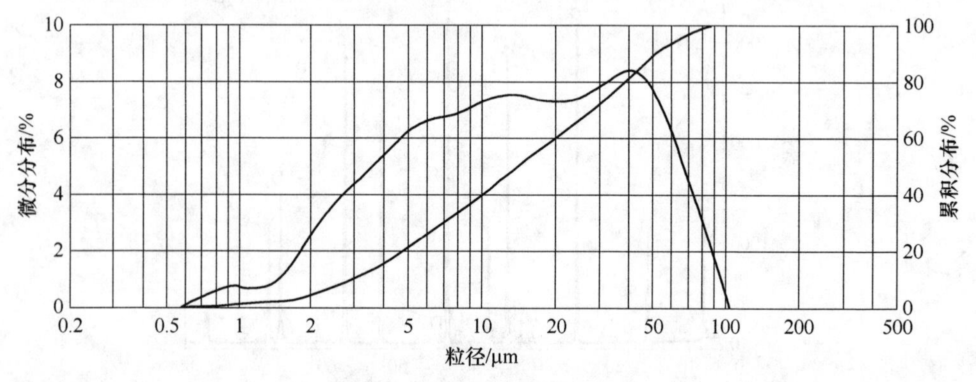

图 3-19 Al_2O_3 粉末粒度分布图

MgO 粉末粒度分布和含量如图 3-20 所示，粒度分布并呈正态分布，中位粒径为 4.77μm，平均粒径为 5.80μm。

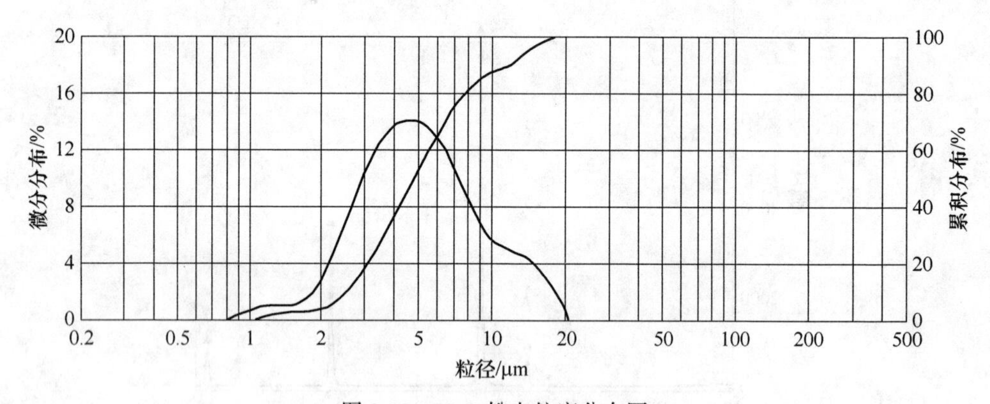

图 3-20 MgO 粉末粒度分布图

3.3.2.3 Al_2O_3 粉末、MgO 粉末元素含量分析

Al_2O_3 粉末的元素分析结果如表 3-10 所示，Al 元素和 O 元素质量分数和达到了 98.8%，杂质元素中 Na 元素含量较高为 0.6%，其他杂质元素含量都在 0.2%以下。结合 Al_2O_3 粉末的物相分析可知，Al 元素和 O 元素基本上以化合物

Al_2O_3 的形式存在，而 Na 则以 Naβ-Al_2O_3 形式存在。

表 3-10 Al_2O_3 粉末元素含量分析

元素	Al	O	Na	其他元素
质量分数/%	52.82	45.99	0.60	0.59

MgO 粉末的元素分析结果如表 3-11 所示，Mg 元素和 O 元素质量分数和达到了 99.9%，其他杂质元素含量都在 0.02%以下。结合 MgO 粉末的物相分析可知，Mg 元素和 O 元素基本上以化合物 MgO 的形式存在。

表 3-11 MgO 粉末元素含量分析

元素	Mg	O	其他杂质元素
含量/%	59.96	39.97	0.07

3.3.2.4 添加 MgO 后复合材料的物相分析

通过添加不同含量的 MgO 合成镁铝尖晶石基复合材料，材料的物相分析结果如图 3-21 所示。从图中可知：添加不同含量的 MgO 合成镁铝尖晶石基复合材料，都检测到了 $MgAl_2O_4$ 相，而没有检测到 MgO 相；在经过高温合成后，随着 MgO 含量增加，$MgAl_2O_4$ 特征峰强度逐渐增加。

MgO-Al_2O_3 体系固相反应生成 $MgAl_2O_4$ 的起始温度为 1000℃左右，尖晶石化的完成温度为 1400℃左右。本研究由于采用了活性较高、粒度较细的轻质氧化镁作为合成原料，表明在 1100℃ 绝大部分的 MgO 与 α-Al_2O_3 生成第二相 $MgAl_2O_4$。XRD 图谱显示，随着 MgO 含量增加，$MgAl_2O_4$ 峰强度增加，表明 $MgAl_2O_4$ 生成量增加。

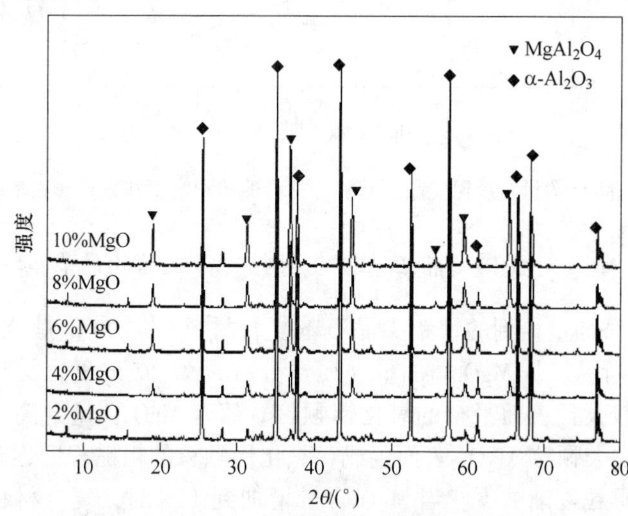

图 3-21 不同 MgO 含量复合材料物相分析 XRD 图谱

3.3.2.5 MgO 对镁铝尖晶石基复合材料的致密度的影响

MgO 含量对镁铝尖晶石基复合材料在 1100℃煅烧的体积密度和直径膨胀率的影响如图 3-22 所示。从图中可以看出，镁铝尖晶石基复合材料的体积密度随 MgO 含量增加而减小，但是减小的幅度不大，总体保持在 2.4~2.48g/cm³之间，并且都大于铝液（2.1g/cm³）和电解质（2.3g/cm³）的密度。

镁铝尖晶石基复合材料的体积密度随 MgO 含量增加而减小的原因可能是 $MgAl_2O_4$ 的生成量随 MgO 含量的增加而增加，而 $MgAl_2O_4$ 的生成会导致 5%~8% 的体积膨胀[56,57]。但是不同 $MgAl_2O_4$ 含量的复合材料的理论密度从 3.897g/cm³ 减小到 3.781g/cm³，由此相对密度变化不大。另外镁铝尖晶石基复合材料直径膨胀率随 MgO 含量的增加而减小，说明随着外加氧化镁量的增加，镁铝尖晶石基复合材料的烧结程度有一定的提高。可能是由于 MgO 加入 α-Al_2O_3 中，由于形成镁铝尖晶石分布于氧化铝颗粒之间，抑制了晶粒异常长大，并促使气孔的排出，故可促进致密化，获得较致密的镁铝尖晶石基复合材料。

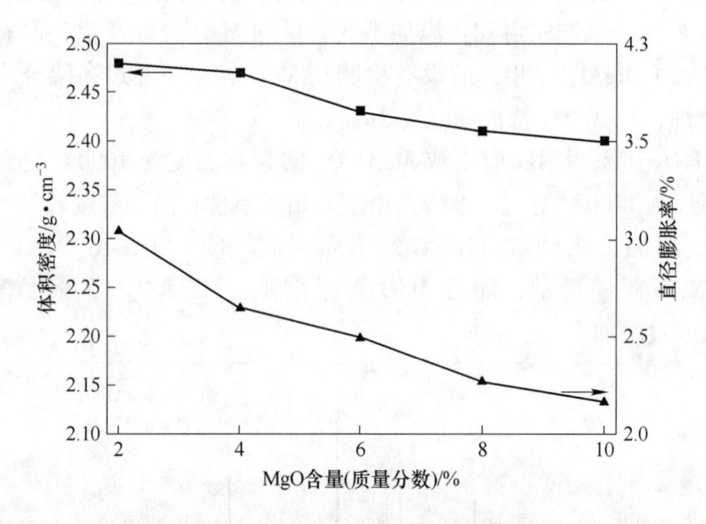

图 3-22 MgO 含量对镁铝尖晶石基复合材料的体积密度和直径膨胀率的影响

3.3.2.6 MgO 对镁铝尖晶石基复合材料的微观结构的影响

不同 MgO 添加量得到的镁铝尖晶石基复合材料在 1100℃ 煅烧 2h 后的微观形貌如图 3-23 所示。从 MgO 添加量（质量分数）为 2%的复合材料的微观形貌图可看到尺寸较大且表面平整的氧化铝颗粒。随着 MgO 含量升高，微小颗粒的 $MgAl_2O_4$ 逐渐在大颗粒 Al_2O_3 表面生成，氧化铝颗粒的粗糙程度逐渐增加，表面平整的氧化铝颗粒逐渐减少。当 MgO 含量增加到 10%时，复合材料的微观结构呈现出一种尖晶石完全包裹氧化铝颗粒的结构。活性较高、粒度较细 MgO 和 Al_2O_3 反应后，以 $MgAl_2O_4$ 相的形式覆在大颗粒 Al_2O_3 表面。可能的原因是 α-Al_2O_3 在烧结中会发生晶粒长大，对烧结致密化有重要作用。但晶粒的过快长大，即二次重结晶会使晶粒变粗，晶界变宽，出现反致密化现象。MgO 加入 α-Al_2O_3 中，由于形成镁铝尖晶石分布于氧化铝颗粒之间，抑制了晶粒异常长大。故添加 MgO 与 Al_2O_3 形成 $MgAl_2O_4$，并且作为 α-Al_2O_3 颗粒间的连续相，有利于 α-Al_2O_3 的烧结。

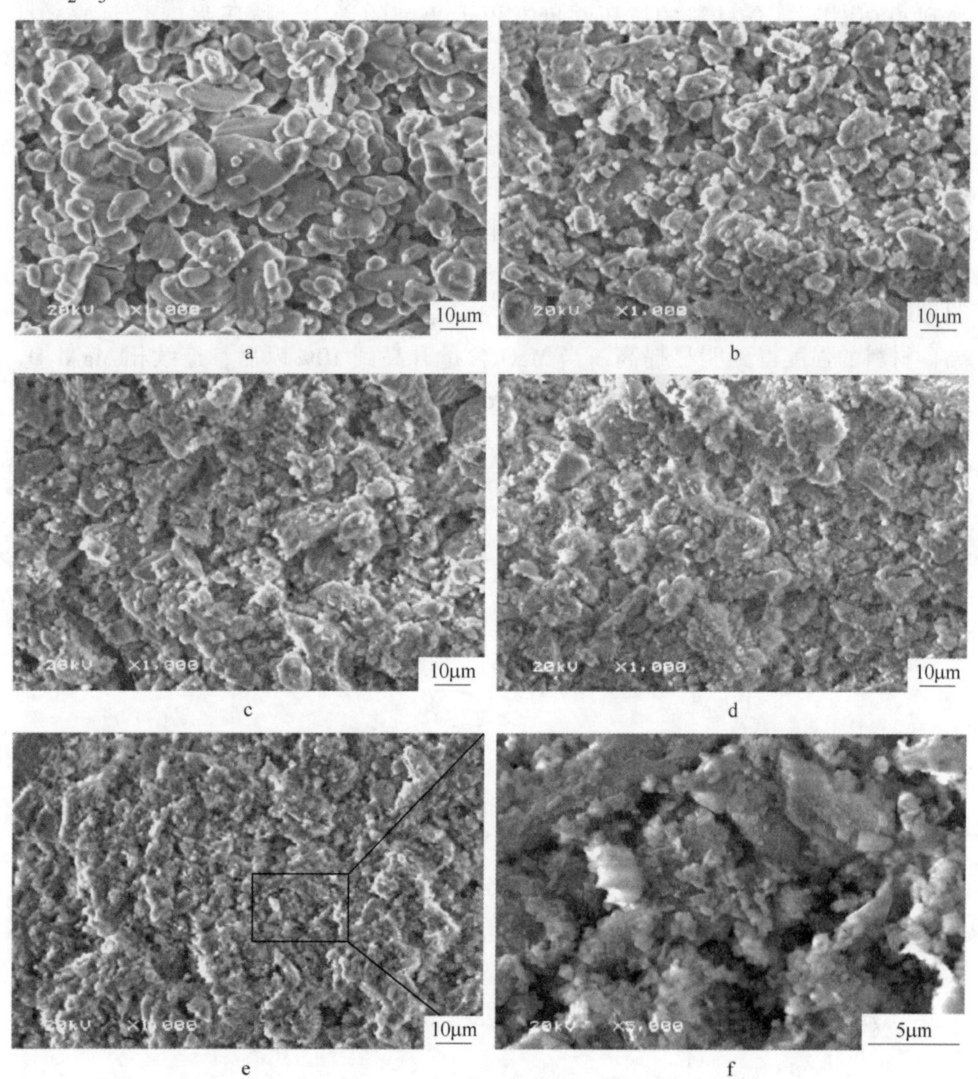

图 3-23　不同 MgO 添加量下镁铝尖晶石基复合材料微观形貌图

a—2%；b—4%；c—6%；d—8%；e—10%；f—e 的局部放大图

3.3.2.7 MgO 对镁铝尖晶石基复合材料的抗压强度的影响

MgO 添加量对镁铝尖晶石基复合材料抗压强度影响如图 3-24 所示，从图中可看出复合材料的抗压强度（CS）随着 MgO 含量增加而增大，当 MgO 含量（质量分数）从 2%增加到 10%时，镁铝尖晶石基复合材料的抗压强度增从 13MPa 增加到 39MPa。强度的升高可以分为两个阶段，当 MgO 含量从 4%增加到 6%时，复合材料的抗压强度有较显著的增大，增加了将近 8MPa；当 MgO 含量从 8%增加到 10%时，复合材料的抗压强度有更大幅度的增大，抗压强度增大 16MPa 左右。

可能的原因是 $MgAl_2O_4$ 生成量的增加，会将更多的大颗粒 Al_2O_3 连接在一起，导致材料烧结程度升高，使得镁铝尖晶石基复合材料的抗压强度增加。当 MgO 含量为 2%和 4%时，从微观结构可以看出，大颗粒 Al_2O_3 基本以简单的堆积状态分布在材料内，发生烧结的程度非常低，且烧结性较好的 $MgAl_2O_4$ 生成量十分有限，所以材料强度较低。而当 MgO 含量升高到 6%以后，$MgAl_2O_4$ 生成量明显增大，$MgAl_2O_4$ 不仅将部分大颗粒 α-Al_2O_3 连接在一起，自身也能发生烧结，材料的强度得到明显提高。当 MgO 含量升高到 10%以后，连续相 $MgAl_2O_4$ 的含量继续升高，$MgAl_2O_4$ 将大颗粒 α-Al_2O_3 连接在一起且自身烧结程度也继续提高，故抗压强度大幅度增大。

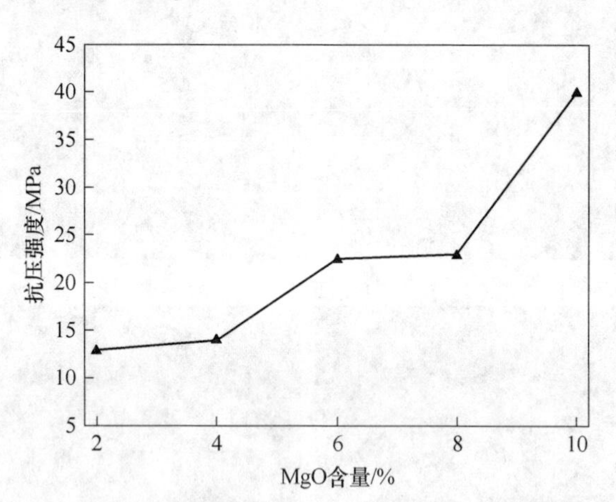

图 3-24 MgO 添加量对镁铝尖晶石基复合材料抗压强度影响

3.3.3 温度对镁铝尖晶石基复合材料性能与结构影响

3.3.3.1 尖晶石化与微观结构

生坯的物相分析结果如图 3-25 所示，从图中可以较明显地观察到 MgO 相和

Al_2O_3 相。在不同固相合成温度条件下固相合成后，复合材料的物相分析结果如图 3-26 所示，在 5 个温度条件下都检测不到 MgO 的存在，且 $MgAl_2O_4$ 衍射峰的强度都基本一致。XRD 图谱说明绝大部分的 MgO 已经与 Al_2O_3 反应生成了 $MgAl_2O_4$，且该体系在 1000℃甚至 1000℃以下就可以实现完全尖晶石化；另外，β-Al_2O_3 相的衍射峰强度明显降低。

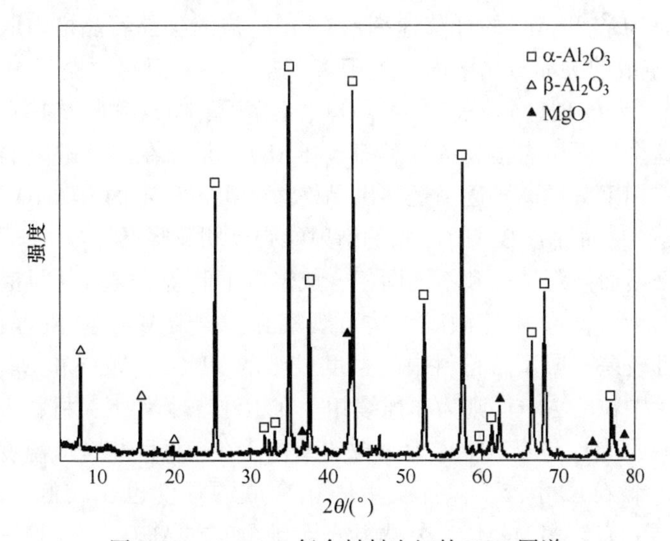

图 3-25 10%MgO 复合材料生坯的 XRD 图谱

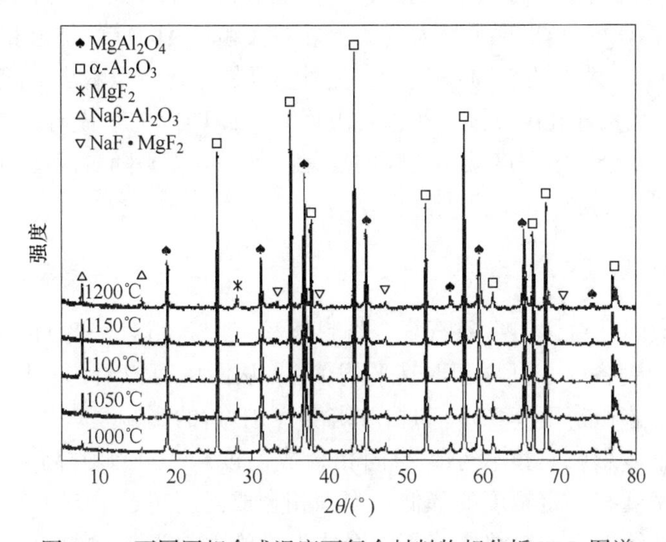

图 3-26 不同固相合成温度下复合材料物相分析 XRD 图谱

一般的 MgO-Al_2O_3 体系是通过固相反应生成铝镁尖晶石，但要完全发生尖晶石化是非常困难的，因为随着 $MgAl_2O_4$ 产物层变厚，Mg^{2+} 和 Al^{3+} 在固态产物层的迁移受到严重的限制，导致体系难以进一步尖晶石化。本研究在1000~1200℃条件下，富Al_2O_3的$MgO-Al_2O_3$体系在Na_3AlF_6作用下基本完全实现尖晶石化，其中原因有以下几点：（1）采用了活性较高、粒度较细的轻质氧化镁（球磨前粒度为5.80μm，球磨后粒度在1μm以下），不仅能增大反应驱动力，还能缩短离子迁移距离；（2）高温条件下Na_3AlF_6熔融产生的熔体会溶解MgO和Al_2O_3，从而大幅度促进Mg^{2+}和Al^{3+}的迁移速率；（3）F^-嵌入尖晶石晶格内取代晶格内的O^{2-}，使得已生成的尖晶石晶格内产生阳离子空穴，从而有效提高Mg^{2+}和Al^{3+}迁移速率。$\beta-Al_2O_3$的理论分子式$NaAl_{11}O_{17}$，钠离子排布在同c轴垂直的平面上，且钠离子在这个平面中有很高的迁移率。$\beta-Al_2O_3$是存在晶体缺陷的化合物，在氟化物熔体作用下，钠离子逐渐迁移出晶格，使得不稳定的$\beta-Al_2O_3$转变为最稳定的$\alpha-Al_2O_3$，从而导致$\beta-Al_2O_3$相的衍射峰强度明显降低。

生坯的横断面微观结构和不同固相合成温度下制备的复合材料横断面的微观结构如图3-27所示。从生坯微观结构可观察到，由于MgO和Na_3AlF_6本身粒度较细且耐磨性较差，成型后粉料中的粒度较细的Al_2O_3、MgO和Na_3AlF_6形成了连续相，而大颗粒的Al_2O_3则为非连续相。在1000℃条件下，材料内部就已经形成了小颗粒$MgAl_2O_4$包裹Al_2O_3大颗粒的结构。在较低固相合成温度条件下，生成的$MgAl_2O_4$颗粒尺寸较小，且发生固相合成的程度也比较低，从1000℃的SEM图可以看到有较多$MgAl_2O_4$小颗粒散乱地分布在Al_2O_3大颗粒上；而在较高的固相合成温度条件下，生成的$MgAl_2O_4$颗粒在液相的作用下发生较大程度的固相合成，$MgAl_2O_4$颗粒出现了长大现象，且与大颗粒Al_2O_3的结合相当紧密，如图3-27f 1200℃条件下的SEM图所示。另外，从图中还可以看出，随着固相合成温度的上升，大尺寸孔隙逐渐变小，一方面是$MgAl_2O_4$的生成有大概8%的体积膨胀，这种膨胀会一定程度减小孔隙的尺寸；另一方面是随着温度的升高，固相合成程度越高，孔隙率也会逐渐降低。

3.3.3.2 密度

固相合成温度对镁铝尖晶石复合材料体积密度和相对密度的影响如图3-28所示（每个点制备5个试样，取其平均值）。从图中可以看出，固相合成温度对复合材料的体积密度（BD）和相对密度（RD）的影响呈现出先减小后增大的趋势，但整体影响程度较小。当固相合成温度从1000℃升高到1050℃，复合材料的致密度有一定幅度的降低；当固相合成温度超过1050℃后，复合材料的密度呈现持续增大的趋势。当固相合成温度为1050℃时，复合材料体积密度和相对密度有最小值，分别为2.343g/cm^{3}和61.98%；当固相合成温度为1200℃时，复合材料的体积密度和相对密度有最大值，分别为2.379g/cm^{3}和62.92%。

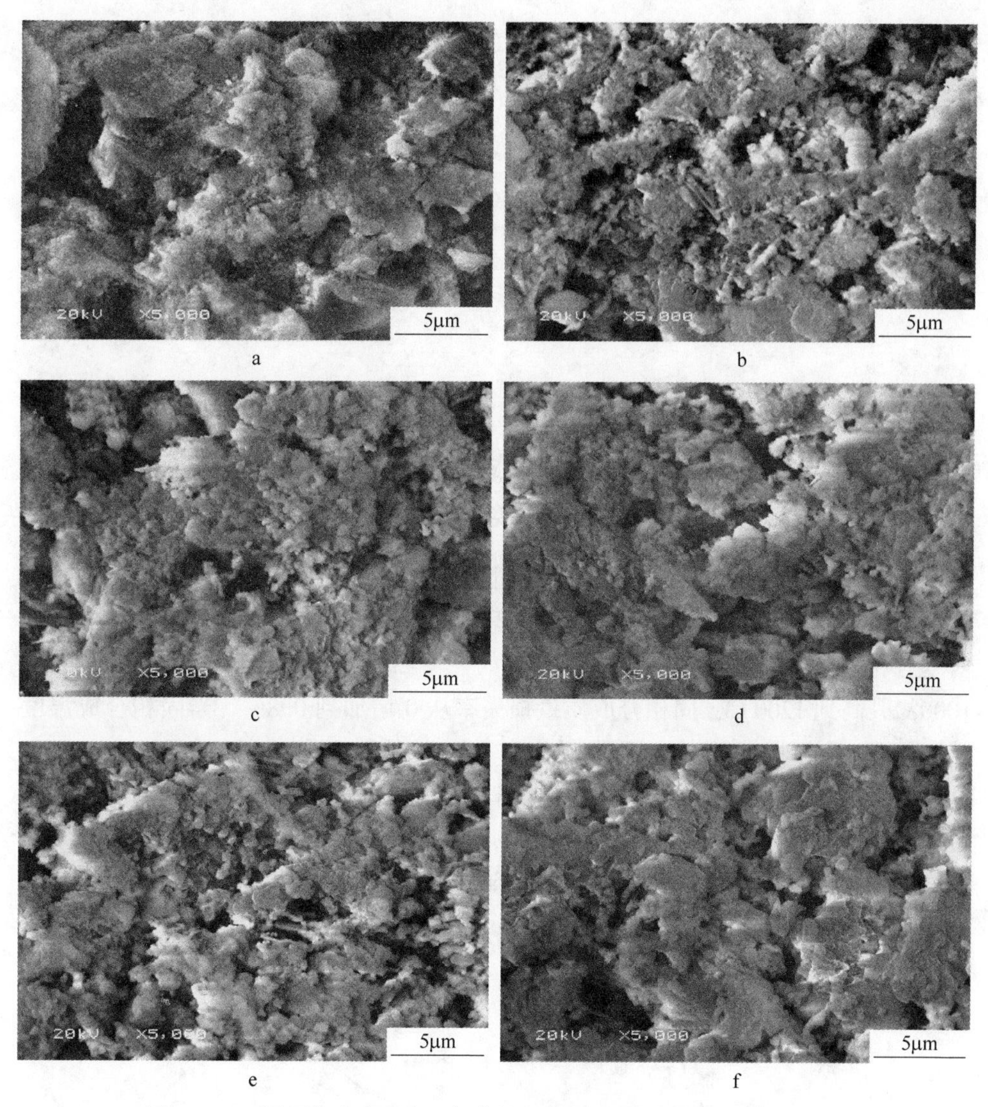

图 3-27 不同固相合成温度下复合材料横断面微观形貌图（5000 倍）

a—生坯；b—1000℃；c—1050℃；d—1100℃；e—1150℃；f—1200℃

镁铝尖晶石复合材料的密度受尖晶石化程度、固相合成程度以及液相挥发量（固相合成质量损失）综合控制。XRD 分析表明，各个固相合成温度下，尖晶石化程度是基本一致的，尖晶石化造成的体积膨胀对密度的影响较小，所以复合材料的密度主要受固相合成程度和液相挥发量控制。对于陶瓷材料而言，固相合成程度随着固相合成温度的升高而提高，但由于本研究的复合材料中发生固相合成的主要部分是新生成的细颗粒的 $MgAl_2O_4$ 相，而作为材料基体的 Al_2O_3 受限于本身的性质（较强的离子键作用、较大的颗粒尺寸）和材料的结构（Al_2O_3 被新生

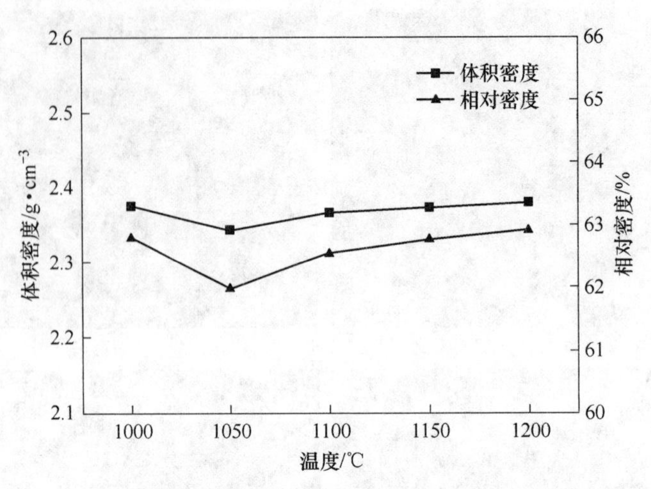

图 3-28 固相合成温度对镁铝尖晶石复合材料密度的影响

成的 $MgAl_2O_4$ 相包裹），Al_2O_3 难以发生固相合成，故在低固相合成温度范围内，升高固相合成温度对复合材料固相合成程度的提升作用是有限的。固相合成温度对复合材料固相合成质量损失率影响如图 3-29 所示，随着固相合成温度从 1000℃升高到 1200℃，固相合成质量损失率从 0 增加到 0.8%。当固相合成温度从 1000℃升高到 1050℃时，质量损失有一个大幅度的增加，增加了大概 0.4%，这说明大量的液相会导致材料内的孔隙率大幅增加，所以复合材料的密度在这个温度范围内会呈现下降的趋势。随着温度的进一步升高，固相合成的驱动力增大，固相合成程度逐渐增大，故复合材料的密度会持续增大，液相挥发量也在持续增加，所以复合材料密度增大程度十分有限。

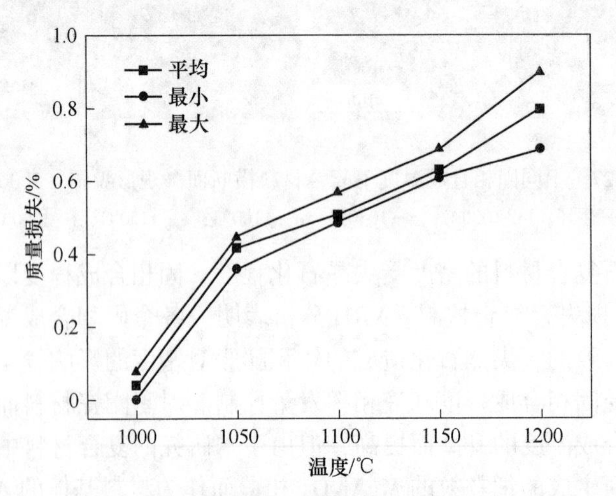

图 3-29 固相合成温度对镁铝尖晶石复合材料固相合成损失的影响

3.3.3.3 抗压强度

镁铝尖晶石复合材料的抗压强度与固相合成温度的关系如图 3-30 所示。从图中可看出镁铝尖晶石复合材料的抗压强度随着固相合成温度升高而增大。当固相合成温度从 1000℃ 升高到 1200℃ 时，镁铝尖晶石复合材料的抗压强度从 31MPa 增加到 41MPa。当固相合成温度从 1000℃ 升高到 1050℃，复合材料的抗压强度增加幅度非常小，仅有 1MPa 左右；而当温度从 1050℃ 升高到 1100℃ 时，复合材料的增幅较明显，增幅达到 7MPa 左右；当固相合成温度进一步升高，复合材料的抗压强度单位温度内的增幅又逐渐减小。

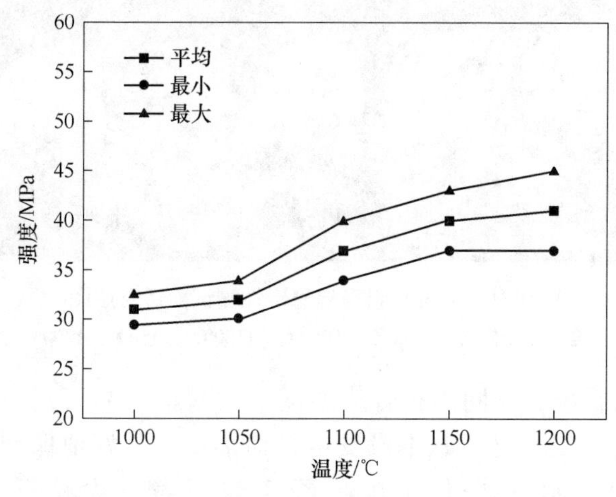

图 3-30 固相合成温度对 $Al_2O_3/MgAl_2O_4$ 复合材料抗压强度的影响

镁铝尖晶石复合材料中发生固相合成的主要部分是新生成的细颗粒的 $MgAl_2O_4$ 相，而 Al_2O_3 固相合成程度较低，所以对强度起决定性作用的是 $MgAl_2O_4$ 相的固相合成程度及其与 Al_2O_3 结合力的强弱。另外，复合材料的力学性能随着致密度的增加而增大，这是因为材料中的孔隙减小了材料的负荷面积。不同固相合成温度下复合材料的微观结构表明，随着固相合成温度的升高，新生成的 $MgAl_2O_4$ 相的固相合成程度逐渐提高，且 $MgAl_2O_4$ 相与 Al_2O_3 基体相结合也越紧密，故随着温度的升高，复合材料的抗压强度逐渐增大。而抗压强度与固相合成温度不呈线性关系，与复合材料致密的变化关系较大。当固相合成温度从 1000℃ 升高到 1050℃，复合材料的致密度有一定的降低，故导致材料强度增幅较小；当温度从 1050℃ 升高到 1100℃，固相合成程度提高的同时，致密度有较大的提升，故复合材料的强度有较大幅度的提高；固相合成温度进一步升高，虽然固相合成相的固相合成程度在进一步升高，但致密度并没有明显变化，故镁铝尖晶石复合材料强度提高幅度也有限。

3.3.3.4 高温稳定性

将不同固相合成温度下制备的镁铝尖晶石复合材料进行高温稳定性测试，测试前后的对照图如图 3-31 所示。

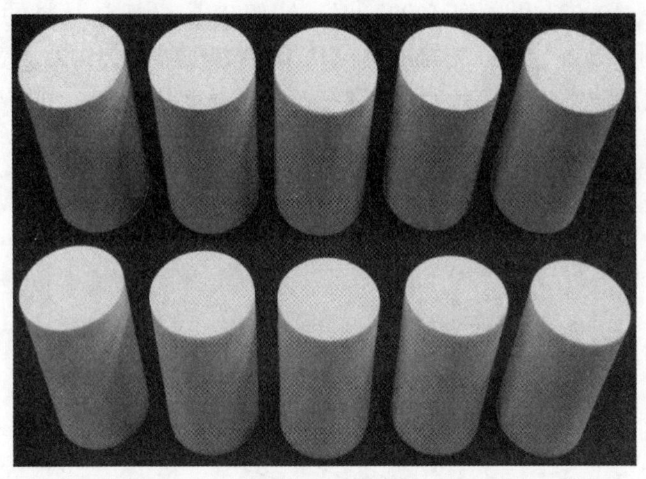

图 3-31 复合材料高温稳定性测试前后对照图
（从左至右固相合成温度依次为 1000℃、1050℃、1100℃、1150℃、1200℃的复合材料）

从图中可以看出，不同固相合成温度下的镁铝尖晶石复合材料高温测试前后，镁铝尖晶石复合材料基本没发生任何形变，很好地保持材料原来的形状。复合材料在 1000℃条件下就已经实现了完全尖晶石化，并形成了 $MgAl_2O_4$ 完全包裹住 Al_2O_3 基体颗粒的结构，$MgAl_2O_4$ 在氟化物熔体中的溶解度非常低，阻隔了氟化物熔体与 Al_2O_3 形成共熔体，防止材料在高温测试过程中发生类似于过烧的现象，使得复合材料的形状在高温测试过程中基本不发生变化。

图 3-32 为固相合成温度与试样在高温测试后质量损失率（TM）和直径膨胀率（ERD）关系图。从图中可以看出，随着固相合成温度升高，复合材料的高温测试后的质量损失率和直径膨胀率逐渐减小；当固相合成温度从 1000℃升高到 1200℃，测试质量损失率从 1.38%降低到 1.32%，直径膨胀率从 3.33%降低到 3.05%。整体而言，固相合成温度对高温稳定性的影响非常小。高温测试过程对于低温条件下制备的复合材料而言，其实是进一步的固相合成和液相挥发过程，对于高温条件下制备的材料则是进一步的液相挥发过程。低温制备的材料在完成进一步固相合成的过程中伴随着液相的挥发，且本身残留的氟化物含量较高，故测试过程挥发量较高，直径膨胀率较大；而高温制备的复合材料本身残留的氟化物量较低，故测试过程挥发量较

低，直径膨胀率较小。但在测试过程，低温制备的复合材料较快完成了进一步的液化，所以整体而言，固相合成温度对复合材料高温稳定性的影响较小。

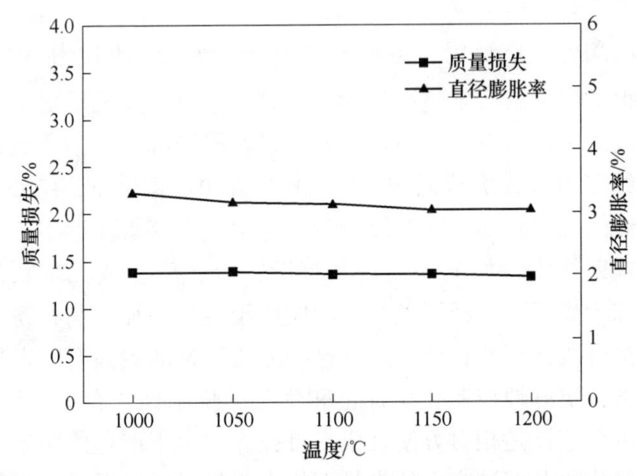

图 3-32 固相合成温度对复合材料测试直径膨胀率和质量损失率影响

3.3.4 研究结论

由XRD衍射分析可知，在α-Al_2O_3基复合材料中，当MgO含量（质量分数）不大于10%，1100℃煅烧2 h时，MgO可完全转换为$MgAl_2O_4$尖晶石。镁铝尖晶石基复合材料的体积密度随MgO含量的增加而减小，当MgO含量为10%时，复合材料密度最小，其值为2.4g/cm^3，大于铝液的密度。MgO加入α-Al_2O_3中，由于形成镁铝尖晶石分布于氧化铝颗粒之间，抑制了晶粒异常长大，促进致密化。并且MgO促进镁铝尖晶石基复合材料致密化的作用大于由于尖晶石化（体积膨胀）导致的致密度减小的作用。MgO含量的增加有利于镁铝尖晶石基复合材料的致密化，进而可以提高镁铝尖晶石基复合材料抗压强度。

在1000~1200℃温度范围内，固相合成温度对复合材料的尖晶石化程度影响较小，1000℃条件下就基本实现了完全尖晶石化。复合材料的微观结构显示，随着固相合成温度升高，尖晶石相颗粒逐渐长大，且尖晶石相固相合成程度提高。镁铝尖晶石复合材料的致密度受固相合成程度和液相挥发综合控制，故随着固相合成温度升高，镁铝尖晶石复合材料密度先减小后增大，1200℃有最大值为63%。镁铝尖晶石复合材料的强度随着固相合成温度升高而增大，1200℃有最大值为41MPa。随着固相合成温度升高，镁铝尖晶石复合材料的高温稳定性逐渐得到改善，但整体而言影响程度较小。

3.4 湿化学法合成 $MgAl_2O_4$ 粉末

3.4.1 研究概述

致密尖晶石陶瓷可广泛用于各种工程领域。然而，直接由 Al_2O_3 和 MgO 粉末固态反应获得的尖晶石粉末烧结活性差，难以通过常规无压烧结技术获得高纯度化学计量组成的致密材料。目前，主要通过两段烧制工艺生产致密材料：煅烧粉末混合物大约在 1600℃完成固相反应，然后在更高温度下烧结致密化。

然而，高纯的尖晶石粉末在两段烧制反应中难以获得。近年来，各种湿化学技术或湿化学辅助技术，如氢氧化物共沉淀，金属醇盐或无机盐的溶胶-凝胶，喷雾干燥和冷冻干燥等，已经开发并成功应用于生产高纯尖晶石粉末。与通过常规固态反应方法合成的那些相比，通过这些方法制备的尖晶石粉末显示出更高程度的化学均匀性，更好地控制化学计量和优良的烧结性。在上述湿化学方法中，使用无机盐的沉淀应该是相对方便且成本可控。但由于严重的团聚，使用氨水作为沉淀剂的氢氧化物共沉淀产生的尖晶石粉末不足以通过无添加剂的无压烧结实现完全致密化[58]。

湿化学生成氧化物粉末的烧结性能与其前驱体的性质密切相关。在实践中，通过使用碳酸氢铵作为沉淀剂获得的具有可控化学组成和颗粒形态均一的碳酸盐[59]，证明优于氢氧化物作为较少聚集的氧化物粉末的前驱体。在这些情况下，氧化物粉末显示出优异的可烧结性，并且在相对低的温度下通过真空烧结获得半透明材料，而不需要或仅使用少量烧结助剂。

3.4.2 研究设计

使用硝酸铝九水合物（>99%纯度）、六水合硝酸镁（>99%纯度）、碳酸铵（超高纯度）和氨水（28%，分析级）作为起始材料。通过将硝酸镁和硝酸铝溶解在蒸馏水中制备用于尖晶石合成盐的溶液。为确保 Mg^{2+} 和 Al^{3+} 以摩尔比 1∶2 的尖晶石化学计量混合，混合溶液的阳离子含量通过 ICP（电感耦合等离子体）光谱技术测定并进一步调整。混合盐溶液的最终浓度为 0.15mol/dm^3（对于 Al^{3+}）。

预计沉淀剂溶液的浓度会影响所得沉淀物的组成。以碳酸氢铵为沉淀剂沉淀铝化合物的前期工作表明，Al^{3+} 阳离子可以沉淀为假勃姆石（AlOOH）或铵片钠铝石［$NH_4Al(OH)_2CO_3$］，主要取决于沉淀剂溶液的浓度和反应温度。为了避免可能形成凝胶状 AlOOH，预计会导致硬凝聚，选择碳酸铵溶液的浓度为 1.5mol/dm^3 和反应温度为 50℃。将碳酸铵溶液的初始 pH 值调节至 11.5 呈碱性溶液。

尖晶石前驱体是通过在温和搅拌下以 5mL/min 的速度将 400mL 混合盐溶液加入 600mL 碳酸铵溶液中，随后在 24h 的老化时间内制备的。反应温度为 50℃。老化后，悬浮液的最终 pH 值为 11.21。由此产生的溶液使用抽滤的方式过滤杂质，用蒸馏水洗涤四次（用氨水调节 pH 值至 11.21），再用乙醇冲洗，并在室温下用流动的氮气在 24℃ 下干燥。将干燥的滤饼用氧化锆研杵和研钵轻轻碾碎，并在流动的氧气（100mL/min）下在各种温度下煅烧 2h。干燥后前驱体松散地附聚，并且很容易用氧化锆研杵和研钵粉碎。

3.4.3　研究结果与讨论

前驱体的组成取决于存在的负载阴离子和金属阳离子在溶液中的溶解度，预计在沉淀剂溶液中会发生以下化学反应：

$$H_2O \rightleftharpoons H^+ + OH^- \tag{3-7}$$

$$NH_4OH \rightleftharpoons NH_4^+ + OH^- \tag{3-8}$$

$$(NH_4)_2CO_3 \rightleftharpoons 2NH_4^+ + CO_3^{2-} \tag{3-9}$$

$$H^+ + CO_3^{2-} \rightleftharpoons HCO_3^- \tag{3-10}$$

$$H^+ + HCO_3^- \rightleftharpoons H_2CO_3 \tag{3-11}$$

因此，前驱体的组成将是 OH^- 与碳酸根阴离子在与金属阳离子结合时反应的结果。

图 3-33 显示了前驱体及其煅烧产物的 XRD 谱。合成前的前驱体（图 3-33a）是结晶体并且被鉴定为钠钙铝石水合物 $[NH_4Al(OH)_2CO_3H_2O]$（JCPDS,29-106）和水化石 $[Mg_6Al_2(CO_3)(OH)_{16} \cdot 4H_2O]$（JCPDS,22-700）的混合物。当使用碳酸氢铵代替碳酸铵作为沉淀剂时，水化石结构来自水镁石（$Mg(OH)_2$），其中三价铝阳离子取代一些二价镁阳离子。由于置换而在层上的净正电荷通过 CO_3^{2-} 阴离子嵌入到层间空间中与晶体水共存来补偿。

煅烧粉末的 XRD 图如图 3-33b～g 所示。在 200～400℃ 的温度范围内，前驱体的煅烧产物基本上是无定形的。在 400～700℃ 之间，出现方镁石（MgO）的宽峰。然而，在 700℃ 下未观察到结晶尖晶石，这可能表明 MgO 从水化石中完全溶解尚未实现。与 $Mg_2Al(OH)_7$ 或 $Mg_4Al_2(OH)_{14} \cdot 3H_2O$ 比较，水化石具有较高的 Mg/Al 摩尔比。尖晶石的大量形成始于 800℃，通过方镁石和片钠铝石水合物分解的氧化铝多晶型之间发生固态反应。尽管没有用 XRD 检测，但 800℃ 的氧化铝最有可能是 γ-Al_2O_3，在 1200℃ 它通常显示低结晶度并转变为高度结晶的 α-Al_2O_3。来自铵片钠铝石的 γ-Al_2O_3 已知是超细（<5nm）和高反应性，而由水化石分解的 MgO 也可具有高反应性，因为其在 700℃ 的微晶尺寸仅为 3nm。由于 γ-Al_2O_3 和 MgO 的高反应性以及它们的紧密混合，前驱体到尖晶石的完全转化（JCPDS，21-1152）几乎是通

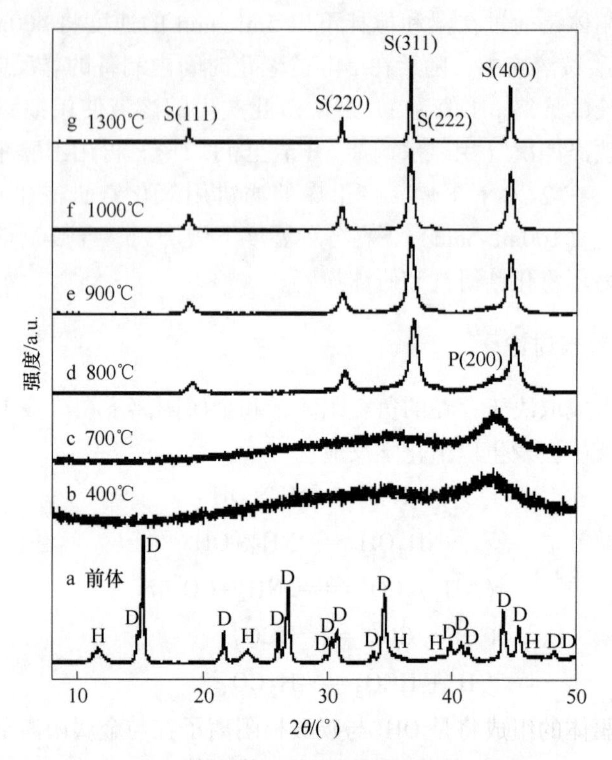

图 3-33 前驱体及其煅烧产物的 XRD 谱

过在 900℃下煅烧 2h 实现的，仅检测到少量的方镁石。高于 900℃时，峰形和强度的持续细化表明随着煅烧温度的升高，微晶逐渐生长。

图 3-34 给出了尖晶石粉末的微晶尺寸随煅烧温度变化的关系。在 900℃和 1300℃下产生的尖晶石粉末分别具有 15nm 和 114nm 的微晶尺寸。

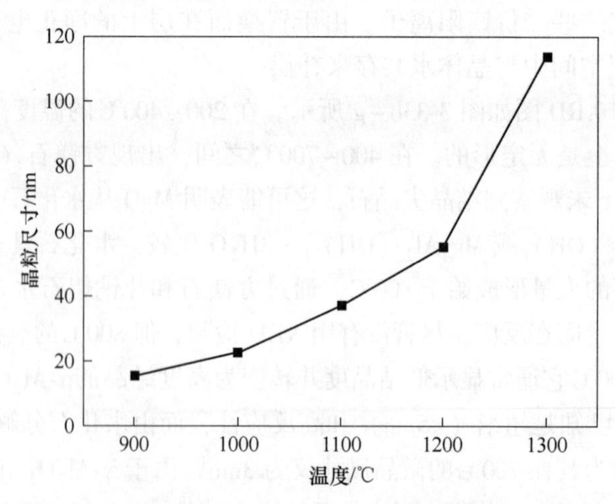

图 3-34 尖晶石粉末的微晶尺寸随煅烧温度变化的关系

前驱体的 DTA/TG 曲线（图 3-35）显示三个主要热变化和总质量损失 60.3% 直至 1000℃。该重量损失非常接近于 $NH_4Al(OH)_2CO_3H_2O$ 和 $Mg_6Al_2(CO_3)(OH)_{16}\cdot 4H_2O$ 相的化学计量混合物计算的理论质量损失（60.73%）。位于 225℃的巨大且尖锐的吸热峰是由铵片钠铝石分解成 AlOOH 引起的，并从水化石中释放结晶水和 CO_2。该热变化的质量损失（50.7%）与 TG 显示在 300℃曲线一致（50.1%）。位于 300℃和 450℃之间的吸热峰对应于混合氢氧化物脱氧成为氧化物。在更高的温度（>450℃）可能由进一步脱水引起。根据图 3-35，以 845℃为中心的放热峰被指定为尖晶石的形成，尽管热量由水化石分解的尖晶石引起。

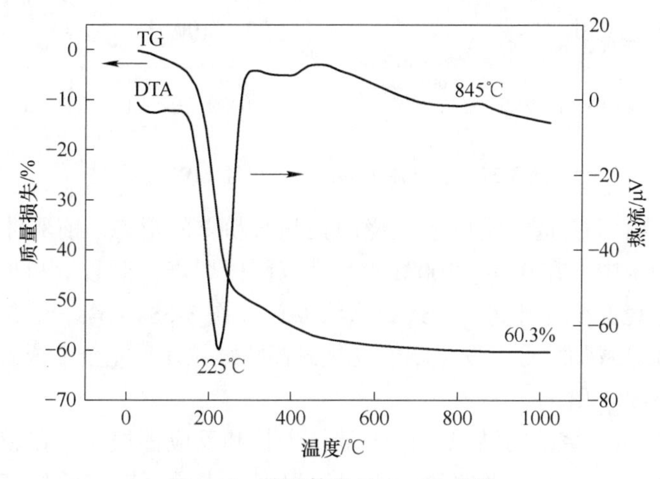

图 3-35 前驱体的 DTA/TG 曲线

图 3-36 显示了前驱体的颗粒形态。低倍率（图 3-36a）显示前体含有两种颗粒：棒状颗粒（直径 0.08~0.14μm，长度 0.3~1.5μm）和相对球形的颗粒（直径 70~100nm）。较高的放大倍数（图 3-36b）表明棒和球都是极细的颗粒，基本上是初级颗粒的二次附聚物。

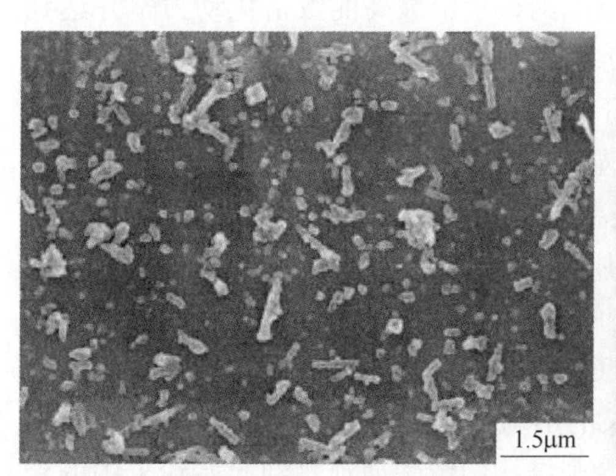

a

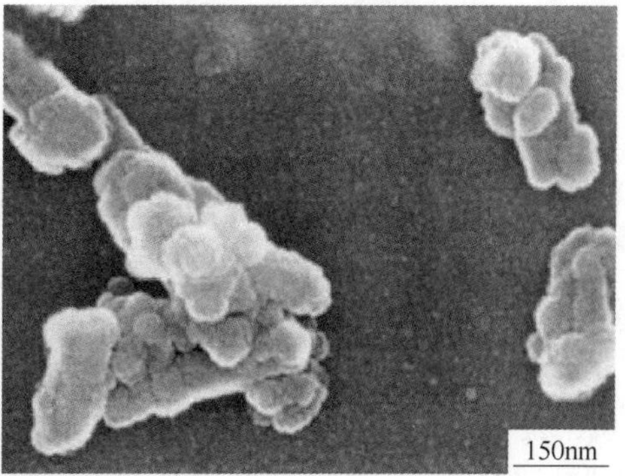

b

图 3-36 前驱体的颗粒形态

对前驱体中的棒和球进行定性 EDX 分析，结果分别在图 3-37a 和 3-37b 中给出。从图 3-37 可以看出，杆和球都含有镁和铝元素，表明前驱体具有高的阳离子均匀性。

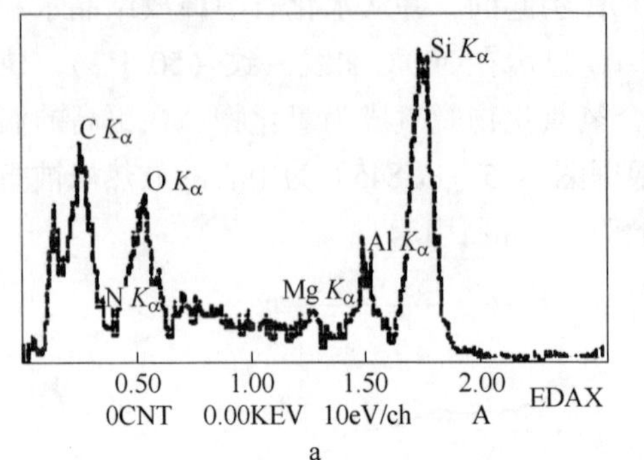

a

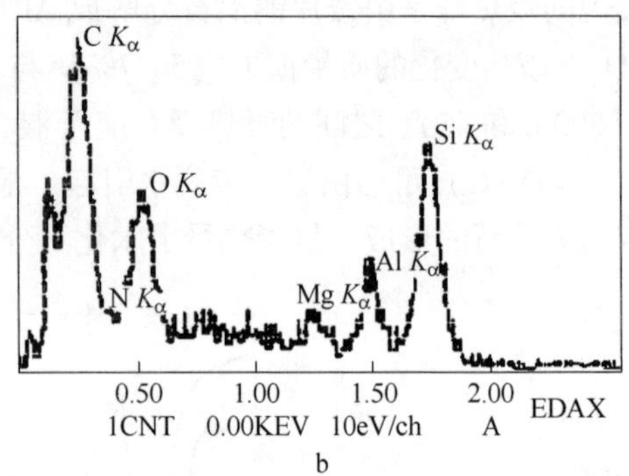

b

图 3-37　前驱体中的棒和球定性 EDX 分析

图 3-38 显示了在选定温度下煅烧的尖晶石粉末的形态。前驱体的假晶形残留在尖晶石粉末中，在 900～1100℃的温度范围内煅烧，但数量和长度明显连续减少。随着煅烧温度的升高，观察到棒状颗粒（图 3-38a～c）。在温度为 1200℃下煅烧前驱体导致颗粒形态发生剧烈变化，棒状颗粒几乎完全缩成圆形颗粒并且不稳定（图 3-38d 和 e）。

图 3-39 显示了烧结的结果。由于微晶生长和反应性损失，在较高温度下煅烧的尖晶石粉末显示出较高的致密化起始温度。尖晶石粉末的生产温度范围为 900～1200℃，在恒定加热速率 8℃/min 下显示出良好的可烧结性和致密度。在 1550℃，它们各自的相对密度为 95.76%，96.07%，96.77% 和 93.01%，而在 1300℃煅烧粉末的烧结密度仅达到理论密度的 83.2%，表现出最差的烧结性。

从图 3-39 判断，反应性尖晶石粉末的最有利的煅烧温度为 1100℃。在该温度下产生的粉末在 1300～1550℃的温度范围内显示出最高的致密化动力学并达到最高的最终烧结密度。粉末在较低的温度（900～1000℃）下煅烧，虽然具有较小的微晶尺寸，因此反应性较高。但由于存在相对较多的棒状颗粒，这使得难以均匀压实。另外，在粉末加工过程中明显感觉到的微晶生长（反应性损失）和硬聚集体形成，导致在较高温度下煅烧粉末的最终密度降低。考虑到这两个方面，仅将在 1100℃下煅烧的尖晶石粉末用于真空烧结。

图 3-40 显示了使用在 1100℃下煅烧的粉末在选定温度下焙烧 2h 的尖晶石陶瓷的微观结构。材料在 1400℃、1475℃ 和 1550℃ 处烧结的相对密度分别为 87.9%、96.1% 和 99.0%。由于存在细长的不均匀压实，导致大（微米尺寸）孔隙缺陷存在。在所有烧结尖晶石陶瓷的微观结构中清楚地观察到起始粉末中的颗粒或聚集体。

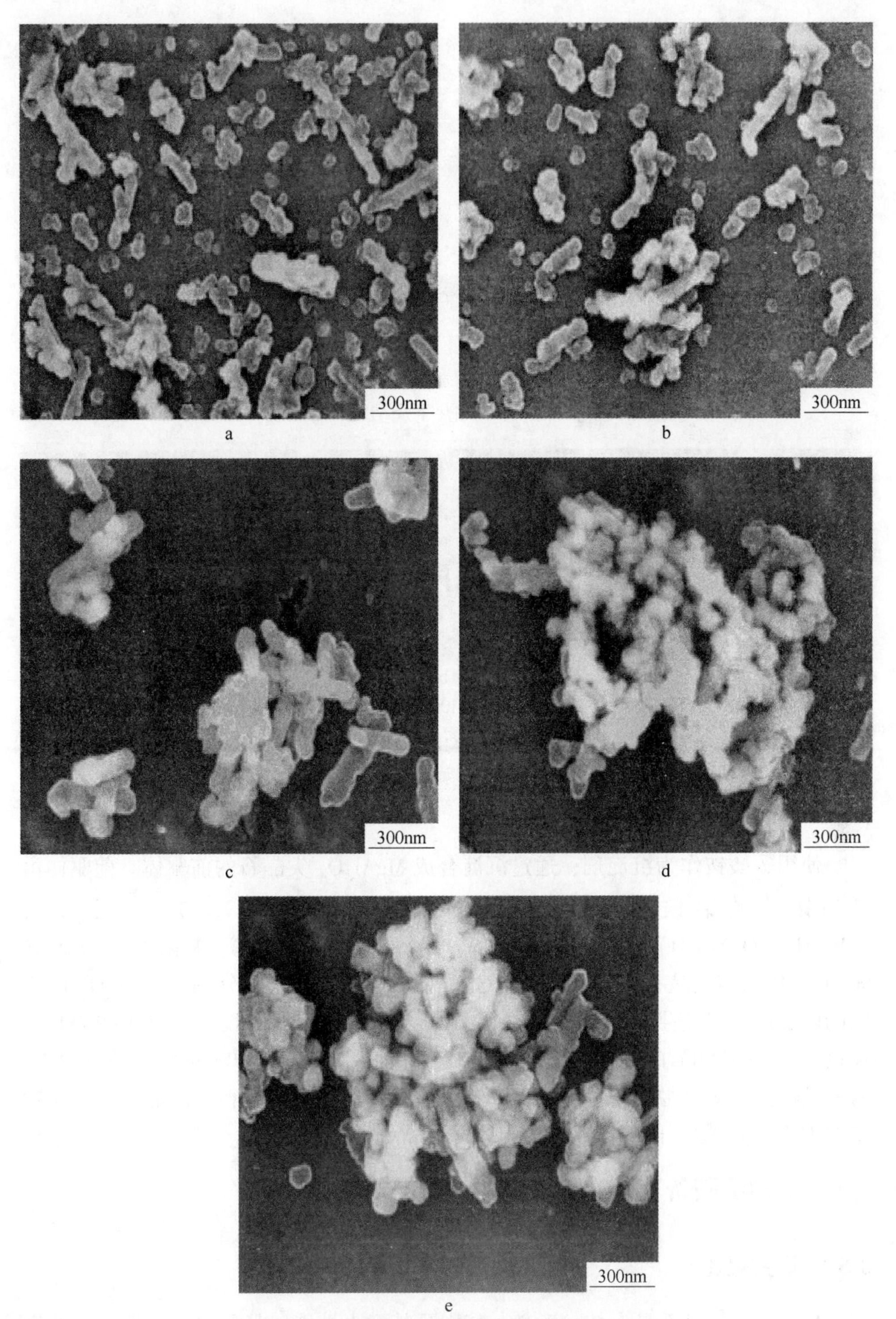

图 3-38 选定温度下煅烧的尖晶石粉末的形态

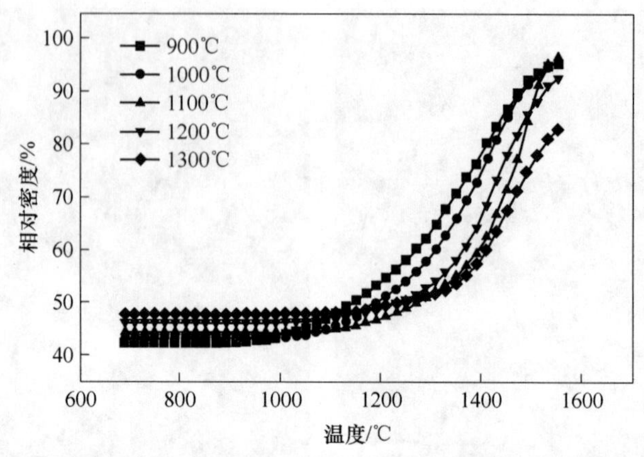

图 3-39 尖晶石粉在 8℃/ min 加热下烧结时相对密度与温度的关系

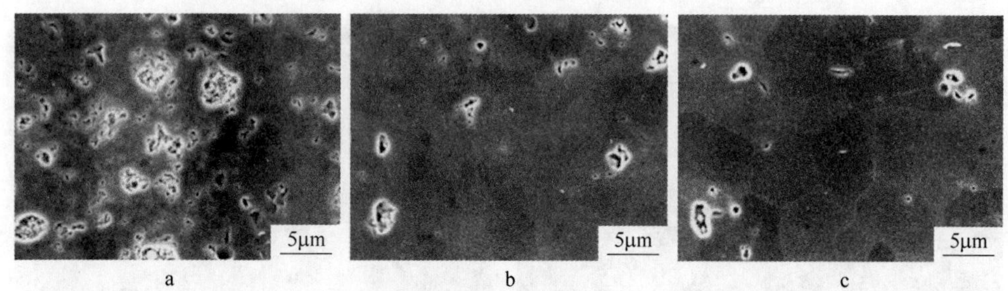

图 3-40 1100℃下煅烧 2h 的粉末在 1400℃（a）、1475℃（b）和 1550℃（c）烧结 2h 的尖晶石陶瓷的微观结构

3.4.4 研究结论

使用碳酸铵作为沉淀剂，通过沉淀合成 $MgAl_2O_4$ 尖晶石的前驱体。前驱体由结晶铵片钠铝铁矿水合物［$NH_4Al(OH)_2CO_3 \cdot H_2O$］和水化石［$Mg_6Al_2(CO_3)(OH)_{16} \cdot 4H_2O$］相组成，在较低温度下通过水化石的分解在 900℃转化为纯尖晶石相（400～800℃）和 MgO（从水化石分解）和 γ-Al_2O_3 之间的固态反应（衍生自来自铵片钠铝石水合物）在较高温度下（800～900℃）。通过在 900～1200℃的温度范围内煅烧前驱体获得超细（<100nm）尖晶石粉末，研究煅烧温度对颗粒形态和烧结的影响。研究了所得尖晶石粉末的能力，使用粉末在 1550℃的真空下烧结 2h，得到致密尖晶石陶瓷（99%）。

3.5 水相法制备 $MgAl_2O_4$ 前驱体粉末

3.5.1 研究概述

$MgAl_2O_4$ 尖晶石具有技术意义，特别是其耐火性能。最终材料的质量主要取决于起始粉末材料的性质，例如高纯度和化学均匀性。除了固态反应（混合、研磨和高温加热）之外，近几十年来，溶胶-凝胶工艺因其能够生产高质量的陶瓷粉末、涂料和玻璃而受到越来越多的关注。在本研究中，使用两条水合成路线来制备 $MgAl_2O_4$ 前体：（1）喷雾干燥（雾化）硝酸铝和硝酸镁溶液；（2）有机基质柠檬酸盐过程（配合）。尖晶石前体粉末已通过各种技术表征并表现出不同的性质，特别是其结晶行为。在300℃下热处理1h后，雾化的粉末部分结晶。该粉末具有典型的微球形态，并且在790℃下完全结晶。配合的前体保持无定形直至其在750℃下结晶，并且表现出血小板形态。为了更好地理解这种差异，使用各种高分辨率固态核磁共振（NMR）技术，在室温下表征两种前体的局部结构的演变作为热处理的函数。高分辨率固态 ^{27}Al NMR 是探测无定形化合物中铝的局部化学和结构环境的有力工具。从 ^{27}Al MAS-NMR 光谱分析 $I=5/2$ ^{27}Al 核的中心和卫星跃迁，可以描述并可靠地量化非晶材料中不同的铝配位状态。更多细节可以从 ^{27}Al MQ-MAS 实验中获得，这些实验提供了增强的分辨率，因此，更好地描述了这些系统中局部病症的性质。通过双共振实验，使用残余质子（1H）和铝（^{27}Al）之间的偶极耦合，也可以将该描述扩展到更大的距离。常规用于自旋1/2核的交叉极化转移，例如 ^{13}C、^{29}Si 或 ^{31}P，不会导致 ^{27}Al 的灵敏度提高，并且它强烈依赖于四极相互作用参数。

3.5.2 研究设计

按如下方法制备两种不同的 $MgAl_2O_4$ 前体粉末。（1）雾化。硝酸铝和硝酸镁［$Al(NO_3)_3\cdot 9H_2O$ 和 $M(NO_3)_2\cdot 6H_2O$］的化学计量比［0.4mol $Mg(NO_3)_2$/(kg 溶液)］和将 0.8mol $Al(NO_3)_3$/(kg 溶液) 喷雾干燥，用压缩空气在200℃预热。首先在通风炉中以5℃/min 的加热速率煅烧至300℃，然后将所得粉末在各种温度（300～800℃）下热处理1h。（2）配合。通过有机凝胶辅助的柠檬酸盐方法完成配合：初始硝酸盐溶液的铝和镁阳离子通过柠檬酸（每个硝酸根阴离子一个柠檬酸分子）螯合，并加入氨以将 pH 调节至约7。通过原位形成聚丙烯酰胺网络使该溶液胶凝。为此，通过在80℃下加热并加入α，α-偶氮异丁腈作为自由基聚合引发剂，使有机单体丙烯酰胺和N，N8-亚甲基二丙烯酰胺溶解并共聚。然后将含水凝胶在微波炉中转化为蛋白酥皮，并在500℃下以5℃/min 的加热速率煅烧。然后将所得粉末在500℃和600℃下热处理1h。

3.5.3 研究结果与讨论

3.5.3.1 微观结构、热分析和 X 射线衍射

通过喷雾干燥硝酸盐水溶液并煅烧所得粉末，得到雾化的 $MgAl_2O_4$ 前体。它

通常产生空心微球，因为盐在液滴表面快速过饱和并沉淀，随后增加内部溶剂压力，空心球崩解，导致壳碎片和第二代较小颗粒。图 3-41a 显示了在 800℃下热处理的这种 $MgAl_2O_4$ 前体粉末的典型显微照片。平均粒径范围为 1~2μm。

图 3-41 在 800℃下热处理并通过雾化（a）和凝胶辅助方法（b）获得的 $MgAl_2O_4$ 前体粉末的 SEM 显微照片

通过 TGA、XRD 和 DSC 研究了喷雾干燥粉末的分解及其结构演变。TGA 曲线（图 3-42a）显示在 1200℃下总质量损失为 66.6%。分解的主要部分发生在 100~450℃之间，重要的最大值是 176℃时的质量损失率，接着是 240~450℃之间的连续次要最大值。将这些结果与 $Al(NO_3)_3$ 和 $Mg(NO_3)_2$ 的结果进行了比较。在类似条件下喷雾干燥的 $Al(NO_3)_3 \cdot 9H_2O$ 溶液产生部分分解的 $Al(NO_3)$ 的无定形粉末。以 5℃/min 加热，该粉末在 147℃和 265℃下具有两个最大质量损失率，并且分解实际上在 400℃下完成。喷雾干燥的 $Mg(NO_3)_2$ 具有吸湿性并迅速转变成糊状。商业硝酸镁 $Mg(NO_3)_2 \cdot 6H_2O$ 逐渐脱水并在 431℃迅速分解成 MgO。在喷雾干燥粉末的热分析图上（图 3-42a），在 176℃下最大显著的重量损失归因于 $Al(NO_3)_3$ 或硝酸铝的脱水和部分分解。在较高温度下，在 240~450℃之间的连续重叠步骤中发生连续的质量损失，但没有明确的质量损失与 $Mg(NO_3)_2$ 的分解相关。通过在紧密混合物中存在铝来改变 $Mg(NO_3)_2$ 的行为。

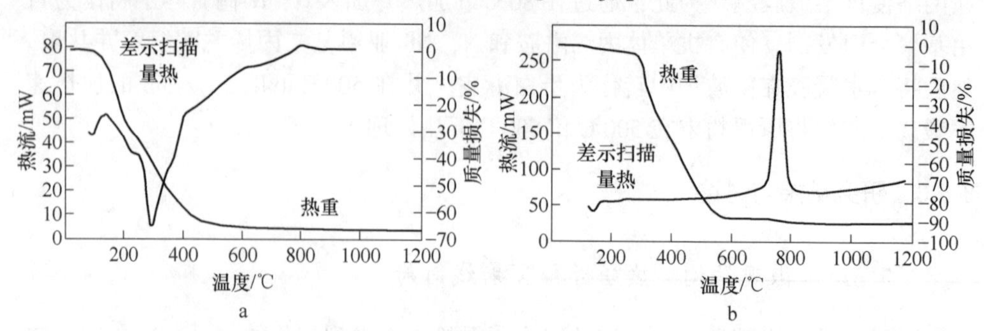

图 3-42 通过雾化（a）和凝胶辅助方法（b）获得的 $MgAl_2O_4$ 前体粉末的 TGA 和 DSC 分析

对于该样品获得的 DSC 曲线（图 3-42a）显示了与较低温度下的脱水相关的几个吸热峰，并且硝酸盐在 200~400℃之间分解，最大值在 296℃。在该温度范围内不能确定放热峰。在较高温度（790℃）下发生弱放热效应，其追踪最终尖晶石结晶步骤。

XRD 图（图 3-43a）显示了硝化镁、$Mg(NO_3)_2 \cdot 6H_2O$ 在雾化后的特征，在 200℃热处理后转化为 $Mg(NO_3)_2 \cdot 2H_2O$。保持 1h，并在 300℃下消失 1h。在此温度下，XRD 图证明了具有非常宽的线的部分结晶的尖晶石型固溶体。衍射线在 500℃下保持非常差的限定，并且仅在 800℃下热处理后粉末的结晶度才提高。

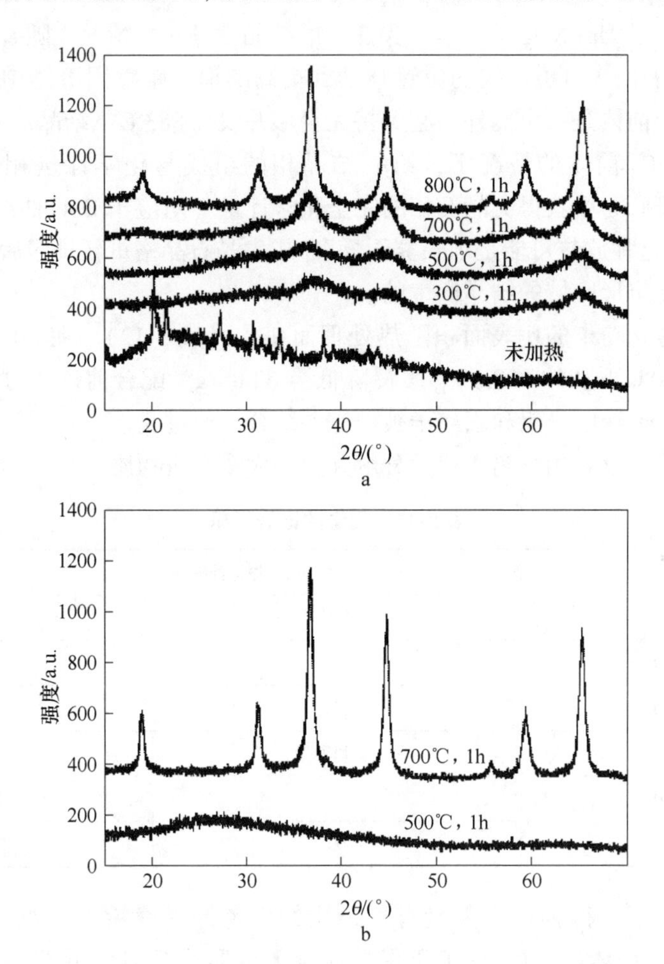

图 3-43 通过雾化（a）和凝胶辅助方法（b）获得的 $MgAl_2O_4$ 前体粉末的 XRD 图谱

现在可以描述雾化前体的结晶路径。喷雾干燥的粉末似乎是双相的。它主要是无定形的并且具有小的 $Mg(NO_3)_2$ 结晶区域。由于无定形部分，结晶盐的 XRD 线的强度与 15°~30°突起相比相对较低，并且在质量损失率方面没有显著的最大值。$Mg(NO_3)_2$ 的分解相关性仅表示一小部分镁离子在结晶域中。$Mg(NO_3)_2$的分解不会产生结晶 MgO，就像在纯镁盐的情况下那样。如果 $Mg(NO_3)_2$ 域更长，则预期产率低。相反，尖晶石结晶预期产率高。观察到的线宽太大，光谱分辨率太差，无法提供关于晶格参数和该相的化学计量的精确信息。$MgAl_2O_4$ 和 g-Al_2O_3 存在连续的尖晶石固溶体，其组成可以从 2u 尺度的立方晶胞的晶格参数 a 或 XRD 线的位置推导出。即使这些线的分辨率较低，位于 65°附近的（440）反射的位置更接近化学计量尖晶石（65. 25°）的预期位置，而不是 g-Al_2O_3(67. 03°)。在 $MgAl_2O_4$-Al_2O_3 体系中通过类似方法制备了其他组合物用于比较；一旦 $Mg(NO_3)_2$ 分解，尖晶石的结晶就是一般情况。随着初始混合物中铝的含量增加，（440）线的位置移动到更高的值，跟踪固溶体中铝含量的增加。纯氧化铝前体是一个例外，它保持无定形并仅在 883℃下结晶成 g-Al_2O_3。在雾化的 $MgAl_2O_4$ 前体的情况下，第一结晶相的组成与化学计量相差不远。在 800℃下热处理 1h 后获得尖晶石相的完全化学计量（对应于 DSC 曲线上 790℃的弱放热峰）。这种放热可能是由喷雾干燥和/或尖晶石晶格重新排序后从结晶区域发出的残留无定形区域的结晶产生的。

测量的雾化粉末的比表面积随热处理而变化（表 3-12）。在 800℃下 1h 后，它在 400～500℃下从约 $200m^2/g$ 缓慢降低至 $62m^2/g$。配合前体通过柠檬酸盐的分解制备。在溶液中，铝和阳离子被柠檬酸螯合。通过脱水，获得柠檬酸盐的固体紧密混合物，没有相分离，然后分解并除去大量有机物质。

表 3-12 测量的比表面积

温度/℃	比表面积/$m^2 \cdot g^{-1}$	
	雾化	复合
400	216	
500	212	18
600	117	
700		97
800	62	80

微波处理后，得到含有大量有机杂质的黑色低密度粉末。如 XRD 图（图 3-43b）所示，前体粉末在 700℃下保持完全无定形直至 1h，并在该温度下在化学计量尖晶石中结晶。

在 500℃热处理的样品上进行 DSC 分析。样品保持无定形和浅色（有机残留物）。我们观察到强烈的放热峰，最大值在 757℃，对应于 $MgAl_2O_4$ 尖晶石的结晶（XRD）。测量的反应焓（1020J/g）太高而不能通过尖晶石相的单一结晶来

解释。该反应焓似乎与由残余碳的氧化和质量损失引起的重排相关，如 TGA 和红外测量所证明的。因此，这些碳酸盐的形成似乎阻止了前体结晶，因为它们的分解与尖晶石结晶有关。在相同的热处理下，这种延迟结晶提供了比雾化粉末更好的有序尖晶石晶格。XRD 反射在 700℃时比在 800℃下雾化样品的反射更尖锐。

3.5.3.2 核磁共振

两种前体粉末的^{27}Al MAS NMR 光谱如图 3-44 所示。在两种情况下，光谱由三条主线和一组与中心相关的旋转边带组成。由于偶极相互作用和化学位移各向异性（每个不大于几千赫兹）通过高速 MAS 旋转速率（10~15kHz）平均，共振的线宽是由于二阶四极展宽和各向同性。三种主要共振的各向同性化学位移在 70~80，40~50 和 10~20 的范围内，铝的特征与氧气（Al^{IV}，Al^{V}和 Al）有 4 倍、5 倍和 6 倍的相关性，分别为 6、20 和 21。共振具有宽的特征不对称线形，具有陡峭的低场边缘和拖尾的高场边缘。这些形状以前被解释为与铝现场的电场梯度（EFG）分布有关。

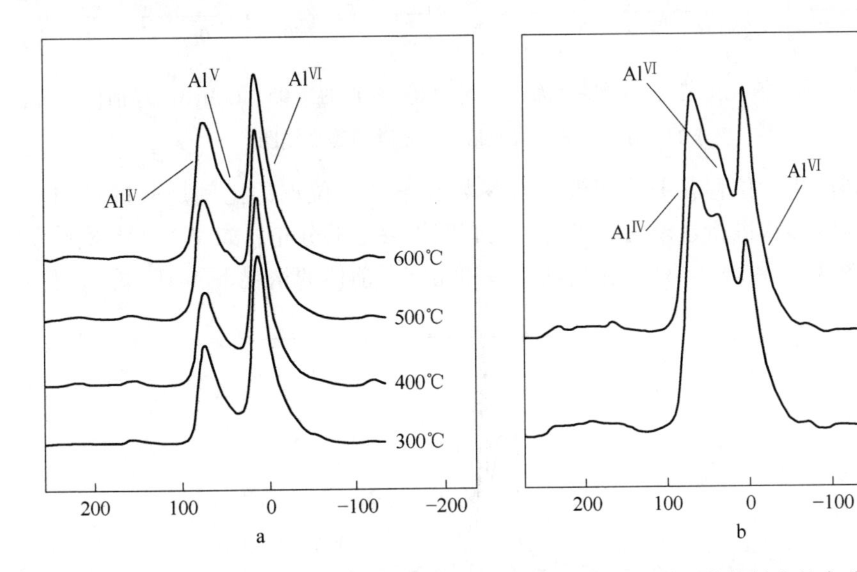

图 3-44 通过雾化工艺和 300~600℃热处理得到的 $MgAl_2O_4$ 前体粉末的高分辨率 9.4 T ^{27}Al MAS（14.5 kHz）光谱（a）和凝胶辅助工艺和从 500~600℃的热处理（b）

在 500℃下加热 1h 的配合粉末（途径 2）所示（图 3-45b），可以证明这三种不同的组分并且用^{27}Al MQ-MAS MNR 实验可以完全分离，图 3-45a 雾化粉末的^{27}Al MQ-MAS 光谱仅显示三个位点中的两个，五倍铝具有太低的强度。这些二维 MQ-MAS 光谱，可以更好地描述四极相互作用的分布，并讨论从简单的 MAS 光谱无法获得的化学位移的分布。对于自旋 I45/2 核（^{27}Al），所有光谱贡献都出现在右上角二维等值线图的一部分，因为共振从化学位移线偏移到较低的化学位移，因此每个贡献的轮廓形状是化学位移分布的特征（沿着虚线传播）和四极耦合（s 沿着 QIS 箭头前进）。对于两个样品，每个位点显示四极耦合的主要分布的不对称宽图案特征，对于四面体位点具有一些微小但显著的化学位移分布（约 10）。

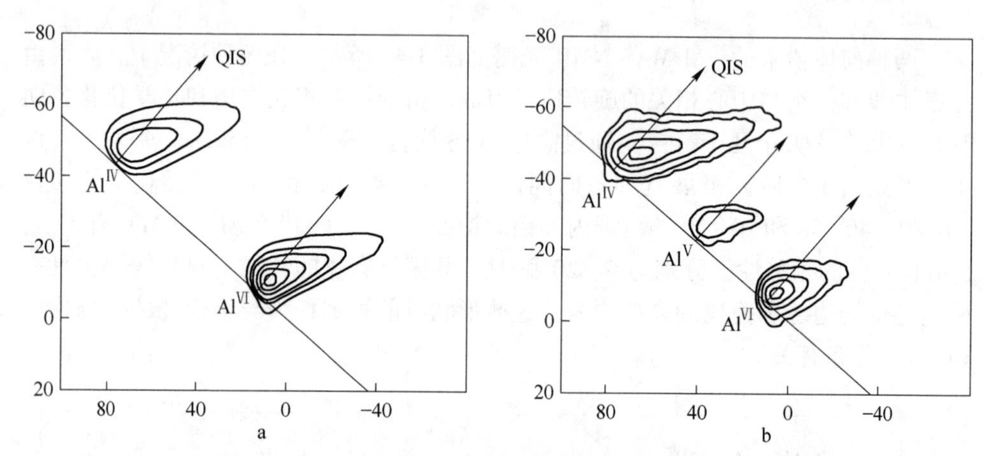

图 3-45 通过雾化工艺（a）和凝胶辅助工艺（b）获得的 7.05T 的 $MgAl_2O_4$ 前体粉末的 ^{27}Al MQ-MAS（10kHz）光谱的等高线图

各向同性化学位移，平均四极耦合参数和不同铝位点的比例是通过对 MAS 光谱的实验线形状进行建模而获得的，具有四极参数的分布，如 MQ-MAS 实验所证明的（图 3-46 和表 3-13）。在结晶性差和无定形前体的情况下，Al^{V} 贡献的存

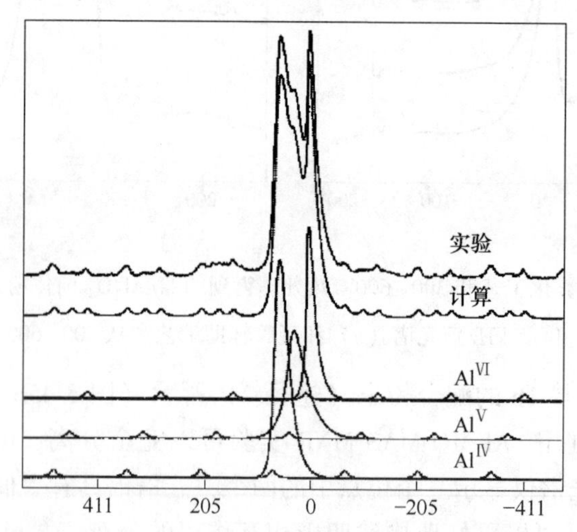

图 3-46 高分辨率 9.4T ^{27}Al MAS 光谱和模拟在 600℃ 下热处理的复合粉末

在表明铝局部结构不简单地对应于一个组织不良的尖晶石结构。对于配合粉末(路线 2)，平均四极耦合及其分布通常大于雾化粉末（路线 1)，并且在两种情况下，Al^{IV}的耦合似乎高于 Al^{VI}。两种样品中的 Al^{V} 和 Al^{VI} 的各向同性化学位移相似，雾化粉末中的 Al^{IV} 化学位移（79）高于配合粉末（75）。

表 3-13 雾化和复合粉末获得的拟合参数

温度/℃	铝配位	δ/ppm	ν/kHz	σ/kHz	振幅/%
雾化前体					
300	Al^{IV}	79	877	160	32.0
	Al^{V}	41	676	160	9.2
	Al^{VI}	12	687	200	58.8
400	Al^{IV}	79	845	160	35.3
	Al^{V}	41	677	160	9.1
	Al^{VI}	12	666	200	55.6
500	Al^{IV}	79	859	160	36.5
	Al^{V}	41	694	160	12.0
	Al^{VI}	12	678	200	51.5
600	Al^{IV}	79	843	160	35.5
	Al^{V}	41	681	160	11.4
	Al^{VI}	13	665	200	53.1
复合前体					
500	Al^{IV}	75	937	200	48.8
	Al^{V}	41	906	200	38.8
	Al^{VI}	10	684	200	12.4
600	Al^{IV}	74	871	200	44.5
	Al^{V}	40	834	200	33.2
	Al^{VI}	12	665	200	22.3

对于雾化前体（路线 1）和配合前体（路线 2）获得的^{27}Al-REDOR 曲线分别示于图 3-47 和图 3-48 中。对于雾化粉末（路线 1）获得的两组数据，在 400℃和 600℃下加热 1h 得到非常相似的曲线。它们的最终振幅分别为 90%和 65%，它们被解释为与残余质子偶联的铝原子的分数，随着粉末的比表面积（分别为 216m^2/g 和 117m^2/g）而降低。对于这两个样品，三种铝物种的上升行为接近等效。与这些结果相反，观察到复合前体的 REDOR 信号（在 500℃加热 1h）显示

出两种截然不同的上升行为：Al^{IV}和Al^{V}位点的增加斜率比Al^{VI}位点低得多。

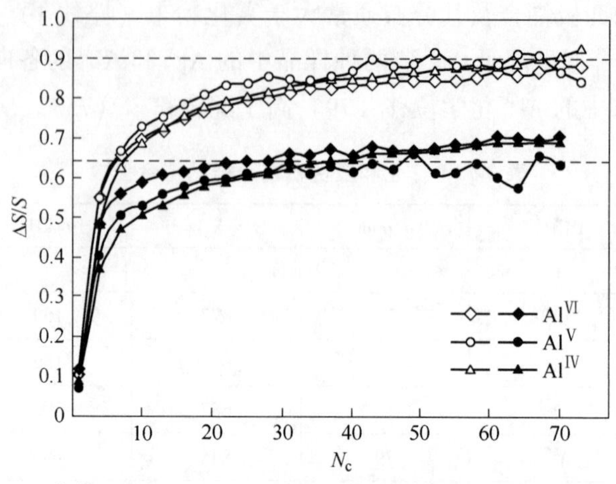

图 3-47 REDOR 信号 DS/S（MAS 14. 5kHz）与通过雾化获得并在 400℃和 600℃下加热的样品的转子循环数 N_c 的关系

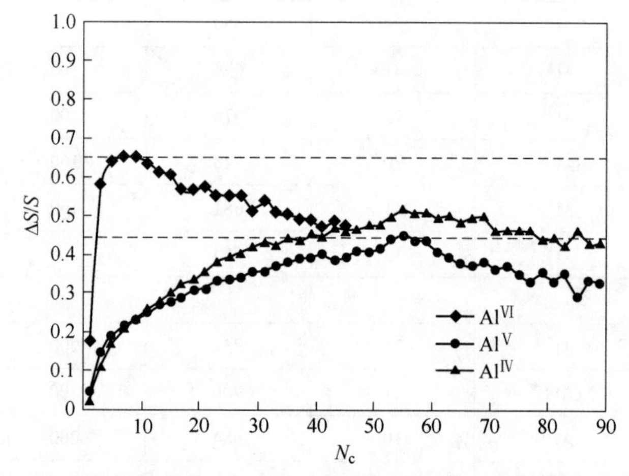

图 3-48 通过配合并在 500℃下加热获得的样品的 REDOR 信号 DS/S（MAS 14. 5kHz）与转子循环数 N_c 的关系

根据各种 NMR 实验的结果，4 倍和 5 倍的铝似乎在无定形材料的结构中具有特定的作用。MAS 光谱显示，在配合粉末中Al^{V}和Al^{IV}比在雾化粉末中更丰富，两种样品之间的Al^{IV}的化学位移略有不同。如 MQ-MAS 实验所证明的，NMR 参数的分布（化学位移和四极相互作用）显示两种途径之间的微小差异，其中Al^{IV}位点的化学位移分布趋势更大。在复合粉末的情况下，^{27}Al- REDOR 实验显示出与Al^{IV}和Al^{V}位点明显较低量的附近质子的主要差异。从^{27}Al偶极子的观点来看，雾化的前体似乎是均匀的，而配合的前体看起来是不均匀的，具有致密的含铝无质子区域主要由 4 倍和 5 倍的铝构成。

3.5.4 研究结论

$MgAl_2O_4$ 尖晶石前体粉末的结构取决于合成途径：雾化或凝胶辅助合成。在两种情况下，^{27}Al MAS 和 MQ-MAS NMR 光谱是高结构紊乱的特征。与在 400℃ 和 600℃热处理后表征的雾化粉末相比，在 500℃热处理后，配合粉末显示出更多的 4 倍和 5 倍铝在无质子域中分组，可能通过残留碳酸盐稳定。这些原子尺度的结构差异可以直接与其结晶行为中观察到的差异相关联。

3.6 高分子法制备镁铝尖晶石粉体

3.6.1 高分子网络凝胶法制备镁铝尖晶石粉体

3.6.1.1 研究概述

随着材料科学的发展和材料制备工艺的改善，对于纳米粉体的制备，制备方法已趋于复合化和精细化[60]。譬如高分子网络微区沉淀法就是溶胶-凝胶法和共沉淀法的复合，这种方法克服了单个方法的不足[61]。每种制备方法都有其适用的范围，我们也不能单纯地说哪种方法纯粹地好或纯粹地不好，每种方法也不断地被改进，也有新工艺、新配方的引入[62]。高分子网络凝胶法兼顾固相法和液相法的优点，制备出的纳米粉体性能优异。采用高分子网络凝胶法制备纳米粉末时所采用的原料便宜、工艺简单、流程短，而且由于在制备过程中产生的凝胶具有三维网络空间结构，大大减少了同种金属阳离子的接触机会，所以制备出的纳米粉体团聚少、分散性好。由于以上优点，高分子网络凝胶法日益受到人们的关注，已经在高温超导材料、热电材料、微晶玻璃材料等多组分氧化物的制备方面显示出了其广泛的应用[63]。

3.6.1.2 研究设计

高分子网络凝胶法以硝酸镁、硝酸铝为主要原料。以丙烯酰胺作为生成凝胶的单体、以 N-N′-亚甲基双丙烯酰胺作为生成凝胶的交联剂，以过硫酸铵作为聚合反应的引发剂。各药品规格如下：硝酸铝，AR，99.0%，分子式为 $Al(NO_3)_3\cdot 9H_2O$，摩尔质量为 375.13g/mol。硝酸镁，AR，99.0%，分子式为 $Mg(NO_3)_2\cdot 6H_2O$，摩尔质量为 256.41g/mol。丙烯酰胺，AR，99%，分子式为 C_3H_5NO，$CH_2{=}CHCONH_2$，摩尔质量为 71.08g/mol。N-N′-亚甲基双丙烯酰胺，CP，97%，分子式为 $C_7H_{10}N_2O_2$，$CH_2{=}CHCONH$，摩尔质量为 154.17g/mol。过硫酸铵，AR，≥98%。分子式为 $H_8N_2O_8S_2$，$(NH_4)_2S_2O_8$，摩尔质量为 228.08g/mol。实验所用设备：TP-5000E 型电子天平，DF-101S 型集热式恒温加热磁力搅拌器。DZF-2 型真空干燥箱，SX2-10-12 型箱式电阻炉。

首先用 TP-5000E 型电子天平（精确度为 0.01g）按照一定比例称取丙烯酰胺、N-N′-亚甲基双丙烯酰胺以及硝酸镁和硝酸铝。然后将 N-N′-亚甲基双丙烯酰胺和丙烯酰胺配制成一定浓度的溶液，采用 DF-101S 型集热式恒温加热磁力搅拌器将此混合溶液在 80℃温度下水浴加热、搅拌 5~10min，再加入由硝酸镁和硝酸铝配制成的溶液，继续加热搅拌 5~10min。然后加入一定量的过硫酸铵作为引发剂，随后溶液中将发生聚合反应，生成透明的凝胶，其具有三维网络空间结构，大大减少了同种金属阳离子的接触机会。采用 DF-101S 型集热式恒温加热磁力搅拌器，将凝胶在 80℃下水浴保温 1h，随后采用 DZF-2 型真空干燥箱将凝胶在 110℃下干燥 36h 得到黄色的粉末，即前驱体。采用 SX2-10-12 型箱式电阻炉将前驱体在 1000℃下煅烧 2h，即可得到镁铝尖晶石粉体。工艺流程图如图 3-49 所示。

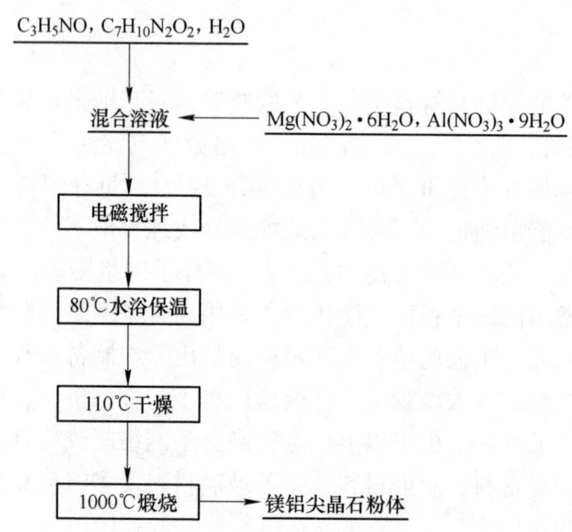

图 3-49 高分子网络凝胶法制备 $MgAl_2O_4$ 粉体工艺流程

经过 DZF-2 型真空干燥箱初步干燥的凝胶经研磨后得到黄色的前驱体。前驱体的热分解过程采用微机差热天平分析，检测样品时，以 10℃/min 的速度从室温升高到 1000℃。粉体的物相组成由 X 射线衍射仪分析，管流为 250mA，管压为 40kV，步进宽度为 0.02°，采用 Cu 靶的 K_α 射线，波长 $\lambda = 0.15406$nm。扫描角度范围从 10°至 80°。本实验对前驱体和制备所得的粉体均做了 XRD 分析检测。粉体的形貌由扫描电子显微镜（SEM）观察，所用加速电压为 20kV。前驱体的红外分析采用傅里叶变换红外光谱仪（FT-IR）。

本研究采用高分子网络凝胶法制备镁铝尖晶石粉体。首先将丙烯酰胺、N-N′-亚甲基双丙烯酰胺配成一定浓度的溶液，将此溶液在 80℃下搅拌至澄清。然后在此溶液中加入预先配置好的一定浓度的硝酸盐溶液，将此混合溶液继续在

80℃下搅拌，使溶液混合均匀。最后再往溶液中加入一定比例的过硫酸铵作引发剂，此时溶液体系中将发生高分子聚合反应，形成具有三维空间网络的白色凝胶[64]，溶液中各物质将均匀分布到凝胶的网格当中。将此凝胶干燥、煅烧，即可得到镁铝尖晶石粉体。高分子网络凝胶法制备 $MgAl_2O_4$ 粉体的原理示意图如图 3-50 所示。

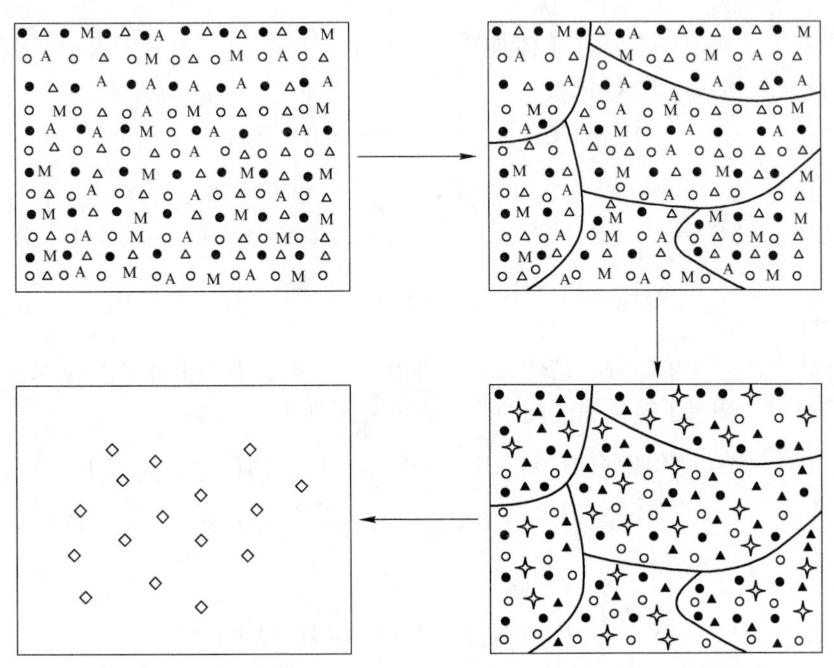

图 3-50 高分子网络凝胶法制备 $MgAl_2O_4$ 粉体的原理示意图

（△：Al^{3+}，○：Mg^{2+}，●：NO_3^-，A：丙烯酰胺，M：N-N′-亚甲基双丙烯酰胺，▲：$Al(OH)_3$，◇：$MgAl_2O_4$，✧：$Mg_4Al_2(OH)_{14}\cdot 3H_2O$）

A 原料配比

本实验的目标是研究单体和交联剂的比例、单体浓度对镁铝尖晶石粉体粒度、分布等的影响。故我们采用不同的原料配比制备了 0.1mol 镁铝尖晶石粉体。所需 $Mg(NO_3)_2\cdot 6H_2O$ 为 2.56g，$Al(NO_3)_3\cdot 9H_2O$ 为 7.50g，过硫酸铵为整个反应体系的 10%，即 1.42g。同时将单体和交联剂的比例设置为 4 个浓度梯度，即 3∶1、5∶1、7∶1、10∶1。将单体浓度也设置为 4 个浓度梯度，即 3%、5%、10%、15%。

B 聚合反应机理

生成凝胶的反应为高分子聚合反应。此反应以丙烯酰胺作为单体、N-N′-亚甲基双丙烯酰胺作为交联剂，过硫酸铵是引发剂。整个反应过程分为链引发、链传递、链终止[65]。其中链引发速率最小，控制着整个反应的进程。链引发分为两步，第一步是过硫酸铵水解，形成一对初级自由基，反应方程式见式（3-12）。

$$NH_4O-O-\underset{\underset{\displaystyle O}{\|}}{\overset{\overset{\displaystyle O}{\|}}{S}}-O-ONH_4 \longrightarrow 2NH_4O-O-\underset{\underset{\displaystyle O}{\|}}{\overset{\overset{\displaystyle O}{\|}}{S}}- \tag{3-12}$$

第二步是初级自由基与单体加成，形成单体自由基（用 R · 表示初级自由基），反应方程式如下式所示：

$$2R- + CH_2{=}\underset{\underset{\displaystyle CONH_2}{|}}{CH} \longrightarrow R-CH_2-\underset{\underset{\displaystyle CONH_2}{|}}{CH}-$$

$$2R- + CH_2{=}\underset{\underset{\displaystyle CONH_2}{|}}{C}-CH_2-\underset{\underset{\displaystyle CONH_2}{|}}{C}-CH_2 \longrightarrow R-CH_2-\underset{\underset{\displaystyle CONH_2}{|}}{C}-CH_2-\underset{\underset{\displaystyle CONH_2}{|}}{C}-CH_2-R \tag{3-13}$$

单体自由基和单体分子结合形成链自由基，链自由基又和单体分子结合，这样反反复复，构成了链传递过程，其反应方程式见式（3-14）。

$$R-CH_2-\underset{\underset{\displaystyle CONH_2}{|}}{CH}\cdot + CH_2{=}\underset{\underset{\displaystyle CONH_2}{|}}{CH} \longrightarrow R-CH_2-\underset{\underset{\displaystyle CONH_2}{|}}{CH}-CH_2-\underset{\underset{\displaystyle CONH_2}{|}}{CH}\cdot$$

$$\xrightarrow{n CH_2{=}\underset{\underset{\displaystyle CONH_2}{|}}{CH}} R-CH_2-\underset{\underset{\displaystyle CONH_2}{|}}{CH}-\Big[CH_2\underset{\underset{\displaystyle CONH_2}{|}}{CH}\Big]_n-CH_2-\underset{\underset{\displaystyle CONH_2}{|}}{CH}\cdot \tag{3-14}$$

链自由基具有未成对的电子，反应活性高，当两个链自由基相遇时，链反应停止。反应方程式见式（3-15）。

$$-CH_2-\underset{\underset{\displaystyle CONH_2}{|}}{CH}\cdot + \cdot\underset{\underset{\displaystyle CONH_2}{|}}{CH}-CH_2- \longrightarrow -CH_2\underset{\underset{\displaystyle CONH_2}{|}}{CH}-\underset{\underset{\displaystyle CONH_2}{|}}{CH_2}-$$

$$-CH_2-\underset{\underset{\displaystyle CONH_2}{|}}{CH}\cdot + R-CH_2-\underset{\underset{\displaystyle CONH_2}{|}}{C}\cdot-CH_2-\underset{\underset{\displaystyle CONH_2}{|}}{C}\cdot-CH_2-R \longrightarrow$$

$$R-CH_2-\underset{\underset{\underset{\underset{\underset{\displaystyle |}{\displaystyle CH_2}}{|}}{\displaystyle H_2NOC-CH}}{|}}{\overset{\overset{\displaystyle CONH_2}{|}}{C}}-CH_2-\underset{\underset{\underset{\underset{\underset{\displaystyle |}{\displaystyle CH_2}}{|}}{\displaystyle HC-CONH_2}}{|}}{\overset{\overset{\displaystyle CONH_2}{|}}{C}}-CH_2 \tag{3-15}$$

最终形成的产物为聚丙烯酰胺，其具有三维网络空间结构，故采用此方法制备出的镁铝尖晶石粉体分散性好、粒度小。

为了研究单体与交联剂的比例、单体浓度对目标产物的影响，实验时我们控制其他的因素尽量保持不变。其中，引发剂的量为溶液体系的10%、搅拌速度为10r/s。根据阿累尼乌斯公式，$K=Ae^{-E/RT}$。其中 K 是速率常数，A 为指前因子，E 为聚合反应所需的活化能，T 为水浴温度。温度越高，形成凝胶所用时间越短，实验发现，在60℃水浴加热时，生成凝胶的速度较慢；在80℃水浴加热时，生成凝胶的速度是60℃的两倍，于是我们把温度控制在80℃左右。除此之外，我们还发现，处于烧杯底部的凝胶经常会呈现浅黄色，这是因为空气中的氧会使自由基淬灭，从而使聚合反应终止，所以在实验时要考虑到这一点。

凝胶的物理性质，比如强度、黏度、弹性等与单体与交联剂的比例、单体的浓度息息相关。交联剂占单体和交联剂总量的比例叫做交联度，用符号 C（%）表示。100mL凝胶溶液中含有的单体和交联剂的总量叫做凝胶浓度，用符号 T（%）表示。计算公式如式（3-16）所示。

$$T = a + b/v \qquad C = b/a + b \tag{3-16}$$

式中，a 为丙烯酰胺的质量，g；b 为N-N′-亚甲基双丙烯酰胺的质量，g；v 为凝胶溶液的体积，mL。

固定单体和交联剂的比例为7：1，单体浓度为3%、5%、10%、15%时，通过计算，我们得知，交联度为12.5%、12.4%、12.5%、14.2%；凝胶浓度为3.43%、5.71%、11.43%、17.5%。凝胶浓度会影响网格大小，进而对镁铝尖晶石粉体的粒度、形貌产生影响。有文献证明[66]，网格的平均直径与凝胶浓度的平方根成反比。

$$P = \frac{kd}{\sqrt{T}} \tag{3-17}$$

式中，P 为网格的平均直径；T 为聚合物的浓度；d 为聚合物分子的直径，此处取为0.5nm；k 为常数，取1.5；故我们可粗略地计算出网格直径：

$T = 3.43\%$ 时，$P = 1.5 \times 0.5\text{nm}/\sqrt{3.43\%} \approx 4.05\text{nm}$；

$T = 5.71\%$ 时，$P = 1.5 \times 0.5\text{nm}/\sqrt{5.71\%} \approx 3.14\text{nm}$；

$T = 11.43\%$ 时，$P = 1.5 \times 0.5\text{nm}/\sqrt{11.43\%} \approx 2.21\text{nm}$；

$T = 17.50\%$ 时，$P = 1.5 \times 0.5\text{nm}/\sqrt{17.5\%} \approx 1.79\text{nm}$。

3.6.1.3 研究结果与讨论

A 前驱体的XRD分析

对单体的浓度为3%，单体和交联剂的比例为5：1的前驱体进行了XRD衍射仪测试分析，得到如图3-51所示的XRD图谱。前驱体的结晶化程度很低，不能与标准JCPDS卡中的信息很好地匹配。但经参考相关文献[67]后及分析讨论后，认为Mg^{2+}、Al^{3+}在80℃下会发生水解，且凝胶溶液在110℃干燥后，得到的是镁铝的氢氧化物，其中有$Al(OH)_3$、$Mg(OH)_2$以及$MgAl_2(OH)_{14}\cdot 3H_2O$沉淀。反应方程式如下：

$$Mg(NO_3)_2\cdot 6H_2O + Al(NO_3)_3 \longrightarrow Mg_4Al_2(OH)_{14}\cdot 3H_2O + HNO_3 \tag{3-18}$$

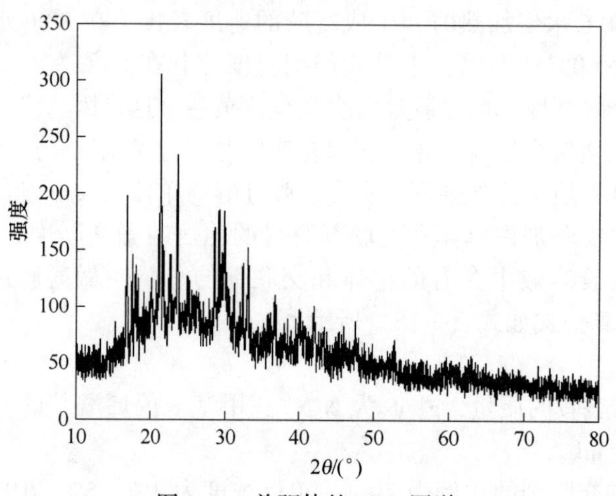

图3-51　前驱体的XRD图谱

B　前驱体的热重分析

我们对所含单体的浓度为3%，单体和交联剂的比例为7∶1的前驱体进行了热重分析。图3-52为前驱体的DSC-TGA曲线。

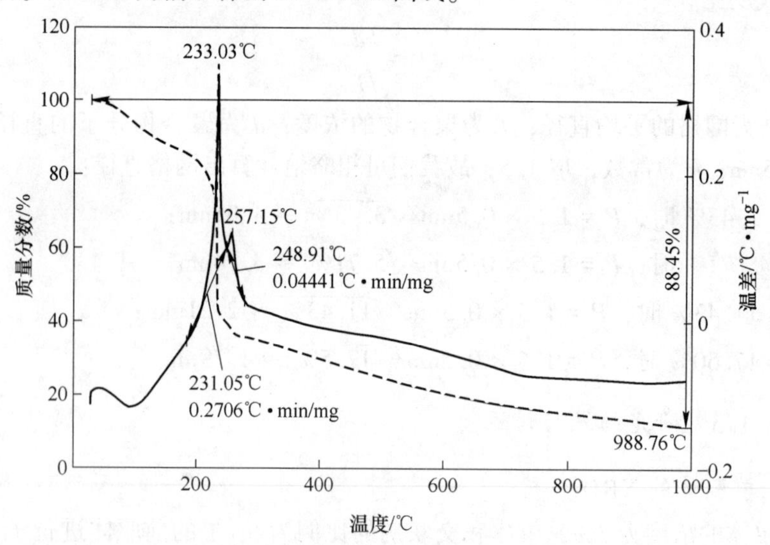

图3-52　前驱体的DSC-TGA曲线

从图 3-52 中可以看出，TGA 曲线有三处明显的质量损失，第一段是室温到 231.05℃，质量损失了 25%。第二段是在 233.03℃，质量损失了 45%。第三段是在 231.05~700℃，质量损失了 25%。随着温度升高，质量还在不断地减少。直到 988.76℃。质量共损失了 88.45%。DSC 曲线有两个明显的吸热峰和两个明显的放热峰。第一个吸热峰是在第一段失重处，是由 $Al(OH)_3$、$Mg(OH)_2$ 以及 $MgAl_2(OH)_{14} \cdot 3H_2O$ 脱水引起的。第一个放热峰是在第二段失重处，是由硝酸盐的分解引起的。第二个放热峰归因于聚合物的分解。第二次吸热是由镁铝的氢氧化物之间发生了固态反应而生成镁铝尖晶石粉体引起的。第三次放热是由氧化物变为纳米晶体的过程引起的[68]。在 970~1000℃以后 TGA 曲线基本保持不变，故把煅烧温度确定为 1000℃。

C 前驱体的 FI-IR 分析

对所含单体浓度为 3%，单体和交联剂的比例为 5∶1 的前驱体进行了 FT-IR 分析。图 3-53 为前驱体的 FT-IR 曲线。

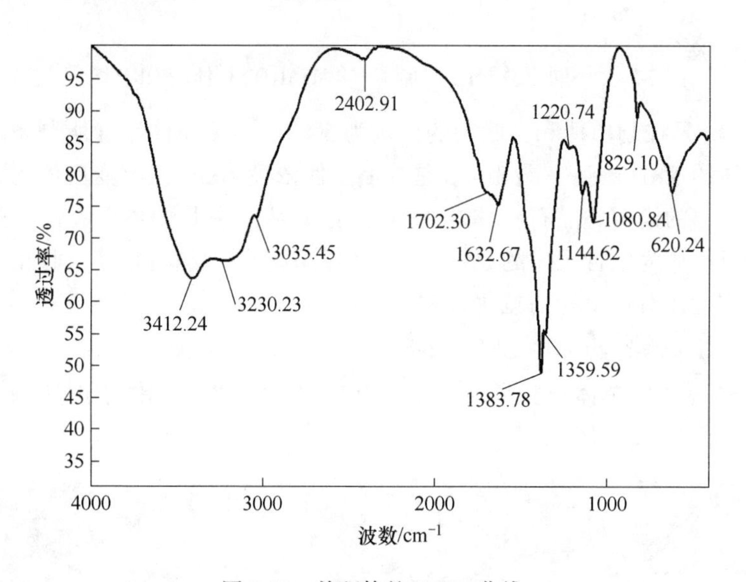

图 3-53 前驱体的 FT-IR 曲线

我们知道，游离 OH 的红外特征吸收峰的吸收波波段为 3650~3590cm^{-1}，由于羟基属于强极性基团，易形成氢键，其吸收波波段为 3500~3300cm^{-1}。但图 3-53 中出现的 3000cm^{-1}附近的峰与此不相符，而酰胺基的 NH 的伸缩振动特征峰波段为 3500~3100cm^{-1}，图 3-53 中三个 3000cm^{-1}吸收峰是羟基和酰胺基的 NH 叠加的结果。1702.30cm^{-1}是 H_2O 的吸收峰对应位置。1632.67cm^{-1}是酰胺基中 C═O 的对应位置。NO_3 基团伸缩振动吸收峰位于 1383.78cm^{-1}和 829.10cm^{-1}附近。在 620.24cm^{-1}出现峰是因为 Mg^{2+} 和 Al^{3+} 与 O^{2-} 结合的缘故。在 2402.91cm^{-1}

出现的峰对应于亚甲基的 CH_2 非对称与对称伸缩振动吸收峰。

D 镁铝尖晶石粉体的 XRD 分析

将初步干燥后的凝胶在 1000℃ 下煅烧 2h，即可得到镁铝尖晶石粉体。图 3-54 是不同原料配比下所制得的 $MgAl_2O_4$ 粉体的 XRD 图谱。

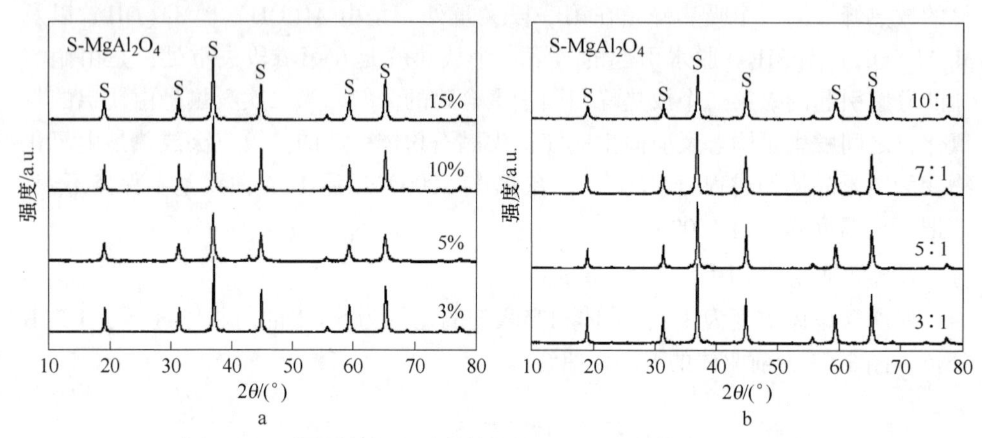

图 3-54 不同原料配比下所制得的 $MgAl_2O_4$ 粉体的 XRD 图谱

图 3-54a 是控制单体和交联剂的比例为 3∶1，改变单体浓度所制备出的镁铝尖晶石粉体的 XRD 图谱。图 3-54b 是控制单体浓度为 3%，改变单体与交联剂的比例所制备出的镁铝尖晶石粉体的 XRD 图谱。从图中我们可以看出，采用不同配比的有机物作为聚合反应的原料，均可制备出镁铝尖晶石粉体，且衍射峰比较完整，不同配比对衍射峰的宽化影响不大。

E 镁铝尖晶石粉体的 SEM 分析

图 3-55 是固定单体与交联剂的比例为 3∶1 时，改变单体浓度所制备出的镁铝尖晶石粉体的 SEM 图像。

图 3-55 固定单体与交联剂的比例为 3∶1 时制备出的镁铝尖晶石的 SEM 图像

图 3-55a 是单体浓度为 3%时所制得的 $MgAl_2O_4$ 粉体的 SEM 图像，图 3-55b 是单体浓度为 5%时所制得的 $MgAl_2O_4$ 粉体的 SEM 图像，图 3-55c 是单体浓度为 10%时所制得的 $MgAl_2O_4$ 粉体的 SEM 图像，图 3-55d 是单体浓度为 15%时所制得的 $MgAl_2O_4$ 粉体的 SEM 图像。我们可以看出，当单体浓度为 3%时，团聚现象比较严重；其余浓度下制得的 $MgAl_2O_4$ 粉体团聚较轻，一次粒子的粒径约为 53.8~84.76μm，存在少量的二次粒子。随着单体浓度的增加，粉体粒度分布得更加均匀，但浓度为 15%时，团聚现象又有所加重。

图 3-56a 是单体与交联剂的比例为 3∶1 时所制得的 $MgAl_2O_4$ 粉体的 SEM 图像；图 3-56b 是单体与交联剂的比例为 5∶1 时所制得的 $MgAl_2O_4$ 粉体的 SEM 图像；图 3-56c 是单体与交联剂的比例为 7∶1 时所制得的 $MgAl_2O_4$ 粉体的 SEM 图像；图 3-56d 是单体与交联剂的比例为 10∶1 时所制得的 $MgAl_2O_4$ 粉体的 SEM 图像。我们可以看出，当单体与交联剂的比例为 7∶1 时粉体尺寸分布均匀、粒度

a

b

图 3-56 固定单体浓度为 3%时所制得的 $MgAl_2O_4$ 粉体的 SEM 图像

也较小，比其余比例下制得的 $MgAl_2O_4$ 粉体团聚轻，一次粒子的平均粒径约为 60μm。存在少量的二次粒子。在单体与交联剂的比例达到 10：1 时，粉体的团聚又有所加重。

3.6.1.4 研究结论

主要介绍了高分子网络凝胶法制备镁铝尖晶石粉体时所采用的设备、步骤，以及通过 XRD、热重、FI-IR、SEM 等检测手段对前驱体和粉体进行了表征。实验发现，固定单体与交联剂的比例为 3：1 时，随着单体浓度的增加，粉体的粒度减小且分布也更加均匀；固定单体浓度为 3%时，随着单体与交联剂的比例的增加，当单体与交联剂的比例为 7：1 时粉体尺寸分布均匀、粒度也较小，在单体与交联剂的比例达到 10：1 时，粉体的团聚又有所加重。

3.6.2 高分子絮凝法制备镁铝尖晶石粉体

3.6.2.1 研究概述

虽然高分子网络凝胶法在纳米粉体制备领域得到了广泛的应用，但其采用的单体丙烯酰胺是一种中等毒性毒素，会对神经系统产生一定的损害[69]。长期接触，可能会导致癌症[70,71]。故寻找可替代丙烯酰胺的无毒无害的单体就显得尤为重要。我们从化学沉淀法制备镁铝尖晶石粉体及用丙烯酰胺-淀粉共聚物处理废水中得到启发，以淀粉和 N-N′-亚甲基双丙烯酰胺作为聚合反应的原料，成功地制备出了镁铝尖晶石粉体。采用 XRD、热重、FT-IR、SEM 等检测手段对前驱体和镁铝尖晶石粉体进行了表征，并研究了淀粉浓度、淀粉与 N-N′-亚甲基双丙烯酰胺的比例对镁铝尖晶石粉体的粒径分布、粉体形貌等的影响。除此之外，还对淀粉参与的反应的机理进行了简要的描述。

3.6.2.2 研究设计

高分子絮凝法以硝酸镁、硝酸铝为主要原料。以水溶性淀粉作为生成凝胶的单体、以N-N′-亚甲基双丙烯酰胺作为生成凝胶的交联剂。以过硫酸铵作为聚合反应的引发剂。各药品规格如下：硝酸铝，AR，99.0%，分子式为$Al(NO_3)_3 \cdot 9H_2O$，摩尔质量为375.13g/mol。硝酸镁，AR，99.0%，分子式为$Mg(NO_3)_2 \cdot 6H_2O$，摩尔质量为256.41g/mol。水溶性淀粉，分子式为$(C_{12}H_{22}O_{11})_n$。N-N′-亚甲基双丙烯酰胺，CP，97%，分子式为$C_7H_{10}N_2O_2$，$H_2C{=}CHCONH$，摩尔质量为154.17g/mol。过硫酸铵，AR，≥98%。分子式为$H_8N_2O_8S_2(NH_4)_2S_2O_8$，摩尔质量为228.08g/mol。实验所用设备：TP-5000E型电子天平，DF-101S型集热式恒温加热磁力搅拌器，DZF-2型真空干燥箱，SX2-10-12型箱式电阻炉。

首先用TP-5000E型电子天平（精确度为0.01g）按照一定比例称取水溶性淀粉、N-N′-亚甲基双丙烯酰胺以及硝酸镁和硝酸铝。然后将N-N′-亚甲基双丙烯酰胺和水溶性淀粉配制成一定浓度的溶液，采用DF-101S型集热式恒温加热磁力搅拌器将此混合溶液在80℃温度下水浴加热、搅拌5~10min，再加入由硝酸镁和硝酸铝配制成的溶液，继续加热搅拌5~10min。然后加入一定量的过硫酸铵作为引发剂，随后溶液中将发生聚合反应，生成白色的絮状沉淀。采用DF-101S型集热式恒温加热磁力搅拌器，将絮状沉淀在80℃下水浴保温1h，随后采用DZF-2型真空干燥箱将絮状沉淀在110℃下干燥36h得到黄色的粉末，即前驱体。采用SX2-10-12型箱式电阻炉将前驱体在1000℃下煅烧2h，即可得到镁铝尖晶石粉体。工艺流程如图3-57所示。

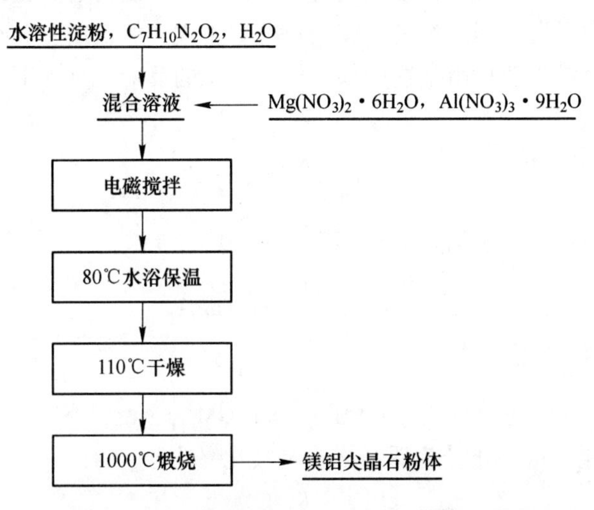

图3-57 高分子絮凝法制备$MgAl_2O_4$粉体工艺流程

经过 DZF-2 型真空干燥箱初步干燥的絮状沉淀经研磨后得到黄色的前驱体。前驱体的热分解过程采用微机差热天平分析，检测样品时，以 10℃/min 的温度从室温升高到 1000℃。粉体的物相组成由 X 射线衍射仪分析，管流为 250mA，管压为 40kV，步进宽度为 0.02°，波长为 0.15406nm，采用 Cu 靶的 K_α 射线，扫描角度范围从 10°至 80°。本实验对制备所得的粉体均做了 XRD 分析检测。粉体的形貌由扫描电子显微镜（SEM）观察，所用加速电压为 20kV。前驱体的红外分析采用傅里叶变换红外光谱仪（FT-IR）。

本研究采用高分子絮凝法制备镁铝尖晶石粉体。首先将水溶性淀粉、N-N′-亚甲基双丙烯酰胺配成一定浓度的溶液，将此溶液在 80℃下搅拌至澄清。然后在此溶液中加入预先配置好的一定浓度的硝酸盐溶液，将此混合溶液继续在 80℃下搅拌，使溶液混合均匀。最后再往溶液中加入一定比例的过硫酸铵作引发剂，此时溶液体系中将发生高分子聚合反应，形成白色絮状沉淀，将此絮状沉淀干燥、煅烧，即可得到镁铝尖晶石粉体。

本研究的目标是研究 N-N′-亚甲基双丙烯酰胺与水溶性淀粉的比例、N-N′-亚甲基双丙烯酰胺的浓度对镁铝尖晶石粉体粒度、分布等的影响。故我们采用不同的原料配比制备了 0.1mol 镁铝尖晶石粉体。所需 $Mg(NO_3)_2 \cdot 6H_2O$ 为 2.56g，$Al(NO_3)_3 \cdot 9H_2O$ 为 7.50g，过硫酸铵为整个反应体系的 10%，同时将 N-N′-亚甲基双丙烯酰胺与水溶性淀粉的比例设置为 4 个浓度梯度，即 3∶1、5∶1、7∶1、10∶1。将 N-N′-亚甲基双丙烯酰胺的浓度也设置为 4 个浓度梯度，即 3%、5%、10%、15%。

生成絮状沉淀的反应为淀粉与 N-N′-亚甲基双丙烯酰胺的接枝共聚反应，过硫酸铵是该反应的引发剂。整个反应过程由链引发、链传递、链终止这 3 个基元反应构成。其中引发过程由过硫酸铵受热分解生成初始自由基和初始自由基攻击淀粉分子形成淀粉骨架自由基这两部分构成。总的反应机理如下所示：

（1）链引发。

$$S_2O_8^{2-} \xrightarrow{K_d} 2SO_4^- \cdot$$

$$St-OH+SO_4^- \cdot \xrightarrow{K_1} St-O \cdot$$

$$St-O+M \xrightarrow{K_1} St-OM \cdot$$

（2）链传递。

$$St-OM_r \cdot +M \xrightarrow{K_{pr}} St-OM_{r+1} \cdot$$

（3）链终止。链终止分为偶合终止和歧化终止。

$$St-OM_m \cdot +St-OM_n \cdot \xrightarrow{K_1} St-OM_{m+n}$$

$$\text{St-OM}_m\cdot+\text{St-OM}_n\cdot\xrightarrow{K_1}\text{St-OM}_m+\text{St-OM}_n$$

3.6.2.3 研究结果与讨论

A 前驱体的热重分析

我们对含3%的N-N′-亚甲基双丙烯酰胺，N-N′-亚甲基双丙烯酰胺和淀粉的比例为7∶1的前驱体进行了热重分析。图3-58为前驱体的DSC-TGA曲线。

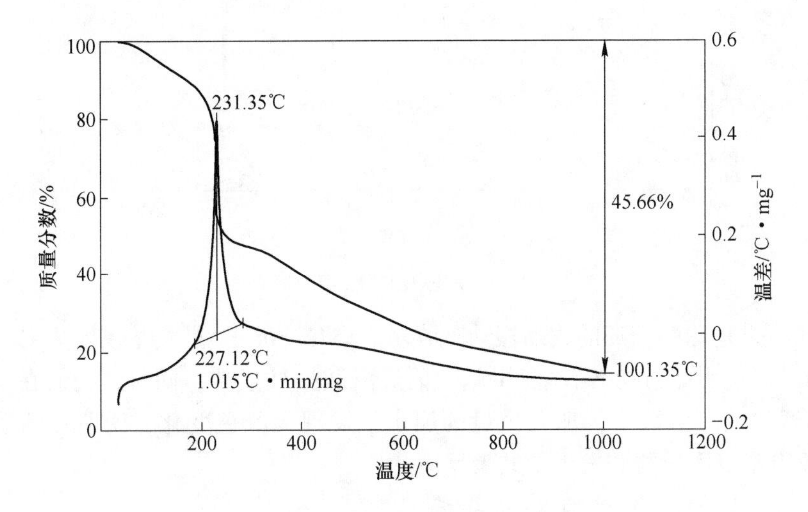

图3-58 前驱体的DSC-TGA曲线

从图3-58中我们可以看出，TGA曲线有三处明显的质量损失，第一段是室温到227.12℃，质量损失了20%。第二段是在231.33℃，质量损失了60%。第三段是在231.35~1001.35℃，质量损失了10%。随着温度升高，质量一直在减少，质量共损失了85.66%。DSC曲线有两个明显的放热峰。第一个放热峰是在第二段失重处，是由硝酸盐的分解引起的。第二个放热峰归因于聚合物的分解。在1000℃以后曲线基本保持不变，同时为了和以丙烯酰胺作为原料制备的镁铝尖晶石粉体做对比，故我们把煅烧温度也设定为1000℃。

B 前驱体的FT-IR分析

我们对所含N-N′-亚甲基双丙烯酰胺浓度为3%，N-N′-亚甲基双丙烯酰胺和水溶性淀粉比例为5∶1的前驱体进行了FT-IR分析。图3-59为前驱体的FT-IR曲线。

游离OH的红外特征吸收峰的吸收波波段为3650~3590cm^{-1}；由于羟基属于强极性基团，易形成氢键，其吸收波波段为3500~3300cm^{-1}；而酰胺基的NH的伸缩振动特征峰波段为3500~3100cm^{-1}，图3-59中3425.23cm^{-1}吸收峰可能是羟基和酰胺基的NH叠加的结果。3035.45cm^{-1}是亚甲基的收缩振动吸收峰。

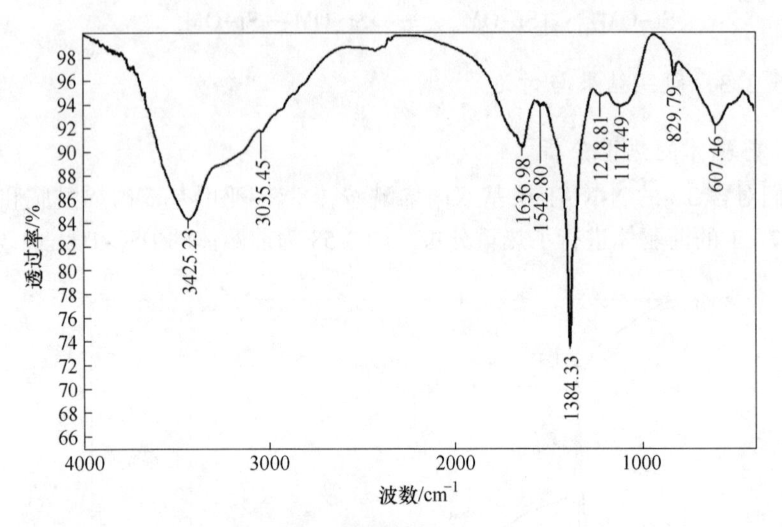

图 3-59　前驱体的 FT-IR 曲线

1114.49cm^{-1}是葡萄糖环的收缩振动吸收峰。1542.80cm^{-1}是胺基基团中 C ═O 的特征峰。这表明淀粉和 N-N′-亚甲基双丙烯酰胺接枝成功。同时，我们在反应结束后的絮状沉淀溶液中，加入足量的碘水，发现无颜色变化，说明淀粉确实和 N-N′-亚甲基双丙烯酰胺发生了共聚反应。

C　镁铝尖晶石粉体的 XRD 分析

将干燥后的絮状沉淀在 1000℃下煅烧 2h，即可得到镁铝尖晶石粉体。图 3-60 是不同原料配比下制备出的镁铝尖晶石的 XRD 图谱。

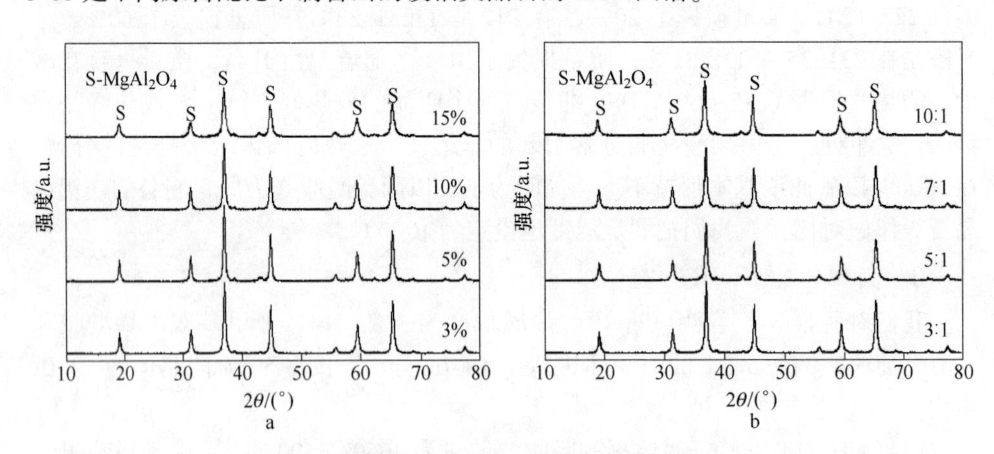

图 3-60　不同原料配比下制备出的镁铝尖晶石的 XRD 图谱

图 3-60a 是控制 N-N′-亚甲基双丙烯酰胺和淀粉的比例为 3 : 1，改变水溶性淀粉的浓度所制备出的镁铝尖晶石粉体的 XRD 图谱。图 3-60b 是控制 N-N′-亚甲

基双丙烯酰胺的浓度为3%，改变N-N′-亚甲基双丙烯酰胺和淀粉的比例制备出的镁铝尖晶石粉体的XRD图谱。从图中我们可以看出，采用不同配比的有机物作为聚合反应的原料，均可制备出镁铝尖晶石粉体，且衍射峰比较完整。控制N-N′-亚甲基双丙烯酰胺和淀粉的比例为3：1时，当N-N′-亚甲基双丙烯酰胺的浓度为5%，宽化较明显。控制N-N′亚甲基的浓度为3%时，改变N-N′-亚甲基双丙烯酰胺和淀粉的比例，对镁铝尖晶石的粒度影响不大。

D 镁铝尖晶石粉体的SEM分析

图3-61是N-N′-亚甲基双丙烯酰胺与水溶性淀粉的比例为3：1时制备出的镁铝尖晶石的SEM图像。

图3-61 N-N′-亚甲基双丙烯酰胺与水溶性淀粉的比例为3：1时制备出的镁铝尖晶石的SEM图像

图3-61a是N-N′-亚甲基双丙烯酰胺的浓度为3%时所制得的$MgAl_2O_4$粉体的SEM图像，图3-61b是N-N′-亚甲基双丙烯酰胺浓度为5%时所制得的$MgAl_2O_4$粉

体的 SEM 图像，图 3-61c 是 N-N′-亚甲基双丙烯酰胺浓度为 10%时所制得的 $MgAl_2O_4$ 粉体的 SEM 图像；图 3-61d 是 N-N′-亚甲基双丙烯酰胺浓度为 15%时所得的 $MgAl_2O_4$ 粉体的 SEM 图像。我们可以看出，在加入淀粉后，镁铝尖晶石粉体的团聚有所减轻。当 N-N′-亚甲基双丙烯酰胺浓度为 3%时，粉体的分散性较好，其平均粒度为 141μm。N-N′-亚甲基双丙烯酰胺浓度为 10%时，$MgAl_2O_4$ 粉体破损严重，原因在于煅烧前驱体时有机物释放出的气体将粉体吹得比较蓬松，后来将其研磨而造成的。

图 3-62 是 N-N′-亚甲基双丙烯酰胺浓度为 3%时所制备出的镁铝尖晶石的 SEM 图。

图 3-62 N-N′-亚甲基双丙烯酰胺浓度为 3%时所制备出的镁铝尖晶石的 SEM 图

图 3-62a 是 N-N′-亚甲基双丙烯酰胺与水溶性淀粉的比例为 3∶1 时所制得的 $MgAl_2O_4$ 粉体的 SEM 图像，图 3-62b 是 N-N′-亚甲基双丙烯酰胺与水溶性淀粉的比例为 5∶1 时所制得的 $MgAl_2O_4$ 粉体的 SEM 图像，图 3-62c 是 N-N′-亚甲基双丙

烯酰胺与水溶性淀粉的比例为7：1时所制得的$MgAl_2O_4$粉体的SEM图像，图3-62d是N-N′-亚甲基双丙烯酰胺与水溶性淀粉的比例为10：1时所制得的$MgAl_2O_4$粉体的SEM图像。我们可以看出，当N-N′-亚甲基双丙烯酰胺与水溶性淀粉的比例为7：1时粉体分布均匀，粒度也较小，一次粒子的平均粒径约为95μm，存在少量的二次粒子。

3.6.2.4 研究结论

主要介绍了采用高分子絮凝法制备镁铝尖晶石粉体时所采用的设备、步骤，以及通过XRD、热重、FT-IR、SEM等检测手段对前驱体和粉体进行了表征。当N-N′-亚甲基双丙烯酰胺与水溶性淀粉的比例为7：1时粉体粒度分布均匀，粉体粒度较小，一次粒子的平均粒径约为95μm。存在少量的二次粒子。

3.7 溶胶-凝胶法制备镁铝尖晶石粉末

3.7.1 溶胶-凝胶自燃烧法

3.7.1.1 研究概述

全球工业化（如纺织、炼油、皮革、造纸、化学和塑料工业）使用不同类型的染料导致大量有毒化合物的释放进入环境[72]。通常，这些染料中有30%~40%留在废水中。另外，这些染料的存在会减少光合作用并对人类造成许多严重的健康问题。为了克服这些问题，这些工业的废水必须在排放前进行处理。已经使用各种物理和化学方法从废水中去除颜色。这些方法之一是半导体光催化，并且已经证明它在处理废水污染方面是有效的，因为它是一种环保、低成本、可持续的治疗方法[73]。

寻找低成本和高效的光催化剂仍在继续。一些尖晶石型氧化物，如$BaCr_2O_4$[74]，$NiFe_2O_4$[75]，$CaBi_2O_4$[76]，$ZnGa_2O_4$[77]，$CuGa_2O_4$[78]，$ZnFe_2O_4$[79]和$CuAl_2O_4$[80]用作光催化剂的是具有窄带高的半导体材料，并且已经证明这些材料在污染物的降解和/或光催化氢的产生方面是有效的。已经报道了许多制备纳米级尖晶石的方法，例如共沉淀、溶胶-凝胶、声化学和溶液燃烧。然而，燃烧方法与这些方法相比，具有许多优点。另外，在燃烧技术中，硝酸盐用作氧化剂，并且一些有机化合物如甘氨酸、蔗糖、山梨糖醇等用作燃料。其中由于氧化剂和放热的燃料之间的燃烧反应释放的热量可以制备目标纳米材料[81]。

铝酸镁$MgAl_2O_4$是一种典型的尖晶石材料，它也引起了人们对各种应用的兴趣，例如耐火材料、微波电介质和陶瓷电容器、湿度传感器、催化剂或催化剂载体以及结构材料。此外，铝酸镁具有低密度（3.58g/cm^3），高熔点（2135℃），良好的抗化学侵蚀性和极高温度下的优异强度。$MgAl_2O_4$ 的合成具有化学均匀性、高纯度、低粒径和均匀尺寸分布等特殊性质，主要取决于制备方法。因此，铝酸镁已通过各种方法合成，例如溶胶-凝胶、固体状态、喷雾干燥、共沉淀和冷冻干燥。然而，这些方法中的大多数是复杂的或昂贵的，与燃烧或溶胶-凝胶合成相比，这大大减少了纳米尺寸材料的制备。此外，其他缺点包括纳米尺寸产品的高温、不均匀性和低表面积的必要性。通常，较小的颗粒尺寸导致较高的表面积，这是不同催化应用所需的。因此，在较低温度下使用混合溶胶-凝胶燃烧方法是制备适用于上述不同领域，尤其是光催化剂的纳米镁铝酸盐颗粒的新的良好方法。

3.7.1.2 研究设计

所有试剂均为分析纯，购买后按原样使用，无须进一步纯化：硝酸镁（$Mg(NO_3)_2 \cdot 6H_2O$），硝酸铝（$Al(NO_3)_3 \cdot 9H_2O$），柠檬酸（$HO(COOH)(CH_2COOH)_2$），草酸（$C_2H_2O_4 \cdot 2H_2O$），尿素（NH_2CONH_2）和氢氧化铵（25%NH_3 在 H_2O 中）。一步法合成 $MgAl_2O_4$ 光催化剂是使用三种不同燃料的混合溶胶-凝胶自动的燃烧方法；草酸，尿素和柠檬酸用于合成铝酸镁纳米粒子；分别为 A，B 和 C 样本。用于燃烧的氧化还原混合物的化学计量组成基于氧化剂和燃料的总氧化（O）和还原（F）效价计算，使得当量比 Uc 为 1（即 $Uc=(O/F)=1$），因此燃烧释放的能量对于每次反应都是最大的。

在典型的合成方法中：将硝酸镁（4g，15.6mmol）的水溶液（30mL）加入搅拌的硝酸铝水溶液（50mL）（11.8g，31.2mmol）中，得到 Mg/Al 摩尔比为 1∶2，反应在 60℃加热，搅拌 10min。向热搅拌溶液反应中，加入溶解在 50mL 蒸馏水中的尿素（5.31g，88.5mmol）。将反应溶液在 80℃下加热并搅拌 1h。将生成的溶液凝胶化，同时在 120℃下加热。将凝胶在电炉中 200℃下加热 2h，得到几乎干燥的黄白色物质，然后在 350℃的电炉中点燃，在此期间 10min 内完成整个燃烧。将生成的泡沫状粉末研磨，然后在各种温度如 600℃和 800℃下煅烧 4h，分别得到称为 B_{600} 和 B_{800} 的产物。所制备的铝酸镁样品（A 和 C）分别通过使用草酸和柠檬酸燃料施加类似条件来制备，然而，对于 C 样品，使用氢氧化铵水溶液（2mol/L）将反应溶液的 pH 值调节至 5。

3.7.1.3 研究结果与讨论

A 燃料效应

本工作采用改进的溶胶-凝胶自燃方法，合成了基于尿素、草酸、柠檬酸等不同燃料的 $MgAl_2O_4$ 纳米粒子。本研究中使用的有机燃料在此作为螯合剂和燃料，以增强均匀的碱性条件，排除局部沉淀，从而产生分散的和宽范围的粒度

分布。

在这项研究中的有机材料尿素、草酸和柠檬酸在燃烧反应中用作燃料，被硝酸盐氧化；硝酸镁和铝，生成 $MgAl_2O_4$ 纳米粒子。所提出的燃烧反应（方案 2S）显示 Mg^{2+} ：Al^{3+} ：尿素，Mg^{2+} ：Al^{3+} ：草酸和 Mg^{2+} ：Al^{3+} ：柠檬酸，分别为 1∶2∶5.67，1∶2∶17 和 1∶2∶1.89，对应于“等效化学计量比”的情况。在这个燃烧过程中，氧化剂（硝酸铝和硝酸镁）与燃料之间的反应是放热反应，这意味着硝酸盐的氧含量可以完全反应以氧化/消耗用过的燃料，确切地产生足够的热量。除了生产纳米级 $MgAl_2O_4$ 产品外，这些反应直接从燃料和氧化剂之间的反应中释放出 CO_2、H_2O 和 N_2 气体，所以需要从外面供氧。

B XRD 研究

使用 X 射线衍射分析研究合成材料的相组成。通过在 600℃和 800℃下燃烧干燥的凝胶前体产生的铝酸镁样品的 XRD 图示于图 3-63 和图 3-64。很明显，600℃的温度不足以生产结晶产品，产品几乎是无定形的（图 3-63）。然而，在将燃烧温度提高到 800℃时，$MgAl_2O_4$ 尖晶石产品的结晶度增加，衍射图存在尖锐衍射峰，如图 3-64 所示。图 3-64 中所有衍射峰可以完美地指向立方尖晶石结构的 $MgAl_2O_4$。在图案中未检测到可能的中间产物如 Al_2O_3 和 MgO 的其他峰，因此影响所制备的 $MgAl_2O_4$ 纳米颗粒的单相。当尿素和柠檬酸分别用作燃料时，制备的 $MgAl_2O_4$ 纳米颗粒产物是具有晶格参数的立方尖晶石 $MgAl_2O_4$；$a = 0.80788\text{nm}$ 和 $V_{cell} = 0.52728\text{nm}^3$（JCPDS 文件号 075-1796）。另外，当使用草酸作为燃料时，曲线图 3-64a 中的衍射峰与尖晶石 $MgAl_2O_4$ 的非常吻合；$a = 0.8\text{nm}$ 和 $V_{cell} = 0.51392\text{nm}^3$（JCPDS 文件号 089-1627）。而且，使用 Scherrer 方程（式（3-19））可以评估 $MgAl_2O_4$ 纳米颗粒的微晶尺寸 D（nm）：

$$D = 0.9\lambda/\beta\cos\theta_B \tag{3-19}$$

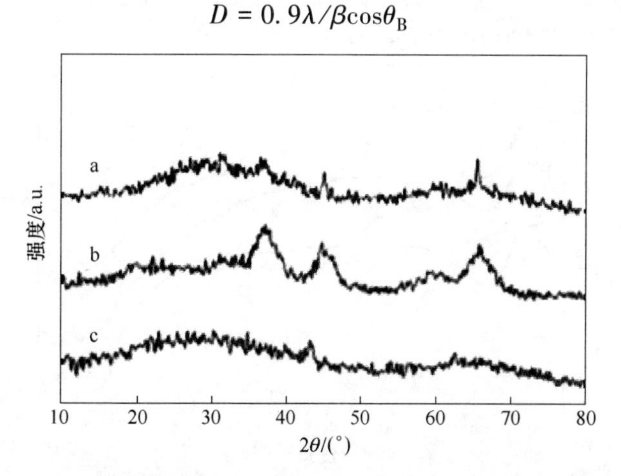

图 3-63 600℃下燃烧干燥的凝胶前体产生的铝酸镁样品 XRD 图

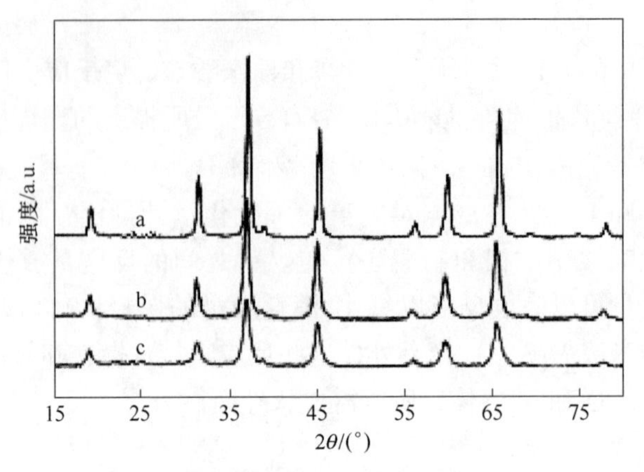

图 3-64 800℃下燃烧干燥的凝胶前体产生的铝酸镁样品 XRD 图

式中，λ 是 X 射线辐射的波长；β 是衍射峰的半峰全宽（FWHM）；θ_B 是布拉格衍射角。所测制的铝酸镁纳米颗粒的估计平均微晶尺寸 A_{800}，B_{800} 和 C_{800} 样品分别为 27.7nm，14.6nm 和 15.65nm。随后，可以很容易地看出，改变燃料对所制备的尖晶石 $MgAl_2O_4$ 纳米颗粒的微晶尺寸具有显著影响。

C FT-IR 研究

800℃退火制备的 $MgAl_2O_4$ 粉末（A_{800}，B_{800} 和 C_{800}）的红外光谱显示于图 3-65 似乎三个光谱几乎相同。在红外光谱中，由柠檬酸制备得到的 $MgAl_2O_4$ 样品显示出两个特征频率。576cm^{-1} 和 747cm^{-1} 归因于［AlO_6］基团和 Mg-O 拉伸的晶格振动，表明 $MgAl_2O_4$ 尖晶石样品的形成[82]。然而，在产品的红外光谱中出现的 3515cm^{-1} 和 1680cm^{-1} 振动带可以归因于吸附表面分子水与 $MgAl_2O_4$ 产物相互作用的拉伸和弯曲振动以及宽度，这些带可能是由于氢键 O—H[83]。在 2370cm^{-1} 附近的公共带可以解释为 IR 束通过空气的传播[84]。

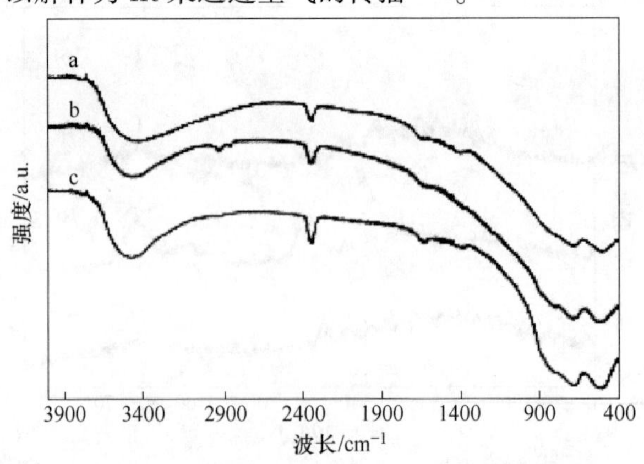

图 3-65 800℃退火制备的 $MgAl_2O_4$ 粉末红外光谱

D 微观组织研究

通过场发射扫描电子显微镜（FE-SEM）研究了所获得的 $MgAl_2O_4$ 产物（A_{800}，B_{800}和 C_{800}）的颗粒形态，如图 3-66a～c 所示。仔细检查图 3-66a，表明产品（A_{800}）实际上是 $MgAl_2O_4$ 的不规则形状固体块的聚集体。这些街区的平均大小约为 50lm。另外，图 3-66b 和 c 显示产品（B_{800}，C_{800}）由 $MgAl_2O_4$ 颗粒的层状结构组成。此外，C_{800}产品的层或片（图 3-66c）比 B_{800}产品更薄。此外，层的聚合在某些情况下形成类似结构。由此得出结论，燃烧过程中的燃料类型可能影响产品的形态。

图 3-66 草酸（a）、尿素（b）和柠檬酸（c）作为燃料制备在 800℃下煅烧的 $MgAl_2O_4$ 产物的 FE-SEM 图像

为了更好地理解合成后的 $MgAl_2O_4$ 纳米粒子的结构和形态特征，产品（A_{800}，B_{800}和 C_{800}）已进一步检测分辨率透射电子显微镜（HR-TEM）图像，如图 3-67a～c 所示。图 3-67a 显示产物 A_{800}由分散的六方和立方颗粒组成，平均直径为 27.9nm，这与从 XRD 研究计算的微晶尺寸相容。然而，在检查图 3-67b 和 c 的显微照片时，可以看出产物 B_{800}和 C_{800}显示出致密的块状附聚物，并且颗粒具有立方体状、球形和不规则形状，平均直径分别为 15nm 和 15.7nm，这与从 XRD 研究中获得的微晶尺寸一致。

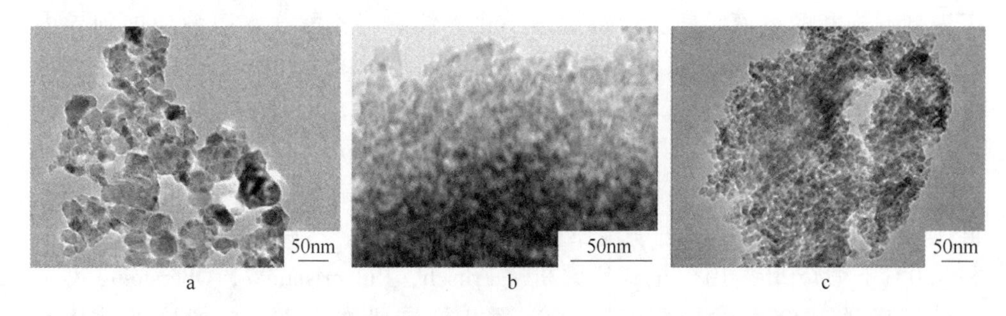

图 3-67 草酸（a）、尿素（b）和柠檬酸（c）作为燃料制备在 800℃下煅烧的 $MgAl_2O_4$ 产物的 HR-TEM 图像

3.7.1.4 研究结论

$MgAl_2O_4$ 纳米粒子的纯相可以通过简便的溶胶-凝胶自动燃烧法在250℃下使用不同的有机燃料尿素、草酸和柠檬酸成功合成，然后将燃烧的产物在350℃下煅烧3h。研究了燃料对 $MgAl_2O_3$ 产品微晶尺寸的影响。在800℃下获得具有平均微晶尺寸27.7nm、14.6nm和15.65nm的纯尖晶石 $MgAl_2O_4$。

3.7.2 溶胶-凝胶-沉淀法合成 $MgAl_2O_4$ 尖晶石粉

3.7.2.1 研究概述

镁铝酸盐（$MgAl_2O_4$）尖晶石是一种难熔的氧化物材料，结合了许多理想的性能：高熔点（2135℃），高抗化学侵蚀性，以及室温下的高机械强度（破裂模量为135~216MPa，真密度为98%）和升高的温度（在1300℃下120~205MPa的断裂模量，98%真密度）。常规合成 $MgAl_2O_4$ 尖晶石是基于 Mg^{2+} 和含 Al^{3+} 的化合物在高温下的固态反应（1600℃）。用这种方法制备反应性尖晶石粉末（即粒径为0.5mm）是非常困难的。为了制备具有高纯度和高反应性的 $MgAl_2O_4$ 尖晶石粉末，可以使用各种非常规技术，例如共沉淀、溶胶-凝胶、喷雾干燥、喷雾热解、冷冻干燥、火焰喷雾热解和机械活化。

3.7.2.2 研究设计

尖晶石前体的SGP制备方法示意性地显示在图3-68中。使用异丙醇铝[$Al(O\text{-}i\text{-}C_3H_7)_3$]和四水合乙酸镁[$Mg(CH_3COO)_2 \cdot 4H_2O$]作为起始材料。将异丙醇铝粉末（0.10mol）溶解在异丙醇（3.0mol）中并回流2h。通过在室温下搅拌将乙酸镁四水合物（0.05mol）溶解在蒸馏水（1.05mol）中以产生接近饱和的溶液，使所用水量最小化。然后将乙酸镁水溶液滴加到异丙醇铝溶液中并回流3h。在此阶段，异丙醇铝水解成溶胶相，而镁仍留在溶液中。为了引发该方法的第二阶段（即氢氧化镁沉淀，同时氢氧化铝相的凝胶化），在搅拌下将氢氧化铵缓慢加入溶液中，并将pH值保持在9.5~10。3h后将得到的悬浮液在60℃下干燥12h，在含有氧化锆球的异丙醇中研磨15h，再在80℃下干燥12h，并进一步在110℃下干燥24h。然后将前体样品在600℃和900℃下煅烧5h。用行星式研磨机（Fritsch，Pulverisette 7，Oberstein，Germany）将部分900℃煅烧粉末用100g氧化锆球研磨0.5h。将研磨的前体在110℃下干燥24h。

使用X射线衍射仪（XRD，Siemens，model 5000，Karlsruhe，Germany）测

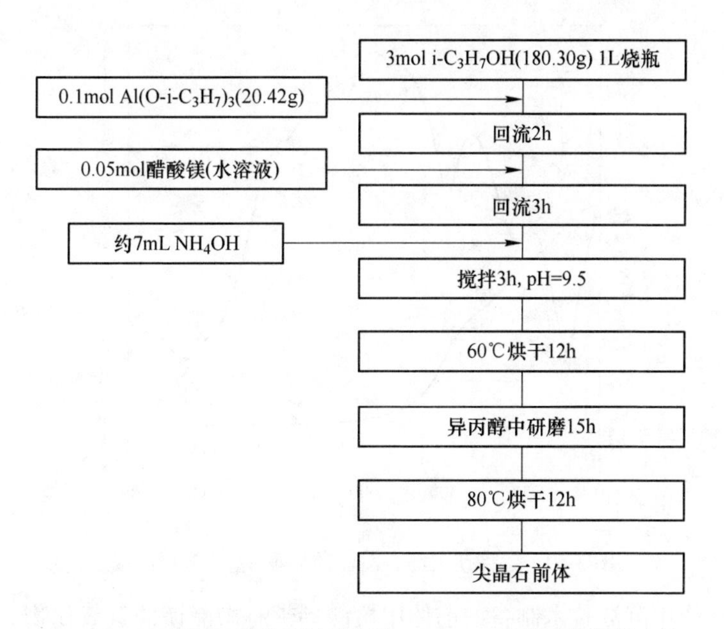

图 3-68　通过溶胶-凝胶沉淀法制备 $MgAl_2O_4$ 尖晶石前体的方法

定所制备的前体和煅烧样品的相。使用热重量分析（TGA）和差热分析（DTA）（Setaram，TG-96，Caluir，France）在氦气流下以 101℃/min 的加热速率监测前体随温度的脱水行为。通过透射电子显微镜（TEM，Hitachi，H-800，Tokyo，Japan）检查煅烧粉末的微晶尺寸和形态。使用 Scherrer 方程从 X 射线衍射数据（XRD，5000 型，Siemens）计算煅烧粉末的表观微晶尺寸。

用氮气吸附法测量煅烧粉末的比表面积。从比表面积计算煅烧粉末的“等效平均球形颗粒”尺寸。因此，这种计算的“粒径”是一些微晶之间连接性的推测量度。用激光粒度分析仪测量粉末的附聚物尺寸分布。这种确定的“附聚物”描述了许多微晶或颗粒之间的连接，因此比“微晶”或“颗粒”大许多个数量级。通常对于煅烧过程，这种附聚物是非常多孔的并且易于压碎以通过研磨减小它们的尺寸。在这项工作中，通过行星式球磨机中的 0.5h 研磨证明了这一点。

3.7.2.3　研究结果与讨论

热处理过程中的反应可以与前体的 TG-DTA 曲线上的各个部分相关联（图 3-69）。在约 100℃下的吸热峰是由于水的蒸发。在 230℃和 400℃的两个吸热峰分别是由于铝和氢氧化镁的脱水，并且两个吸热峰伴随着质量损失（分别为 13%和 19%），证实在这些温度下脱水。在约 830℃的低放热峰可能是由于铝酸镁尖晶石的形成。

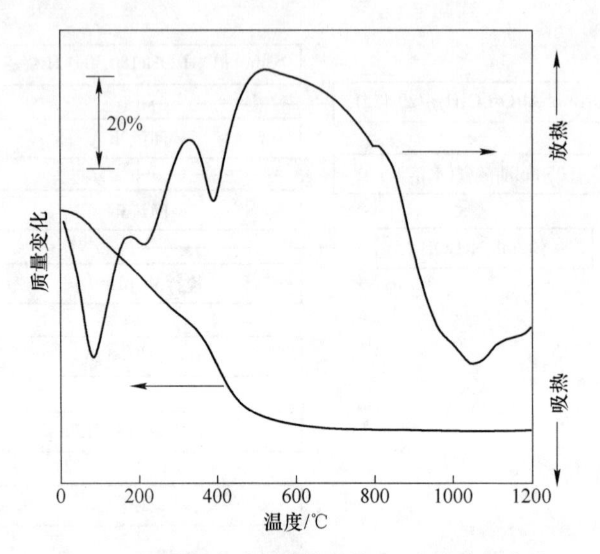

图 3-69 铝酸镁尖晶石前体的热重-差热分析曲线

通常在使用沉淀技术制备的前体中检测到带有微晶镁的氢氧化物。然而，从图 3-70 中可以看出，前体是完全无定形的，表明氢氧化镁沉淀物也处于无定形状态。可以假设氢氧化镁沉淀物太小而不能通过 XRD 检测，因此含镁的氢氧化物与氧化铝溶胶均匀混合。

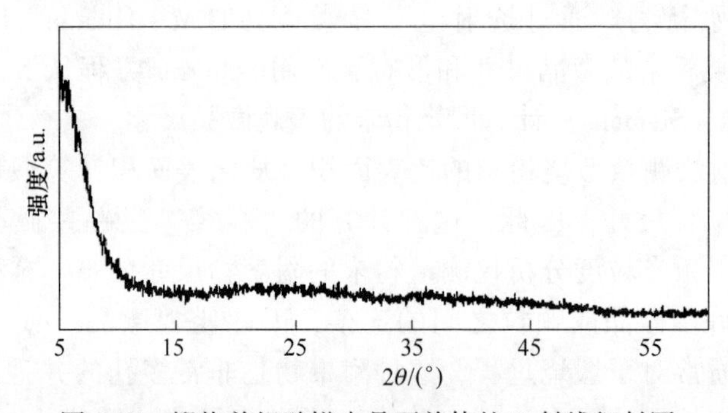

图 3-70 煅烧前铝酸镁尖晶石前体的 X 射线衍射图

前体中的氢氧化铝和氢氧化镁在 600℃ 完全脱水（图 3-69），留下的材料也是无定形的（图 3-70）。尖晶石在 700℃ 开始形成，并且在 900℃ 下烧制后获得相纯尖晶石，显著低于共沉淀（1100℃），冷冻干燥（1200℃）和非均相溶胶-凝胶（高于 1200℃）。

可以接受的是，煅烧温度是控制粉末附聚的关键参数。因此，通过新型 SGP 途径在该工作中获得的相纯的尖晶石形成的相对低的煅烧温度有利于避免煅烧粉末的硬团聚。

图 3-71 显示了比表面积、微晶尺寸、前体和煅烧粉末的粒度随煅烧温度的变化。前体的比表面积为 486m^2/g。煅烧粉末的比表面积在 700℃ 下降至 272m^2/g，在 900℃ 下降至 105m^2/g，在 1000℃ 下降至 42m^2/g，相当于“等效球形颗粒”尺寸分别为 9.3nm、28nm 和 40nm。图 3-72 显示在 1000℃ 煅烧后的尖晶石粉末具有在 20~50nm 之间变化的微晶尺寸，这通常与 XRD 数据一致。煅烧粉末的比表面积从 700℃ 至 1000℃ 急剧下降，并从 1000℃ 至 1300℃ 缓慢下降。然而，由比表面积和 XRD 数据计算的微晶尺寸在 700~1000℃ 的温度范围内缓慢增加，并且从 1000~1300℃ 相对快速地增加。这些结果表明，最佳煅烧温度应在 900~1000℃ 范围内，以获得具有较高比表面积和较小微晶尺寸的粉末，即具有高烧结反应性。

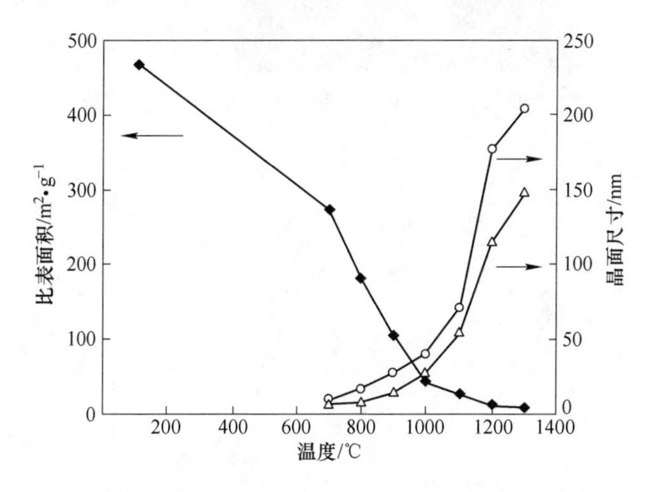

图 3-71 比表面积的温度依赖性，等效球形粒度和尖晶石粉末的微晶尺寸

在我们以前的工作中，使用非均相溶胶-凝胶法制备铝酸镁尖晶石前体，其中前体悬浮液的醇与水的体积比为 3.18 : 1。观察到在空气中干燥后前体严重附聚。为了比较，在这项工作中，酒精与水的体积比为 12 : 1。事实上，将四水合乙酸镁溶解在尽可能少量的水中，以在前体悬浮液中获得高体积比的醇与水。在这种情况下，由于醇的主要存在，相邻前体颗粒上的水分子浓度将降低。结果，该粉末在 900~1000℃ 下煅烧后具有高比表面积和小的当量粒度（图 3-72），表明在干燥的前体和煅烧粉末之后没有发生硬团聚。

图 3-73 显示了附聚物尺寸分布随煅烧温度的变化。在 900℃ 煅烧后，附聚物尺寸为 0.5~50mm；中值附聚物尺寸是由 BET 比表面数据或 XRD 数据计算的平均粒度的 360 倍。然而，BET 结果表明煅烧粉末具有大的比表面积并且粒度等于约两个晶体的粒径，表明煅烧的粉末具有多孔网络，晶体具有有限的接触面积。因此，可以预期，煅烧粉末的附聚相对较弱，并且附聚的颗粒可以容易地破碎。通过研磨实验进一步验证了这一点。

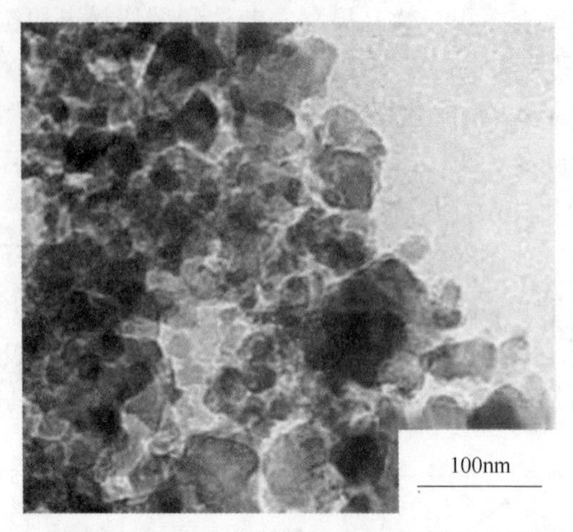

图 3-72 尖晶石粉末在 1000℃煅烧 5h 后的透射电子显微照片

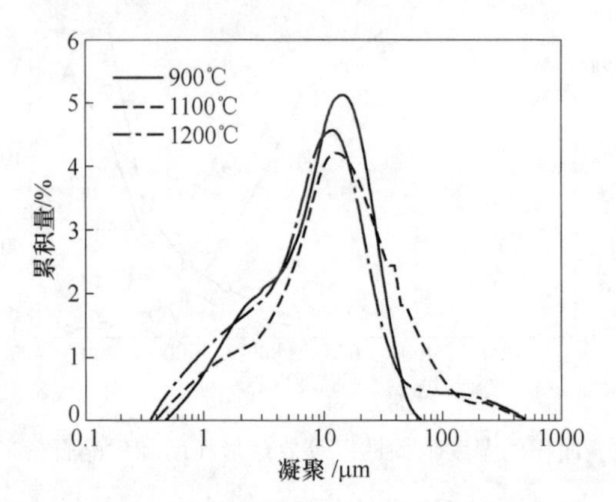

图 3-73 尖晶石粉末团聚体粒度分布的温度依赖性

图 3-73 显示在 900℃煅烧的粉末中最大的附聚物的尺寸为 40~50mm。然而，当煅烧温度升至 1100℃或 1200℃时，产生 50~400mm 的大团聚体，表明团聚体的尺寸随温度增加。如上所述，颗粒间键的强度很大程度上取决于煅烧温度。结果，在 900℃煅烧的粉末中相对较弱的附聚物相对容易破裂；相反，在较高温度（高达 1100℃或 1200℃）下煅烧后会形成较硬的附聚物，并且更难以破碎较硬的附聚物。因此，如前所述，前体的最佳煅烧温度应在 900~1000℃的范围内。

3.7.2.4 研究结论

使用新型 SGP 方法制备尖晶石前体。该技术的关键特征是从氧化镁沉淀步骤（与氧化铝溶胶凝胶化同时）分离氧化铝溶胶形成步骤。这样的过程增强了前体的均匀性，因此（由实验支持）允许在低至 800~900℃的温度下合成相纯的和真正的纳米颗粒尖晶石。异丙醇用作前体悬浮液中的主要液体介质，以减少颗粒附聚的趋势。干燥后的前体和900℃下煅烧后的粉末的软凝聚通过煅烧粉末的表观微晶尺寸、比表面积和当量粒径得到证实。结果，在900℃煅烧后获得超细尖晶石粉末（$d_{50}=600nm$，比表面积为$105m^2/g$，微晶尺寸为28nm），然后研磨0.5h。在较低温度（900℃）下煅烧前体后形成相纯尖晶石，证明使用该新型SGP方法获得了均匀的前体。相对低的煅烧温度在煅烧后不会引起强的颗粒间黏合和粉末的硬团聚。基于比表面积、晶体尺寸和粒度与煅烧温度的关系，获得具有高烧结反应性的尖晶石粉末的最佳温度将在900~1000℃的范围内。1200℃或更高的较高温度将产生更大/更强的附聚物。

3.7.3 低温合成尖晶石

3.7.3.1 研究概述

尖晶石（$MgAl_2O_4$）陶瓷具有理想的高熔点、高强度、高耐化学性等特性。高温下强度高和电损耗低。它是适合高温应用的微观结构设计的理想材料。研究人员对各种化学技术如共沉淀、喷雾干燥、冷冻干燥及喷雾热解等加工尖晶石粉末进行了广泛的研究。与通过常规煅烧和研磨方法制备的那些相比，这些方法为尖晶石粉末提供了具有高度化学均一性、较高的反应性和可烧结性。最近，溶胶-凝胶法越来越受到亚微米陶瓷粉末合成的关注，其具有高度的均匀性和纯度。

3.7.3.2 研究设计

分析试剂级硫酸铝（$Al(SO_4)_3 \cdot 16H_2O$）和硫酸镁（$MgSO_4 \cdot 7H_2O$）用作原料。在蒸馏水中制备浓度为0.5mol/L的溶液。这些解决方案然后将这些按比例混合，以便在煅烧时得到最终氧化铝和氧化镁的摩尔比为1∶1。在同时磁力搅拌下将氨溶液一滴一滴地加入混合的硫酸盐溶液中。继续加入氨溶液，使得由此形成的凝胶变得完全黏稠，并且由于其黏性阻力使磁体停止。将一小部分凝胶在80℃的烘箱中干燥，然后用于DTA（使用氧化铝坩埚以10℃/min的加热速率在NetzchSTA409中在空气中进行）和X射线衍射分析。将剩余的凝胶分成不同的部分，将其直接加热（以10℃/min的速率）至300~1200℃的不同煅烧温度并保持1h。使用微光刻机（Seishin2000）测定煅烧粉末的粒度分布，由此可以估算粉末的平均粒度和比表面积。

为了研究煅烧粉末的致密化行为，使用2%（质量分数）PVA作为有机遮蔽物通过单轴压制制备直径为1cm的粒料。将颗粒以10℃/min的速率加热至不同的烧结温度1100~1475℃，保温时间最长3h。将一个样品加热至烧结温度并在一定条件下冷却，温度保持恒定在±2℃范围内设定温度。通过液体置换法测量烧结粒料的体积密度。在扫描电子显微镜下研究微结构。

3.7.3.3 研究结果与讨论

由于凝胶是由使用氢氧化铵作为去稳定剂的铝和镁的硫酸盐形成的，因此预计含有氢氧化物和 Al 及 Mg 的未反应的硫酸盐以及作为反应产物的硫酸铵。因此，该凝胶的热分解行为变得非常复杂，并且在 DTA 模式中不容易识别单个反应（图 3-74）。在高达 450℃的温度下，可以看到结合水的损失。300℃附近的尖锐吸热峰是用于脱水的 $MgSO_4 \cdot 7H_2O$。预计镁氢氧化物在 425℃时会分解，而氢氧化铝和硫酸铵则会在 600℃时分解，硫酸铝在约 770℃开始分解，硫酸镁在 1030℃开始分解。所有这些反应均在凝胶的 DTA 曲线中显示，但由于组分数量较多，每个反应峰均受到抑制并且反应温度相对由单个组分观察到的反应温度略有偏差。

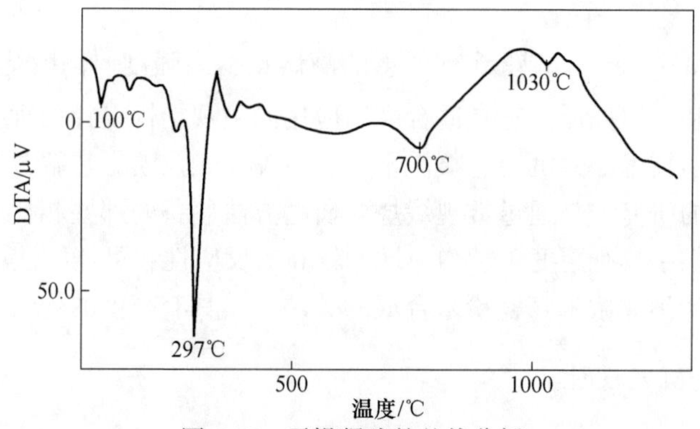

图 3-74 干燥凝胶的差热分析

煅烧时形成的结晶相预计复合凝胶具有很强的反应性，这反映在 1000℃ 1h 内完全转化为尖晶石。即使在 600℃时，大量的尖晶石形成，也就是低于镁硫酸盐和硫酸铝的分解温度。虽然氢氧化镁在约 450℃时分解，但氢氧化铝在高于 600℃时稳定。可能由 $Mg(OH)_2$ 的分解形成的 MgO。在 80℃下干燥的样品仅显示晶体形式的硫酸铵，而在 375℃下，硫酸镁也变为结晶。尖晶石在 600℃下形成，但硫酸镁峰值持续高达 900℃。在 1000℃ 1h 时可以完全转换尖晶石。铝在 600℃扩散到氢氧化物和硫酸盐中并与之反应直接形成尖晶石。

$$MgO + 2Al(OH)_3 = MgAl_2O_4 + 3H_2O \tag{3-20}$$

$$MgSO_4 + 2Al(OH)_3 = MgAl_2O_4 + SO_3 + 3H_2O \tag{3-21}$$

对于 600℃的煅烧，尖晶石状相的形成可能涉及这些反应。两种硫酸盐也可能反应形成尖晶石。

$$MgSO_4 + Al_2(SO_4)_3 = MgAl_2O_4 + 4SO_3 \tag{3-22}$$

但是，在 1000℃时，最可能的反应为

$$Al_2(SO_4)_3 = Al_2O_3 + 3SO_3 \tag{3-23}$$

$$MgSO_4 + Al_2O_3 = MgAl_2O_4 + SO_3 \tag{3-24}$$

这里通过前体分解形成的 Al_2O_3 是非常活泼的，并且显然扩散到硫酸镁中并与硫酸镁反应。这个反应在1000℃时速度非常快，因此可在1h内完全转换为尖晶石。在1100℃和1200℃的温度下：

$$MgSO_4 = MgO + SO_3 \tag{3-25}$$

在高于 $MgSO_4$ 分解温度的温度下，最可能形成尖晶石的反应是

$$MgO + Al_2O_3 = MgAl_2O_4 \tag{3-26}$$

最后反应的动力学以复杂的方式与温度相关。氧化物（MgO）通过在较高温度下煅烧产生 Al_2O_3。由于颗粒的粗化而可能具有较低的反应性。然而，原子的迁移率应该导致更快的反应温度。这两个相反的十个等级的平衡使得对于1h的煅烧处理，未反应的氧化物的量随着温度的升高而增加。从光子微型分级器获得的煅烧粉末（图3-75）的粒度分布显示平均粒径为0.2μm。这里大多数样品，几乎95%具有0.1~0.2μm的粒度，并且小尺寸部分可归因于在粒度测量之前对粉末分散的不充分的超声振动处理。从给定尺寸分布计算出的表面积为8.5m²/g。从密度（理论值的百分比）对1100~1450℃烧结温度下的烧结时间曲线观察，细粒度和高表面积使凝胶沉淀处理尖晶石具有非常好的正弦性。

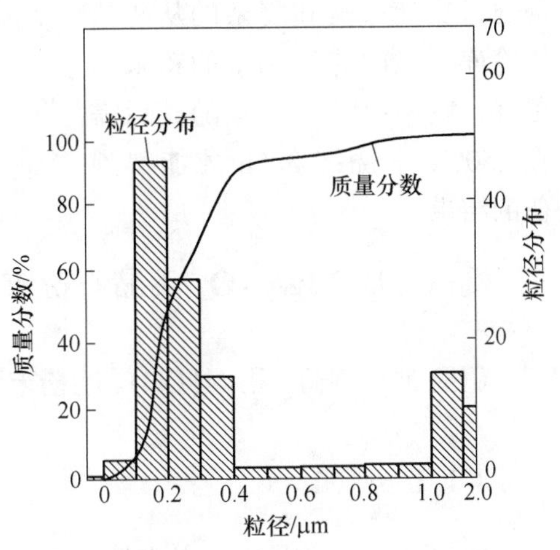

图3-75　1000℃下煅烧尖晶石粉末粒径分布

图3-76对于初始生坯密度为理论密度的50%的颗粒，即使材料刚刚加热到100℃，也会开始一些致密化。在1450℃下烧结3h达到理论值的约95%的密度。在1000~1300℃之间的不同温度下煅烧的粉末的烧结行为非常相似，随着煅烧温度的增加，密度略有增加。在这两种情况下，持续3h都有显著的致密化。在1350℃下更快的致密化和晶粒生长也是明显的。温度相对较低（1450℃）。通过这种简单的过程产生的尖晶石的致密化行为几乎不受控制，与通过从醇盐前体冷冻干燥的更昂贵和复杂的方法制备的粉末相比有利，然后在3.5h烧结需要1500℃才能获得类似的结果。

3.7.3.4　研究结论

尖晶石可以通过结合凝胶化和沉淀的简单方法制备，并在低至1000℃的温度

下煅烧所得复合凝胶 1h。尖晶石状相的形成始于 600℃。获得的类尖晶石粉末具有良好的烧结性，并且可以在相对低的温度（1450℃）下将单轴压制的块料烧结至高密度（理论值的 95%）。通过这种简单的过程产生的尖晶石粉末的致密化行为与通过更加昂贵和复杂的从醇盐前体冷冻干燥的方法制备的粉末相比更好，其中冷等静压紧随其后需要在 1500℃ 下烧结 3.5h 才能得到类似的结果。

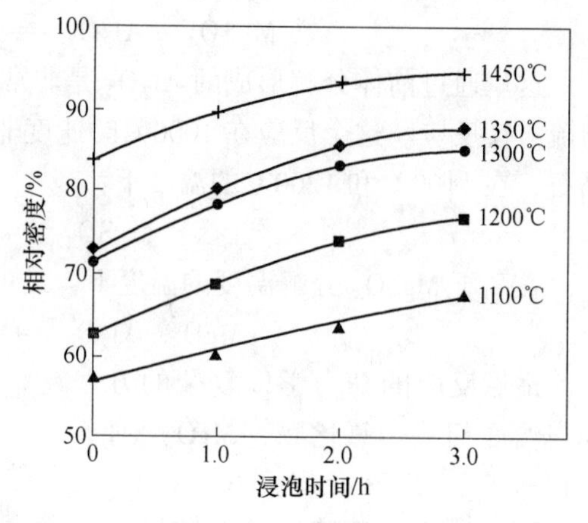

图 3-76 压制颗粒在不同温度下的致密化行为

3.8 机械合成 $MgAl_2O_4$ 尖晶石粉末

3.8.1 研磨 $Mg(OH)_2$ 和 $Al(OH)_3$ 的粉末混合物对合成 $MgAl_2O_4$ 尖晶石的影响

3.8.1.1 研究概述

通常 $MgAl_2O_4$ 尖晶石是由高温下 Mg^{2+} 和 Al^{3+} 化合物的固相反应生成的。为了获得具有高反应性和化学均匀性的尖晶石相，已经研究了共沉淀、喷雾-热解、溶胶-凝胶和冷冻-干燥等各种生成技术[85]。尽管可以合成具有化学均匀性的尖晶石粉末，但高的煅烧温度显著降低了致密化。为了克服这一点，机械化学途径可以作为尖晶石合成的替代方法之一。最近，已经报道了具有尖晶石结构的功能材料的机械化学合成和结构改性，但是，对于制备 $MgAl_2O_4$ 的尝试很少。

3.8.1.2 研究设计

在这项工作中，氢氧化镁（$Mg(OH)_2$）平均粒径为 2.9μm，$Al(OH)_3$ 平均粒径为 25.8μm。将这两种材料以 1.0 的摩尔比称重，与 $MgAl_2O_4$ 的化学计量化合物一致，并在研磨之前使用玛瑙研钵在丙酮中用研杵充分混合。在研磨之前制备的混合物在该实验中称为未研磨的混合物。用行星式球磨机（Fritsch Pulverisette-7），容积包含七个不锈钢球（直径为 15mm）用于研磨混合物。混合物（4.0g）被放入磨锅中并在 790 处磨碎，转速为轧机的转速，研磨时间持续在 5~240min 之间。每 15min 研磨后将研磨悬浮 15min，以避免在长时间研磨期间研磨罐内温度过高。将研磨的混合物在 600~1200℃ 下及大气条件下煅烧 1h。加热速率为 88℃/h。

3.8.1.3 研究结果与讨论

图 3-77 显示了在不同持续时间内研磨的混合物的 XRD 图谱。除了研磨 30min 后的宽主峰外，起始材料的峰强度显著降低。进一步研磨促进了原料的非晶化。因此，起始材料的晶格结构无序完全在 60min。经过 120min 研磨，检测到勃姆石（AlO(OH)）非常微弱的峰需要研磨时间持续 240min。这意味着通过研磨发生了 $Al(OH)_3$ 的脱水。但是，$Mg(OH)_2$ 和 $Al(OH)_3$ 在研磨的条件下没有发生机械化学反应。

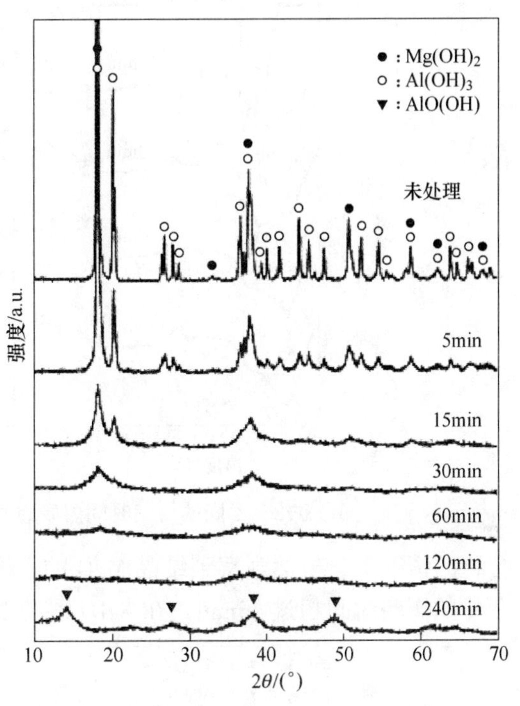

图 3-77 不同持续时间内研磨的混合物的 XRD 图谱

图 3-78 显示了在不同的持续时间内研磨的混合物的 TG-DTA 曲线。持续 5min，未研磨的混合物的曲线实际上与研磨的混合物相同。在混合物研磨的 DTA 曲线中观察到在约 300℃、400℃和 530℃下，反应 5min 的三个主要吸热峰。这些峰对应于 $Mg(OH)_3$（400℃）、$Al(OH)_3$（300℃）和（530℃）。研磨 15min 后，除了在 530℃下另一个峰消失外，在 300℃和 400℃的峰值下降并略微向低温侧移动。相反，出现了在 170℃左右的新的宽吸热峰和在 780℃、850℃的两个放热峰。随着长时间的研磨，170℃的峰强度增加强烈表明 $Al(OH)_3$ 的结构改变为无定形，通过研磨松散键合羟基结构在 780℃处的峰值与结晶相吻合。$MgAl_2O_4$ 在 850℃下被认为是从 $Mg(OH)_2$ 中结晶出研磨产物氧化镁。研磨 60min 后，由于研磨导致的 MgO 结构无序化，在 850℃下检测到峰值在 780℃下的唯一峰值。尽管 DTA 曲线发生了变化，但观察到研磨混合物的总质量损失值没有显著差异，并且质量损失值几乎与起始材料的理论含水量（质量分数）38.8%相同。

为了阐明研磨混合物的热行为，将混合物在 900℃下煅烧 1h，XRD 图谱显示在图 3-79 中。未研磨的混合物的图谱也显示在图 3-79 中。MgO 和 χ-Al_2O_3 或 κ-Al_2O_3 的峰主要在未研磨的混合物中观察到。据透露，MgO 归因于 $Mg(OH)_2$ 的脱水。通过加热制备 $Al(OH)_3$ 至 χ-Al_2O_3 或 κ-Al_2O_3 相。在研磨 5min 后的煅烧

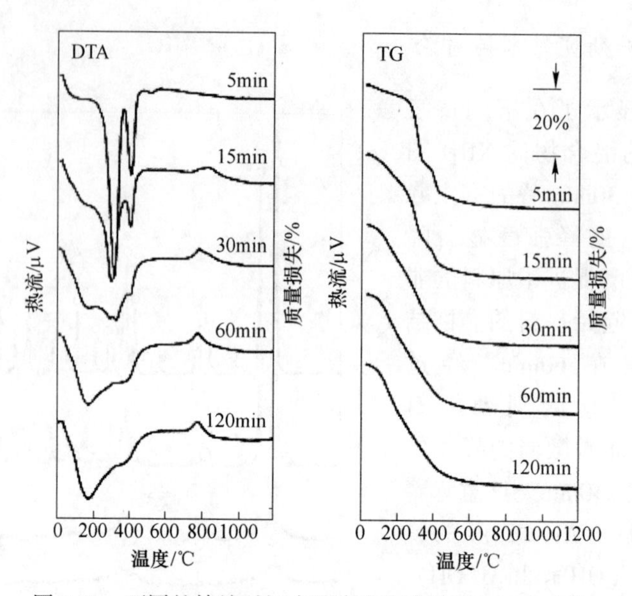

图 3-78　不同的持续时间内研磨的混合物 TG-DTA 曲线

混合物的情况下，虽然观察到结晶 MgO 的小峰，但是显著检测到 $MgAl_2O_4$ 的峰。混合物的研磨时间超过 15min，在 XRD 图谱中没有观察到明显的差异。

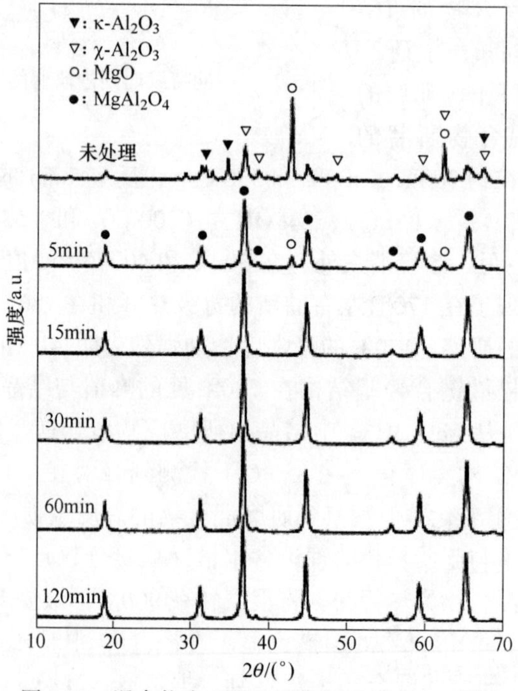

图 3-79　混合物在 900℃下煅烧 1h 的 XRD 图谱

图 3-80 显示了在不同温度下煅烧的 15min 研磨混合物的 XRD 图谱。原本的 $Mg(OH)_2$ 和 $Al(OH)_3$ 的峰消失了。在 600℃ 下煅烧的混合物中出现宽峰 χ-Al_2O_3。随着煅烧温度的升高到 800℃，χ-Al_2O_3 的峰值减少和整体在 900℃ 下获得 $MgAl_2O_4$ 相。$MgAl_2O_4$ 通过煅烧共沉淀的非均相醇盐和细小的 MgO 直至 1200℃。表明近乎完美的 $MgAl_2O_4$ 通过煅烧制备粉末。目前的结果显示温度在 1100~1300℃之间冷冻干燥的镁和硫酸铝合成温度低于所提出的温度。

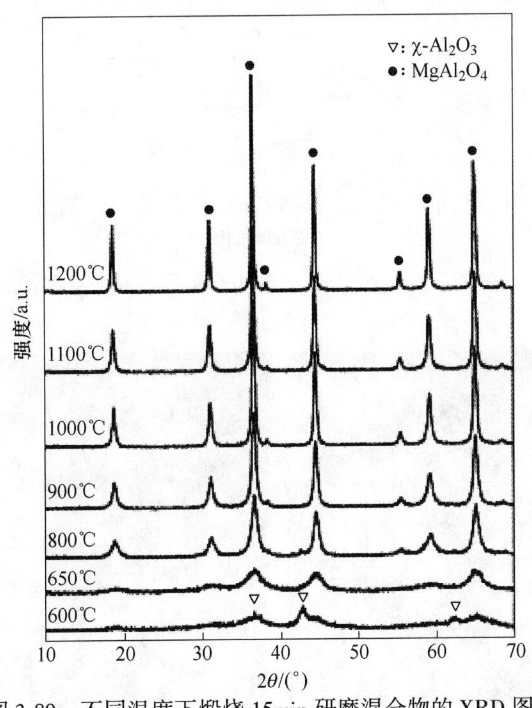

图 3-80 不同温度下煅烧 15min 研磨混合物的 XRD 图谱

从图 3-80 中还可以看出，在 650℃ 下煅烧的混合物中检测到 $MgAl_2O_4$ 的峰。该发现意味着起始材料遭受尺寸减小以及结构变形，容易形成由摩擦和压缩的机械应力激活的新表面。重复现象使得研磨回路中的颗粒活化有利于形成 $MgAl_2O_4$ 相的组分的固态反应。

图 3-81 显示了研磨混合物的平均粒度和在 900℃ 下煅烧的混合物随研磨时间的变化。在研磨混合物的情况下，在 15min 内研磨的早期阶段，平均粒径急剧减小至 4.1mm。研磨 30min 后，平均粒径略微增加至 5.6mm，然后保持稳定值，其中在延长的研磨中没有观察到进一步的变化。这可以通过在聚集状态方面的机械化学行为来解释，其中细颗粒通过弱聚集力黏附在它们的表面上。六角形板状 $Al(OH)_3$ 和 $Mg(OH)_2$ 起始混合物如图 3-82a 所示，但在精细研磨 15min 后聚集（图 3-82b）。当研磨延长至 60h，促进研磨细颗粒的聚集（图 3-82c）。相反，对

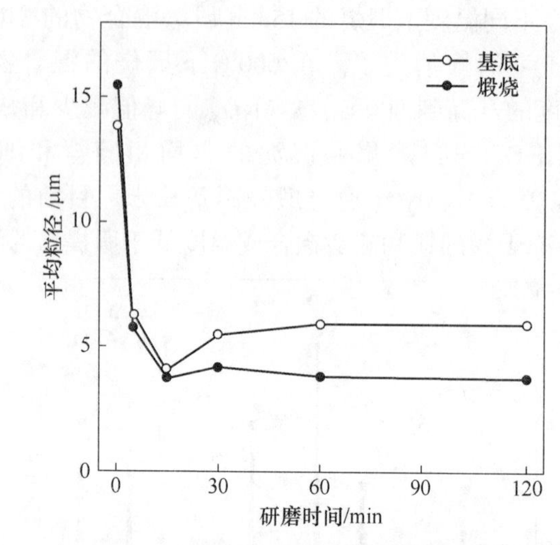

图 3-81 在 900℃下煅烧的混合物平均粒度和随研磨时间的变化

e

f

图 3-82 六角形板状 $Al(OH)_3$ 和 $Mg(OH)_2$ 混合物 SEM

于煅烧粉末没有观察到颗粒尺寸的增加，其中在煅烧的混合物中平衡颗粒尺寸保持3.8mm。如图3-82d~f所示，在煅烧过程中通过黏附的细颗粒的脱羟基作用将附聚物变成细小的碎片。

3.8.1.4 研究结论

使用行星式球磨机干燥研磨氢氧化镁和三水铝石的粉末混合物，然后进行加热，以制备 $MgAl_2O_4$ 尖晶石。从本实验获得的结果总结如下：（1）干燥研磨 $Mg(OH)_2$ 和 $Al(OH)_3$ 的混合物使得能够在60min内形成起始材料的无定形相。当混合物在15min内研磨时，在780℃检测到来自研磨混合物的 $MgAl_2O_4$ 的结晶。(2) $MgAl_2O_4$ 相可以由混合物在15min内通过900℃下煅烧1h而形成。然而，煅烧的混合物磨碎超过30min没有表现出明显的差异XRD曲线。（3）在30min内研磨的混合物的反应性没有改善，延长时间的研磨促进了聚集，但是在煅烧后聚集体反絮凝成细颗粒。

3.8.2 室温下铝酸镁尖晶石粉的机械化学合成

3.8.2.1 研究概述

镁铝尖晶石（$MgAl_2O_4$）因其高熔点，低体膨胀系数，相当大的硬度，高抗化学侵蚀性，良好的化学稳定性和良好的散热性而成为重工业中极具吸引力的耐火材料。制备 $MgAl_2O_4$ 尖晶石的常规方法是基于陶瓷粉末的工艺，即 Al_2O_3 和 MgO 在约1600℃下的固态反应。该方法具有几个缺点，例如高温反应、有限的化学均匀性和低烧结活性。因此，在过去的几年中，已经开发了几种化学基新型加工途径，包括冷冻-干燥、喷雾-热解、溶胶-凝胶、喷雾-干燥和复杂化合物的热解[86]，使制备的产物具有更均匀组成、高反应活性和低温烧结性能。在通过这些化学途径制备的各种前体在600~950℃之间的温度下加热后形成$MgAl_2O_4$。然而，在耐火材料工业中仍然需要考虑合成路线的成本和多普适性。

机械合金化（MA）是一种高能研磨工艺，涉及粉末颗粒的重复焊接、压裂和再焊接。在过去几年中，MA合成工艺已被用于生产各种先进材料，例如结晶和非晶合金[87]、金属间化合物[88]以及作为氢化物的固-气反应的化合物[89]。最近，MA已被用于制备几种陶瓷粉末，包括功能陶瓷。尤其是J. Xue等人[90]已经从机械化学处理的$Al(OH)_3$与$Mg(OH)_2$或碱性碳酸镁的混合物合成了铝酸镁前趋体。通过在850℃下加热这些前趋体来制备$MgAl_2O_4$尖晶石。以类似的方式，Kim和Saito[91]通过研磨$Mg(OH)_2$和三水铝石的混合物，然后在约800℃下加热，得到$MgAl_2O_4$尖晶石。虽然机械化学合成的主要优点之一是通过机械能活化固态反应取代高温合成，但两种报道的$MgAl_2O_4$形成的机械化学途径都涉及两个步骤：通过研磨形成前趋体，然后在约800℃加热。

在本文中，我们介绍了$MgAl_2O_4$尖晶石的机械化学合成。Γ-Al_2O_3-MgO、AlO（OH）-MgO和α-Al_2O_3-MgO混合物在室温和空气气氛下一步完成。我们分析了研磨时间和各种起始混合物对尖晶石形成程度的影响。所提出的合成方法避免了前体在高温下的形成和煅烧，需要可行的可用氧化物作为起始材料，并且使用简单且工业上可扩展的实验装置。

3.8.2.2 研究设计

使用过渡型氧化铝（γ-Al_2O_3），勃姆石（AlO(OH)）和MgO作为原料。在600℃下等温加热24h并在500℃下闪蒸加热10min后，从商业三水铝石（$Al(OH)_3$，99%纯）制备γ-Al_2O_3和勃姆石。MgO可商购获得（99%纯度），MgO起始粉末尺寸分布为20~100μm，勃姆石的尺寸分布为100~200μm，γ-Al_2O_3的尺寸分布为50~150μm。初始附聚物的特征形态如图3-83所示。在空气中机械研磨γ-Al_2O_3-MgO(1∶1摩尔比）和AlO(OH)-MgO(2∶1摩尔比）混合物。为了比较，还在室温下相同条件下研磨纯γ-Al_2O_3。在所有情况下，使用低能量研磨装置进行研磨[92]。铣削装置使用外部磁场来控制在不锈钢容器内产生铣削的铁磁钢球的运动。球：粉末比例为44∶1。

3.8.2.3 研究结果与讨论

图3-84显示了研磨5h和60h后γ-Al_2O_3-MgO（图3-84a）和AlO(OH)-MgO（图3-84b）混合物的XRD图。研磨5h后，图3-84显示MgO的衍射峰（粉末衍

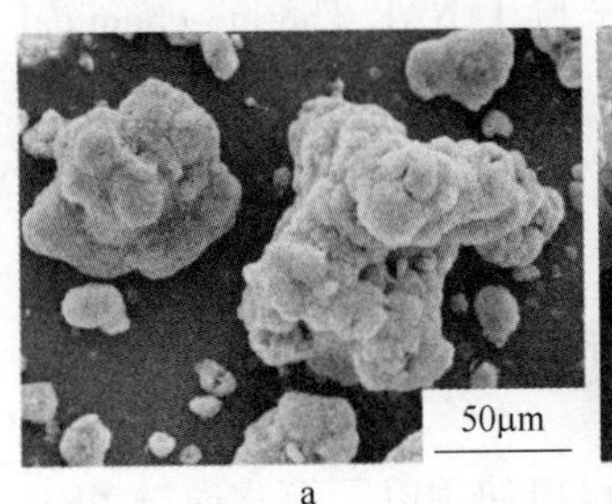

图 3-83 原料的 SEM 显微照片

a—MgO；b—勃姆石；c—α-Al_2O_3

射文件 No. 45-0946），γ-Al_2O_3 的衍射峰（粉末衍射文件 No. 29-63），并且仅 $MgAl_2O_4$ 的衍射峰最强（粉末衍射文件 No. 21-1152，$2\theta=36.85°$，（311））。以类似的方式，在图 3-84b 中，仅用 $MgAl_2O_4$ 的最强反射来检测 AlO(OH)（粉末衍射文件 No. 21-1307）和 MgO 的衍射峰。进一步研磨，长达 60h，产生与 $MgAl_2O_4$ 相关的衍射峰强度的增加（在 γ-Al_2O_3-MgO 起始混合物中更明显，图 3-84a），MgO 峰的强度减少和与 γ-Al_2O_3 或 AlO(OH) 相关的衍射峰消失。

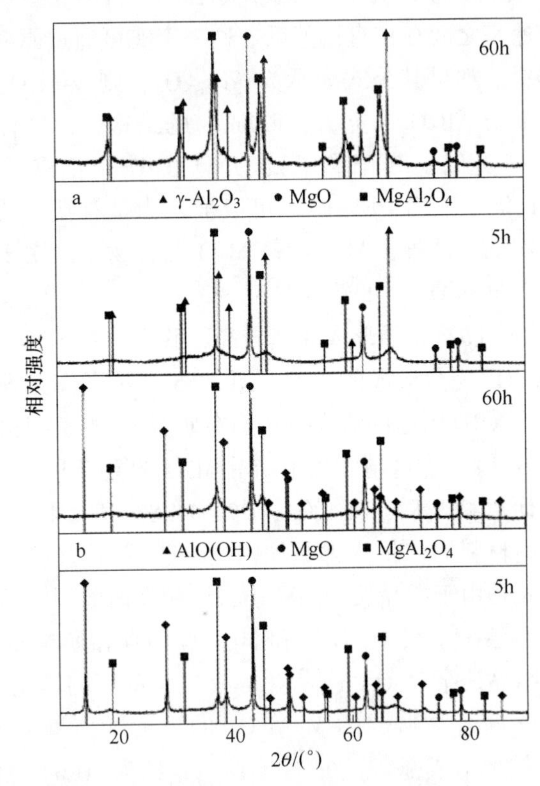

图 3-84 研磨 5h 和 60h 后 γ-Al_2O_3-MgO（a）和 AlO(OH)-MgO（b）混合物的 XRD 图谱

来自各种起始混合物的尖晶石形成反应（基于来自 JANAF Thermo-chemical 表的数据的自由能计算）[93]可表示为

$$\gamma-Al_2O_3(s)+MgO(s)=\!=\!=MgAl_2O_4(s) \qquad \Delta G_{\tau}^{\ominus}=-43.9kJ/mol \tag{3-27}$$

$$2AlO(OH)(s)+MgO(s)=\!=\!=MgAl_2O_4(s)+H_2O(l) \quad \Delta G_{\tau}^{\ominus}=154kJ/mol \tag{3-28}$$

尽管反应（3-28）显示水在整个尖晶石形成过程中的演变，但在研磨的粉末中没有观察到湿度，可能在研磨期间消除水。

形成的 $MgAl_2O_4$ 的量（$A_{MgAl_2O_4}$，以百分比计），可以使用以下等式通过 XRD 测量来估计：

$$A_{MgAl_2O_4}=\frac{I_{MgAl_2O_4}}{I_{MgAl_2O_4}+I_{MgO}+I_{Al_2O_3或AlO(OH)}}\times 100\% \tag{3-29}$$

式中，I 是最强反射的 $MgAl_2O_4$（$2\theta=36.85°$，(311)），MgO（$2\theta=42.95°$，(200)）和 γ-Al_2O_3（$2\theta=66.76°$，(440)），α-Al_2O_3（$2\theta=43.36°$，(113)）或 AlO(OH)($2\theta=14.48°$,(020)) 的积分强度。当我们比较研磨 60h 后 $A_{MgAl_2O_4}$的值时，我们发现 γ-Al_2O_3-MgO 混合物和 $A_{MgAl_2O_4}$混合物为 67%。AlO(OH)-MgO 混合物为 43%。因此，尖晶石形成从 γ-Al_2O_3 开始比 AlO(OH) 更快地发生，这表明热力学势能与反应速率之间存在直接关系。这一事实可通过原料和最终产品之间的结构相关性来解释。如果其公式表示为 $Al_{2.67}O_4$，则 γ-Al_2O_3（立方）的结构可以衍生自正常尖晶石 AB_2O_4（立方，Fd3m）的结构。以这种方式，两个铝离子占据八面体位点（类似于 B 阳离子），并且 0.67 个铝离子占据四面体位置(类似于 A 阳离子)[94]。然后，γ-Al_2O_3 可以被认为是有缺陷的尖晶石，其中阳离子空位是相当有序的。此外，AlO(OH)-MgO 混合物中的次要尖晶石形成速率也可能与 AlO(OH) 向 γ-Al_2O_3 的转变有关。

由于 γ-Al_2O_3 的尖晶石相的形成速率较高，我们分析了 γ-Al_2O_3-MgO 混合物的研磨时间对 $MgAl_2O_4$ 完全形成的影响。图 3-85 显示了作为研磨时间函数的 γ-Al_2O_3-MgO 混合物的 XRD 图谱的演变。我们在研磨 5h 观察到初始 $MgAl_2O_4$ 最强峰（$2\theta=36.85°$，(311)），这与对应于结晶 MgO 的尖峰和与 γ-Al_2O_3 相关的更宽峰同时观察到。研磨 20h 后，(400)，$2\theta=44.83°$ 和 (440)，$2\theta=65.24°$ 处，尖晶石衍射峰以起始材料为代价变得更加明显。随着研磨的进行，γ-Al_2O_3 衍射峰的强度降低。主要是由于微晶尺寸的减小，该相在研磨 80h 后达到完全无定形状态，这是由同时不存在 γ-Al_2O_3 反射和 MgO 峰的存在所推断的。在研磨 160h 后，几乎检测不到结晶残余 MgO，这表明 MgO 向尖晶石的转化实际上是完全的。

由 γ-Al_2O_3-MgO 混合物形成的 $MgAl_2O_4$ 的程度随研磨时间的变化示于图 3-86。随着研磨的开始，形成率高。在 5h（$A_{MgAl_2O_4}$约为 10%）和 80h（$A_{MgAl_2O_4}\rightarrow$ 86%）之间，我们观察到形成程度的演变几乎是线性的。由于反应物的可用性较

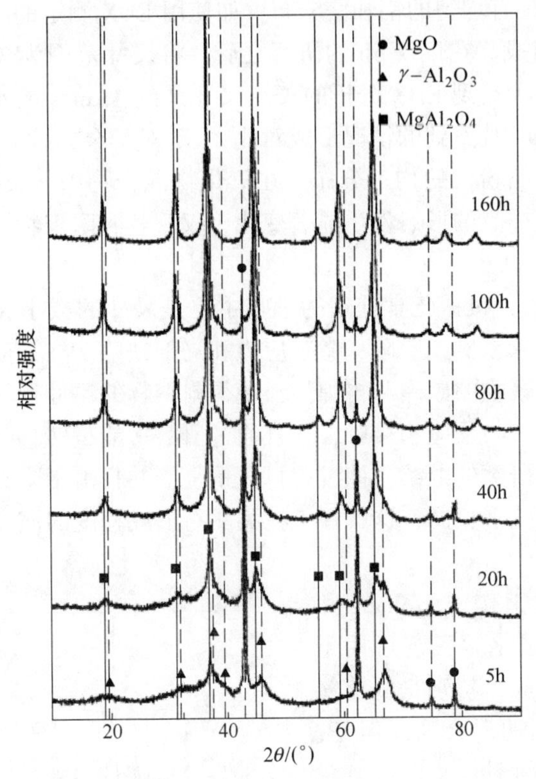

图 3-85　γ-Al_2O_3-MgO 混合物的 XRD 图谱作为研磨时间的函数

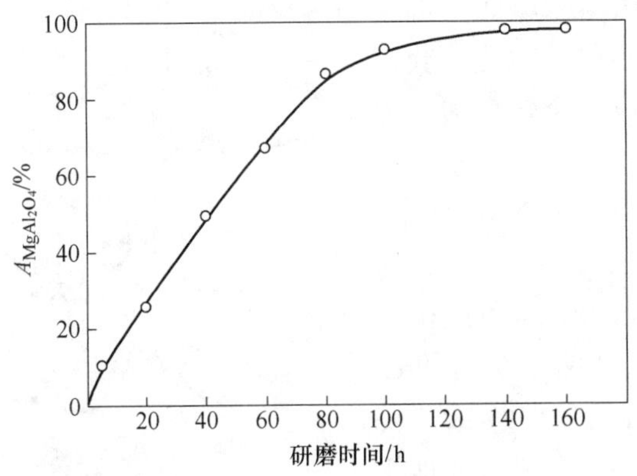

图 3-86　来自 γ-Al_2O_3-MgO 混合物的尖晶石形成程度（$A_{MgAl_2O_4}$）随研磨时间的变化

低，反应随后减慢，并且反应最终由于反应物耗尽而终止。在研磨时间 160h 后，获得 99%的形成度（$A_{MgAl_2O_4}$）。

SEM 观察使我们能够分析材料形态随着研磨时间的演变。主要变化发生在机械化学处理的前 3～86h。在该研磨时间，观察到尺寸约为 60μm，平均尺寸为

15μm 的附聚物，具有均匀的铝和镁分布，如使用 EDX 测定的。凝集物由不大于 0.2μm 的小颗粒组成。在仅仅 5h 的研磨之后，将尺寸范围为 35～125μm 的起始材料充分混合，至少达到 EDX 分析的斑点尺寸（约 1μm）的水平。然而，这与将纯金属一起碾磨时观察到的情况形成对比[94]。对于金属，需要长达 100h 的研磨时间才能获得初始粉末的均匀分布。在氧化物混合物中，长达 160h 的额外机械化学处理不会使样品的形态发生显著变化，仅观察到附聚物平均尺寸的进一步轻微下降。

在最初的 5h 内，机械化学处理的影响主要是尺寸的减小和初始粉末的混合以及结构改性的引入，例如缺陷、微观应力和局部缺陷。在该研磨时间之后，主要的研磨效果是附聚物的破裂和再焊接，使得附聚物的尺寸保持近似恒定。该过程产生清洁的表面，与反应物接触，并且通过研磨将能量转移到粉末中，增强尖晶石的形成。随着研磨的继续，该过程自身重复，并且由于附聚物的尺寸没有明显变化，反应表面几乎相同，这解释了在尖晶石形成程度的演变中观察到的线性变化。

在最近的一项工作中，Zhang 和 Saito[89]证明了机械化学工艺可用于生产各种稀土铝酸盐，特别是稀土氧化铝和过渡氧化铝的混合物。但是，当 α-Al_2O_3 用作原料时，它们没有观察到铝酸镧的形成。考虑到这一观察结果，我们分析了 α-Al_2O_3-MgO 混合物形成尖晶石的可行性。首先，我们将纯 γ-Al_2O_3 研磨成完全转变为热力学稳定的 α-Al_2O_3。图 3-87 显示了在空气中研磨的 γ-Al_2O_3 的 XRD 图谱。在研磨开始时（曲线 a），XRD 图显示 γ-Al_2O_3 在 $2\theta=45.9°$（400）和 $2\theta=66.9°$（440），以及两个初始的 α-Al_2O_3 峰。研磨 20h 后（曲线 b），峰值在 $2\theta=35.14°$（104）和清楚地识别出对应于 α-Al_2O_3 的 $2\theta=43.36°$（113），而对应于 γ-Al_2O_3 的那些降低。因此，γ-Al_2O_3 逐渐转变为 α-Al_2O_3，与先前的研究一致[95]。进一

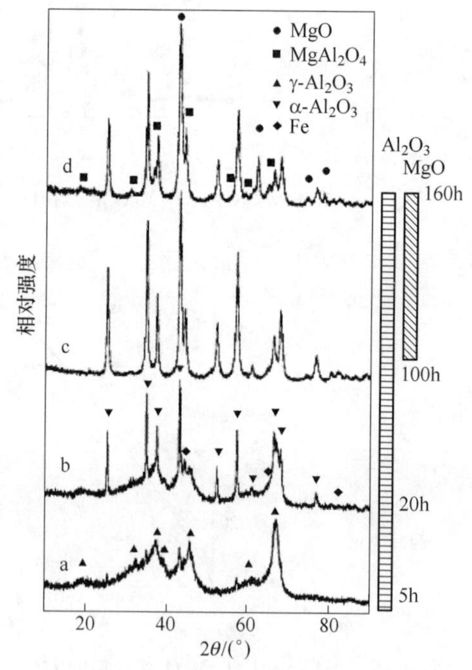

图 3-87 在 MgO 存在下机械化学处理和后部研磨后的 γ-Al_2O_3 的 XRD 图谱

a—γ-Al_2O_3 研磨 5h；b—γ-Al_2O_3 研磨 20h；c—γ-Al_2O_3 研磨 100h；d—与 c 相同，加上 MgO 研磨 60h

步研磨至100h（曲线c）完成从 $\gamma\text{-}Al_2O_3$ 到 $\alpha\text{-}Al_2O_3$ 的转变。同时，我们检测到小的铁峰（粉末衍射文件No. 06-0696），因为研磨介质污染，相当于6.8%（质量分数），由INAA测量确定。在纯 Al_2O_3 机械化学处理100h后的这种铁污染高于在 $\gamma\text{-}Al_2O_3\text{-}MgO$ 混合物研磨160h后获得的铁污染，其显示出 $\alpha\text{-}Al_2O_3$ 的研磨性质。然而，使用耐磨铣削小瓶和球可以最小化在机械化学过程中引入的铁污染。

在该机械化学 $\gamma\text{-}Al_2O_3$ 向 $\alpha\text{-}Al_2O_3$ 转变之后，我们加入MgO并研磨 $\alpha\text{-}Al_2O_3\text{-}MgO$ 混合物以评价由稳定的 $\alpha\text{-}Al_2O_3$ 形成的尖晶石。图3-87的XRD图（曲线d）显示在研磨60h后尖晶石相的形成，其形成程度（$A_{MgAl_2O_4}$）为11%。因此，铝酸镁尖晶石也可以从 $\alpha\text{-}Al_2O_3\text{-}MgO$ 混合物开始合成。比较 $\alpha\text{-}Al_2O_3\text{-}MgO$ 混合物的形成程度（$A_{MgAl_2O_4}=11\%$）与 $\gamma\text{-}Al_2O_3\text{-}MgO$ 混合物的形成程度（$A_{MgAl_2O_4}=67\%$，在相同的机械化学处理后）和AlO(OH)-MgO混合物（$A_{MgAl_2O_4}=43\%$）使我们得出结论：尖晶石的形成速率按以下顺序降低：$\gamma\text{-}Al_2O_3>AlO(OH)>\alpha\text{-}Al_2O_3$。

基于这项工作的结果，并考虑到先前报道的机械化学处理合成 $ZnAl_2O_4$，预计金属（如钴、铜、镍和锰）氧化物混合物的类似机械化学处理，用 $\gamma\text{-}Al_2O_3$ 可以合成具有尖晶石结构的金属铝酸盐[96]。

3.8.2.4 研究结论

使用 $\gamma\text{-}Al_2O_3\text{-}MgO$ 和AlO(OH)-MgO混合物的机械化学处理在室温下一步合成 $MgAl_2O_4$ 尖晶石。$MgAl_2O_4$ 的形成也以 $\gamma\text{-}Al_2O_3\text{-}MgO$ 混合物开始。$MgAl_2O_4$ 的生成速率按以下顺序降低：$\gamma\text{-}Al_2O_3>AlO(OH)>\alpha\text{-}Al_2O_3$。在机械处理 $\gamma\text{-}Al_2O_3\text{-}MgO$ 混合物160h后，形成了99%的尖晶石（$A_{MgAl_2O_4}$）。由于氧化物的研磨导致的主要形态变化，例如附聚物尺寸的减小和反应物的紧密混合，发生在机械化学处理开始时。之后，由于断裂和再焊接过程，附聚物的尺寸没有明显变化。这些机制产生了新的表面，有利于尖晶石以几乎恒定的速率形成。

3.8.3 微波辅助高能球磨合成 $MgAl_2O_4$ 纳米粉体

3.8.3.1 研究概述

许多研究人员对平均晶体尺寸为几纳米的纳米晶材料非常感兴趣[97]。纳米材料表现出增强的强度/硬度、增强的扩散性、改善的延展性/韧性、降低的密度和弹性模量、增加的特定热量等。它们具有用于结构和器件应用的高潜力，其中需要增强的力学和物理性能[98]。铝酸镁尖晶石（$MgAl_2O_4$）是最著名和广泛使用的材料之一。在高温和常温下都显示出高强度值，同时它没有相变到熔化温度（2135℃）的事实，使其成为一种优良的耐火材料[99]。

高能球磨（HEM，也称为机械化学）已成功用于合成纳米晶粉末。对于制备纳米晶体陶瓷，HEM 与其他方法相比具有几个优点。与高温固相反应技术相比，HEM 可以降低煅烧温度，因为合成纳米晶粉末的原子或分子尺度的均匀性[100]。最近，已经认识到微波能量可用于合成陶瓷粉末，其中涉及高温下组分氧化物的反应[101]。就加热机理而言，材料的微波合成与常规合成根本不同。在微波炉中，微波与材料的相互作用在样品体积内产生热量[102]。微波能量在分子水平上加热材料导致均匀加热，而传统的加热系统将材料从外表面加热到内部，这导致陡峭的热梯度。微波辅助制备纳米粉末是一种新方法。

3.8.3.2 研究设计

氢氧化铝（$Al(OH)_3$）和氢氧化镁（$Mg(OH)_2$）用作合成 $MgAl_2O_4$ 尖晶石的原料。图 3-88 和图 3-89 显示了初始粉末附聚物的 XRD 和形态。根据 $Al(OH)_3$（XRD JCPDS 数据参考代码 01-070-2038）和 $Mg(OH)_2$（XRD JCPDS 数据参考代码 007-0239）表征原料的 XRD 图，$Al(OH)_3$ 粉末具有角形形状，平均聚集体直径约为 50mm。$Mg(OH)_2$ 粉末具有球形，平均聚集体尺寸约为 5mm。使用扫描电子显微镜（SEM）测定粉末的附聚物尺寸。使用几张显微照片进行附聚物尺寸测量，并报告平均值。

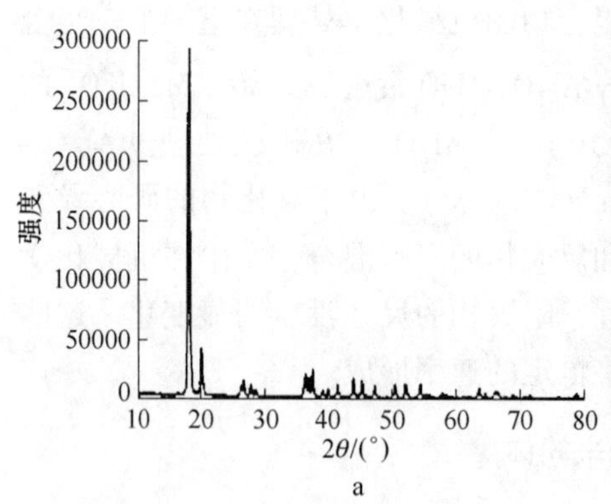

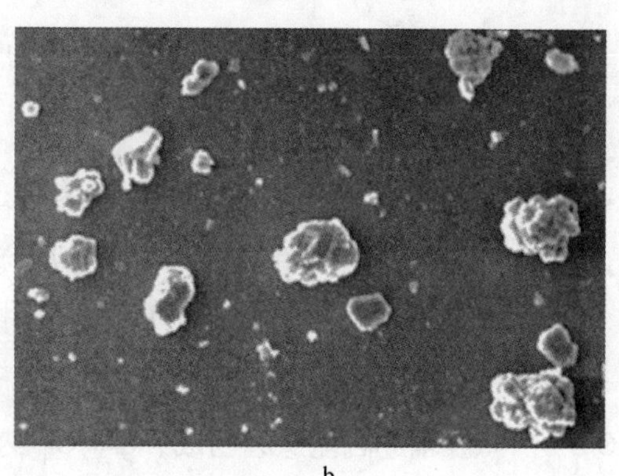

图 3-88 $Al(OH)_3$ 高能球磨前的 XRD（a）和 SEM 粉末（b）

研磨实验用行星球磨机进行。使用直径为 80mm 的氧化锆小瓶和直径为 15mm 的 25 个氧化锆球作为研磨介质。从均匀混合物中取出所需量的 15∶1 球与粉末质量比（BPMR）的粉末混合物，并放入碗中进行球磨。将原料在室温下在空气中研磨 0.25h，2h，4h，6h 和 8h。盘的旋转速度为 270r/min，小瓶的旋转速度为 675r/min。通过微波加热在空气中将研磨的粉末在 600~1100℃ 下煅烧。

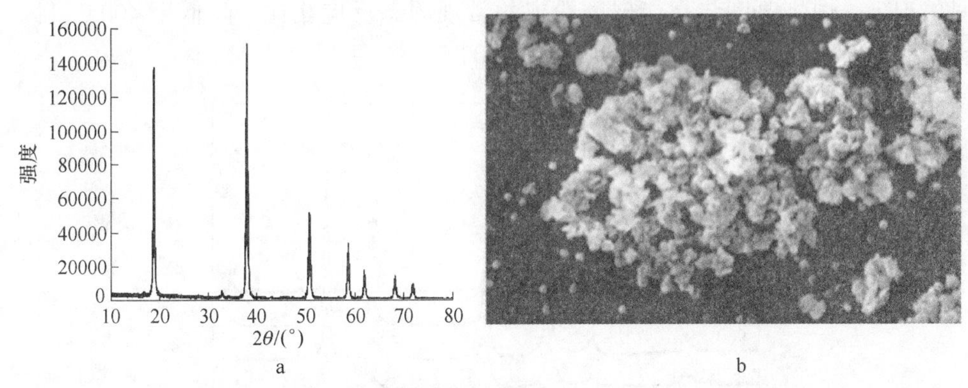

图 3-89 $Mg(OH)_3$ 高能球磨前的 XRD（a）和 SEM 粉末（b）

3.8.3.3 研究结果与讨论

图 3-90 显示了在室温下不同研磨时间后混合物的 XRD 图谱。对应于混合物和衍射线的峰随着研磨时间的增加而逐渐消失，并观察到非晶相，如图 3-90 所示。在 8h 的研磨时间之后，XRD 图案未显示任何良好定义的峰，这表明该混合物是无定形和/或纳米晶相。峰值强度的降低与球磨过程中表面缺陷和非晶化过程的增加有关。

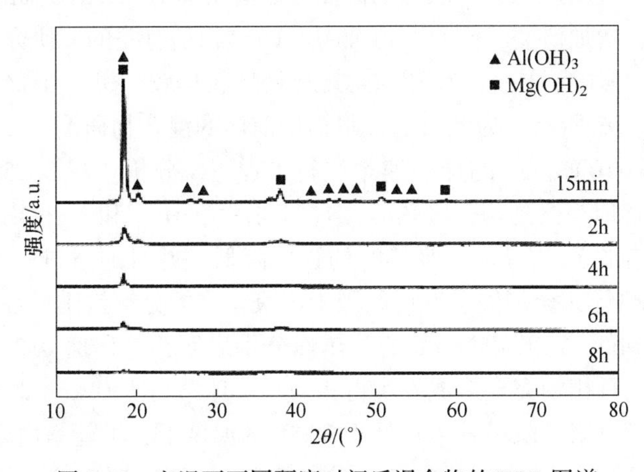

图 3-90 室温下不同研磨时间后混合物的 XRD 图谱

图 3-91 显示了在 600~1100℃之间的温度下几次热处理后 8h 内研磨的粉末的衍射图案。在最低测试温度（600℃）下，尖晶石结构的材料开始结晶。随着煅烧温度升高到 800℃，纯相获得尖晶石。然而，高温下的煅烧导致峰强度的增加，这归因于微晶尺寸的增加。因此，XRD 提供了有价值的信息，即通过使用微波处理在 800℃煅烧的粉末的高能球磨，可以获得纯 $MgAl_2O_4$ 尖晶石相。在这

种情况下，煅烧温度与高能球磨粉末的常规固态反应相比，降低至 400℃。因此，尖晶石 $MgAl_2O_4$ 的煅烧温度确定为 800℃。

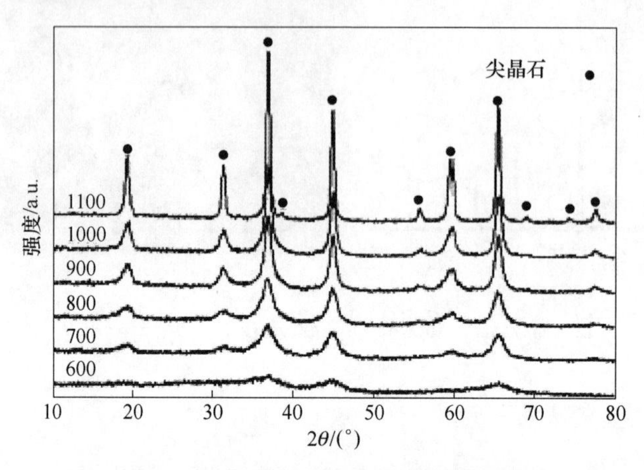

图 3-91 在 600~1100℃之间的温度下热处理后 8h 内研磨的粉末 XRD 图谱

图 3-92 显示了在不同时间研磨并在 800℃下煅烧的粉末 XRD 图谱。如图 3-92 所观察到的，Al_2O_3 和 MgO 是主要相，$MgAl_2O_4$ 是次要的。煅烧粉末研磨 15min。$MgAl_2O_4$ 成为唯一具有良好 XRD 图谱的结晶相，其研磨时间延长至 8h。从以上结果可以得出结论，微波辅助高能球研磨是降低 $MgAl_2O_4$ 相形成温度的有效方法，同时，增加研磨时间对获得纯 $MgAl_2O_4$ 相是有益的。研究微波加热对聚丙烯酰胺形成的影响，$MgAl_2O_4$ 相与常规热处理相比较，进行 TG/DTA 分析，得到的结果如图 3-93 所示。为此目的，将初始前体的混合物研磨 0.25h、4h 和 8h，然后在空气中以 10℃/min 的加热速率进行 DTA-TG 分析。在 0.25h 研磨粉末的 DTA 曲线中清楚地观察到两个吸热峰，它们与 $Al(OH)_3$ 和 $Mg(OH)_2$ 分解有关。随着研磨时间增加至 4h，这些吸热峰的强度降低，并且通过进一步将研磨时间增加至 8h，吸热峰完全消失。这可归因于氢氧化物的分解铣削。在研磨 4h 和 8h 的粉末中观察到的 775℃和 783℃的放热峰分别表明，与研磨 0.25h 相比，高能球磨粉末中尖晶石相的完全形成发生得相当早。球磨粉末 0.25h 的质量损失发生在两个主要阶段。第一阶段发生在低于 300℃的温度下，可能是由于 $Al(OH)_3$ 的分解和 Al_2O_3 的结晶。由于 $Mg(OH)_2$ 的分解和 MgO 的结晶，证明第二阶段的质量损失低于 400℃。在此温度以上没有进一步显著的质量减轻。热分析试验结果表明，球磨粉末 4h 和 8h 的质量损失发生在一个主要阶段，这是由于研磨过程中氢氧化物的分解。通过扫描电子显微镜观察显示，研磨过程显著影响颗粒形态和尺寸。图 3-94 显示了研磨不同时间的粉末的 SEM 显微照片。在研磨过程中，颗粒不断受到冲击和破碎，球磨过程中提供的能量导致颗粒尺寸显著减小。最初，它们形成更大的聚集体，然后在研磨过程中进一步分解。因此，随着研磨时间的

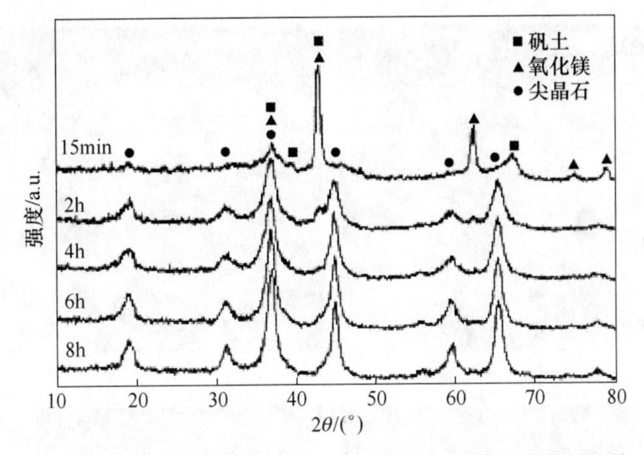

图 3-92 不同时间研磨并在 800℃下煅烧的粉末 XRD 图谱

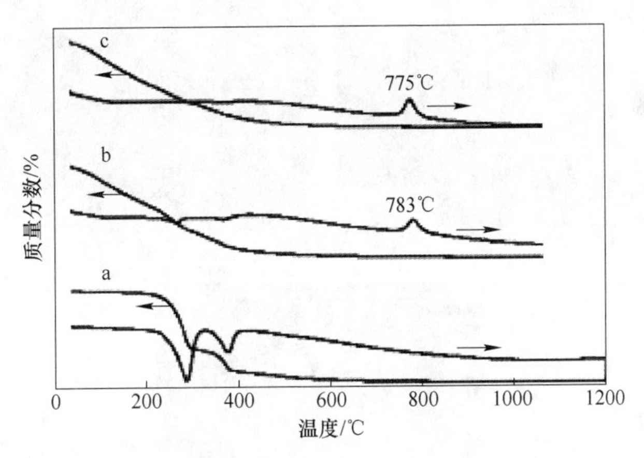

图 3-93 研磨不同时间混合前体的 STA 曲线

a—0.25h；b—4h；c—8h

增加，观察到均匀的粒度分布。可以看出，研磨 0.25h 和 2h 后的碾磨粉末含有较大的颗粒和附聚物，但随着研磨时间增加直至 4h，颗粒和附聚物的尺寸减小。然而，随着研磨时间的进一步增加，微观结构变得更加均匀。图 3-94e 表明，随着研磨时间的增加到长达 8h，由纳米颗粒组成的团聚颗粒更加明显。图 3-95 提供粉末高能球的 SEM 图像，研磨 8h 并在不同温度下热处理。在 600℃下热处理后，没有发生颗粒粗化，并且形状和尺寸保持与研磨粉末几乎相同。可以看出，颗粒尺寸随煅烧温度的变化而轻微增加，这与分别使用 Scherrer 方程和 BET 方法估算的微晶尺寸和颗粒尺寸非常一致。

图 3-96 显示在 800℃下热处理高能球磨纳米粉末 8h 的 HRSEM 图像，由图可知样品表面附着微小且不规则颗粒，样品平均粒径小于 100nm。

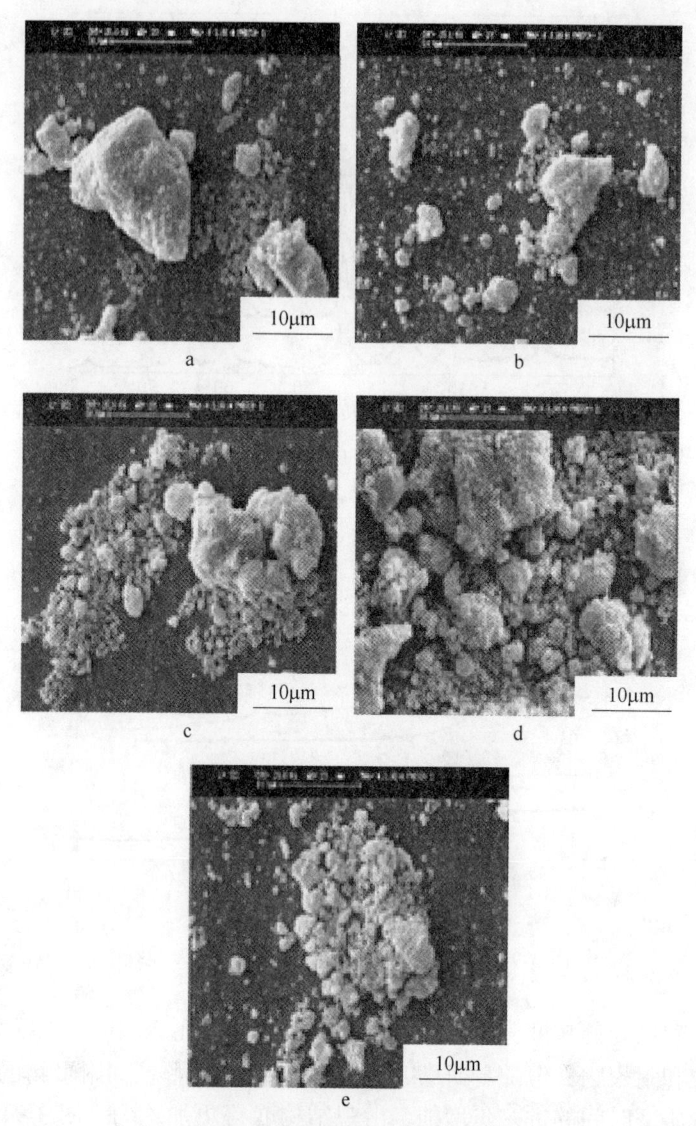

图 3-94 研磨不同时间粉末的 SEM 显微照片

a—0.25h；b—2h；c—4h；d—6h；e—8h

球磨和合成的 $MgAl_2O_4$ 粉末在 4000~400cm^{-1}范围内的红外光谱如图 3-97 所示。对于研磨 0.25h 的初始前体的混合物，在 FT-IR 光谱中观察到的键对应于氢氧化铝和氢氧化镁。在这些样品的光谱中观察到的四个高频红外波段对应于铝和氢氧化镁的羟基伸展振动，其发生在 3696cm^{-1}、3620cm^{-1}、3335cm^{-1} 和 3384cm^{-1}。此外，400~1100cm^{-1}范围内的特征吸收峰归因于 Al—O 和 Mg—O 的弯曲和拉伸模式。随着研磨时间增加至 8h，与初始前体混合物相关的键强度降

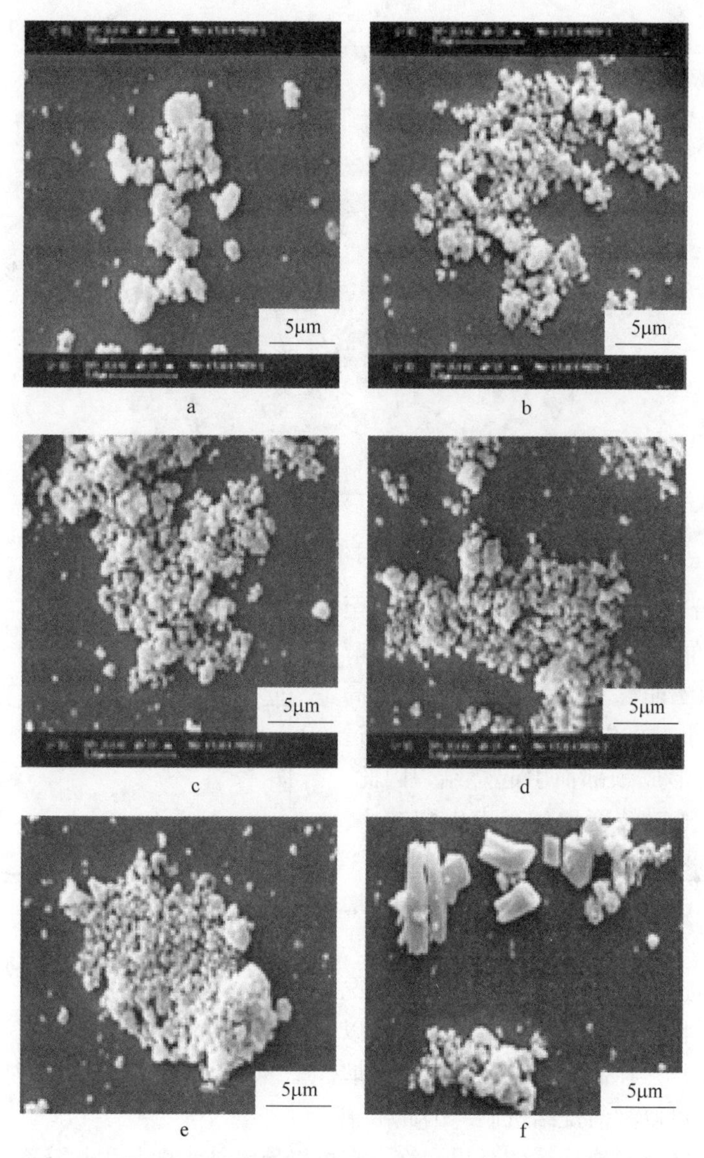

图 3-95 粉末高能球研磨 8h 并在不同温度下热处理的 SEM 图像

a—600℃；b—700℃；c—800℃；d—900℃；e—1000℃；f—1100℃

低，并且观察到这些键变宽。对于煅烧的前体，IR 光谱表明前体通过出现 400~800cm^{-1}范围内的两个宽带而含有无机网络。在 600℃煅烧后，由于 Mg-O-Al 基团构建尖晶石，在 720cm 和 530cm 处出现新的小的和两个宽的峰。随着温度升高到 1000℃，这些峰的面积和强度增加。煅烧温度对表面积、粒径和微晶尺寸的影响如表 3-14 所示。表面积在 600℃增加到约 59.8m^2/g；而在较高温度下会减少。增加初始前体混合物的表面积是由于快速分解伴随着相当大的应力的出现，这导

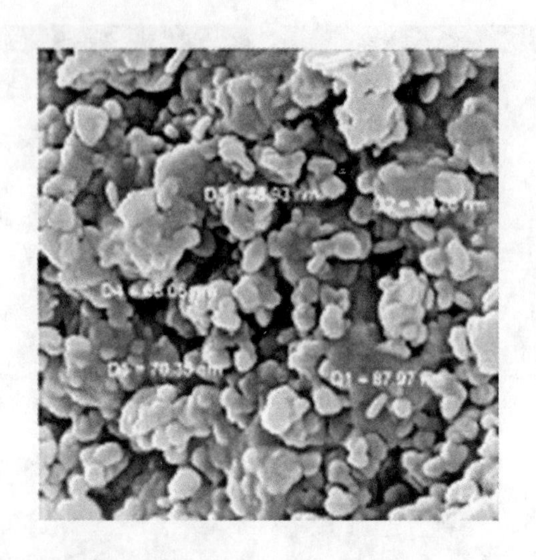

图 3-96 800℃下热处理高能球磨纳米粉末 8h 的 HRSEM 图像

致颗粒的分解。随着温度从 600℃ 升至 900℃，表面积随着颗粒尺寸的增加而减小，这是由于晶粒生长。通过将温度升高到 900℃以上，可以激活表面扩散并通过在颗粒之间形成颈部而引起烧结。因此，高于 900℃随着粒度增加，表面积减小，由 XRD 结果确定平均微晶尺寸。从表 3-15 可以看出，微晶尺寸随温度升高而增加。此外，纳米微晶缓慢生长至 900℃，然后它们迅速生长。在低煅烧温度的情况下，孔隙群将生长并且这些孔相互连接以防止微晶生长。在高于 900℃的温度下煅烧的样品中可以激活烧结机制，因此由于颗粒的桥接已经形成连续的晶界网络，它可以导致纳米微晶生长速率的增加。

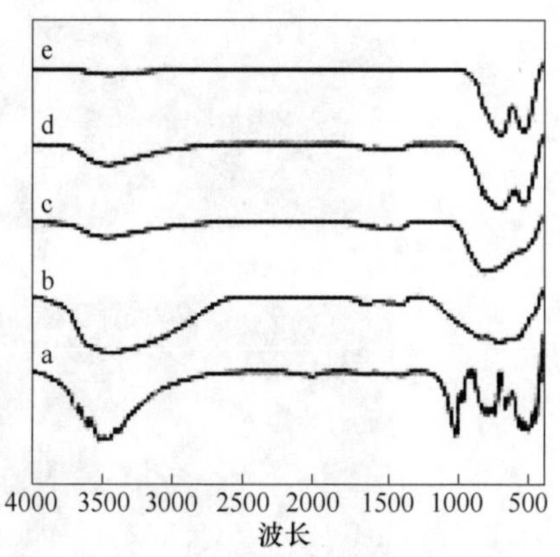

图 3-97 球磨和合成的 $MgAl_2O_4$ 粉末在 4000~400cm^{-1}范围内的红外光谱

表 3-14 在 1000~1600℃下合成 14h 的 $MgAl_2O_4$ 样品的平均晶体尺寸

样品	O1	O2	O3	S1	S2	S3	S4	S5
温度/℃	1200	1400	1600	1000	1100	1200	1400	1600
平均晶体尺寸/nm	26.3	29.9	37.7	23.8	28.6	30.1	40.6	44.0

注：分别用氧化物和硫酸盐制备样品 O1 至 O3 和 S1 至 S5。

表 3-15 在 1600℃下合成 2~14h 的 $MgAl_2O_4$ 样品的平均晶体尺寸

样品	O4	O5	O6	O3	S6	S7	S8	S5
时间/h	2	4	8	14	2	4	8	14
平均晶体尺寸/nm	26.3	28.3	32.0	37.7	27.5	30.3	36.1	44.0

注：样品 O3 至 O6 和 S5 至 S8 分别用氧化物和硫酸盐制备。

3.8.3.4 研究结论

本文采用微波辅助高能球磨技术制备纳米镁铝酸盐（$MgAl_2O_4$）。结果表明，单相 $MgAl_2O_4$ 是在约 800℃ 的较低温度下形成的，没有未反应的 Al_2O_3 和 MgO 相。形成具有纳米尺寸微结构的粉末。此外，根据 TG/DTA 结果，微波炉热处理的应用温度比传统温度低近 200℃。Scherrer 方程和 BET 结果确定合成粉末的微晶和粒径分别在 13~52nm 和 28~149nm 的范围内。

3.9 固相合成和湿法合成的对比研究

3.9.1 研究概述

尖晶石的物理和化学性质不仅取决于 Mg 和 Al 的性质，还取决于这些阳离子在不同结晶位点中的分布。已经进行了研究以确定 Mg^{2+} 和 Al^{3+} 阳离子在尖晶石 $MgAl_2O_4$ 中的位置[103]。事实上，天然和合成产品是通过 ^{27}Al Magic Angle Spinning NMR 研究的。本文研究了两种不同途径合成 $MgAl_2O_4$ 尖晶石。通过 X 射线衍射、扫描电子显微镜、^{27}Al MAS NMR 光谱法表征合成后的样品，并使用 Fabry 盘式谐振器测量材料的介电性质。

3.9.2 研究设计

$MgAl_2O_4$ 样品由氧化物（MgO 和 $Al_2O_3 \cdot 2H_2O$）或硫酸盐（$MgSO_4 \cdot H_2O$ 和 $NH_4Al(SO_4)_2 \cdot 12H_2O$）合成。第一步是称量试剂的化学计量，并在研钵中研磨，以获得均匀的混合物。然后将混合的试剂在烘箱中在 1200~1600℃ 的温度下（在热重分析仪烘箱中在空气中，加热速率为 10℃/min）加热 2~14h，然后进行分解过程。在进行相同的热处理之前，首先将硫酸盐混合物在 1000℃（加热速率为 30℃/min）下在一个多炉中加热 10h，以避免 SO_x 蒸汽对设备的不锈钢部件的腐蚀。然后将样品冷却至室温（冷却速率为 4℃/min），然后进行表征。

3.9.3 研究结果与讨论

3.9.3.1 结晶场与形貌

表 3-14 和表 3-15 是合成的最具代表性的 $MgAl_2O_4$ 试样。用氧化物或硫酸盐

制备的样品的X射线衍射图非常类似，并且是结晶良好的$MgAl_2O_4$样品的特征。例如，图3-98显示样品S5的XRD图（通过在1600℃下煅烧硫酸盐14h获得），其代表所有合成的$MgAl_2O_4$样品。

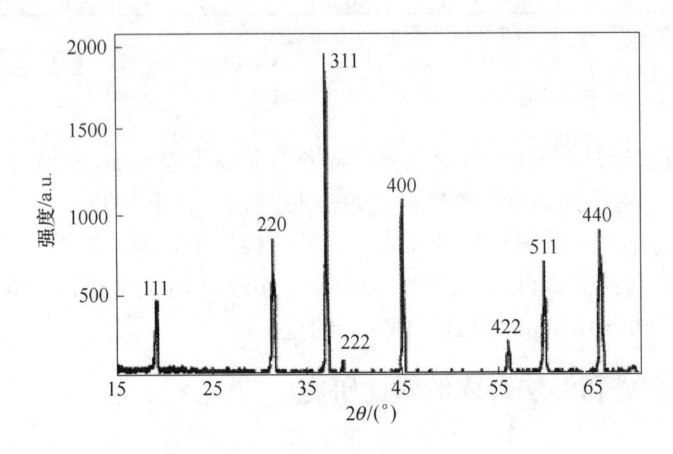

图3-98 样品S5的XRD图

只有样品O1的图谱显示存在残留的MgO和Al_2O_3，它们与氧化物粉末的初始混合物相连，与观察到阳离子缺乏的钴系统相反，在使用的合成条件下$MgAl_2O_4$系统可能不是这种情况。此外，EDS分析表明样品中不存在其他残余元素。用Debye-Scherrer方程确定所有样品的晶体尺寸。当使用几个hkl峰（（440），（311）和（511））对样品S5进行的测量得到相似的粒径时，仅使用（440）峰来确定所有其他样品的晶体尺寸。

对于在1000~1600℃下合成的样品，通过在14h内煅烧氧化物或硫酸盐混合物制备的尖晶石样品的平均晶体尺寸随温度增加，对于氧化物混合物为26.3~37.7nm，对于硫酸盐混合物为23.8nm~44.0nm。对于在1600℃下合成的样品，进化是相同的，以增加停留时间。对于通过分别在1600℃下煅烧氧化物和硫酸盐2~14h获得的样品，尺寸在26.3~37.7nm和27.5~44nm之间变化。在类似的合成条件下，由硫酸盐合成的样品总是比由氧化物合成的样品具有更高的晶体尺寸，这表明更好的结晶度。实际上，通过在1600℃下煅烧硫酸盐14h获得的样品S5（44nm）的晶体尺寸是观察到的最大晶体尺寸。通过硫酸盐途径获得的样品的较高结晶度可以通过在加热处理期间存在160~650℃的液体水相来解释。通过在马弗炉中在约800℃下加热含有硫酸盐混合物的打开的坩埚来证明该液相。与氧化物混合物相比，该液相导致硫酸盐混合物更好的均匀性。这允许加速反应物扩散，因此有利于结晶。尖晶石样品S8和O6的扫描电子显微照片（通过在1600℃下煅烧8h制备）分别示于图3-99a和b中。样品O6由微米颗粒的球形聚集体组成，而样品S8由尺寸范围约为10μm的小片组成。对于用氧化物或硫酸盐合成的所有其他尖晶石，观察到类似的形态。血小板形态可以通过在加热处理期间存在液体水相来解释。

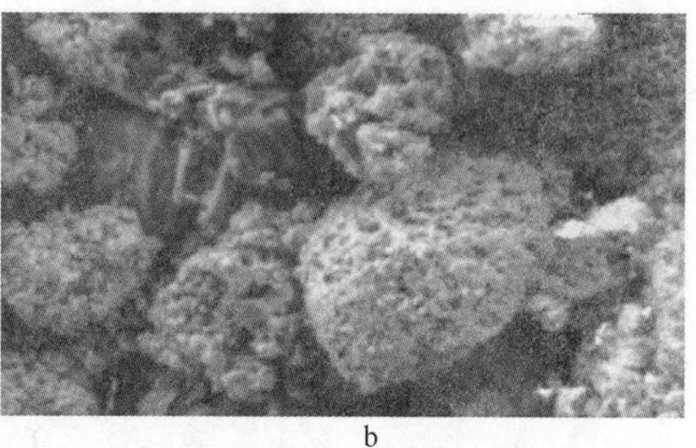

a　　　　b

图 3-99　尖晶石 S8（a）和 O6（b）的扫描电子显微照片

实际上，这种血小板形态对于由紧密混合物制备的样品是典型的，并且已经观察到通过煅烧含水凝胶制备的 $MgAl_2O_4$ 样品。

3.9.3.2　NMR 光谱特征

通过^{27}Al MAS NMR 光谱研究了在 1600℃下由硫酸盐或氧化物合成的尖晶石的阳离子紊乱，获得的光谱如图 3-100 所示。所有光谱显示化学位移约为 70 的小峰和 0 附近的宽双峰。这两个信号分别归因于四配位（Al^{IV}）和八配位（Al^{VI}）

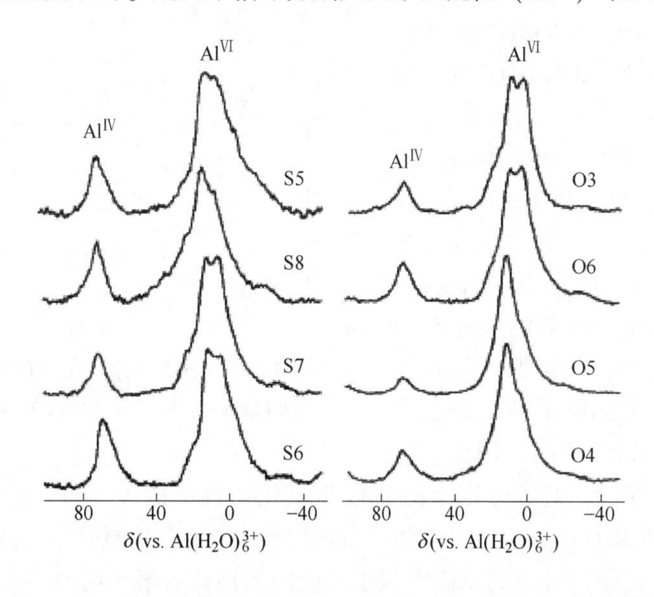

图 3-100　1600℃下由硫酸盐或氧化物合成的尖晶石^{27}Al MAS NMR 光谱研究

铝。观察到0附近的两个峰表明Al^{VI}的环境变化，可能是由于Mg^{2+}从四面体迁移到八面体位置。实际上，八配位Mg^{2+}的存在局部地改变了Al^{VI}的一部分环境。

图3-101a和b分别显示了Al^{IV}和Al^{VI}峰的相对强度随1600℃加热时间的变化。从这些图中可以推断出合成程序对两个位点之间的Al^{3+}分布具有影响。实际上，无论加热时间如何，由硫酸盐合成的尖晶石在四面体位置中的存在量是氧化物合成的尖晶石的两倍。在硫酸盐热处理过程中观察到的液相可以解释这些观察结果。通过导致混合物的良好均匀性和阳离子的快速扩散，该中间液体允许Al^{3+}在四面体位置中更高的迁移。

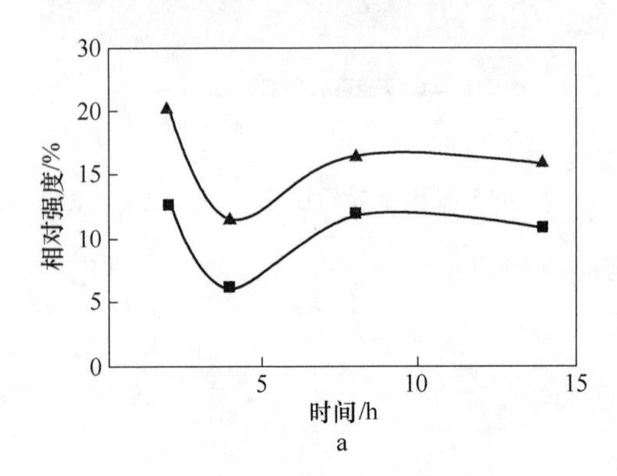

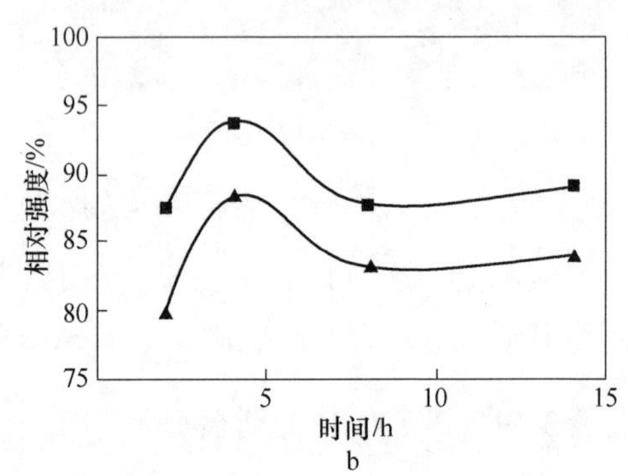

图3-101 Al^{IV}（a）和Al^{VI}（b）峰的相对强度随1600℃加热时间的变化
■—以硫酸盐为原料合成的尖晶石；▲—以氧化物为原料合成的尖晶石）

可以从^{27}Al MAS NMR光谱计算反转参数x，以量化阳离子紊乱。对于具有式$(Mg_{1-x}Al_x)[Al_{2-x}Mg_x]O_4$的尖晶石，八面体与四面体铝的比率对应于$Al^{VI}/Al^{IV}=(2-x)/x$，其导致$x=2/[1+(Al^{VI}/Al^{IV})]$。图3-102显示了通过两种不同路线在1600℃下不同时间合成的尖晶石的计算的反演参数。无论加热时间如何，硫酸盐合成的样品的x总是高于用氧化物得到的样品。例如，在1600℃加热14h后，对于分别由硫酸盐和氧化物合成的尖晶石，x等于0.32和0.22（样品S5和O3）。这证实硫酸盐合成路线允许A^{3+}比氧化物路线更高地占据四面体位置。此外，计算的x值类似于先前由其他作者确定的值。

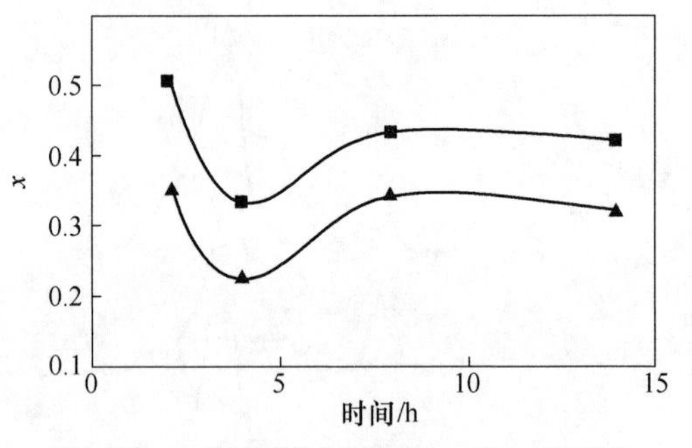

图3-102 两种不同路线在1600℃下不同时间合成的尖晶石的计算的反演参数

3.9.3.3 电磁特性

测量在1600℃下煅烧硫酸盐14h制备的非化学计量尖晶石的介电常数。研究的煅烧样品具有以下组成：xMgO · Al_2O_3（$x=0$，1，1.1 和 1.2）和 MgO · yAl_2O_3（$y=1.05$，1.1 和 1.2）。煅烧后，在用60mm 筛筛分之前手工研磨样品，以获得均匀的粒度。然后，将1.3g 研磨粉末放入测量池中，该测量池由黄铜圆柱体（长 70mm，直径 10mm）组成，中心有黄铜丝（图 3-103）。通过两个中空的特氟隆圆筒将粉末保持在电池中。所测得的电容率值（ε_A），以便考虑到材料的孔隙度校正（$\varepsilon_A=\varepsilon_M\kappa_M+\varepsilon_{air}\kappa_{air}$），$\kappa_M$ 和 κ_{air} 是所述尖晶石的体积比和空气中的测量单元和 ε_M 是正确的介电常数。当 $\kappa_{air}=1$，材料的校正介电常数 $\varepsilon_M=(\varepsilon_A-\varepsilon_{air})/\kappa_M$。图 3-104 显示了作为组成的函数的校正的介电常数。

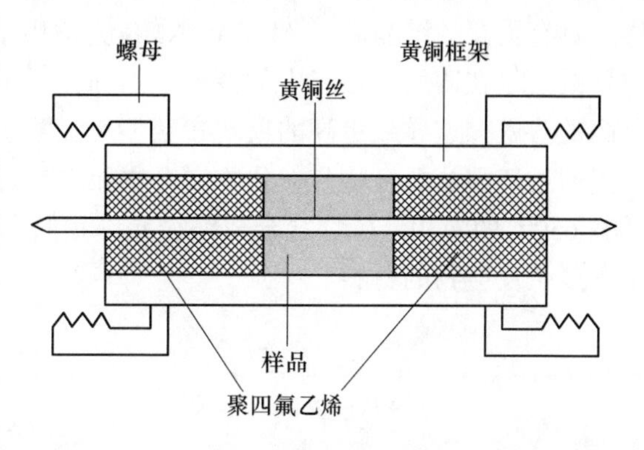

图 3-103 介电常数测量单元的方案

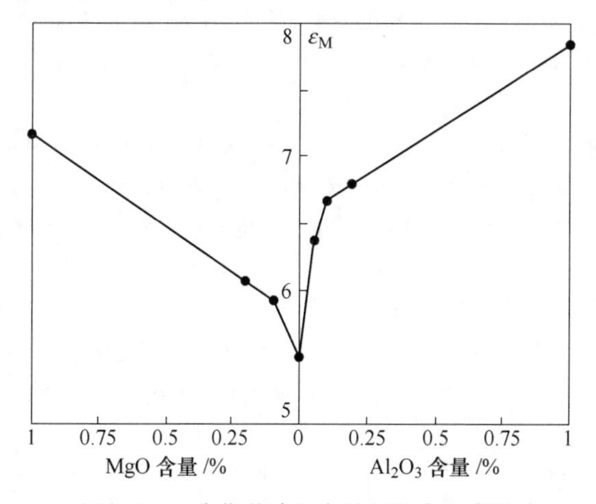

图 3-104 非化学计量尖晶石的介电常数

对于 Al_2O_3（$\varepsilon_{Al_2O_3}=7.8$）获得最高 ε 值，对于化学计量尖晶石（$\varepsilon_{MgAl_2O_4}=5.5$）获得最低 ε 值。MgO 的介电常数等于 7.2。向化学计量尖晶石中加入过量的 MgO 或 Al_2O_3 导致介电常数的增加。但是，确定的 ε_M 值总是低于这些作者确定的值，即 MgO 为 9.8，$MgAl_2O_4$ 为 8.3，Al_2O_3 为 10.1，这可以通过应用孔隙度的校正来解释。

3.9.4 研究结论

通过两种不同的合成途径，在1000~1600℃下合成的$MgAl_2O_4$尖晶石样品存在结构差异，保温时间分别是2~14h，氧化物或硫酸盐混合物为煅烧原料。X射线衍射光谱显示，在类似的合成条件下，从硫酸盐获得的样品比从氧化物获得的样品具有更高的结晶度。^{27}Al MAS NMR光谱用于量化阳离子紊乱。两种合成路线都导致Al^{3+}在四面体位点中的掺入。然而，对于由硫酸盐合成的样品总是观察到更高的掺入，这导致更高的反转参数x。在两组样品之间观察到的所有结构差异可以通过硫酸盐混合物与氧化物混合物相比更好的均匀性来解释，这是由于存在160~650℃的液相。硫酸盐合成路线允许我们在比氧化物路线更软的条件下获得不含残余反应物的材料。

参考文献

[1] Mackenzie K J D, Temuujin J, Jadambaa T, et al. Mechanochemical synthesis and sintering behaviour of magnesium aluminate spinel [J]. Journal of Materials Science, 2000, 35 (22): 5529-5535.

[2] Zawrah M F M, Kheshen A A E. Synthesis and characterisation of nanocrystalline $MgAl_2O_4$ ceramic powders by use of molten salts [J]. British Ceramic Transactions, 2002, 101 (2): 71-74.

[3] Orosco P, Barbosa L, Ruiz M D C. Synthesis of magnesium aluminate spinel by periclase and alumina chlorination [J]. Materials Research Bulletin, 2014, 59 (16): 337-340.

[4] Prabhakaran K, Patil D S, Dayal R, et al. Synthesis of nanocrystalline magnesium aluminate ($MgAl_2O_4$) spinel powder by the urea-formaldehyde polymer gel combustion route [J]. Materials Research Bulletin, 2009, 44 (3): 613-618.

[5] Ping L R, Azad A M, Teng W D. Magnesium aluminate ($MgAl_2O_4$) spinel produced via self-heat-sustained (SHS) technique [J]. Materials Research Bulletin, 2001, 36 (7): 1417-1430.

[6] Mosayebi Z, Rezaei M, Hadian N, et al. Low temperature synthesis of nanocrystalline magnesium aluminate with high surface area by surfactant assisted precipitation method: Effect of preparation conditions [J]. Materials Research Bulletin, 2012, 47 (9): 2154-2160.

[7] Salem S. Application of autoignition technique for synthesis of magnesium aluminate spinel in nano scale: Influence of starting solution pH on physico-chemical characteristics of particles [J]. Materials Chemistry & Physics, 2015, 155 (9): 59-66.

[8] Li J G, Ikegami T, Lee J H, et al. A wet-chemical process yielding reactive magnesium aluminate spinel (MgAlO) powder [J]. Ceramics International, 2001, 27 (4): 481-489.

[9] Zawrah M F, Hamaad H, Meky S. Synthesis and characterization of nano MgAlO spinel by the co-precipitated method [J]. Ceramics International, 2007, 33 (6): 969-978.

[10] Ewais E M M, Besisa D H A, El-Amir A A M, et al. Optical properties of nanocrystalline magnesium aluminate spinel synthesized from industrial wastes [J]. Journal of Alloys & Compounds, 2015, 649: 159-166.

[11] Fazli R, Fazli M, Safaei-Naeini Y, et al. The effects of processing parameters on formation of nano-spinel ($MgAl_2O_4$) from LiCl moltensalt [J]. Ceramics International, 2013, 39 (6): 6265-6270.

[12] Wang F, Ye J, He G, et al. Preparation and characterization of porous $MgAl_2O_4$, spinel ceramic supports from bauxite and magnesite [J]. Ceramics International, 2015, 41 (6): 7374-7380.

[13] Saberi A, Golestani-Fard F, Sarpoolaky H, et al. Chemical synthesis of nanocrystalline magnesium aluminate spinel via nitrate-citrate combustion route [J]. Journal of Alloys & Compounds, 2008, 462 (1): 142-146.

[14] Nassar M Y, Ahmed I S, Samir I. A novel synthetic route for magnesium aluminate ($MgAl_2O_4$) nanoparticles using sol-gel auto combustion method and their photocatalytic properties [J]. Spectrochimica Acta Part A Molecular & Biomolecular Spectroscopy, 2014, 131 (19): 329-334.

[15] Ganesh I, Johnson R, Rao G V N, et al. Microwave-assisted combustion synthesis of nanocrystalline MgAlO spinel powder [J]. Ceramics International, 2005, 31 (1): 67-74.

[16] Mansour N A L. Preparation and crystallite growth measurement of active magnesium aluminate spinel [J]. Powder Technology, 1977, 18 (2): 127-130.

[17] Tavangarian F, Emadi R. Synthesis and characterization of pure nanocrystalline magnesium aluminate spinel powder [J]. Journal of Alloys & Compounds, 2010, 489 (2): 600-604.

[18] Tavangarian F, Li G. Mechanical activation assisted synthesis of nanostructure $MgAl_2O_4$ from gibbsite and lansfordite [J]. Powder Technol, 2014, 267: 333-338.

[19] Profeti L P R, Ticianelli E A, Assaf E M. Ethanol steam reforming for production of hydrogen on magnesium aluminate-supported cobalt catalysts promoted by noble metals [J]. Applied Catalysis A General, 2009, 360 (1): 17-25.

[20] Adhami T, Ebrahimi-Kahrizsangi R, Nasiri-Tabrizi B. Mechanosynthesis of nanocomposites in TiO_2-B_2O_3-Mg-Al quaternary system [J]. Ceramics International, 2014, 40 (5): 7133-7142.

[21] Bhatia T, Chattopadhyay K, Jayaram V. Effect of rapid solidification on microstructural evolution in MgO-$MgAl_2O_4$ [J]. Journal of the American Ceramic Society, 2010, 84 (8): 1873-1880.

[22] Kraus W, Nolze G. Powder cell for windows, federal institute for materials research and testing [C]. Berlin, Germany, 2000.

[23] Williamson G K, Hall W H. X-ray line broadening from filed aluminium and wolfram [J]. Acta

Metallurgica, 1953, 1 (1): 22-31.

[24] Govha J, Narasaiah T B, Chakra C S, et al. Effects of calcination temperature on properties of Mg-Al mixed oxide nanoparticle [J]. Materials Today Proceedings, 2015, 2 (9): 4328-4333.

[25] Reverón H, Gutiérrez-Campos D, RodríGuez R M, et al. Chemical synthesis and thermal evolution of $MgAl_2O_4$, spinel precursor prepared from industrial gibbsite and magnesia powder [J]. Materials Letters, 2002, 56 (1): 97-101.

[26] Guo J, Lou H, Zhao H, et al. Novel synthesis of high surface area $MgAl_2O_4$, spinel as catalyst support [J]. Materials Letters, 2004, 58 (12): 1920-1923.

[27] Sing K S W. Reporting physisorption data for gas/solid systems with special reference to the determination of surface area and porosity (Recommendations 1984) [J]. Pure & Applied Chemistry, 1985, 57 (4): 603-619.

[28] Kingery W D, Bowen H K, Uhlmann D R. Introduction to ceramics, 2nd edition [D]. Springer Japan, 1976.

[29] Baudin C, Martinez R, Pena P. High-temperature mechanical behavior of stoichiometric magnesium spinel [J]. Journal of the American Ceramic Society, 1995, 78 (7): 1857-1862.

[30] Maschio R D, Fabbri B, Fiori C. Industrial applications of refractories containing magnesium aluminate spinel [J]. Ind. Ceram, 1988, 8 (2): 121-126.

[31] Ganesh I. A review on magnesium aluminate (MgAlO) spinel: synthesis, processing and applications [J] . Int. Mater. Rev. , 2013, 58 (2): 63-112.

[32] Naghizadeh R, Rezaie H R, Golestani-Fard F. Effect of TiO on phase evolution and microstructure of MgAlO spinel in different atmospheres [J]. Ceramics International, 2011, 37 (1): 349-354.

[33] Ryshkewitch E. Oxide ceramics: physical chemistry and technology [M]. New York: Academic Press, 1960.

[34] Carter R E. Mechanism of solid-state reaction between magnesium oxide and aluminum oxide and between magnesium oxide and ferric oxide [J]. Journal of the American Ceramic Society, 2010, 44 (3): 116-120.

[35] Maity A, Kalita D, Kayal T K, et al. Synthesis of SiC ceramics from processed cellulosic bioprecursor [J]. Ceramics International, 2010, 36 (1): 323-331.

[36] Tripathi H S, Mukherjee B, Das S. Synthesis and densification of magnesium aluminate spinel: effect of MgO reactivity [J]. Ceramics International, 2003, 29 (8): 915-918.

[37] Ganesh I, Bhattacharjee S, Saha B P, et al. A new sintering aid for magnesium aluminate spinel [J]. Ceramics International, 2001, 27 (7): 773-779.

[38] Plesingerova B, Stevulova N, Luxova M, et al. Mechanochemical synthesis of magnesium aluminate spinel in oxide-hydroxide systems [J]. Journal of Materials Synthesis & Processing, 2000, 8 (5-6): 287-293.

[39] Azargohar R, Dalai A K. Production of activated carbon from Luscar char: Experimental and

modeling studies [J]. Microporous & Mesoporous Materials, 2005, 85 (3): 219-225.

[40] Zainudin N F, Lee K T, Kamaruddin A H, et al. Study of adsorbent prepared from oil palm ash (OPA) for flue gas desulfurization [J]. Separation & Purification Technology, 2005, 45 (1): 50-60.

[41] Chambers John, William Cleveland, Beat Kleiner, et al. Graphical methods for data analysis [M]. Calif: Wadsworth International Group, 1983.

[42] Hallstedt B. Thermodynamic assessment of the system MgO-Al_2O_3 [J]. Journal of the American Ceramic Society, 2010, 75 (6): 1497-1507.

[43] Sarkar R, Sahoo S. Effect of raw materials on formation and densification of magnesium aluminate spinel [J]. Ceramics International, 2014, 40 (10): 16719-16725.

[44] Kostic E, Boskovic S, Kis S. Influence offluorine Ion on the spinel synthesis [J]. Journal of Materials Science Letters, 1982, 1 (12): 507-510.

[45] Li G J, Sun Z R, Chen C H, et al. Synthesis of nanocrystalline $MgAl_2O_4$ spinel powders by a novel chemical method [J]. Materials Letters, 2007, 61 (17): 3585-3588.

[46] Reveron H, Gutierrez-Campos D, RodrıiGuez R M, et al. Chemical synthesis and thermal evolution of $MgAl_2O_4$ spinel precursor prepared from industrial gibbsite and magnesia powder [J]. Materials Letters, 2002, 56 (1-2): 97-101.

[47] Gaballah I, Djona M, Garcia-Carcedo F, et al. Recuperacion de los metales de catalizadores agotados mediante tratamiento termico y posterior cloruracion selectiva [J]. Revista De Metalurgia, 1995, 31 (4): 215-221.

[48] Orosco R P, Ruiz M D C, Barbosa L I, et al. Purification of talcs by chlorination and leaching [J]. International Journal of Mineral Processing, 2011, 101 (1): 116-120.

[49] 刘业翔, 李劼. 现代铝电解 [M]. 北京: 冶金工业出版社, 2008.

[50] 饶东生. 硅酸盐物理化学 [M]. 北京: 冶金工业出版社, 1980.

[51] 张超. 铝电解槽用 Al_2O_3 基炉膛材料致密度、抗压强度及高温稳定性研究 [D]. 长沙: 中南大学, 2014.

[52] 李悦彤, 杨静. 氧化铝陶瓷低温烧结助剂的研究进展 [J]. 硅酸盐通报, 2011, 30 (6), 1328-1332.

[53] Kingery W D, Bowen H K, Uhlman D R. Introduction to ceramics [M]. Second edition. A Wiley-interscience Publication, 1976.

[54] Kashii N, Maekawa H, Hinatsu Y. Dynamics of thecation mixing of $MgAl_2O_4$ and $ZnAl_2O_4$ spinel [J]. J. Am. Ceram. Soc., 1999, 82 (7): 1844-1848.

[55] Sickafus K E, Wills J M. Structure of spinel [J]. J. Am. Ceram. Soc., 1999, 82 (12): 3279-3292.

[56] Nakagawa Z E, Enomoto N, Yi I S, et al. Effect ofcorundum/periclase sizes on the expansion behavior during synthesis of spinel [C] // Proceedings of UNITECR'95. New Orleans, US, 1995, 379-386.

[57] Ryshkewith E. Oxide ceramics [M]. New York: Academic Press, 1960.

[58] Bratton R J. Sintering and grain-growth kinetics of $MgAl_2O_4$ [J]. Journal of the American Ceramic Society, 2010, 54 (3): 141-143.

[59] Li J G, Ikegami T, Lee J H, et al. ChemInform abstract: Low-temperature fabrication of transparent yttrium aluminum garnet (YAG) ceramics without additives [J]. Cheminform, 2000, 31 (30): 961-963.

[60] 张伦东，潘献飞，吴美平．机抖激光陀螺检测电路前置放大器的设计与分析 [J]. 光电子技术, 2006, 26 (2): 110-114.

[61] Ganesh I, Bhattacharjee S, Saha B P. An efficient $MgAl_2O_4$ spinel additive for improved slag erosion and penetration resistance of high-Al_2O_3 and MgO-C refractories [J]. Ceramics International, 2002, 28 (3): 245-253.

[62] 马亚鲁．化学共沉淀法制备镁铝尖晶石粉末的研究 [J]. 无机盐工业, 1998, 30 (1): 144-147.

[63] 仝建峰，陈大明，刘晓光，等．水性聚合物网络凝胶法制备纳米镁铝尖晶石粉末 [J]. 材料工程, 2004, 32 (5): 40-48.

[64] 张冰．硅溶胶高分子网络凝胶法合成堇青石粉 [J]. 硅酸盐学报, 2003, 31 (12): 1188-1191.

[65] 潘祖仁．高分子化学 [M]. 北京: 化学工业出版社, 1986.

[66] Douy A. Preparation of $YBa_2Cu_3O_7$ ceramic powders by polymer gel process [J]. Mat Res Bull., 1998, 24: 1119-1126.

[67] 李逵．高分子网络微区沉淀法制备纳米镁铝尖晶石粉体的研究 [D]. 大连交通大学, 2004.

[68] Vestal C R, Zhang Z J. Normal micelle synthesis and characterization of $MgAl_2O_4$ spinel nanoparticles [J]. Journal of Solid State Chemistry, 2003, 175 (1): 59-62.

[69] 魏君，黄福堂．聚丙烯酰胺及其衍生物的生产技术与应用 [M]. 北京: 石油工业出版社, 2011.

[70] Wang Baijun, Xie Hui. Kinetics of graft copolymerization of butylarcy late onto starch initiated by ammoninm persulfate [J]. Advanced in Fine petrochemicals, 2005, 6 (3): 7-9.

[71] 柴莉娜，张广成，孙伟民，等．淀粉接枝丙烯酰胺的合成及其絮凝性能的研究 [J]. 应用化工, 2009, 38 (9): 1314-1416.

[72] Ismail B, Hussain S T, Akram S. Adsorption of methylene blue onto spinel magnesium aluminate nanoparticles: Adsorption isotherms, kinetic and thermodynamic studies [J]. Chemical Engineering Journal, 2013, 219 (3): 395-402.

[73] Chong M N, Jin B, Chow C W, et al. Recent developments in photocatalytic water treatment technology: a review [J]. Water Research, 2010, 44 (10): 2997-3027.

[74] Wang D, Zou Z, Ye J. A new spinel-type photocatalyst $BaCr_2O_4$ for H_2 evolution under UV and visible light irradiation [J]. Chemical Physics Letters, 2003, 373 (1-2): 191-196.

[75] Zhu Z, Li X, Zhao Q, et al. Porous "brick-like" $NiFe_2O_4$ nanocrystals loaded with Ag species towards effective degradation of toluene [J]. Chemical Engineering Journal, 2010, 165

(1): 64-70.

[76] Dr J T, Dr Z Z, Dr J Y. Efficient photocatalytic decomposition of organic contaminants over $CaBi_2O_4$ under visible-light irradiation [J]. Angewandte Chemie, 2004, 116 (34): 4463-4466.

[77] Boppana V B, Doren D J, Lobo R F. A spinel oxynitride with visible-light photocatalytic activity [J]. Chemsuschem, 2010, 3 (7): 814-817.

[78] Gurunathan K, Baeg J O, Sang M L, et al. Visible light assisted highly efficient hydrogen production from H_2S decomposition by $CuGaO_2$, and $CuGa_{1-x}In_xO_2$, delafossite oxides bearing nanostructured co-catalysts [J]. Catalysis Communications, 2008, 9 (3): 395-402.

[79] Cao S W, Zhu Y J, Cheng G F, et al. $ZnFe_2O_4$ nanoparticles: microwave-hydrothermal ionic liquid synthesis and photocatalytic property over phenol [J]. Journal of Hazardous Materials, 2009, 171 (1): 431- 435.

[80] Jiang Y, Li J, Sui X, et al. $CuAl_2O_4$ powder synthesis by sol-gel method and its photodegradation property under visible light irradiation [J]. Journal of sol-gel science and technology, 2007, 42 (1): 41-45.

[81] Kovacheva D, Gadjov H, Petrov K, et al. Synthesizing nanocrystalline $LiMn_2O_4$ by a combustion route [J]. Journal of Materials Chemistry, 2002, 12 (4): 1184-1188.

[82] Olhero S M, Ganesh I, Torres P M C, et al. Surface passivation of $MgAl_2O_4$ spinel powder by chemisorbing H_3PO_4 for easy aqueous processing [J]. Langmuir the Acs Journal of Surfaces & Colloids, 2008, 24 (17): 9525-9530.

[83] Nakamoto K. Infrared and Raman spectra of inorganic and coordination compounds [M]. Wiley, 1997.

[84] Rahkamaa-Tolonen K, Maunula T, Lomma M, et al. The effect of NO on the activity of fresh and aged zeolite catalysts in the NH-SCR reaction [J]. Catalysis Today, 2005, 100 (3): 217-222.

[85] Hokazono S, Manako K, Kato A. Thesintering behavior of spinel powders produced by a homogeneous precipitation technique [J]. American Journal of Emergency Medicine, 1992, 33 (12): 1848.

[86] Wang C T, Lin L S, Yang S J. Preparation of $MgAl_2O_4$ spinel powders via freeze-drying of alkoxide precursors [J]. Journal of the American Ceramic Society, 2010, 75 (8): 2240-2243.

[87] Urretavizcaya G, Meyer GO. Metastable hexagonal Mg_2Sn obtained by mechanical alloying [J]. Journal of Alloys & Compounds, 2002, 339 (1): 211-215.

[88] Gennari F C, Castro F J, Gamboa J J A. Synthesis of Mg_2FeH_6 by reactive mechanical alloying: Formation and decomposition Properties [J]. Cheminform, 2003, 339 (1): 261-267.

[89] Zhang Q, Saito F. Mechanochemical synthesis of lanthanum aluminate by grinding lanthanum oxide with transition alumina [J]. Journal of the American Ceramic Society, 2010, 83 (2): 439-441.

[90] Xue J, Wan D, Lee S E, et al. Mechanochemical synthesis of lead zirconate titanate from mixed oxides [J]. Journal of the American Ceramic Society, 2010, 82 (7): 1687-1692.

[91] Kim W, Saito F. Effect of grinding on synthesis of $MgAl_2O_4$ spinel from a powder mixture of $Mg(OH)_2$ and $Al(OH)_3$ [J]. Powder Technology, 2000, 113 (1): 109-113.

[92] Calka A, Radlinski A P. Universal high performance ball-milling device and its application for mechanical alloying [J]. Materials Science & Engineering A, 1991, 134 (12): 1350-1353.

[93] Chase Jr M W, Davies C A, Downey Jr J R, et al. JANAF Thermochemical Tables 3rd Ed [C]. American Chemical Society, New York, 1985.

[94] Urretavizcaya G, Cavalieri A L, López J M P, et al. Thermal evolution of alumina prepared by the sol-gel Technique [J]. Journal of Materials Synthesis & Processing, 1998, 6 (1): 1-7.

[95] Castro F J, Gennari F C. Effect of the nature of the starting materials on the formation of Mg_2FeH_6 [J]. Journal of Alloys & Compounds, 2004, 375 (1): 292-296.

[96] Zielińaski P A, Schulz R, Kaliaguine S, et al. Structural transformations of alumina by high energy ball milling [J]. Journal of Materials Research, 1993, 8 (11): 2985-2992.

[97] Zdujic M V, Milosevic O B, Karanovic L C. Mechanochemical treatment of ZnO and Al_2O_3 powders by ball milling [J]. Materials Letters, 1992, 13 (2-3): 125-129.

[98] Froes F H, Senkov O N, Baburaj E G. Synthesis of nanocrystalline materials- an overview [J]. Materials Science & Engineering A, 2001, 301 (1): 44-53.

[99] Mohapatra D, Sarkar D. Effect of in situ spinel seeding on synthesis of MgO-rich $MgAl_2O_4$ composite [J]. Journal of Materials Science, 2007, 42 (17): 7286-7293.

[100] Sanoj M A, Reshmi C P, Sreena K P, et al. Sinterability and microwave dielectric properties of nano structured $0.95MgTiO_3$-$0.05CaTiO_3$, synthesised by top down and bottom up approaches [J]. Journal of Alloys & Compounds, 2011, 509 (6): 3089-3095.

[101] Mingos D, Michael P. Microwave syntheses of inorganic materials [J]. Advanced Materials 1993, 5: 857-859.

[102] Ebadzadeh T, Sarrafi M H, Salahi E. Microwave-assisted synthesis and sintering of mullite [J]. Ceramics International, 2009, 35 (8): 3175-3179.

[103] Cynn H, Sharma S K, Cooney T F, et al. High-temperature raman investigation of order-disorder behavior in the $MgAl_2O_4$ spinel. [J]. Phys Rev B Condens Matter, 1992, 45 (1): 500-502.

4 $MgAl_2O_4$ 尖晶石的烧结致密化与性能

4.1 $MgAl_2O_4$ 尖晶石的两步烧结

4.1.1 研究概述

第3章主要是采用各种方法获得烧结活性较高的 $MgAl_2O_4$ 粉末，并且通过选择高的烧结温度来促进 $MgAl_2O_4$ 尖晶石的烧结。但是仍然难以获得完全致密的 $MgAl_2O_4$ 尖晶石（致密度>99%）。高致密度和低气孔率是 $MgAl_2O_4$ 尖晶石侧壁材料应用的关键和前提。为此，本章主要研究如何提高 $MgAl_2O_4$ 尖晶石的致密化程度，以期为提高其耐蚀性能奠定基础。

之前的研究发现添加烧结助剂可以促进 $MgAl_2O_4$ 尖晶石的烧结致密化[1~3]。研究发现 TiO_2 的添加可以促进 $MgAl_2O_4$ 的致密化[2]，由于尖晶石中的氧化铝的脱溶和 TiO_2 的溶解。添加 ZnO 由于形成了阴离子空位，有助于尖晶石的致密化[4]。稀土阳离子与主晶格元素离子半径的差异直接影响到 $MgAl_2O_4$ 尖晶石的致密化。添加 Dy_2O_3 可以促进 $MgAl_2O_4$ 尖晶石的致密化，但并不显著[3]。三价 Sc 离子的半径是所有稀土离子半径中最小的，并且其与三价 Al 离子具有相似的特性。所以本研究希望通过添加 Sc_2O_3 来促进 $MgAl_2O_4$ 尖晶石的烧结致密化。

Chen 和 Wang[5] 首次提出一种采用两步烧结法，并成功制备得到高致密度和微观结构均匀的 Y_2O_3 陶瓷。两步烧结法使得保温阶段的晶界迁移受到抑制，而晶界扩散得到维持，最终导致晶粒的生长受到抑制，而致密化过程仍得以进行直至完全致密化。利用两步烧结法可以制备高致密度的陶瓷材料，并已成功应用于 $Ca_3MgSi_2O_8$[6]、$Cu(In_{0.7}Ga_{0.3})Se_2$[7]、ZrO_2[8]、$NiFe_2O_4$[9]、ZnO[10,11]、Al_2O_3[12,13]、$BaTiO_3$[14]、$Ca_{10}(PO_4)_6(OH)_2$[15] 和 NiZn[16] 等陶瓷体系。为此，本研究尝试采用共沉淀法制备得到的 $MgAl_2O_4$ 粉末为烧结原料，并采用两步烧结法来抑制烧结后期的晶粒长大，以期制备得到完全致密和微观结构均匀的 $MgAl_2O_4$ 尖晶石。

4.1.2 研究设计

以氧化镁和氧化铝为起始原料，其物理化学性质见表 4-1。氧化物原料按摩尔比 1∶1 配料，放入 500mL 聚四氟乙烯球磨罐中，并加入适量无水乙醇和 400g 氧化锆球，行星球磨 3h。然后，将球磨后的浆料烘干后，经 40 目不锈钢筛网过筛，将过筛物料分别在 1200℃、1400℃煅烧，得到不同尖晶石相含量的粉末，分别记为 LS、HS。通过 XRD 物相分析结合传统的酸溶法，测定尖晶石相的含量。传统的酸溶法是指用 3mol/L 的 HCl 溶解粉末试样，然后用螯合剂Ⅲ滴定溶液中的 Mg^{2+}溶度，从而推算出尖晶石的生成量[17]。在上述两种烧结原料粉末中分别添加 0、1%、2%和 4%（质量分数）的 Sc_2O_3，将各配方原料混合 5%PVA 黏结剂后置于行星球磨机中研磨 1h（球料比 4：1），将球磨后的浆料烘干后，经 40 目不锈钢筛网过筛，将过筛物料在液压式万能试验机模压成型（成型压力为 200MPa）。圆柱形生坯（ϕ20mm×15mm）在（120±5）℃干燥 24h，然后置于箱式电阻炉中，以 3℃/min 的升温到 1550℃、1600℃和 1650℃保温 3h。

表 4-1 煅烧粉末的物理化学性能

煅烧粉末	化学分析（质量分数）/%		物理性能		
	$MgAl_2O_4$	其他	真密度/g · cm^{-3}	颗粒尺寸/μm	物相分析
LS	97.1	6.9	3.58	23.76	尖晶石、刚玉、方镁石
HS	100	0	3.58	65.79	尖晶石

采用阿基米德排水法测定烧结试样的体积密度和显气孔率。采用 Pilips X′pert-MPD 型 X 射线衍射仪对烧后试样进行物相分析。用 Pilips X′ pert plus 软件确定主晶相的晶胞参数。晶胞参数通过方程（4-1）计算[18]：

$$a = \frac{\lambda}{2\sin\theta}\sqrt{(h^2 + k^2 + l^2)} \tag{4-1}$$

式中，a 为晶胞参数；λ 为放射线的波长；θ 为布拉格角；h、k、l 为相关的米勒指数。

采用 Nova NanoSEM 230 型扫描电镜观察抛光和热腐蚀试样的微观形貌并进行能谱分析。在对试样进行微观形貌测试之前，用 SiC 砂纸（400 目、600 目、800 目、1000 目、2000 目和 3000 目）打磨、抛光，然后热腐蚀，再做喷金处理[19,20]。能谱射散 X 衍射分析设备用来定量分析尖晶石晶粒的元素含量。

以镁和铝的氯化物作为原料，按 $Mg^{2+}/Al^{3+}=1/2$ 配料。分别在 80℃的去离子水中溶解，然后配制成混合溶液。用 NH_4OH 作为沉淀剂，调节混合溶液的 pH 值为 9.5~10.5，同时在磁力搅拌器中搅拌，逐渐形成凝胶沉淀物，直至磁力搅拌器搅不动。在 80℃保温 1h，然后冷却到室温。用去离子水反复清洗直到没有氯离子，最后在 110℃干燥，然后在 1200℃煅烧 2h[21]。将所得到的粉末置于不锈钢模具中，采用常规的轴向成型方法制备 $MgAl_2O_4$ 尖晶石生坯，成型压力为

200MPa，保压时间为3min。圆柱形生坯直径为20mm，厚度为15mm。长方体生坯的尺寸为5mm×6mm×50mm。

传统烧结工艺：以3℃/min的升温速率加热到设定的温度 T，并且保温1h，然后随炉冷却至室温。烧结所得试样标记为CS。通过两组实验来确定两步烧结的工艺参数。首先采用单步烧结（SSS）工艺来确定两步烧结方法中的 T_1。具体实验步骤是将生坯试样以10℃/min的升温速率升温至最高温度 T_1（1400～1750℃，两个温度点的间隔为50℃），然后立即随炉冷却至室温。另外一组实验是采用两步烧结（TSS）来确定 T_2。具体实验步骤是将生坯以10℃/min的升温速率升温到 T_1，然后以30℃/min的降温速率快速降温到 T_2，并保温10h，然后随炉冷却至室温。传统烧结工艺和两步烧结工艺中的温度和时间条件见图4-1。

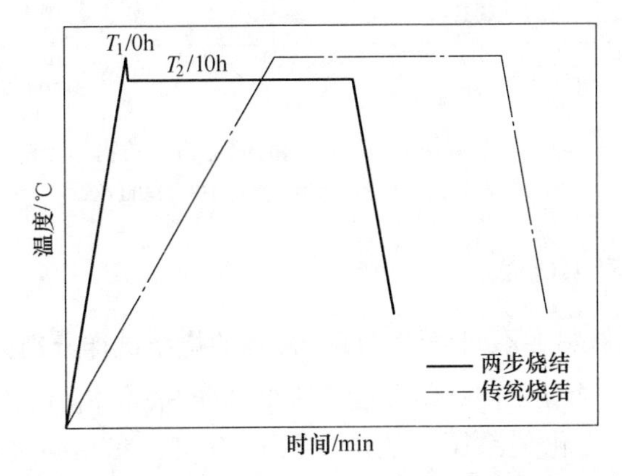

图4-1 传统烧结工艺和两步烧结工艺中的温度和时间条件

试样的烧结收缩率通过圆柱形试样烧结前后的直径尺寸变化值的微分值来测定。烧结试样的平均晶粒尺寸是用Nanomeasure纳米材料粒径测量软件统计至少200颗晶粒的平均值[22]。在CMT6104微机控制电子万能试验机上用三点弯曲法测定材料抗弯曲强度，跨距为18mm，加载速率为0.5mm/min。三点弯曲法测抗弯曲强度。

以氧化镁和氧化铝为原料，经高能球磨预处理后（球磨转速为120r/min和球磨时间为3h），在1200℃煅烧2h所得产物为烧结原料，与4% Sc_2O_3（质量分数）烧结助剂混合后，用WE-300C型液压机，在200MPa下，轴向压制成尺寸为 ϕ20mm×15mm的圆柱形试样和60mm×15mm×10mm的长方体试样。

4.1.3 研究结果与讨论

4.1.3.1 原料分析

以氧化镁和氧化铝为起始原料，在1200℃和1400℃预合成尖晶石的物理化学性能见表4-1。XRD发现试样LS中含有尖晶石、方镁石和刚玉相，然而试样HS中仅仅含有尖晶石相（图4-2）。由此结合传统的酸溶法测得烧结原料LS的尖晶石含量是97.1%。对于试样HS，起始原料完全转化为$MgAl_2O_4$。

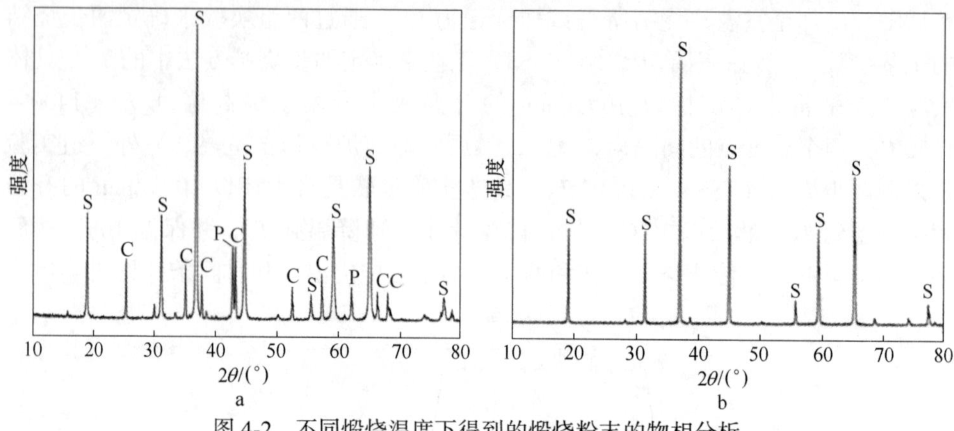

图4-2　不同煅烧温度下得到的煅烧粉末的物相分析

a—试样LS，1200℃；b—试样HS，1400℃

4.1.3.2　致密化研究

LS和HS烧结原料在不同烧结温度下得到的烧结试样分别标记为S_{LS}和S_{HS}。图4-3和图4-4所示为在不同烧结温度下所得试样S_{LS}和S_{HS}的体积密度和显气孔率随Sc_2O_3含量的变化关系图。从图中可以看出，在相同烧结温度下，随着Sc_2O_3添加量从0增加到4%（质量分数），试样的体积密度明显增加，显气孔率明显降低。对于Sc_2O_3含量相同的试样，随着烧结温度从1550℃升至1650℃，试样的体积密度逐渐增加，显气孔率则逐渐减小。

图4-3是在不同烧结温度下所得S_{LS}试样体积密度和显气孔率随Sc_2O_3含量变化曲线。在1550℃烧结3h所得S_{LS}试样的体积密度为2.926g/cm^3，显气孔率为15.9%。在1650℃烧结所得S_{LS}试样的体积密度随Sc_2O_3添加量的升高而快速增大。说明烧结温度越高，Sc_2O_3促进镁铝尖晶石的烧结的作用越显著。并且在该烧结温度下，含4% Sc_2O_3的S_{LS}试样的体积密度最大为3.443g/cm^3（95.91%），显气孔率最小（1.1%）。可能的原因是Sc^{3+}离子与Al^{3+}离子有类似特征，钪离子可以取代尖晶石中的铝离子，产生晶格应力（由于较大的离子半径，钪离子半径是0.083nm[23]和铝离子半径是0.05nm[24]），由此可增加阳离子扩散速率和改善致密化过程的传质。烧结温度升高，$MgAl_2O_4$尖晶石烧结驱动力增大，并且将增强Sc_2O_3对$MgAl_2O_4$尖晶石烧结的促进作用。

图4-4是在不同烧结温度下所得S_{HS}试样的体积密度和显气孔率随Sc_2O_3含量变化曲线。对比图4-3和图4-4可知，在相同的烧结温度和Sc_2O_3添加量的情

况下，S_{LS}试样的体积密度比 S_{HS}试样的体积密度更大，显气孔率更小。可能的原因有：一方面，LS 试样（23.76μm）相比于 HS 试样（65.79μm）的平均晶粒尺寸更细，活性更高；另一方面，少量未反应的氧化铝和氧化镁在烧结温度下反应生成尖晶石。新生成的尖晶石是反应烧结过程中的中间产物。但是这种固相反应产物不宜过多，因为在固相反应生成 $MgAl_2O_4$ 的过程中会有 8%的体积膨胀。只有当反应烧结的促进烧结的作用大于固相反应产生的膨胀效应，烧结原料中所含的适量未反应的氧化镁和氧化铝才是有利的。很显然，本研究中 LS 试样烧结能力比 HS 试样的要更强，因为 LS 试样含有适量的未反应的氧化镁和氧化铝。

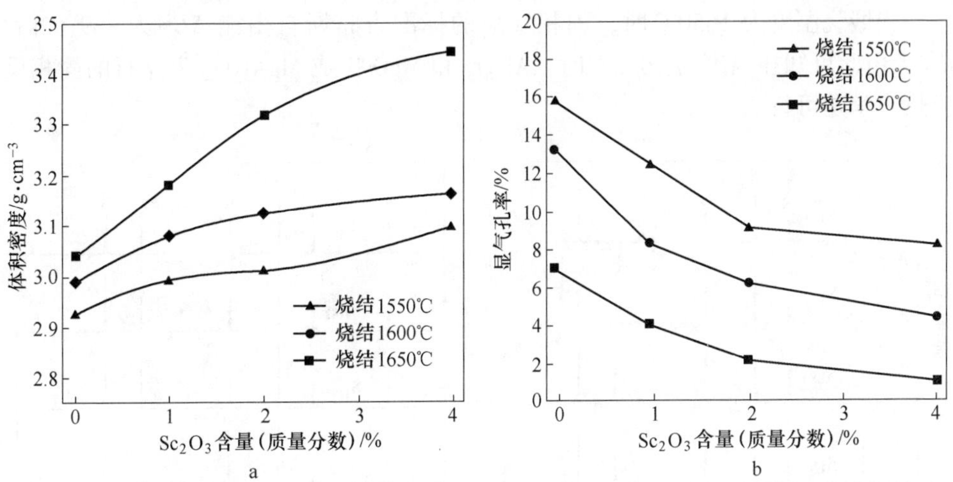

图 4-3 不同烧结温度下所得 S_{LS}的体积密度（a）和显气孔率（b）与 Sc_2O_3 添加量的关系

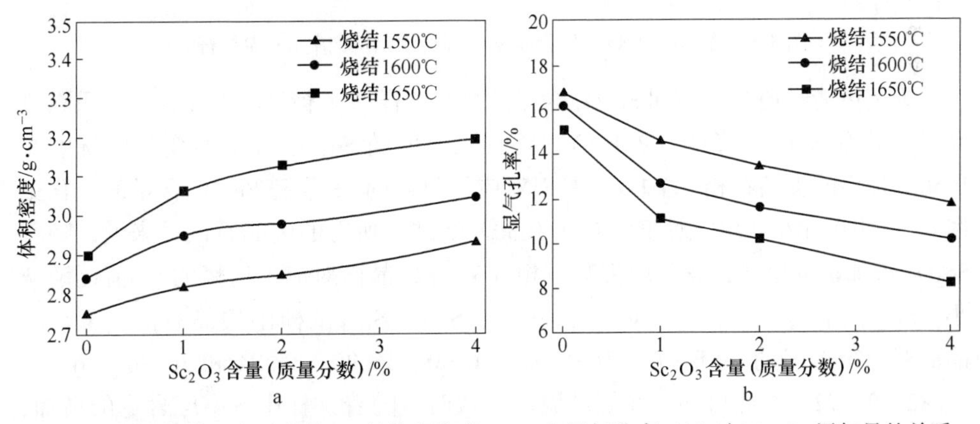

图 4-4 不同烧结温度下所得 S_{HS}的体积密度（a）和显气孔率（b）与 Sc_2O_3 添加量的关系

4.1.3.3 XRD 结果分析

Sc_2O_3 含量（质量分数）分别为 0、1%、2%和 4%的试样在 1650℃烧结后所得烧结试样分别标记为 S_{LS0}、S_{LS1}、S_{LS2}、S_{LS4} 和 S_{HS0}、S_{HS1}、S_{HS2}、S_{HS4}。图 4-5 是烧结试样 S_{LS0}、S_{LS1}、S_{LS2}、S_{LS4} 和 S_{HS0}、S_{HS1}、S_{HS2}、S_{HS4} 的 XRD 图谱。从图 4-5 可知，在 1650℃高温烧结后，在各试样中都只有尖晶石这一物相，没有方镁石和刚玉相出现。这表明在 LS 原料中的 MgO 和 Al_2O_3 也都反应生成了 $MgAl_2O_4$。MgO 和 Al_2O_3 生成 $MgAl_2O_4$ 尖晶石的固相反应方程式和标准吉布斯自由能见式 (4-2) 和式 (4-3)[25]。

$$MgO(s) + Al_2O_3(s) = MgAl_2O_4(s) \tag{4-2}$$

$$\Delta G^{\ominus}(J/mol) = -35600 - 2.09T \tag{4-3}$$

当煅烧温度为 1650℃时，固相反应的标准吉布斯自由能 $\Delta G^{\ominus}$ 为 -39.62kJ/mol，由此可知在温度为 1650℃时，Al_2O_3 和 MgO 生成 $MgAl_2O_4$ 尖晶石的固相反应热力学是可行的。

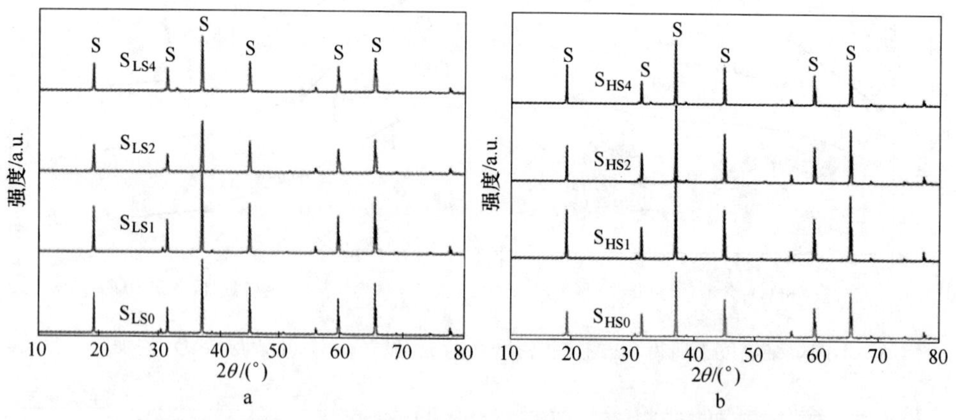

图 4-5　在 1650℃烧后所得烧结试样的 XRD 图谱（S-尖晶石）

为了更清晰地观察不同 Sc_2O_3 含量的烧结试样的 X 衍射峰变化情况，重点研究了尖晶石 X 衍射峰的（3 1 1）晶面的 2θ 值随 Sc_2O_3 含量的变化情况。在 1650℃烧后的尖晶石相（3 1 1）晶面对应衍射峰的 2θ 值随 Sc_2O_3 含量的变化见图 4-6。由图 4-6 可知，对于所有在 1650℃烧结后所得的尖晶石试样来说，随着 Sc_2O_3 添加量的增加，试样中尖晶石相（3 1 1）晶面对应衍射峰的 2θ 值逐渐减小。S_{LS0}、S_{LS1}、S_{LS2}、S_{LS4} 和 S_{HS0}、S_{HS1}、S_{HS2}、S_{HS4} 试样中尖晶石的（3 1 1）晶面对应衍射峰的 2θ 值分别为 36.98、36.90、36.90、36.84 和 36.96、36.82、36.82、36.72。由此可知，在烧结温度一致时，随着试样中 Sc_2O_3 含量的增加，尖晶石的衍射峰向左发生了偏移。

为了进一步探究 $MgAl_2O_4$ 尖晶石晶体结构的变化，采用方程（4-1）计算了各试样尖晶石的晶格常数，并将结果列于表 4-2。由表 4-2 可知，在 Sc_2O_3 含量相同时，尖晶石的晶格参数随 $MgAl_2O_4$ 尖晶石粉末的合成温度增加而增大。在相

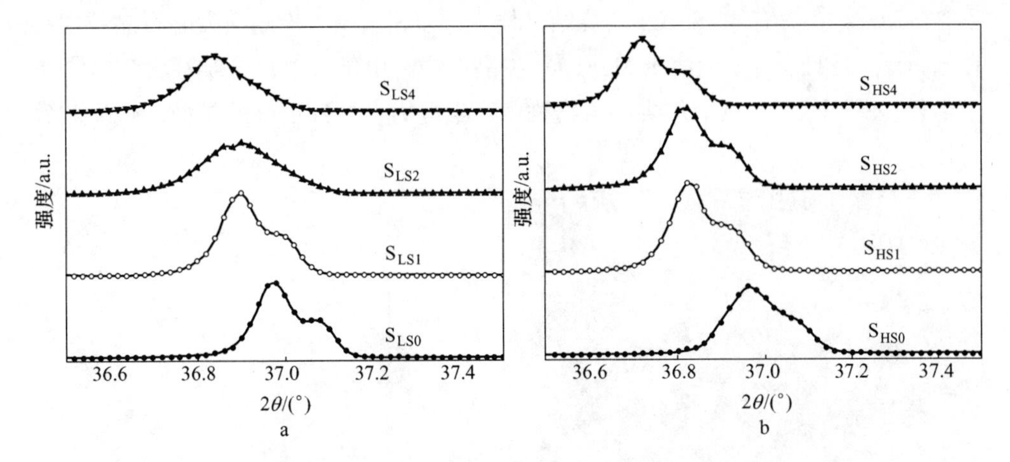

图 4-6 在 1650℃烧结后的尖晶石相（3 1 1）晶面对应衍射峰的 2θ 值

同烧结温度下所得烧结试样，随 Sc_2O_3 含量（质量分数）从 0 增大到 4%，尖晶石的晶格参数从 0.8057nm 增大到 0.8085nm。表明 Sc_2O_3 和尖晶石形成固溶体。钪离子进入尖晶石结构中，使得晶格膨胀，导致晶格参数的增大。

表 4-2 1650℃烧后各试样中尖晶石的晶格常数

试样	晶格常数/nm	试样	晶格常数/nm
S_{LS0}	0.805	S_{HS0}	0.806
S_{LS1}	0.807	S_{HS1}	0.809
S_{LS2}	0.807	S_{HS2}	0.809
S_{LS4}	0.808	S_{HS4}	0.811

4.1.3.4 微观结构

图 4-7 为 1650℃烧结后的 S_{LS0}、S_{LS4}、S_{HS0} 和 S_{HS4} 试样的 SEM 图片和 EDX 分析结果。由图 4-7a_1 和 c_1 可知，1650℃烧后的 S_{LS0} 和 S_{HS0} 试样的晶粒长大不均一，晶粒轮廓比较清晰，并且 S_{LS0} 试样中的晶粒尺寸比 S_{HS0} 试样中的晶粒尺寸大。由此也可证明新生成的 $MgAl_2O_4$ 尖晶石有利于烧结过程中晶粒的长大。从图 4-7a_2 和 c_2 可知，晶粒中都没有 Sc 元素。由图 4-7b_1 可知，S_{LS4} 试样中的晶界比较模糊，这些晶粒几乎形成有机的整体。由于添加了 Sc_2O_3 并且与新生的尖晶石促进 $MgAl_2O_4$ 的烧结。由图 4-7b_2 和 d_2 可知，这两种试样中都存在 Sc 元素。

为了进一步分析 Sc 元素在晶粒中的分布，采用 EDXA 技术对各试样中的尖晶石晶粒进行元素定量分析，并换算为氧化物的质量分数，表 4-3。从表 4-3 中可以看出，1650℃烧结所得的 S_{LS0} 和 S_{HS0} 试样几乎是化学计量比的 $MgAl_2O_4$，并

不含 Sc_2O_3。在含有 4%Sc_2O_3 的烧结试样 S_{LS4} 和 S_{HS4} 中，检测到尖晶石晶粒中存在 Sc_2O_3，表明 Sc_2O_3 固溶于 $MgAl_2O_4$ 尖晶石中。由于 Sc^{3+} 离子半径大于 Al^{3+} 离子半径，Sc^{3+} 嵌入 $MgAl_2O_4$ 尖晶石结构中产生应力，导致更好的扩散、传质和致密化。

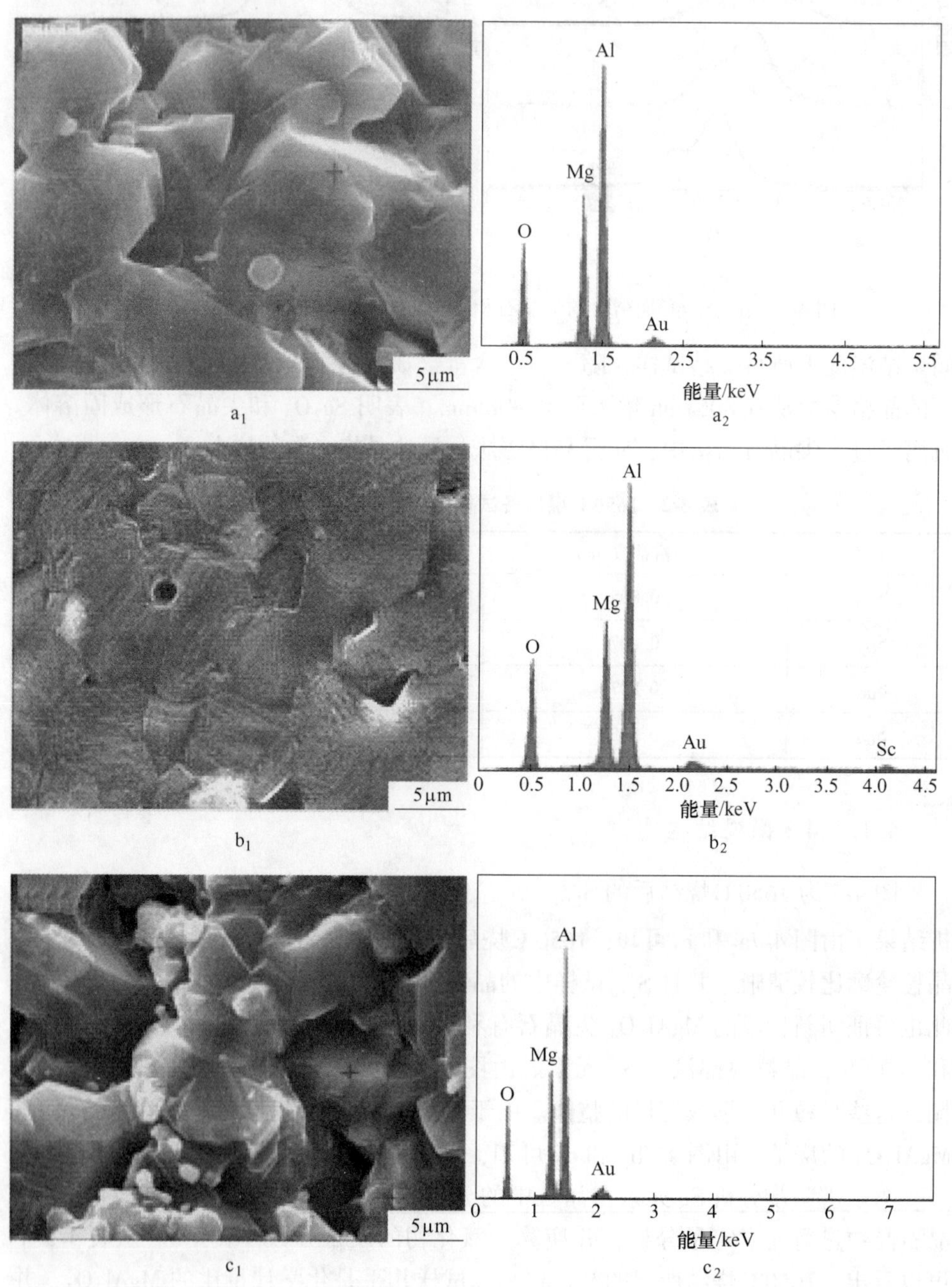

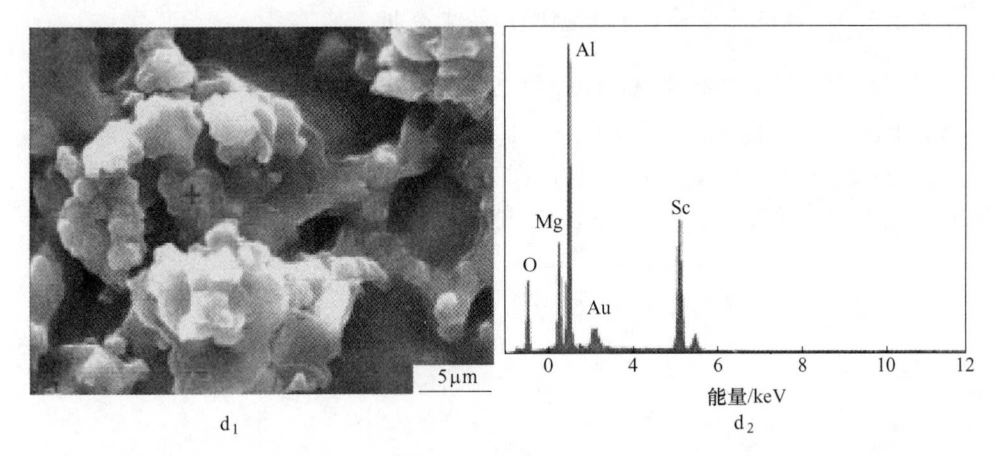

图 4-7 1650℃烧后的 S_{LS0}、S_{LS4}、S_{HS0} 和 S_{HS4} 试样的 SEM 图片和 EDS 分析结果

表 4-3 由 EDXA 技术对各试样进行元素定量分析

试样	化学组成（质量分数）/%		
	MgO	Al_2O_3	Sc_2O_3
S_{LS0}	27.09	72.91	—
S_{LS4}	27.15	70.70	2.15
S_{HS0}	26.21	73.79	—
S_{HS4}	15.57	61.17	22.69

通过 XRF 测得烧结试样 S_{LS0}、S_{LS4}、S_{HS0} 和 S_{HS4} 的化学组成见表 4-4。从表 4-4可以看出，对于烧结试样 S_{LS0} 和 S_{HS0}，由 XRF 测得的化学组成与 EDXA 分析得到的结果基本类似，并且未检测到 Sc_2O_3。对于 S_{LS4} 试样，由 XRF 测得的 Sc_2O_3 含量为 2.48wt.%与由 EDXA 测得的 Sc_2O_3 含量（2.15wt.%）相当，表明 Sc_2O_3 在 S_{LS4} 试样中的尖晶石晶粒中是均匀分布的。而对于 S_{LS4} 试样，由 EDAX 测得的 Sc_2O_3 含量为 22.69wt.%，与由 XRF 测得的 Sc_2O_3 含量（5.61wt.%）的差异比较大，表明在 S_{HS4} 试样的尖晶石晶粒中 Sc_2O_3 分布是不均匀的。

表 4-4 由 XRF 技术分析得到的各试样的化学组成

试样	化学组成（质量分数）/%			
	MgO	Al_2O_3	Sc_2O_3	其他
S_{LS0}	27.53	67.89	—	4.58
S_{LS4}	27.44	67.71	2.37	2.48
S_{HS0}	28.21	67.99	—	3.80
S_{HS4}	26.19	62.99	5.21	5.61

4.1.3.5 共沉淀法合成的 $MgAl_2O_4$ 粉末分析

为了获得烧结活性高的 $MgAl_2O_4$ 粉末，本研究采用共沉淀法制备得到细颗粒的 $MgAl_2O_4$ 粉末。图 4-8 和图 4-9 分别是在 1200℃ 合成的 $MgAl_2O_4$ 粉末的 XRD 图谱和 SEM 图片。依据图 4-8，通过谢乐方程计算该粉末的平均晶粒尺寸为 80nm。由图 4-9 可知，合成的 $MgAl_2O_4$ 粉末的平均颗粒尺寸为 60~180nm。

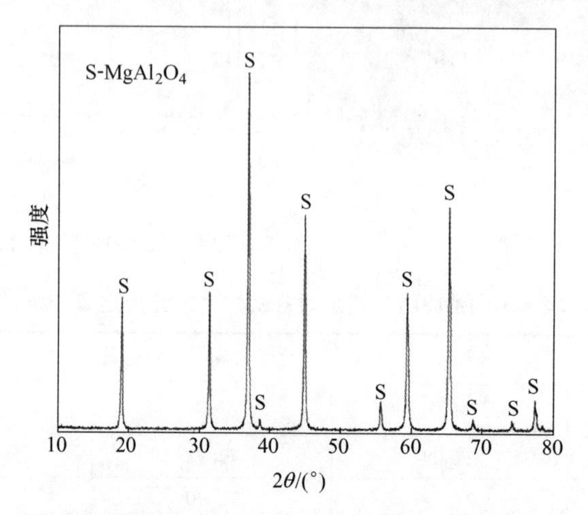

图 4-8 在 1200℃ 合成的 $MgAl_2O_4$ 粉末的 XRD 图谱

图 4-9 在 1200℃ 合成的 $MgAl_2O_4$ 粉末的 SEM 图片

4.1.3.6 单步烧结

图 4-10 给出了 $MgAl_2O_4$ 尖晶石试样的线性收缩和线性收缩率随烧结温度的变化。从图 4-10 中可以看出，线性收缩率（致密化速率）随烧结温度从 1400℃ 升高到 1600℃ 而增大，随烧结温度从 1600℃ 升高到 1750℃ 而迅速减小。由此可

知在 1600℃烧结后所得 $MgAl_2O_4$ 尖晶石试样的致密化率最大。

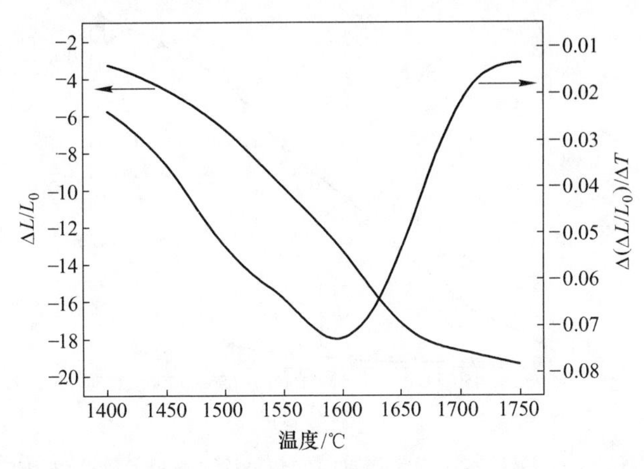

图 4-10 $MgAl_2O_4$ 尖晶石试样的线性收缩和线性收缩率随烧结温度的变化曲线

图 4-11 给出了 $MgAl_2O_4$ 尖晶石试样的相对密度和平均晶粒尺寸随烧结温度的变化。从图 4-11 中可以看出，$MgAl_2O_4$ 尖晶石试样的相对密度随烧结温度的升高而增加。当烧结温度低于 1400℃时，$MgAl_2O_4$ 尖晶石试样不存在显著的致密化，只有当烧结温度高于 1400℃时，$MgAl_2O_4$ 尖晶石试样的相对密度才逐渐增大。从图中可以看出，$MgAl_2O_4$ 尖晶石试样的主要致密化发生在 1600~1650℃之间，试样的相对密度从 80.51%增大到 89.47%。当烧结温度大于 1650℃时，$MgAl_2O_4$ 尖晶石试样的相对密度增加开始减缓。从图中可以看出，$MgAl_2O_4$ 尖晶石试样的平均晶粒尺寸随烧结温度的升高而增大，但平均晶粒尺寸随烧结温度的变化与试样相对密度的变化情况不同。在烧结温度低于 1650℃时，平均晶粒尺寸随烧结温度的升高而缓慢增大，在 1650℃烧结的 $MgAl_2O_4$ 尖晶石的平均晶粒尺寸为 0.71μm。而当烧结温度高于 1650℃时，晶粒开始快速长大。这主要是因为陶瓷烧结进入烧结后期阶段，在这一阶段陶瓷中的闭气孔球化或消失，晶粒开始快速长大[26]。当然，如果把 $MgAl_2O_4$ 尖晶石试样的平均晶粒尺寸随相对密度的变化描绘成曲线（图 4-12)，就可以清楚地看到，$MgAl_2O_4$ 尖晶石试样的相对密度达到 90%左右时，晶粒尺寸才开始快速的长大。事实上，90%的致密度通常是陶瓷材料烧结致密化过程中烧结中期（开气孔）和烧结后期（闭气孔）的转折点。开气孔在烧结中期起到了钉扎晶界的作用，直到开气孔消失进入烧结后期[27]。也就是说相对密度达到 90%以前，分散在晶粒中的开气孔钉扎在晶界上并阻止晶界的运动和晶粒的生长[28]；而当相对密度超过 90%以后，闭气孔开始球化或消失，陶瓷材料的烧结进入烧结后期，此时晶粒开始快速长大。

为了形象直观地观察陶瓷材料在烧结过程中微观结构的变化，给出了在 1500℃、1650℃和 1750℃下一步烧结获得的 $MgAl_2O_4$ 尖晶石试样的 SEM 图，见

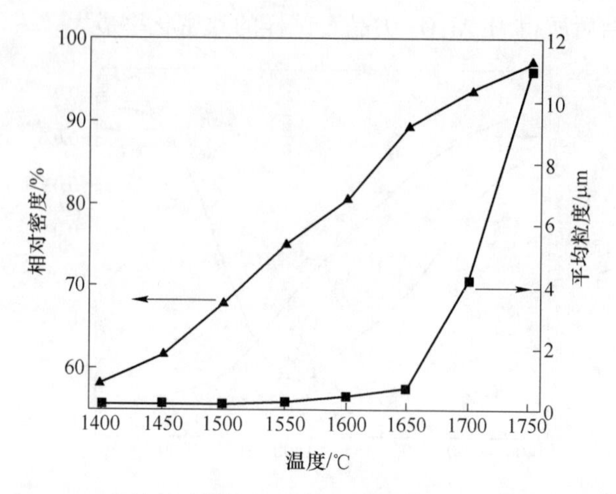

图 4-11 $MgAl_2O_4$ 尖晶石试样的相对密度和平均晶粒尺寸随烧结温度的变化

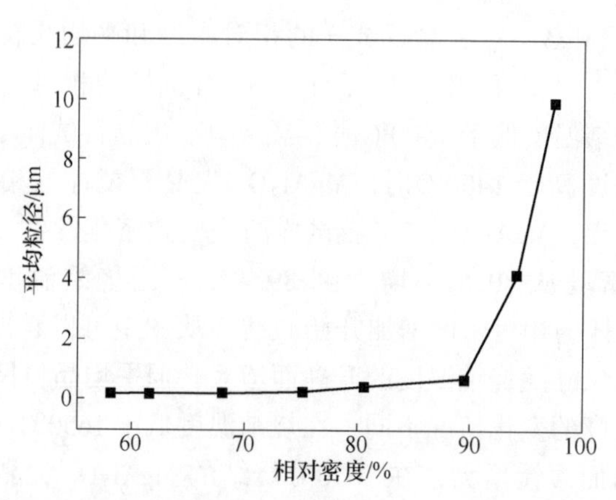

图 4-12 $MgAl_2O_4$ 尖晶石试样的平均晶粒尺寸随相对密度的变化关系

图 4-13。从图 4-13a 中可以看到，颗粒之间形成了烧结颈，但是有很多的气孔，这是陶瓷材料烧结初期的特征。相比于图 4-13a 试样的特征，图 4-13b 表现出典型的烧结中期的特征，例如此时试样中的晶粒尺寸长大，气孔减少。从图 4-13c 可以看到，所制备的试样没有残余的气孔，晶界清晰，晶粒尺寸为 11μm，是典型的烧结后期的微观结构。

由上述结果可知，$MgAl_2O_4$ 尖晶石试样的致密化主要发生在 1600～1650℃之间，而晶粒快速长大主要发生在 1650℃以上。这就表明 $MgAl_2O_4$ 尖晶石试样的致密化和晶粒长大主要在不同的温度区间进行，这两者的动力学过程与温度有不同的依赖关系。利用这种关系，可以通过对烧结温度的精确控制获得快速致密化同时缓慢晶粒生长的烧结条件。这为制备高致密度和细晶粒的 $MgAl_2O_4$ 尖晶石提供了一条可行的途径。

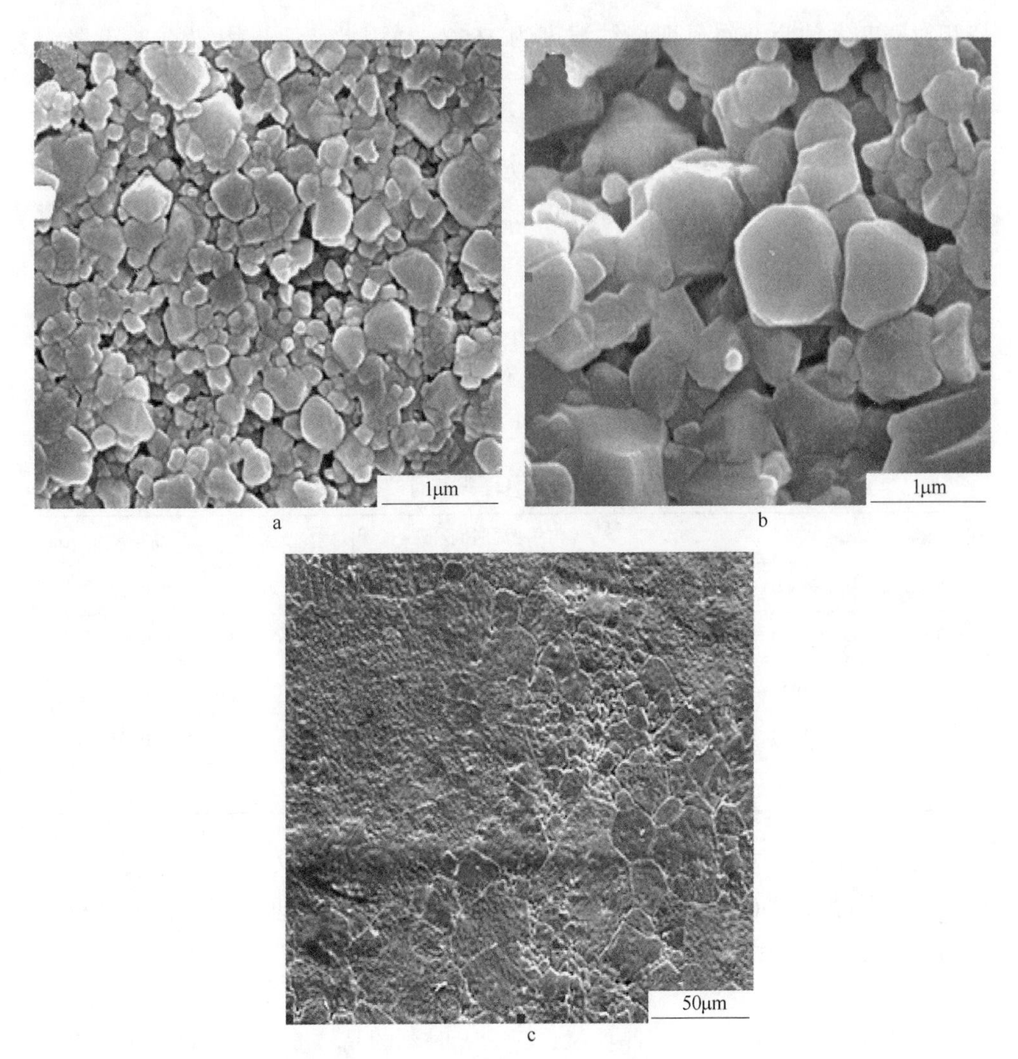

图 4-13 在不同烧结温度下单步烧结所得的 $MgAl_2O_4$ 尖晶石试样的 SEM 图

a—1500℃；b—1650℃；c—1750℃

4.1.3.7 两步烧结

本研究采用两步烧结法以期制得高致密度、细晶粒和微观结构均匀的 $MgAl_2O_4$ 尖晶石。两步烧结法通常是指将生坯快速升温到比较高的温度以获得中等密度，随后快速降温到一个较低的温度并保温较长时间直至完全致密。研究表明，两步烧结法得以成功很大程度上取决于温度 T_1 和 T_2 的选择[29,30]。从图 4-10 可以看出，$MgAl_2O_4$ 尖晶石烧结过程中最大的致密化速率在 1600℃获得。而由图 4-11 和图 4-12 可以看出，$MgAl_2O_4$ 尖晶石烧结过程中晶粒的快速长大发生在陶瓷相对密度大约为 90%，即烧结温度为 1650℃。因此，两步烧结的 T_1 设置为 1600℃或 1650℃，可获得一个致密度为 75%~92%的试样，此时气孔从开口状态转变为闭口状态，同时触发了晶粒的生长。在第二步烧结中为了实现陶瓷材料的致密化，并且抑制晶粒的快速长大，T_2 应比 T_1 低 50~150℃[31]。为此，本研究拟采用五种方案实时两步烧结，得到的相对密度和平均晶粒尺寸见表 4-5。从表 4-5 可知，通过 TSS1 和 TSS3 这两步烧结机制虽然抑制了晶粒的快速长大，但是其致密化过程也受到了严重的影响，这可能是由于 T_1 和 T_2 的选择不合理，所以这两种烧结制度不予考虑。对于 TSS2、TSS4 和 TSS5 两步烧结试样的致密度都比单步烧结试样的致密度要大，但是晶粒尺寸长大的程度不一样（平均晶粒尺寸分别是 0.62μm、0.65μm 和 3.5μm）。

表 4-5 不同两步烧结方案所得 $MgAl_2O_4$ 尖晶石的相对密度和平均晶粒尺寸

两步烧结机制	T_1/℃	T_2/℃	T_2 的保温时间/h	相对密度/%	平均晶粒尺寸/μm
TSS1	1600	1500	10	85.89	0.29
TSS2	1600	1550	10	87.88	0.62
TSS3	1650	1500	10	92.18	0.42
TSS4	1650	1550	10	96.17	0.67
TSS5	1650	1600	10	94.64	3.5

为了进一步研究两步烧结过程中的晶粒尺寸变化，晶粒生长动力学被用来分析第二步保温阶段（两步烧结）的晶粒生长行为[32]。第二步保温阶段的晶粒生长动力学的研究采用方程（4-4）来研究：

$$G^4 - G_0^4 = 2M\gamma(t - t_0) \tag{4-4}$$

式中，M 为晶界迁移率；γ 为晶界能；G_0 为 t_0 时刻的晶粒度。通常假设在 1550~1600℃的温度范围内晶界能变化很小，为了更好地比较几种烧结机制的晶界迁移率，取晶界能 γ 为 1。依据式（4-4）计算所得 TSS2、TSS4 和 TSS5 的晶界迁移率分别为 8.9×10^{-5}、1.22×10^{-5} 和 0.12。由此可知，在 TSS4 烧结条件下，晶界迁移率很小并使得晶粒在晶界扩散的驱动下均匀长大，并且晶粒尺寸较小（平均晶粒尺寸为 0.68μm）。而在 TSS2 烧结条件下，致密化过程受到抑制。可能是因为 T_1（1600℃）选择太低，抑制了原子扩散。同时，T_2 的选择也非常重要，因为如果 T_2 选择过高将会促进晶粒长大。例如在 TSS3 烧结条件下，由于 T_2 过高使得晶界迁移率（0.12）过大，进而使得晶粒快速长大。由此可以看出（1650℃/0h—1550℃/10h）是一种有效的两步烧结法以获得高致密度（96.17%）和细晶粒（0.67μm）的 $MgAl_2O_4$ 尖晶石。

4.1.3.8 力学性能

在确定 $MgAl_2O_4$ 尖晶石工艺为 TSS4（1650℃/0h—1550℃/10h）后，将长条形试样用两步烧结法 TSS4 和传统烧结法 CS 进行烧结，并将烧结产物标记为 TSS4 和 CS。传统烧结法的具体实验步骤是以 3℃/min 的升温速率升温到 1650℃保温 10h，然后随炉冷却至室温。采用三点弯曲法测定烧结试样的抗弯曲强度和在 HV-10 型维氏硬度测试仪上测定烧结试样的硬度，结果见表 4-6。从表 4-6 可知，TSS4 试样的抗弯曲强度比 CS 试样的增大了 54.8%，TSS4 试样的硬度比 CS 试样的增大了 52.2%。

表 4-6 在不同烧结工艺下所得 $MgAl_2O_4$ 尖晶石的力学性能

烧结机制	相对密度/%	平均晶粒尺寸/μm	抗弯曲强度/MPa	硬度/GPa
TSS4	95.8	0.67	240	11.05
CS	94.7	0.77	155	7.26

众所周知，陶瓷材料的力学性能主要受材料的致密度、晶粒尺寸和粒径分布的影响。陶瓷材料中不可避免存在着一些气孔，强度总是随着气孔的增多而降低的，因为气孔是引发应力集中的地方，应力达到一定程度时，裂纹扩展连接而导致材料整体破坏。也就是说，材料的微观结构越致密（致密度越大）则强度越大。图 4-14 是 TSS4 和 CS 试样的横断面 SEM 图。由图 4-14 可知，TSS4 试样的微观结构比 CS 试样的要更加致密。TSS4 试样中晶界清晰，晶粒之间紧密相连。另

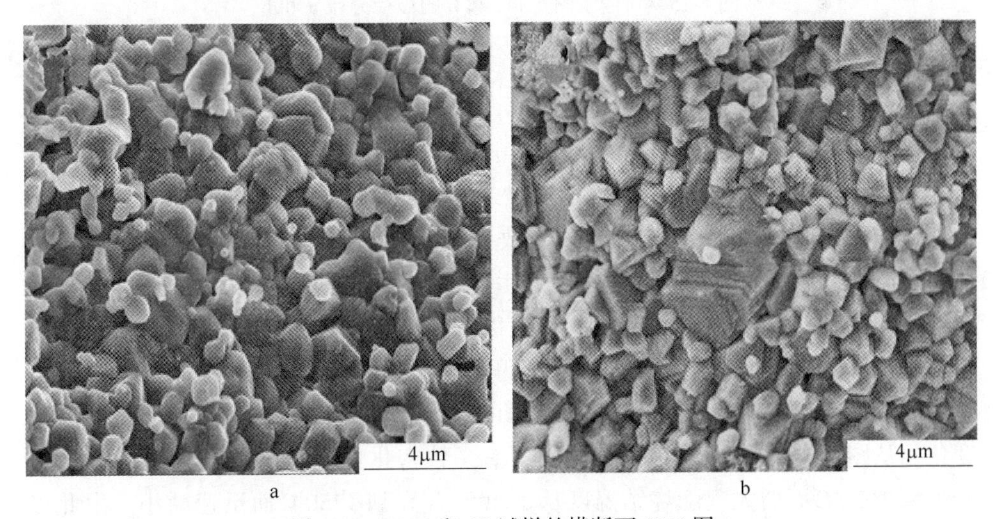

图 4-14 TSS4 和 CS 试样的横断面 SEM 图

a—TSS4；b—CS

外，在陶瓷材料中，强度和晶粒尺寸之间的关系符合 Hall-Petch 方程[33]：

$$\sigma = \sigma_0 + Kd^{-\frac{1}{2}} \tag{4-5}$$

式中，σ 为强度；σ_0为无限大单晶强度；d 为平均晶粒尺寸；K 为系数。由此可知抗弯曲强度与晶粒尺寸成反比，即晶粒尺寸越小，强度越大。本研究中 TSS4 试样的平均晶粒尺寸比 CS 试样的要小，但是相差不大。此外，材料的强度还受粒径分布的影响。因为陶瓷材料中若晶粒分布不均匀则晶界较多，在外力作用下扩展的裂纹会在晶界处受到阻止，降低强度。图 4-15a 和 b 分别对应于图 4-14 中 TSS4 和 CS 试样的横断面 SEM 图的粒径分布。由图 4-15 可知 TSS4 试样中的粒径分布更加均匀。综上所述，采用两步烧结法制备的 $MgAl_2O_4$ 尖晶石致密度更高、晶粒尺寸更细和粒径分布更加均匀，因此其抗弯曲强度和硬度更大。

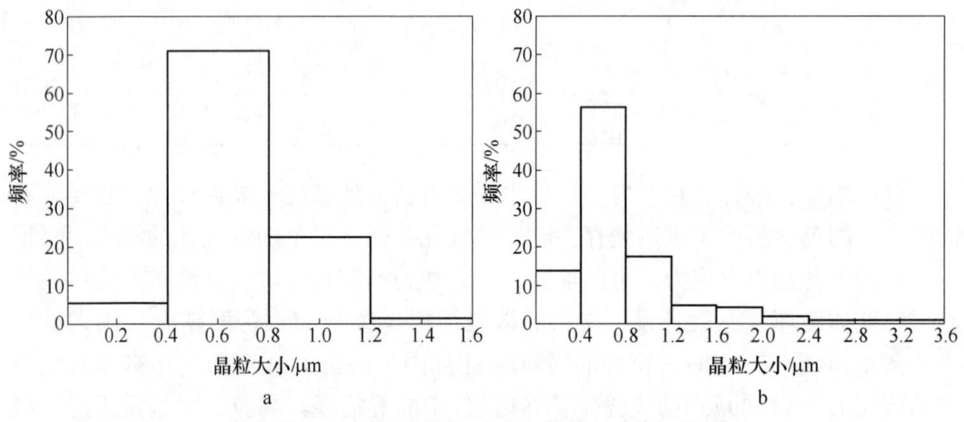

图 4-15 对应于图 4-14a 和 b 的粒径分布 a 和 b

4.1.3.9 完全致密 $MgAl_2O_4$ 尖晶石的烧结

由以上研究发现单纯依靠添加 Sc_2O_3 烧结助剂只能制备得到致密度为 95.91%的 $MgAl_2O_4$ 尖晶石。另外以亚微米级 $MgAl_2O_4$ 粉末为原料，采用两步烧结法制备得到的 $MgAl_2O_4$ 尖晶石的致密度也只有 96.17%，并且亚微米级 $MgAl_2O_4$ 粉末制备工艺复杂、成本高。由此可知采用上述单一方法并不能得到完全致密的 $MgAl_2O_4$ 尖晶石。所以本研究以添加了 4%Sc_2O_3 的固相合成 $MgAl_2O_4$ 粉末为原料，采用两步烧结法以期制备得到完全致密的 $MgAl_2O_4$ 尖晶石。

图 4-16 给出了 $MgAl_2O_4$ 尖晶石试样的线性收缩和线性收缩率随烧结温度的变化。从图 4-16 中可以看出，线性收缩率（致密化速率）随烧结温度从 1400℃ 升高到 1650℃ 而增大，随烧结温度从 1650℃ 升高到 1750℃ 而迅速减小。由此可知在 1650℃ 所得 $MgAl_2O_4$ 尖晶石试样的致密化率最大。

图 4-17 给出了不同温度烧后试样的相对密度和显气孔率。从图 4-17 可以看

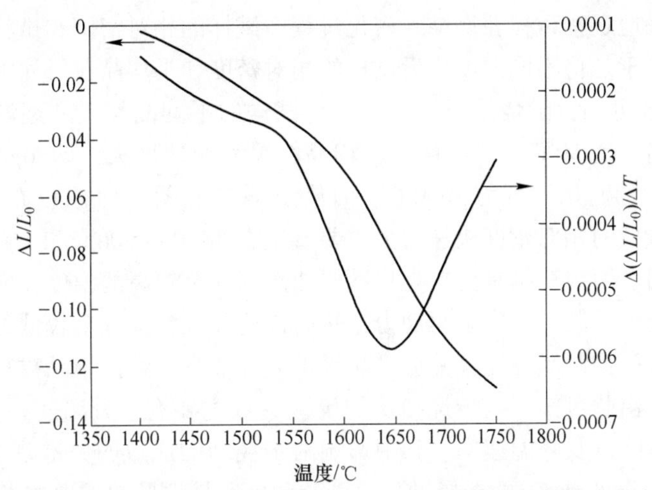

图 4-16 $MgAl_2O_4$ 尖晶石试样的线性收缩和线性收缩率随烧结温度的变化曲线

出，随着烧结温度从 1400℃增大到 1750℃，试样的相对密度从 66.2%逐渐增大到 98.02%，试样的显气孔率从 34.44%逐渐减小到 0。由此可知，相比于单步烧结试样的相对密度和显气孔率，本研究的烧结试样的相对密度明显较大、显气孔率较小。这可能是由于添加的 Sc_2O_3 可以促进试样烧结致密化。从图 4-17 可以看出，试样的相对密度随烧结温度从 1400℃升高到 1650℃而快速增大，随烧结温度从 1650℃升高到 1750℃增加但是增大的幅度较小。根据固相烧结理论可知[34]，烧结温度越高，烧结驱动力越大。在烧结前期和中期，试样随烧结温度的升高，其烧结进行得更迅速。因为此时颗粒内原子扩散系数较大，并且是按指数级迅速增大。而在烧结后期，当闭气孔缩小或消失，烧结体已近乎完全致密，此时的陶瓷密度随烧结温度的增加而进一步增加，但其增加程度逐渐减慢甚至会因为温度过高而出现过烧现象。

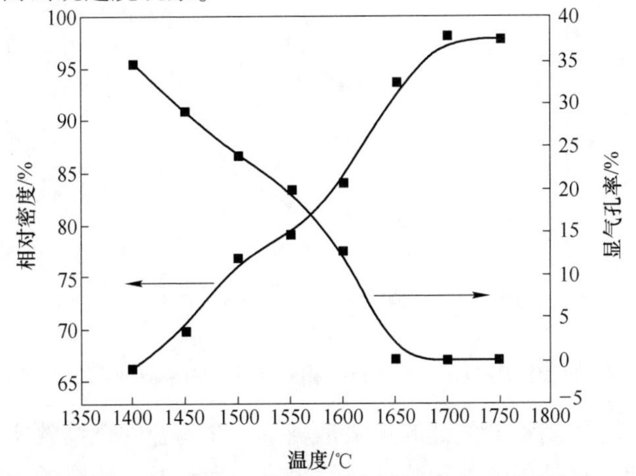

图 4-17 不同温度烧结后试样的相对密度和显气孔率

为了更好地观察试样在烧结致密化过程中试样的相对密度和试样的平均晶粒尺寸的变化，于是将不同温度烧后试样的相对密度和平均晶粒尺寸描绘在图 4-18 中。由图 4-18 可知，随烧结温度的升高，试样的平均晶粒尺寸逐渐增大。并且在烧结温度高于 1650℃时，试样的平均晶粒尺寸快速增大，即 $MgAl_2O_4$ 尖晶石晶粒快速长大的起始温度为 1650℃。而从图 4-17 和图 4-18 可以看出，$MgAl_2O_4$ 尖晶石烧结试样的相对密度快速增大主要发生在 1450~1500℃和 1600~1650℃这两个温度区间。两步烧结是：首先将试样加热到一个较高的温度，使体系获得一个足以发生晶界扩散的热力学驱动力；然后快速降温到某一个较低的温度，并长时间保温，从而抑制晶界迁移并促进晶界扩散，最终达到控制晶粒长大和促进致密化的目的。由此可知，两步烧结法的工艺参数主要有：升温速率、T_1 和 T_2 的选择、保温时间以及降温速率。其中影响两步烧结的成败的关键是 T_1 和 T_2 的选择成功与否。若 T_1 或 T_2 的选择过高，可能会导致晶粒异常长大的发生；若 T_1 或 T_2 的选择过低，则很难实现试样的致密化。两步烧结法的应用过程中通常要保证在第一步烧结过后的试样的致密度在 75%~92%之间[27]。由此可知，本研究中 T_1 应选择为 1600~1650℃这一温度区间。再结合图 4-17 的结果，即 $MgAl_2O_4$ 尖晶石在 1650℃致密化速率最大，所以 T_1 选择为 1650℃。从图 4-18 还可以看出，$MgAl_2O_4$ 尖晶石的平均晶粒尺寸随烧结温度的增大而快速长大的起始温度为 1650℃。由此可知，$MgAl_2O_4$ 尖晶石的致密化和晶粒长大发生的温度区间是不同的，这为实现抑制烧结过程中试样晶粒长大的同时促进烧结致密化提供了可能性。

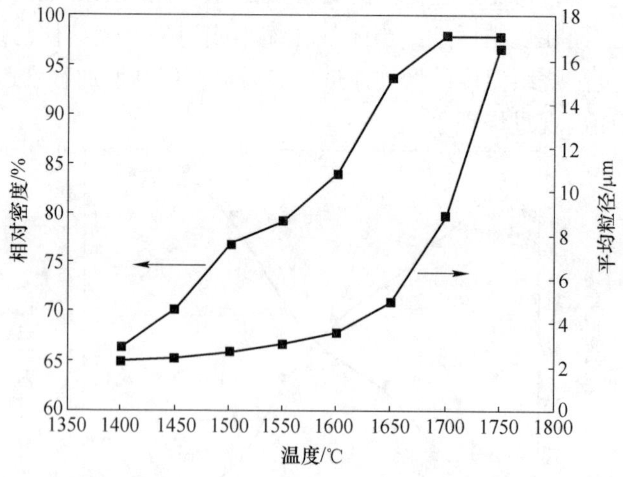

图 4-18 单步烧结中 $MgAl_2O_4$ 尖晶石的相对密度和晶粒大小随烧结温度的变化

众所周知，陶瓷制备最关键的步骤是烧结。在陶瓷的烧结致密化过程中，尤其是在烧结后期，总是伴随着部分晶粒的快速长大。对于传统的无压烧结方法只有通过控制烧结工艺的方法来达到在抑制晶粒长大的前提下实现坯体的致密化。本研究中，通过前一节的单步烧结确定了 T_1 为 1650℃，使体系获得一个足以发生晶界扩散的热力学驱动力。T_1 和 T_2 的选择过程中，T_2 的选择也非常重要。T_2 的选择要适当，要保证加热到 T_2 时所提供的能量要能够使晶界扩散继续进行，但是不足以让晶界迁移发生。因为足够的晶界扩散可以使材料中的空隙被填满，同时晶界迁移得到抑制使得晶粒快速长大得到抑制，最终实现完全致密并且抑制晶粒长大。图 4-19 给出了两步烧结和单步烧结所得 $MgAl_2O_4$ 尖晶石的平均晶粒尺寸与相对密度的关系。从图 4-19 可知，当 $MgAl_2O_4$ 尖晶石的平均晶粒尺寸随相对密度快速增大的相对密度起始值为 93.77%（$T_1 = 1650℃$）。本研究基于前一章节的研究方法，确定了两步烧结的工艺参数：升温速度、保温时间、降温速度以及 T_1 和 T_2 的选择，即以 10℃/min 升温速率加热到 1650℃（T_1），然后立即以 30℃/min 的降温速率冷却到 1550℃（T_2），并且保温 10h。从图 4-19 可知，两步烧结所得的 $MgAl_2O_4$ 尖晶石的平均晶粒尺寸（4.97μm）得到明显的抑制，并且相对密度（99.2%）显著提高。两步烧结中，温度由 T_1 冷却至 T_2 后，晶界迁移所需的活化能不能得到满足，抑制了晶粒长大；相反所提供的活化能却足以推动晶界扩散，使得致密化过程得以继续进行。从动力学方面来看，试样从高温 T_1 快速冷却至一个较低的温度 T_2 的结果是形成了一个“冰冻”的微观组织。这些“冰冻”骨架将会缓慢推动材料致密化过程的持续进行。所以可以在保证晶粒尺寸变化不大的前提下促进材料的致密化继续进行。本研究制备 $MgAl_2O_4$ 尖晶石的两步烧结工艺是 1650℃/0—1550℃/10h，并且所得的 $MgAl_2O_4$ 尖晶石试样的致密度和显气孔率都与前一章所得结果不同。主要是由于添加了 4%Sc_2O_3，Sc_2O_3 有利于促进 $MgAl_2O_4$ 尖晶石的致密化，改变了其晶界扩散和晶界迁移所需的活化能。

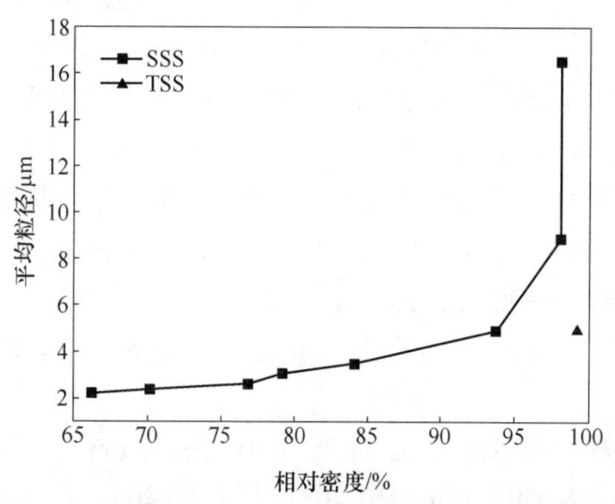

图 4-19 两步烧结（-▲-）和单步烧结（-■-）所得尖晶石试样的平均晶粒尺寸与相对密度的关系

图4-20是两步烧结和传统烧结所得 $MgAl_2O_4$ 尖晶石的SEM图。传统烧结法是以3℃/min升温速率加热到1650℃，保温10h。通过传统烧结法所制备的 $MgAl_2O_4$ 尖晶石的相对密度和显气孔率分别是95.8%和2%。从图4-20可知，两步烧结所得的 $MgAl_2O_4$ 尖晶石的微观结构更加致密，并且晶粒尺寸分布更加均匀。说明采用两步烧结法成功制备得到高致密度、细晶粒和微观结构均匀的 $MgAl_2O_4$ 尖晶石。这也是抑制电解质熔体侵蚀的前提条件。

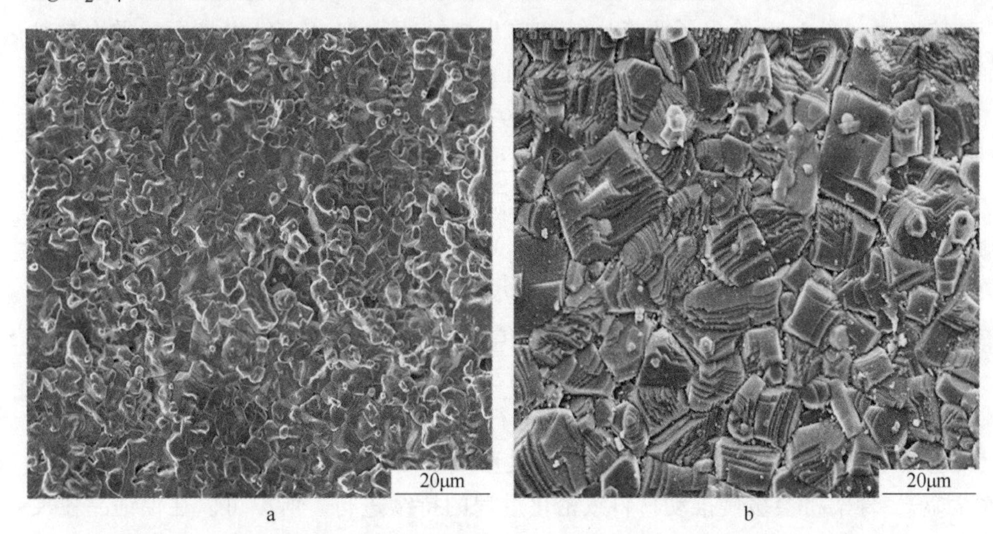

图4-20 两步烧结（a）和传统烧结（b）所得 $MgAl_2O_4$ 尖晶石的SEM图

4.1.4 研究结论

研究结论如下：

（1）Sc_2O_3 对 $MgAl_2O_4$ 尖晶石具有明显的助烧作用。添加 Sc_2O_3 后，Sc^{3+} 将取代尖晶石中的 Al^{3+}，而使得 $MgAl_2O_4$ 尖晶石晶格得到活化，促进传质和扩散，最终促进 $MgAl_2O_4$ 尖晶石烧结致密化。随着 Sc_2O_3 添加量的增大或烧结温度的升高，$MgAl_2O_4$ 尖晶石的致密度也逐渐增大。以1200℃合成粉末为烧结原料并且含4%（质量分数）Sc_2O_3，在1650℃烧结2h所得 $MgAl_2O_4$ 尖晶石的体积密度为 3.443g/cm^3、显气孔率为1.1%。而以1400℃合成粉末为烧结原料，所得 $MgAl_2O_4$ 尖晶石的体积密度为3.2g/cm^3、显气孔率为8.2%。这是由于低温合成的粉末烧结活性较高并在烧结过程中会生成少量 $MgAl_2O_4$ 有助于 $MgAl_2O_4$ 尖晶石的烧结致密化。

（2）提出并采用两步烧结法制备 $MgAl_2O_4$ 尖晶石材料，确定了最佳的两步烧结工艺：第一步为1650℃/0h，第二步为1550℃/10h。在该两步烧结工艺下得到相对密度为96.17%、平均晶粒尺寸为0.67μm、抗弯曲强度为240MPa、硬度为11.05GPa、微观结构均匀的 $MgAl_2O_4$ 尖晶石。而在1650℃保温10h所得传统烧结试样的相对密度为94.7%，平均晶粒尺寸为0.77μm，抗弯曲强度为155MPa，硬度为7.26GPa。并且两步烧结试样的微观结构相比于传统烧结试样的更加致密和均匀。

（3）综合两步烧结法和烧结助剂技术，可获得完全致密（99.2%）和微观结构均匀的 $MgAl_2O_4$ 尖晶石。当 Sc_2O_3 烧结助剂的添加量为4%时，两步烧结工艺的具体实验步骤是：以10℃/min升温速率加热到1650℃（T_1），然后立即以30℃/min的降温速率冷却到1550℃（T_2），并且保温10h。

4.2 原料对 $MgAl_2O_4$ 尖晶石致密化的影响

4.2.1 研究概述

铝酸镁尖晶石（$MgAl_2O_4$）具有巨大的技术重要性，主要作为耐火材料[35]，由于其优异的高温性能，包括高熔点，优异的抗化学侵蚀性，室温下的良好强度和高温下优异的抗热冲击性。作为耐火材料，尖晶石对于钢铁工业的钢包，水泥回转窑的过渡和燃烧区以及玻璃罐式炉的再生器来说是最重要的[36]。除了耐火材料外，尖晶石也在结构陶瓷领域出现，并且主要用于广泛的应用，包括透明装甲、导弹圆顶和激光主体材料[37]。

铝酸镁尖晶石在自然界中不是很丰富，因此必须合成制备尖晶石用于商业领域。高纯度尖晶石主要通过湿法化学工艺合成，如燃烧合成、火焰喷雾热解、氢氧基共沉淀、溶胶-凝胶工艺等。然而，湿法工艺难以商业化，并且尖晶石通过固态反应技术广泛制备用于任何批量生产。

固态反应技术是最古老、最简单且仍然是最广泛使用的尖晶石制造方法。在该技术中，将含镁和铝的化合物（主要是氧化物、氢氧化物和碳酸盐）混合并压制成型，然后在高温下烧制。固态反应与刚性氧晶格中 Mg^{2+} 和 Al^{3+} 离子的反扩散过程有关，其体积膨胀约为5%，尖晶石的形成发生在 MgO-$MgAl_2O_4$ 和 $MgAl_2O_4$-Al_2O_3 界面[38]。

在固态反应技术中，许多工人使用天然存在的原料来使该方法和产品经济。但是发现天然原料中存在杂质对最终性能有害[39,40]。Chen 和 Tian 通过煅烧从轻烧菱镁矿和氧化铝合成活性 $MgAl_2O_4$ 尖晶石[41]，并报道在1000℃下形成尖晶石，并且当在1250℃煅烧时材料具有最佳烧结行为。Xiang[42]还通过改变氧化镁和氧化铝的比例从天然菱镁矿和铝土矿制备尖晶石，并报告在960~1350℃之间形成尖晶石。Mazzoni[43]通过 $Mg(OH)_2$ 和 $Al(OH)_3$ 的热处理从活性氧化物制备尖晶石，并报道激活如冲击和摩擦研磨降低了尖晶石的形成温度。再次发现1400℃的煅烧温度[44]对于化学级氢氧化物前体而言是最佳的，以获得尖晶石的最佳致密化。还发现研磨[45]对于在单级烧制中通过固态反应技术获得致密尖晶石非常有效。在本工作中，使用两种市售氧化铝和三种不同类型的氧化镁通过在1200~1600℃之间烧制来制备化学计量尖晶石。并进一步烧结致密化。

4.2.2 研究设计

两种不同等级的氧化铝，即 A1 和 A2 和三种不同类型的氧化镁，即烧结氧化镁（SM）、电熔氧化镁（FM）和化学级氧化镁（CM）。起始原料见表 4-7。由这些原料制备化学计量的尖晶石组合物，并制备总共 6 种不同的尖晶石批料。将每批的起始材料在醇介质中混合，使用磁力搅拌器 60min，然后将混合的组合物干燥并使用液压机在 100MPa 下用 4%PVA 溶液（6%浓度）压制成粒料。将压制的粒料在 110℃下干燥并在可编程电阻炉中在 1200℃，1300℃，1400℃，1500℃和 1600℃下烧制，停留时间为 2h。通过 X 射线衍射（XRD）方法对烧结产物进行相分析；通过测量堆积密度和表观孔隙率来研究致密化，并且使用扫描电子显微镜进行 1600℃烧结粒料的断裂表面的微观结构表征。还通过使用膨胀计表征每种组合物的尖晶石形成。

表 4-7 不同起始材料 （质量分数,%）

组分	A1	A2	SM	FM	CM
SiO_2	0.05	0.06	0.12	0.47	0.08
Al_2O_3	99.8	99.3	0.07	0.12	
Fe_2O_3	0.03	0.03	0.44	0.63	
TiO_2		微量			
B_2O_3			0.01		
CaO	0.05	0.02	0.74	1.46	0.37
MgO	0.06		98.5	97.14	99.1
Na_2O+K_2O	0.10	0.14			
比表面积/$m^2 \cdot mg^{-1}$	8.9	2.9			6.1
平均晶粒尺寸/μm			70	800	
D_{50}/μm	0.51	2.5			
粒度分布	单峰	双峰			

4.2.3 研究结果与讨论

表 4-7 显示该研究中使用的两种氧化铝都是高纯度的；与具有双峰分布的 A2 相比，A1 更精细且具有单峰分布。在不同等级的氧化镁中，CM 是高纯度的，而

SM 和 FM 是以 CaO 和 Fe_2O_3 为主要杂质。

4.2.3.1 物相分析

不同批次的相分析研究显示出相似的特征。发现尖晶石形成低于1200℃。在1200℃时，所有批次都具有尖晶石相以及游离/未反应的刚玉和方镁石相。由于反应物之间的反应程度较高，发现尖晶石相峰强度随着温度升高而反应物相的峰强度降低而增加。对于在1500℃和1500℃以上燃烧的样品，仅观察到尖晶石相和没有游离刚玉和方镁石相。含有在1200℃和1500℃下烧结的A1和SM的组合物的XRD图显示在图4-21中。但是，含有CM氧化镁的批次仅显示尖晶石相，即使在1400℃下烧制也没有自由反应物相（图4-22）。在较低温度下完成尖晶石的形成可能是由于CM氧化镁的高纯度。此外，发现含CM组合物的尖晶石相峰强度高于其他两种氧化镁，表明由于起始材料的更高纯度，所形成的尖晶石相的结晶度更高。

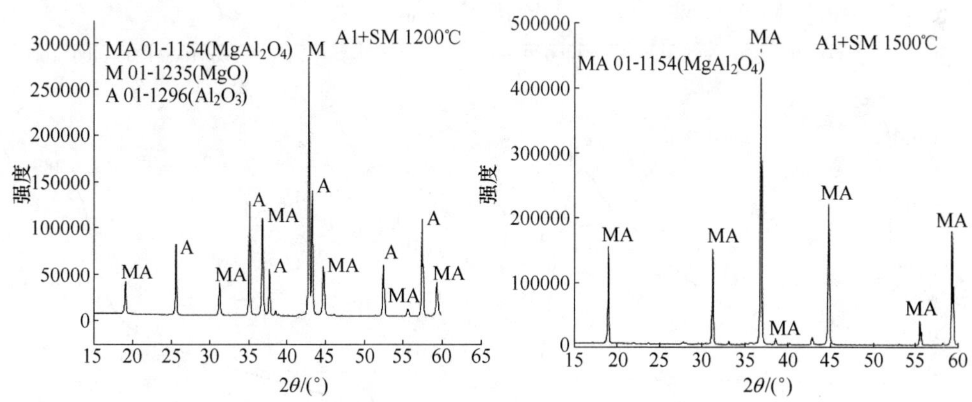

图4-21 在1200℃和1500℃下烧制的A1+SM组合物的XRD图

（MA-尖晶石，M-氧化镁和A-氧化铝）

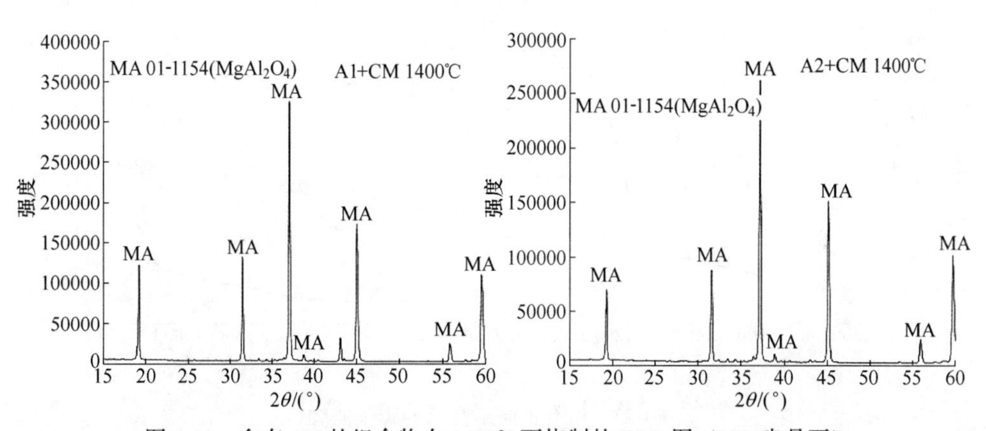

图4-22 含有CM的组合物在1400℃下烧制的XRD图（MA-尖晶石）

4.2.3.2 膨胀测定

膨胀测定研究显示（图4-23）样品随温度升高的热膨胀行为。通常，由于氧化铝和氧化镁混合物的热膨胀性质，所有组合物的膨胀图显示随着温度的升高，样品尺寸缓慢增加。然后，由于尖晶石形成反应，膨胀行为急剧增加，并且随着温度升高，由于尖晶石形成的更高程度，膨胀行为进一步增加。同样在较高

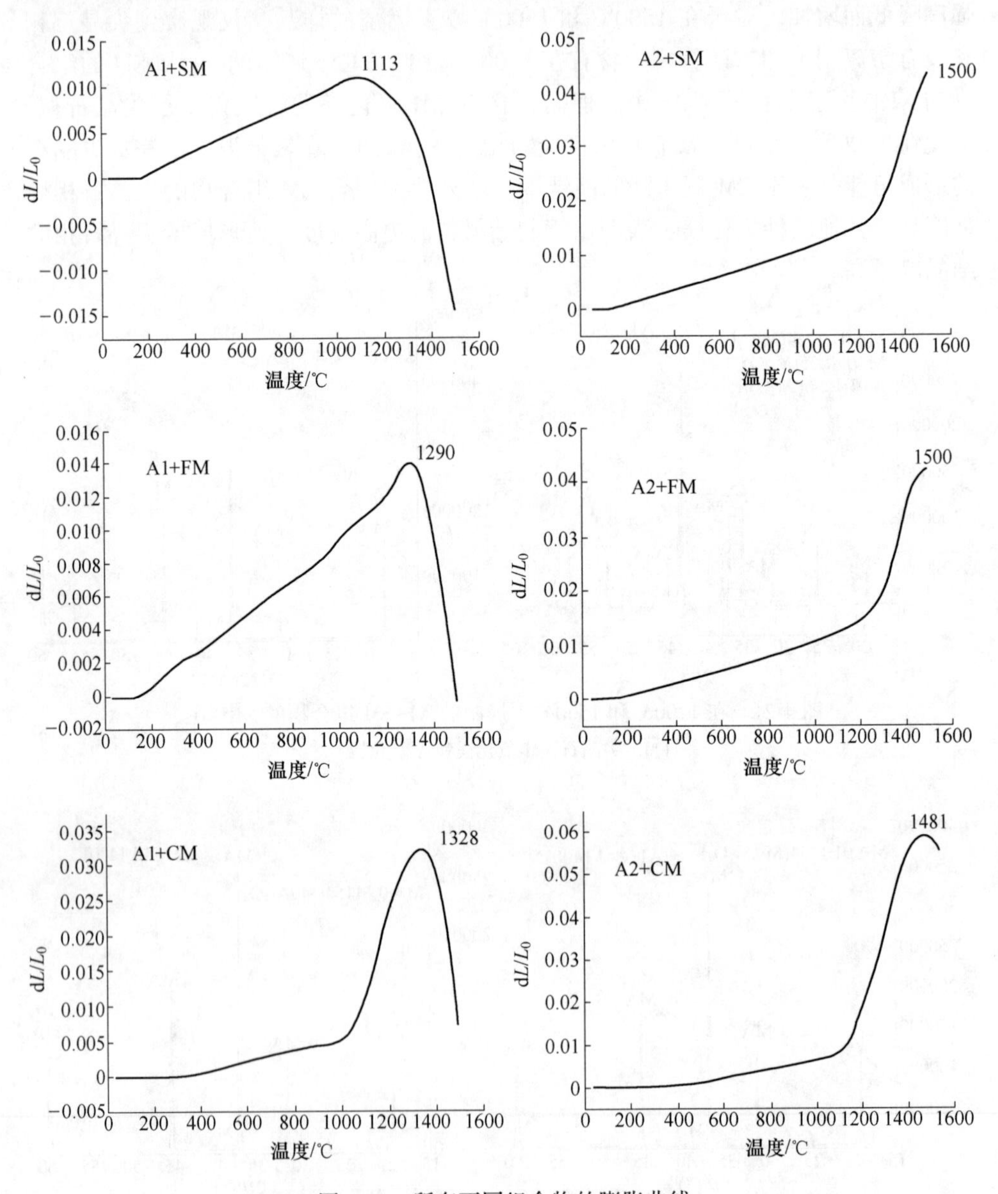

图4-23 所有不同组合物的膨胀曲线

温度下，组合物的烧结/致密化开始并随着温度的升高而增加，这导致组合物的收缩。在一定的高温之后，由于致密化引起的收缩超过了尖晶石形成的膨胀行为，并且该膨胀性质被逆转从而收缩样品的尺寸。

在图 4-23 中标出了每种组合物的膨胀曲线的反转温度。已经观察到，对于含有 A1 的氧化铝的组合物，与含有 A2 的组合物相比，反转温度较低。这可能是由于 A1 氧化铝的更细的尺寸，导致更快和更大程度的致密化。含有 CM 氧化镁的组合物显示出更大程度的膨胀值，由于更快的尖晶石形成，可能与更高纯度的材料有关。

4.2.3.3 致密化研究

对于所有组合物，观察到随着温度升高，体积密度增加和孔隙率降低的一般趋势（图 4-24）。这是由于在较高温度下烧结的程度较大。由于氧化铝的较细尺寸，含 A1 氧化铝的组合物与含 A2 的组合物相比显示出相对较高的密度值，并且还支持膨胀研究中热膨胀曲线的低温逆转。同样，含有 CM 氧化镁的组合物显示出最低的密度值可能是由于膨胀研究中发现的更快的尖晶石形成和更高的膨胀导致的致密化不良。发现致密率（BD 曲线对温度的斜率）高于 1500℃，这是由于尖晶石相形成 1500℃的完成及其相关的膨胀，导致更大程度的致密化。

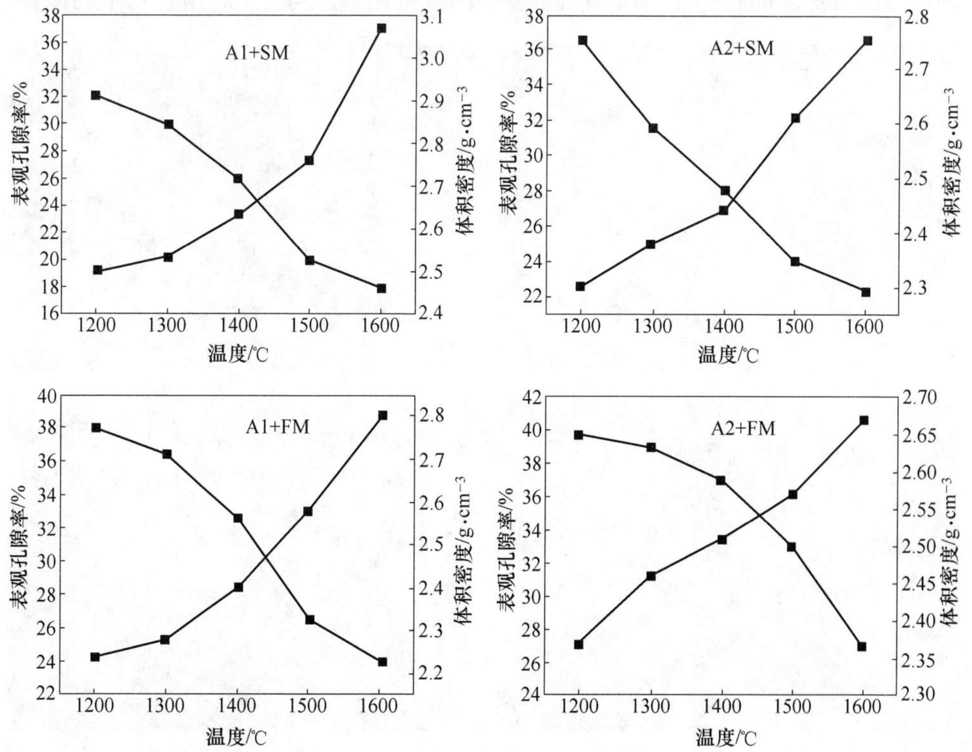

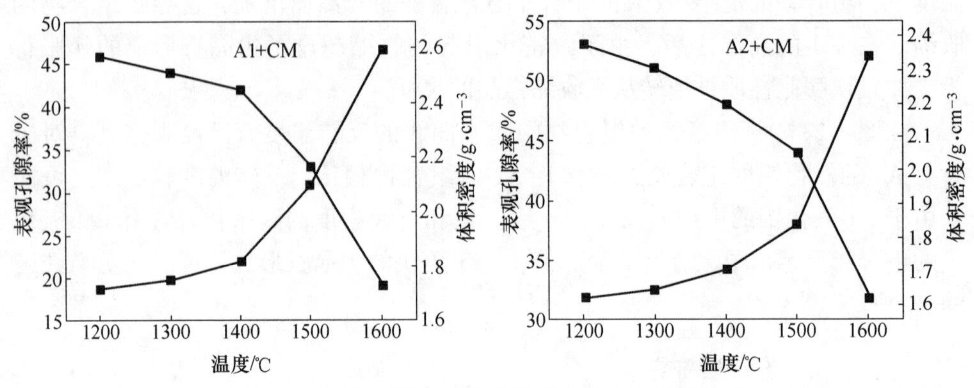

图 4-24 所有不同组合物的堆积密度和表观孔隙率

4.2.3.4 微观结构研究

1600℃烧结组合物的断裂表面的扫描电子显微照片显示（图 4-25）对于含有 SM 氧化镁的组合物，具有较小孔的良好压实的颗粒。对于具有 FM 氧化镁的组合物，颗粒相对较低密实，尺寸小并且也很好地观察到孔。这表明含 FM 的组合物比含 SM 的组合物的致密化更小。含有 CM 氧化镁的组合物再次显示出更细的颗粒，具有更高的孔隙度，表明组合物中的致密化差。与含 CM 组合物中的体积

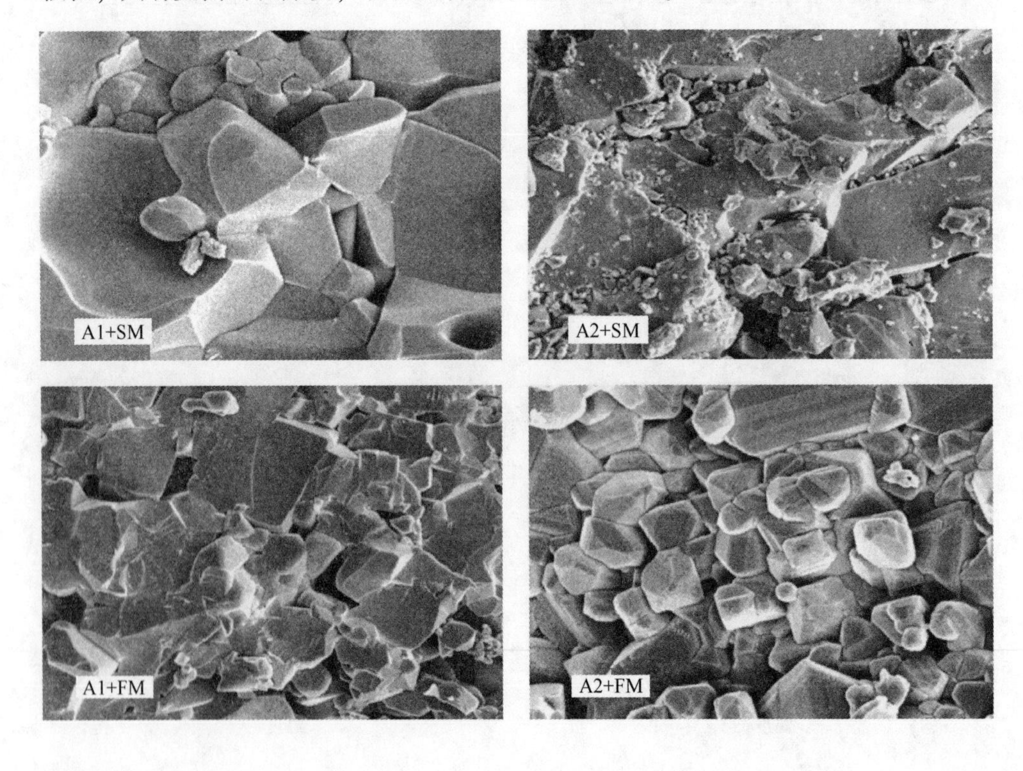

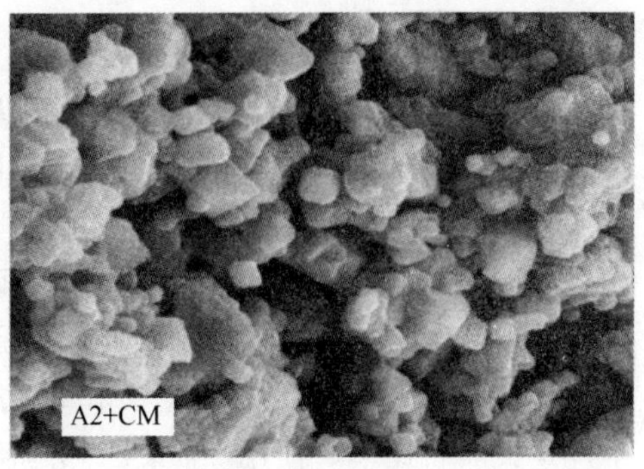

图 4-25 在 1600℃下烧制的组合物的断裂表面的 SEM 显微照片

膨胀相关的更大程度的尖晶石形成可能导致这种多孔结构。对于含有 Al 氧化铝和 SM 氧化镁的组合物，观察到具有非常小孔隙率的良好压实的微观结构，其也支持组合物的最高烧结密度值。

4.2.4 研究结论

通过 X 衍射分析研究了以不同氧化铝和氧化镁为原料合成尖晶石的工艺，发现所有组合物在温度高于 1500℃煅烧可完成尖晶石的形成。原料的纯度和晶粒尺寸对烧结体的致密化具有重要的影响。

4.3 MgO 反应活性对 $MgAl_2O_4$ 尖晶石致密化的影响

4.3.1 研究概述

铝酸镁尖晶石（$MgAl_2O_4$）是 MgO-Al_2O_3 体系中唯一的化合物。它以其高耐火度，低体膨胀系数，化学稳定性、抗热震性和耐腐蚀性好而著称。所有这些独特的性能使得铝酸镁尖晶石成为钢铁和水泥工业中具有吸引力的耐火材料。然而，尖晶石形成伴随 5%～7%的体积膨胀，这使得难以形成致密的烧结体。因此，通常采用两段法来烧结尖晶石：第一步尖晶石的形成（900～1200℃）和第二步致密化（1600～1800℃）。还有其他几种方法，如共沉淀，喷雾干燥，冷冻干燥，喷雾热解，通过这些方法可以在低温下合成尖晶石。但是，这些方法都不适合批量生产尖晶石。因此，固体氧化物反应烧结仍然是制造用于耐火应用的尖晶石聚集体的可行途径。在本研究中，目标是评估 MgO 对尖晶石反应烧结的影响。选择轻度煅烧（1100℃）的反应性 MgO（苛性碱）和惰性 MgO（烧结）进行研究。

4.3.2 研究设计

所用的原料是氧化镁和氧化铝。其中一种镁粉在1100℃左右被轻微煅烧（苛性碱）和另一种过烧MgO。苛性氧化镁直接用于原样，而过烧的氧化镁颗粒在加工前被压碎和振动研磨。通过湿化学方法测定原料的化学分析。根据表面积和微晶尺寸测量物理性质。粉末的比表面积通过使用N_2气体的标准单点BET法测量。通过X射线衍射利用X射线谱展宽确定微晶尺寸。由苛性氧化镁和氧化铝（CMA）和振动研磨的氧化镁和氧化铝（SMA）制备批料。批料的组成为化学计量尖晶石比率。使用5%聚乙烯醇溶液作为黏合剂，通过在140MPa下单轴压制来制造尺寸为12mm(ϕ)的圆盘×制造12mm(h)的生坯，并用于致密化研究，另外压制尺寸为10mm(ϕ)×按压25mm(h)的生坯，并用于膨胀测定。样品在110℃下干燥24h，在1650~1750℃之间烧结，以2h的温度浸泡在电炉中，加热速率为3℃/min。

4.3.3 研究结果与讨论

原料的物理化学分析示于表4-8中。氧化镁的MgO含量为97%。轻度煅烧（腐蚀性）氧化镁的高LOI是由一些$Mg(OH)_2$的热分解引起的。腐蚀性氧化镁的DTA分析（图4-26）通过在约360℃处显示出一个小峰来证实这一点。但是，

表4-8 原料化学分析

原料	化学成分（无损基础，质量分数）/%						L.O.I（质量分数）/%
	SiO_2	Al_2O_3	Fe_2O_3	CaO	MgO	Na_2O	
氧化镁	1.0	0.2	0.3	1.5	96.9		腐蚀：5.8 烧结：0.8
矾土		99.69				0.31	0.4

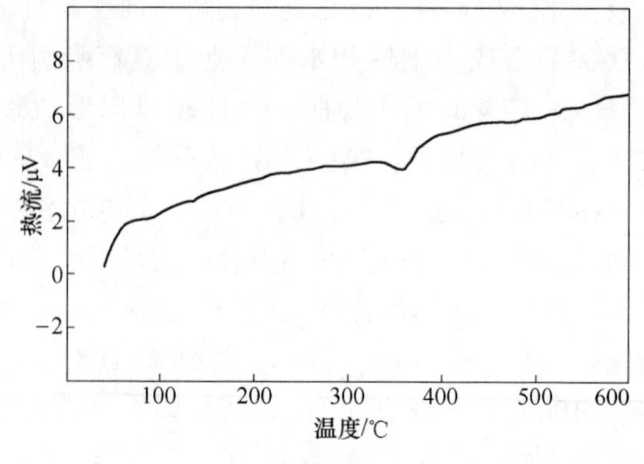

图4-26 苛性氧化镁的DTA热谱图

由于量很小，因此不能通过 X 射线分析检测到。所用的氧化铝本质上是高纯度的，并且存在的相是 α-Al_2O_3。

两种氧化镁源的微晶尺寸，比表面积和计算的当量球直径（ESD）如表 4-9 所示。苛性氧化镁由较小的微晶尺寸（78nm）组成，具有较高的比表面积。另外，振动研磨的烧结氧化镁的微晶尺寸高，并且具有低表面积，显示出其惰性。粉末颗粒通常由不止一种晶体组成。与苛性氧化镁粉末不同，在较高温度（1800℃）下生产的烧结氧化镁是凝聚的颗粒形式。通过振动铣削（8h）虽然其 ESD 降至 168nm 但仍高于其晶体尺寸（178nm）。

表 4-9　苛性和烧结氧化镁的晶粒尺寸和表面积

氧化镁	晶粒尺寸/nm	表面积/$m^2 \cdot g^{-1}$	当量球直径/nm
苛性	78	13.2	130
烧结	178	1.0	168

来自苛性氧化镁-氧化铝（CMA）和烧结氧化镁-氧化铝（SMA）批次的生坯的膨胀度曲线显示在图 4-27 中。两个批次的线性膨胀增加到 1200℃以上表明尖晶石形成的起始温度。超过 1200℃的线性变化百分比是尖晶石相形成（膨胀）和致密化（收缩）的组合效应。与 CMA 相比，1200℃下 SMA 压块的较低致密化增加了尖晶石形成率（斜率变化）。SMA 压块的热膨胀增加到 1400℃。该压块的斜率在 1475℃后反转，其中致密化速率超过尖晶石形成的速率。CMA 压块的最大长度增量可达到 1460℃并保持恒定至 1500℃。

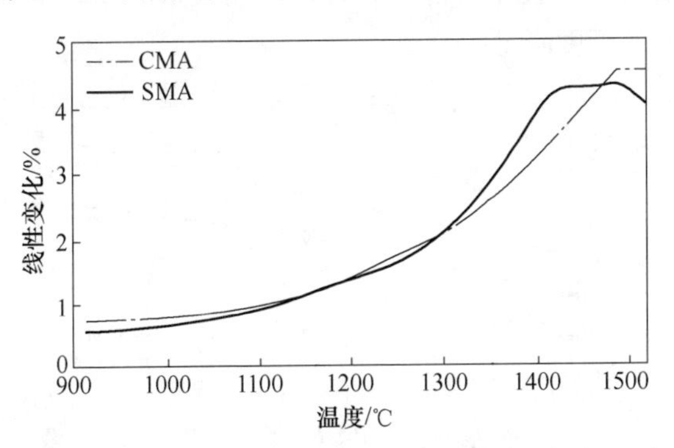

图 4-27　由 CMA 和 SMA 制成的压坯的膨胀曲线

作为温度函数产生的尖晶石的含量显示在图 4-28 中。尖晶石相是所有样品中的主要相。它们还含有未反应的方镁石和刚玉作为次要相。结果表明，CMA 压块在不同温度下的尖晶石形成程度高于 SMA。这是因为 CMA 压块含有苛性氧化镁，与 SMA 压块的烧结氧化镁相比具有更高的表面积和更低的微晶尺寸，因此具有更高的反应性。如图 4-27 和图 4-28 所示，可以得出结论，在 1300～1400℃的温度范围内 SMA 的较高斜率是在该温度范围内较低的致密化速率的结果。然而，在 1475℃之后，SMA 批料趋向于更加致密化，因为由于脊柱形化引起的膨胀显著减少。

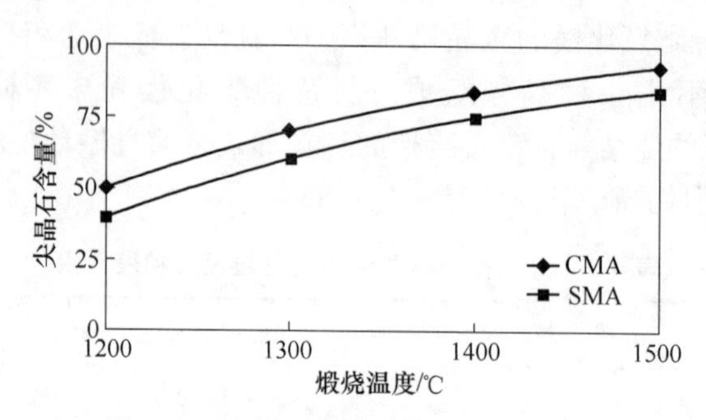

图 4-28 尖晶石含量与煅烧温度的关系

图 4-29 显示了在不同温度下烧结的结果。它表明，尽管 CMA 批次中苛性氧化镁的表面积较大，但在任何烧结温度下烧结密度都低于 SMA。在 1750℃下 CMA 压块的烧结密度和孔隙率分别为 2. 80g/cm³ 和 21%。SMA 压块的烧结密度和孔隙率分别为 3. 25g/cm³ 和 1. 0%。CMA 压块中较高的苛性氧化镁表面积有利于尖晶石的形成而不是致密化。较高的尖晶石形成（图 4-28）伴随着体积膨胀（图 4-27），这是 CMA 压块致密化程度较低的原因。该结果证实了对低温合成尖晶石的研究，其中尽管起始材料具有较小的微晶尺寸，但最终显示出较差的烧结密度。据报道，在低温下煅烧的粉末具有相对较大量的棒状颗粒，这阻碍了均匀的压实并且导致最终密度降低。

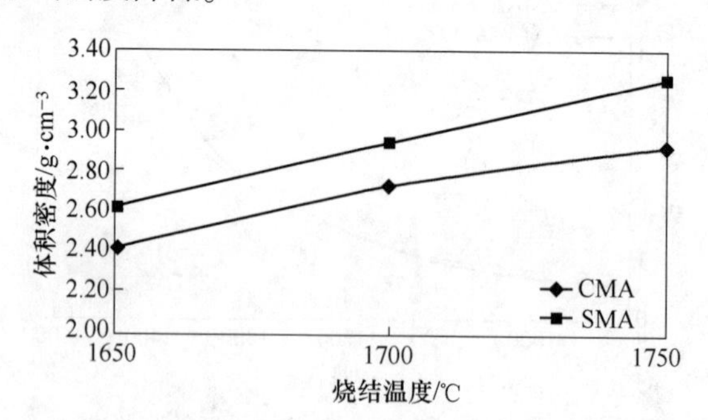

图 4-29 来自 CMA 和 SMA 的化学计量尖晶石的堆积密度

在 1750℃烧结的尖晶石致密物（CMA 和 SMA）的 SEM 显微照片显示在图 4-30a和 b 中。烧结 CMA 的晶粒尺寸（图 4-30a）显著高于烧结 SMA。烧结 SMA 的光刻图显示尖晶石晶粒的均匀分布，具有较小的尺寸和均匀的微观结构。CMA 压块中的苛性氧化镁的高表面积增加了脊柱化的速率并增强了晶粒生长。因此，夸大的晶粒生长和较高的孔隙率是 CMA 坯料烧结密度差的原因。然而，由于相对较慢的脊柱化速率和均匀的晶粒生长，SMA 的孔隙去除更容易。

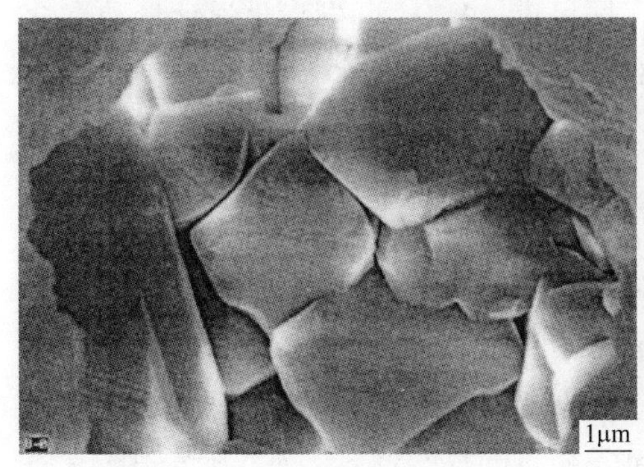

a

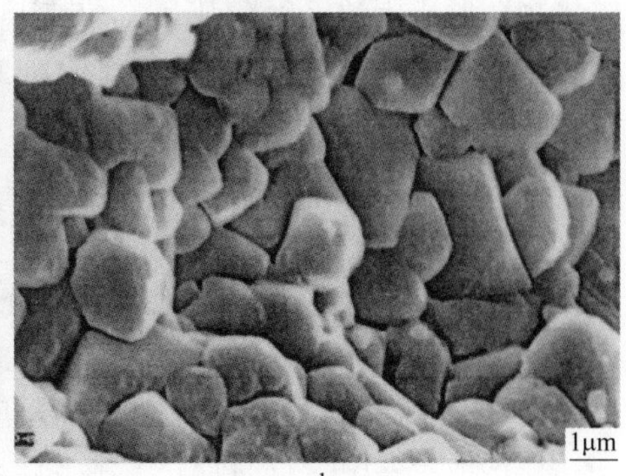

b

图 4-30 烧结的化学计量尖晶石的 SEM 显微照片

a—CMA；b—SMA

4.3.4 研究结论

研究结论如下。

（1）由过烧氧化镁-氧化铝（SMA）形成的尖晶石的固体氧化物反应烧结显示出比苛性氧化镁-铝（CMA）组合物更好的致密化。（2）尖晶石相形成：CMA 压块的致密化率高于 SMA，因为前者具有较高的表面积和较低的微晶尺寸。（3）由于尖晶石相形成和 CMA 压块的夸大的晶粒生长而导致的较高膨胀延迟了致密化过程。

4.4 添加剂对 $MgAl_2O_4$ 烧结的影响

4.4.1 研究概述

镁铝尖晶石的常规合成方法是以 Al_2O_3 和 MgO 为原料通过固态反应合成。形成机理是 Al^{3+} 和 Mg^{2+} 阳离子相互扩散通过氧化物颗粒，反应温度相对较高（>1400℃）[38]。另外，由于在尖晶石形成过程中存在超过 5%体积膨胀，难以通过一步烧结制备致密的尖晶石烧结体。至于单相 Mg 尖晶石的致密化，致密行为随非化学计量程度不同而不同。已知富含 MgO 的化合物与 Al_2O_3 过量的化合物相比更快地烧结并获得更高的密度[46]。用于烧结非化学计量 $MgAl_2O_4$ 化合物的速率控制机制被认为是通过氧空位的氧晶格扩散。

还报道了添加剂对化学计量或非化学计量的 Mg 尖晶石的烧结的影响。在富含氧化铝的尖晶石中，通过添加 LiF 和 $CaCO_3$ 观察到氧化铝的溶解和沉淀，形成低温化合物[47]。稀土氧化物（Yb_2O_3 和 Dy_2O_3）的添加可改善尖晶石的致密性。稀土对烧结的影响可通过阳离子的晶体化学特性来解释，这些阳离子增加了稀土氧化物在形成阳离子空位中的活性[48]。据报道，Y_2O_3 可提高化学计量和富含 MgO 的尖晶石的致密性[49]。发现添加 TiO_2 可通过氧化铝的脱溶和 TiO_2 的溶解来增强致密性。在添加 ZnO 的情况下，形成的阴离子空位有助于尖晶石的致密化[4]。

根据图 4-31，MgO 和 Al_2O_3 在尖晶石相中的溶解度相对较高。与纯 Al_2O_3 相比，它具有更高的 MgO 溶解度，这是烧结研究中的另一个重要事实[50]。相互高的溶解度意味着尖晶石相可以适应相关的缺陷，如阳离子或氧空位。因此，对于不同种类的添加剂，涉及这些缺陷的反应是决定致密化和粗化过程的主要因素之一。在这项研究中，我们研究了化学计量尖晶石的致密行为，加入 1%~4%（质量分数）$CaCO_3$、SiO_2 和 TiO_2，用于 Mg 尖晶石在环境温度下的结构应用。还根据相形成和组成变化讨论物理和微观结构变化和机械性质。

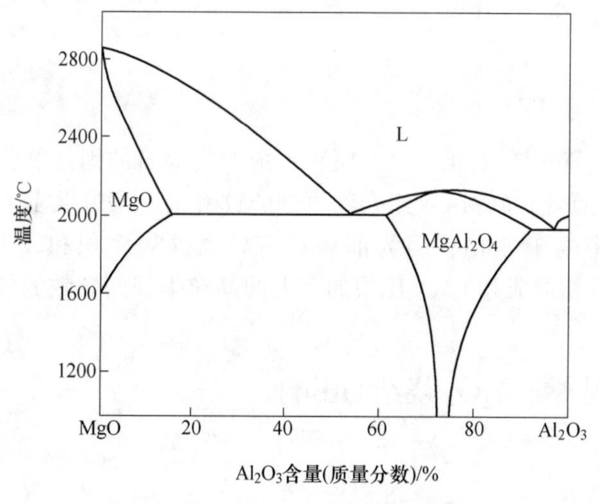

图 4-31 MgO-Al_2O_3 二元相图

4.4.2 研究设计

高纯度 α-Al_2O_3（99.9%）和 MgO（99.9%）粉末作为原料。为了制备化学计量尖晶石粉末，使用常规粉末混合和固态反应。通过在乙醇介质中球磨，将氧化物粉末按 Al_2O_3 ∶ MgO = 1 ∶ 1 比例混合。干燥后，将混合粉末在 1350℃ 煅烧 2h，这导致形成纯尖晶石。将 1% ~ 4% 的添加剂如 SiO_2（99.9%）、$CaCO_3$（99.9%）和 TiO_2（99.9%）与合成尖晶石粉末通过球磨混合。将干燥的粉末在 125MPa 下单轴压制成 10mm 直径的圆盘，并在 1650℃空气中烧结 2h。

4.4.3 研究结果与讨论

图 4-32a 显示含 1%~4%（质量分数）SiO_2 的尖晶石的收缩曲线随时间的变化关系图。可以看出，添加 SiO_2 极大地促进了尖晶石的致密化。相对收缩率的最终值（dl/L_0×100%）是纯尖晶石的 3 倍以上。添加量也改变了致密行为。图 4-32b 显示了致密化率曲线，它是图 4-32a 曲线的导数。显然，添加 SiO_2 的样品具有比纯尖晶石高得多的致密化率。此外，随着 SiO_2 的添加量增加，致密化在较低温度下开始并且更快地结束。

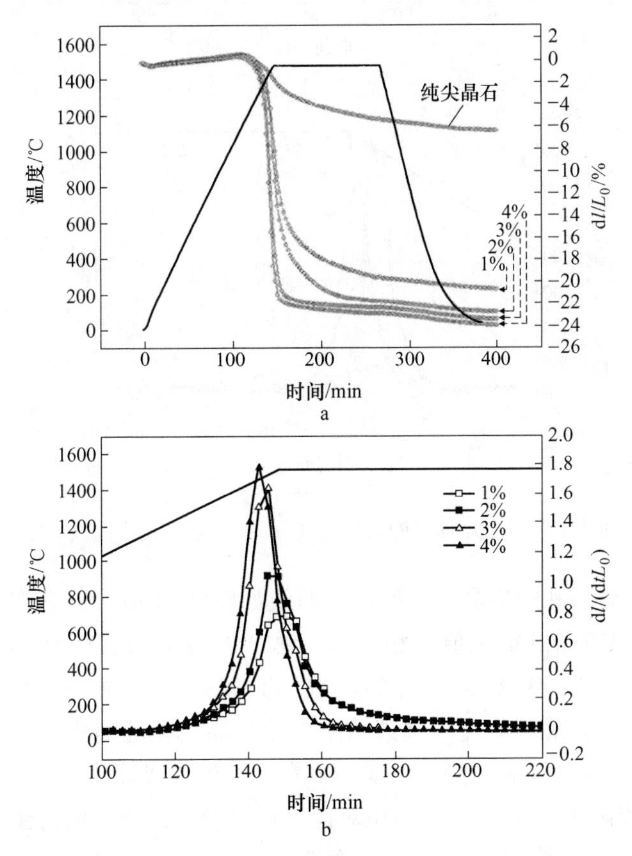

图 4-32　含 1%~4%SiO_2 的尖晶石的收缩曲线（a）和致密化率曲线（b）

添加 $CaCO_3$ 对尖晶石的致密化具有强烈影响。添加 $CaCO_3$ 样品的致密化曲线如图 4-33a 所示。添加 $CaCO_3$ 的样品的相对收缩也得到了很大改善，结果与添加了 SiO_2 的尖晶石的结果相似，不同之处在于具有 $CaCO_3$ 的系统在较低的情况下具有最大收缩率，温度（约 1350℃）比添加 SiO_2 的体系（1400℃）低。图 4-33b 表明随着 $CaCO_3$ 的量增加，致密化率增加并且致密化时间减少。然而，在这种情况下，显著烧结的起始变化并不是连续的，而是添加物的函数。

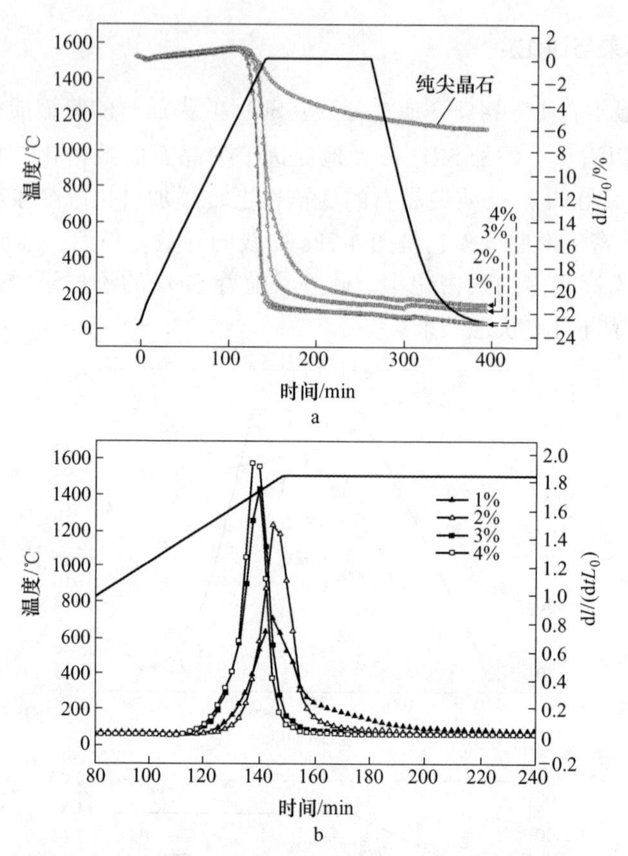

图 4-33 $CaCO_3$ 样品的收缩曲线（a）和致密化率曲线（b）

添加 TiO_2 样品和纯尖晶石的致密化曲线如图 4-34 所示。有趣的是，对于所有添加剂，相对收缩的最大值是相似的，总结见表 4-10。对于具有不同量 TiO_2 的样品，来自添加 TiO_2 样品的峰的位置和高度几乎相同。然而，峰宽比具有 SiO_2 和 $CaCO_3$ 的尖晶石峰宽。观察结果可能与晶界相的形成趋势和反应动力学有关。TiO_2 倾向于使晶粒晶界相结晶，而在边界处形成玻璃相或低温化合物。这在它们的微结构中得到证明，稍后将对此进行讨论。此外，值得注意的是，添加 TiO_2 样品的致密化开始于较低温度；含 TiO_2 的样品（约 1100℃）和含 SiO_2 和 $CaCO_3$ 的样品（1200℃）。

这些样品的体积密度与添加剂的量的关系如图 4-35 所示。烧结温度和时间分别设定在 1650℃和 2h，发现该烧结条件纯尖晶石的完全致密化如图 4-36 所示。其他含添加剂的样品也显示出在这种条件下的最大体积密度。加入大于 1%（质量分数）添加剂后，与纯尖晶石相比，所有三种样品的体积密度都有所增加。然而，随着添加剂量的增加，添加 SiO_2 和 $CaCO_3$ 的样品显示出密度降低，与收缩结果相反。这归因于 SiO_2 和 CaO 的低密度值，即 2.65g/cm^3 和 3.3g/cm^3。纯尖晶石体积密度为 3.6g/cm^3。因此，即使收缩率增加，这些添加剂的进一步添加也会导致低密度值。但是添加 3% TiO_2 的样品由于其在致密化方面的有效性和 4.2g/cm^3 的密度值，添加剂的最佳量对于 SiO_2 和 $CaCO_3$ 是 1% 和对于 TiO_2 是 3%。

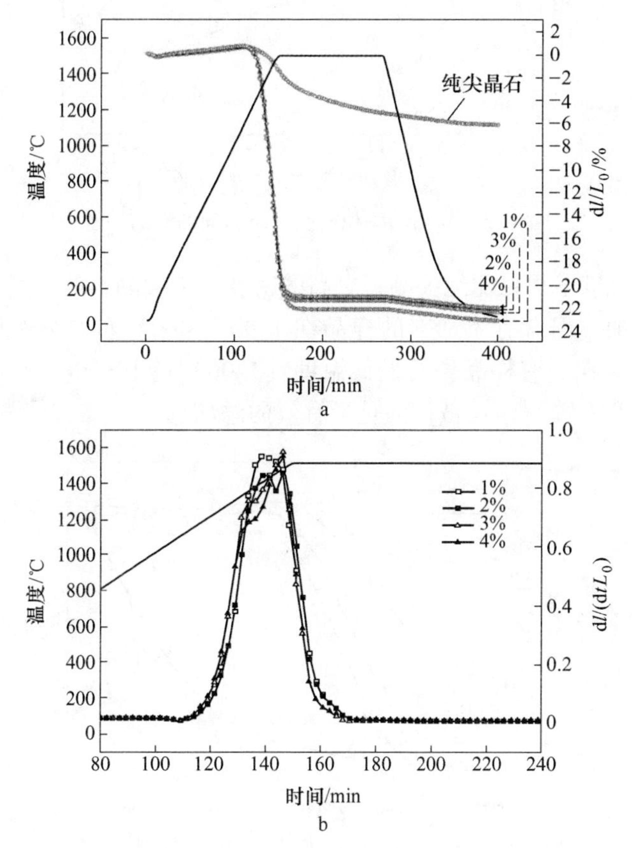

图 4-34 添加 TiO_2 样品和纯尖晶石的致密化曲线

表 4-10 纯尖晶石和其他添加剂的最大相对收缩率 (%)

添加剂（质量分数）/%	0	1	2	3	4
纯尖晶石	6.19				
SiO_2		20.37	22.46	23.08	23.63
$CaCO_3$		21.36	21.76	22.86	22.86
TiO_2		23.10	22.24	22.38	22.04

添加 3%(质量分数) 添加剂对体积密度的影响如图 4-36 所示。含添加剂的

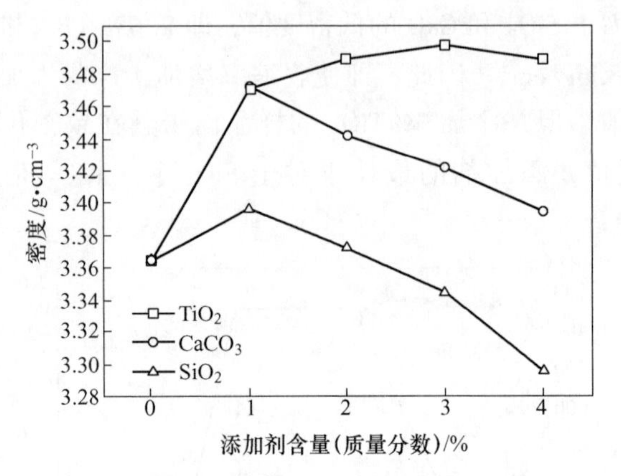

图 4-35　样品的体积密度与添加剂的量的关系

样品在更低的温度下提供比纯尖晶石更高的密度。纯尖晶石的密度随烧结温度的增加而缓慢增加，但含有添加剂的样品在 1300～1400℃左右突然增加。在添加 TiO_2 的情况下，在所有样品中的最低温度（1400℃）下获得全密度。从致密化率和密度的角度来看，TiO_2 被认为是最有效的添加剂。

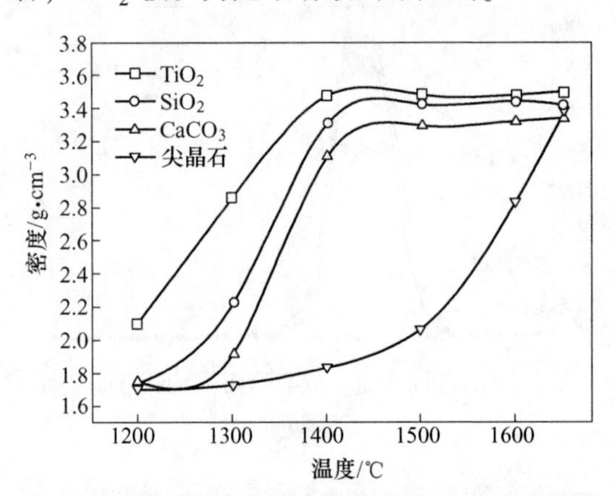

图 4-36　添加 3%添加剂对体积密度的影响

图 4-37 是在 1650℃下烧结 2h 后，含有 3%和不含添加剂的各种尖晶石的断裂表面的 SEM 图。纯尖晶石显示 5～10μm 的颗粒，具有许多孔，没有太多的晶界玻璃相。从断裂表面观察到颗粒内和颗粒间断裂的混合模式如图 4-37a 所示。但是在含有添加剂样品的断裂表面中可以更清楚地看到晶界。这意味着添加剂通常通过形成脆性相来增强尖晶石的晶间断裂，该脆性相可能是裂纹扩展的途径。纯尖晶石表现出晶粒结构，同时添加 3%（质量分数）$CaCO_3$ 样品（图 4-37b）显示出比纯尖晶石样品更大的粒度和孔数。孔径在 1～10μm 的范围内。添加 3% SiO_2 导致平均 5～20μm 的更大颗粒，并且在晶界连接处存在孔径大于 10μm 的一

些孔。图 4-37d 显示最大粒度大于 100μm 的 TiO_2 和小于 5μm 的小孔存在于晶界，表明在烧结阶段发生了显著的晶粒生长。与添加 SiO_2 和 $CaCO_3$ 的样品相比，添加 TiO_2 的样品中晶粒生长的速度非常快，以至于晶粒倾向于捕获在晶界处聚结的孔隙。

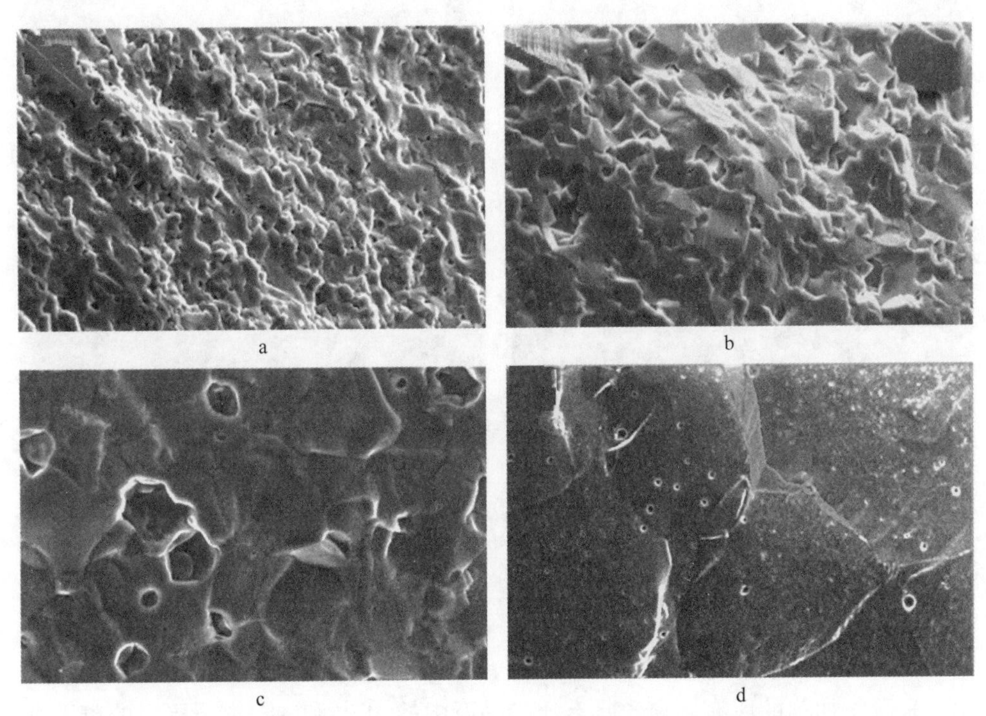

图 4-37　纯尖晶石（a）、添加 $CaCO_3$（b）、添加 SiO_2（c）和添加 TiO_2（d）的尖晶石的断裂表面的 SEM 图像

图 4-38a 表明纯尖晶石样品的粒度是 5~10μm 和大多数孔隙存在于晶界处。在添加 SiO_2 的样品中，可以看出晶粒尺寸增加到 10~20μm，孔隙数量减少，如图 4-38b 所示。图 4-38c 显示与添加 SiO_2 的样品相似的微观结构。使用 $CaCO_3$ 作为添加剂，没有证据表明 $CaAl_2O_4$ 和任何其他低熔点 Ca 化合物的存在。但是，XRD 结果清楚地表明在添加 3%（质量分数）$CaCO_3$ 的体系中存在 $CaAl_4O_7$，已知该体系在 1250℃以上形成。$CaAl_4O_7$ 的形成可能是由于高烧结温度（1650℃）。

从 X 射线衍射图谱研究了添加剂对尖晶石晶格参数的影响。图 4-39 显示了在 1650℃下烧结 2h 的纯尖晶石样品和含添加剂样品的晶格参数。纯尖晶石的晶格参数为 0.8078nm，与 JCPDS 数据库中的报告值相似。相反，与纯尖晶石相比，含添加剂的所有样品的晶格参数都很小。此外，晶格参数的降低程度随添加剂的种类不同而变化。在添加 SiO_2 和 $CaCO_3$ 的情况下，无论添加剂含量如何，晶格参数几乎保持恒定。然而，在 TiO_2 添加中，晶格参数与 TiO_2 的量成比例地减

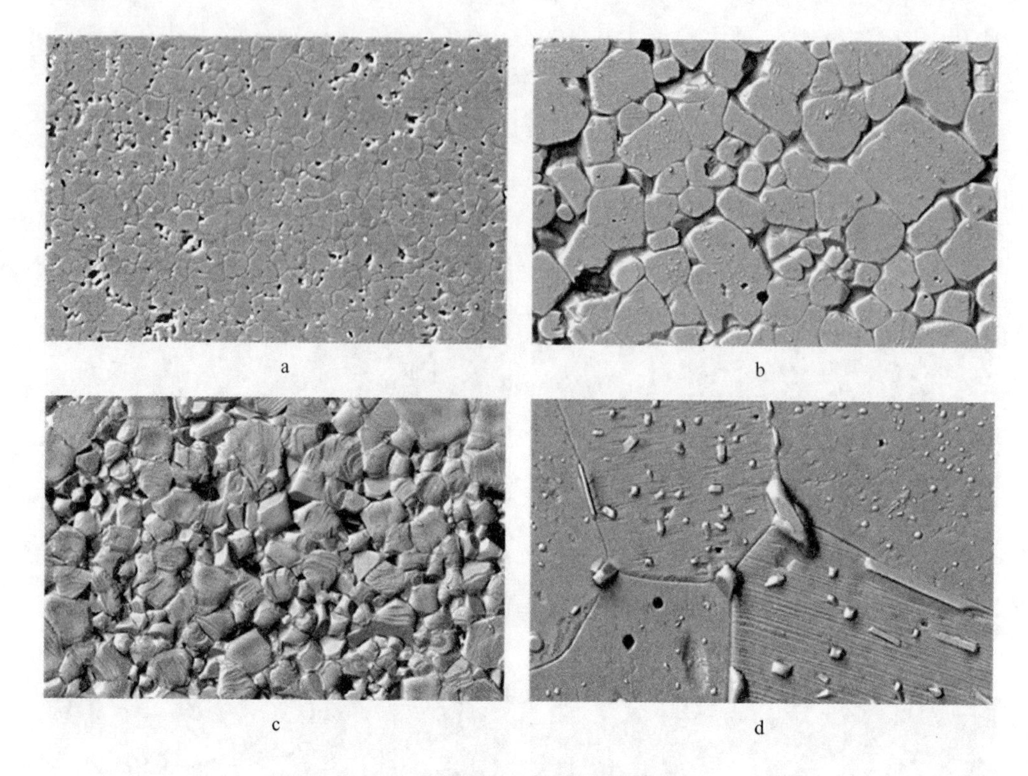

图 4-38 蚀刻样品表面的 SEM 图像
a—纯尖晶石；b—添加 SiO_2；c—添加 $CaCO_3$；d—添加 TiO_2

少。来自添加剂的所有阳离子具有比尖晶石中的 Mg^{2+} 和 Al^{3+} 离子更大的离子半径。因此，如果假设添加元素的完全取代，则所有添加剂都会降低参数，这似乎是矛盾的。还已知尖晶石的晶格参数在富含 MgO 和 Al_2O_3 的非化学计量组成中均降低。因此，解释与晶格参数减少有关的缺陷形成的一些可能原因是：(1) 添加元素的掺入在尖晶石基质中；(2) 通过相形成如二次和晶界相的化学计量的变化。

已知 Si^{4+} 和 Ti^{4+} 离子通过产生阳离子空位而掺入尖晶石晶格中。氧空位主要与高温混合熵有关，以达到平衡。因此，如果 Si^{4+} 或 Ti^{4+} 离子取 Mg^{2+} 四方位点，则预期形成肖特基对，导致 Mg^{2+} 空位。最近对 Ti 掺杂 Mg 尖晶石的研究表明，Ti^{3+} 和 Ti^{4+} 离子可以取四面体和八面体位置，取代尖晶石结构中的 Mg^{2+} 和 Al^{3+}，导致 Schottkey 缺陷增加[51]。如果添加剂与尖晶石基质充分反应，则会明显改变化学计量。形成 $TiAl_2O_5$ 的强烈趋势也预期会影响尖晶石的化学计量。因此，TiO_2 添加样品中晶格参数的降低行为不仅可以通过 TiO_2 在尖晶石晶格中的高溶解度来解释，而且可以通过形成第二相 $TiAl_2O_5$ 来解释。添加 SiO_2 或 $CaCO_3$ 会在晶界区域产生大量玻璃相或低熔点化合物，表明它们对尖晶石的优先反应。反

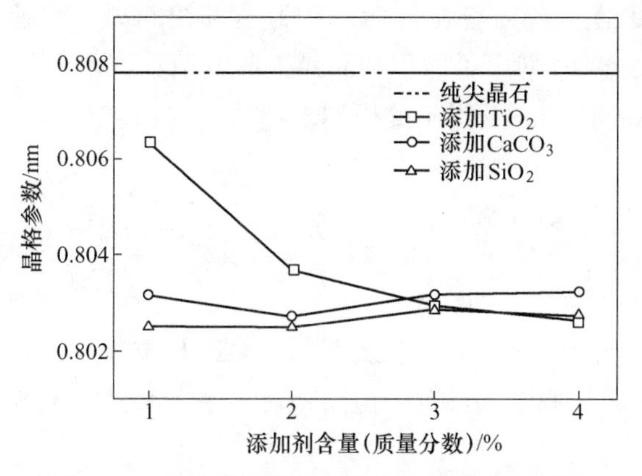

图 4-39 晶格参数的变化作为添加剂量的函数

应可能导致非化学计量的尖晶石。然而，先前的研究报道，$CaCO_3$ 系统对尖晶石化学计量加入 $CaCO_3$ 没有影响。因此，使用 SiO_2 或 $CaCO_3$ 作为烧结添加剂时，低熔点晶界相的形成对整个尖晶石化学计量的影响很小，同时 SiO_2 和 CaO 的溶解度有限。尖晶石组合物，其晶格参数几乎没有变化。

4.4.4 研究结论

发现向化学计量尖晶石中添加 SiO_2、$CaCO_3$ 和 TiO_2 可改善尖晶石的致密化。这些添加剂中 TiO_2 是最有效的致密化。基于微观结构和晶格参数分析，发现每种添加剂的致密化是不同的。在添加 SiO_2 和 $CaCO_3$ 的情况下，最多的添加成分在晶界处以晶界相的形式存在，而 TiO_2 不仅在晶界处形成 $TiAl_2O_5$ 相而且在晶界区域会与尖晶石发生反应。形成的第二相和每种添加剂在尖晶石中的溶解度影响各种尖晶石的晶格参数。

4.5 $MgAl_2O_4$ 初始烧结动力学

4.5.1 研究概述

镁铝尖晶石是一种潜在有用的陶瓷材料。然而，到目前为止，还没有认真尝试理解常规烧制过程中的烧结行为。本研究旨在确定尖晶石的初始烧结机理，作为该材料烧结和晶粒生长动力学的更广泛研究的一部分。在一般形式中，用于由球形颗粒组成的压块的初始烧结的扩散收缩方程是[52]

$$\left[\frac{\Delta L}{L_0}\right]=\left[\frac{K\gamma\alpha^3 D}{kTr^P}\right]^m t^m \qquad (4\text{-}6)$$

式中，$\Delta L/L_0$ 为部分收缩率；t 为时间；r 为球半径；T 为绝对温度；k 为玻耳兹曼常数；γ 为表面能；α^3 为空位体积；D 为速率控制离子物质的扩散系数；K、m 和 P 为常数。表 4-10 列出了体积和晶界扩散模型数值常数的值[53]。烧结机理也可以通过 Johnson 和 Clarke 提出的模型来评估[54]，其中假设晶界和体积扩散同时发生，则表达式是

$$\left[\frac{\Delta L}{L_0}\right]^2 \frac{\mathrm{d}(\Delta L/L_0)}{\mathrm{d}t} = \frac{2D_V\gamma\alpha^3}{r^3kT} \times \frac{\Delta L}{L_0} + \frac{D_B b\gamma\alpha^3}{2r^4kT} \tag{4-7}$$

式中，D_V 和 D_B 分别为体积扩散和边界扩散系数。根据方程式（4-7）的收缩数据拟合产生一条直线，其斜率等于 $(2D_V\gamma\alpha^3)/(r^3kT)$，其截距等于 $(D_Bb\gamma\alpha^3)/(2r^4kT)$。

4.5.2 研究设计

将镁-铝氢氧化物共沉淀在 1100℃ 下煅烧 4h 来制备尖晶石粉末[55]。煅烧后，将粉末筛分（-200 目）并储存在干燥器中。在 30000psi 的双动模具中压制而没有黏合剂或模具润滑剂来制备约 1.25cm 厚和 1cm 直径的压块。生坯的理论密度为 49%。

4.5.3 研究结果与讨论

1050~1300℃的等温收缩曲线见图 4-40。斜率为 0.5 的直线非常好地拟合数据点，而 0.33 的斜率表示拟合较差。此外，最小二乘拟合对数坐标导致斜率接近 0.50(0.50+0.01) 而不是 0.40 或 0.46。因此，体积扩散机制用于控制烧结过程，其可由 Coble 的烧结模型表示（表 4-11）。没有研究长时间后在 1150℃ 下的线性偏差的原因。1300℃的曲线显示出超过 4%收缩率的偏差，这是可以预期的，因为烧结初始阶段的条件不再适用。最初的快速烧结速率可能是由于粉末的非理想性。

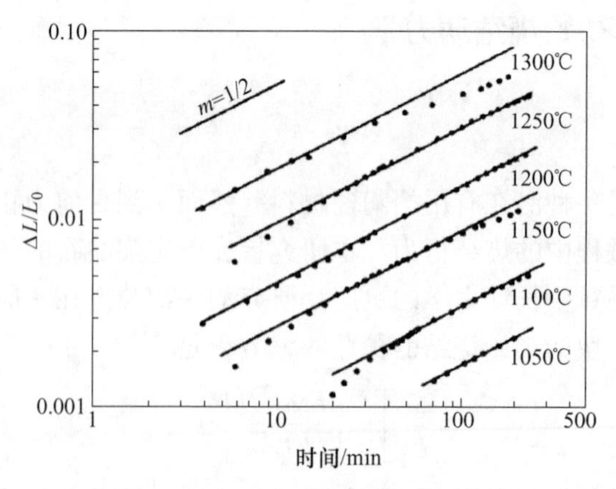

图 4-40 1050~1300℃的等温收缩曲线

表 4-11 扩散模型的常数值

扩散路径	K	m	p
量	2	0.5	3
	14.1	0.40	3
	$31/\pi^2$	0.46	3
晶界	$15a$	0.33	4
	$50b/(7\pi)$	0.31	4

为了确定晶界扩散是否有助于烧结，选定数据按方程（4-7）绘制于图 4-40 中。图 4-41 显示了 1200℃和 1250℃的结果。由于曲线是线性的并且通过原点，因此晶界扩散对材料传输的贡献可以忽略不计。因此，可以合理地得出结论，高纯度尖晶石的初始烧结阶段由 1050～1300℃的体积扩散过程控制，描述该过程的等式为

$$\left[\frac{\Delta L}{L_0}\right]^2 = \frac{2D_V\gamma\alpha^3}{r^3kT}t \tag{4-8}$$

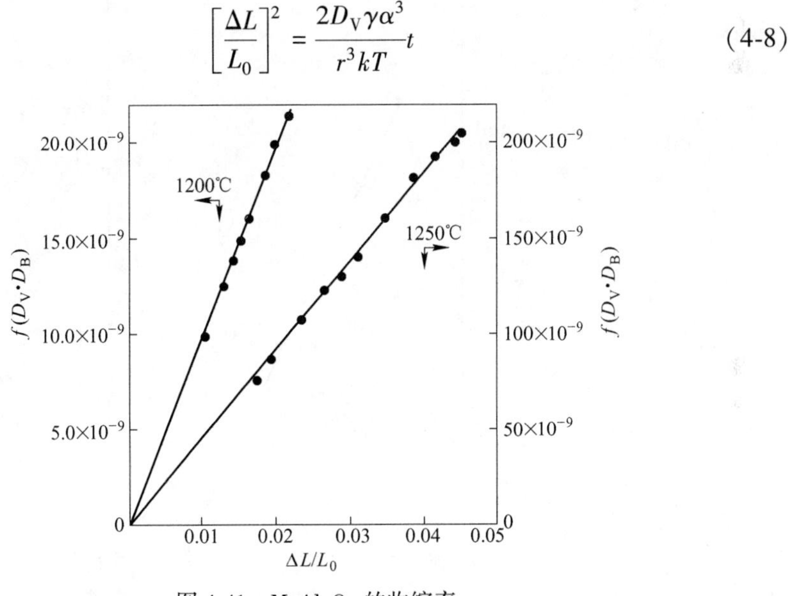

图 4-41 $MgAl_2O_4$ 的收缩率

在没有自扩散数据的情况下，$MgAl_2O_4$ 中可能的速率控制物种不能准确地确定。然而，获得关于尖晶石中扩散的信息的另一种可能性是检查关于另一种扩散依赖性过程的动力学的可用数据，即尖晶石的形成。标记实验表明，MgO 和 Al_2O_3 之间的反应通过尖晶石反应层的阳离子反扩散发生。氧离子不需要通过这种机制明显地移动，因此反应速率由 Mg^{2+} 或 Al^{3+} 控制。Navias[56] 在 1500～1900℃的温度范围内使单晶 Al_2O_3 和 MgO 蒸气反应，并确定 $MgAl_2O_4$ 形成的活化能为 100kcal/mol。Hlavac 使 25μm 的 α-Al_2O_3 球体与 1100～1334℃的 MgO 粉

末反应，并确定活化能为107kcal/mol。

上述数据表明，Al^{3+}离子在 $MgAl_2O_4$ 的形成中具有速率控制性。然而，在烧结氧化物时，需要阴离子和阳离子的迁移率。因为尖晶石中的氧离子以近乎封闭的方式排列，结构类似于 MgO 和 Al_2O_3，并且由于这些材料的氧扩散系数低于阳离子的氧扩散系数，因此预计尖晶石中氧离子扩散系数较低，是1~3个数量级。由于离子尺寸较大，与 Mg^{2+}或 Al^{3+}离子相比，氧气在尖晶石中的迁移率也较大。

图4-42显示了依据等式（4-9）计算的表观扩散系数。其中 $MgAl_2O_4$ 的体积空位（$a^3=1.65\times10^{-23}\ cm^3$）是在假设氧离子是速率控制物质的情况下计算的。方程式（4-9）中使用的 r 和 γ 的值分别为35nm和1000erg·s/cm^3。最小二乘拟合数据产生了等式：

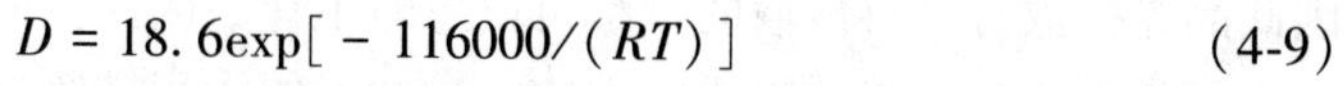

$$D = 18.6\exp[-116000/(RT)] \tag{4-9}$$

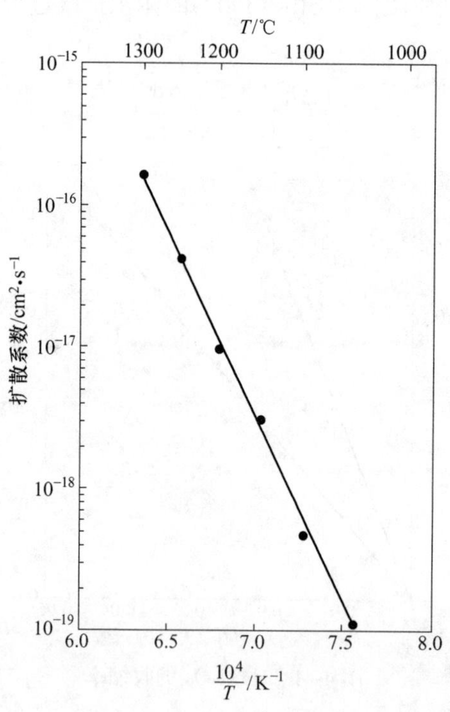

图4-42　由 $MgAl_2O_4$ 的收缩率与温度计算的表观扩散系数

烧结活化能（116kcal/mol）与尖晶石形成的活化能（100~107kcal/mol）的比较以及在 $MgAl_2O_4$ 中 Mg^{2+}扩散所需的活化能的推断约为86kcal/mol可能表明 Al^{3+}离子控制着 $MgAl_2O_4$ 的初始烧结速率。然而，$MgAl_2O_4$ 的表观扩散系数在氧扩散性的预期范围内。图4-43显示了氧化物 MgO、Al_2O_3 和 $MgAl_2O_4$ 的实验自扩散数据，并包括来自本研究的计算数据。如图4-43所示，$MgAl_2O_4$ 从1300~

1500℃的表观扩散数据的外推得到的值介于 MgO 和 Al_2O_3 中的氧自扩散之间。鉴于这些结果，在纯 $MgAl_2O_4$ 的初始烧结过程中，氧离子很可能是速率控制物质。

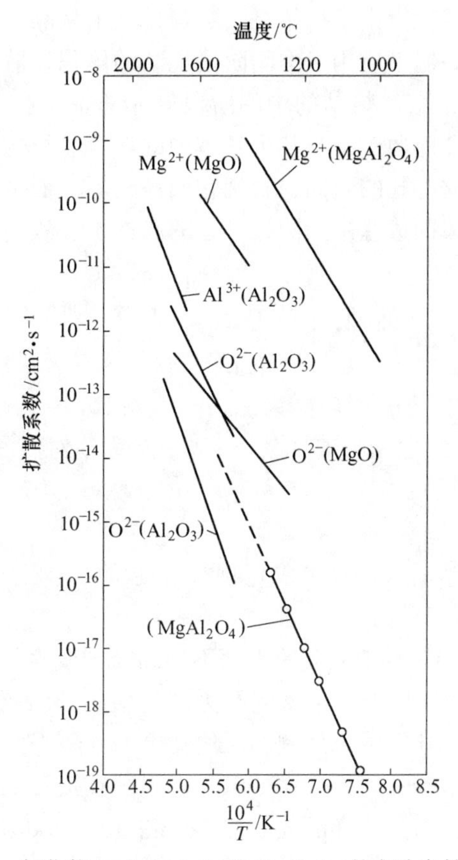

图 4-43 氧化物 MgO、Al_2O_3 和 $MgAl_2O_4$ 的实验自扩散数据

4.5.4 研究小结

从 1050~1300℃测定 $MgAl_2O_4$ 的初始烧结动力学。烧结过程受体积扩散控制，实验结果由以下关系描述：

$$D = 18.6\exp[-116000/(RT)]$$

4.6 $MgAl_2O_4$ 烧结和晶粒生长动力学

4.6.1 研究概述

$MgAl_2O_4$ 的烧结初步阶段已被证明受体积扩散控制，活化能约为 116kcal/

mol[57]。然而，没有示踪剂扩散数据，无法清楚地识别烧结过程中的速率控制离子。在本工作中，定量评估所谓 $MgAl_2O_4$ 的烧结中间阶段。测量了致密化和晶粒生长，并且使用最近得到的烧结模型对数据进行了评估，这些模型已经显示出与自扩散数据一致的扩散性。由于初始烧结数据排除了从晶界扩散到 $MgAl_2O_4$ 烧结的主要贡献，因此在高温下应用了中间阶段烧结的体积扩散模型。

根据 Coble 的说法[58]，烧结的中间阶段开始于晶粒生长开始后，初始孔隙形状变为近似连续的孔隙通道，与整个基体中的三个晶粒边缘重合。然后，烧结通过扩散过程相当于这些孔的收缩，直到它们被夹断。似乎适用于中间阶段的烧结模型是通过十四面体的边缘中的圆柱形孔的晶格扩散致密化。描述孔隙度随时间变化的表述是

$$P^{3/2}\left\{1 + 3\ln\left(\frac{8\sqrt{2}P}{3\pi}\right)^{-1/2}\right\}\Bigg]_1^2 = \frac{-1.19 \times 10^3 D_L \gamma \alpha_0^3 t}{kTG^3}\Bigg]_1^2 \tag{4-10}$$

式中，P 为孔隙率的体积分数；D_L 为晶格扩散系数；γ 为表面能；α_0^3 为扩散物质的体积；G 为晶粒尺寸；k 为玻耳兹曼常数；T 为绝对温度；t 为时间。

4.6.2 研究设计

通过在 1100℃下煅烧 Mg-Al 氢氧化物共沉淀物 4h 来制备尖晶石粉末，其平均粒度约为 0.07μm。

通过在 30000psi 的模具中压制粉末而不用黏合剂或模具润滑剂来制造直径为 10mm、厚度为 2mm 的压块。其致密度约为理论值的 50%（3.59g/cm³）。为了使烧结前的水分吸收最小化，将未烧制的压块在 P_2O_5 下储存在干燥器中。

使用由控制器调节至±5℃的 Pt-Pt50Rh 电阻炉在流动的氧气中进行烧结。每次运行使用三个样品；将这些样品放置在 Pt 舟中并在 700℃下在炉中预热，然后烧结温度为 1300℃、1400℃、1450℃、1500℃和 1600℃，时间为 5～360min。炉内平衡的样品在 30s 内，在空气中通过淬火进行热处理。将炉子从炉中快速拉出。以与压坯相同的方式测量烧结试样的体积密度。

4.6.3 研究结果与讨论

图 4-44 是 $MgAl_2O_4$ 生坯在 1300～1600℃烧结得到的烧结体的相对密度随时间的变化的等温曲线图。尽管这些 $MgAl_2O_4$ 的致密化曲线，给出了外观均匀的致密化过程，微观结构检验显示情况并非如此。相反，聚集体比周围的基体更密集，在烧结开始时迅速形成，例如在 1400℃煅烧小于 10min。然后通过去除孔使之致密化。

为了确定烧结体的晶粒尺寸与时间的关系，将每个温度 1400～1600℃的测量晶粒尺寸绘制为平方根和时间立方根的函数。该曲线作为函数-时间的立方根，

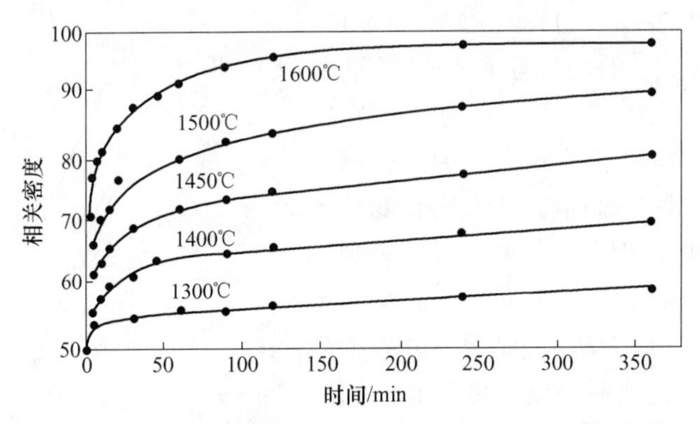

图 4-44 $MgAl_2O_4$ 烧结体的相对密度随时间的变化等温曲线图

并由此得到负截距，而平方根很好地遵循。图 4-45 显示了这个结果。因此，$MgAl_2O_4$ 的晶粒长大关系由下式给出：

$$G^2 - G_0^2 = Kt \qquad (4\text{-}11)$$

式中，G_0 为初始晶粒尺寸；K 为速率常数。这个表达式相当于给出的正常晶粒生长的理论方程，由于孔隙度对晶粒生长的影响，即表达式 $G^2 - G_0^2 = Kt$，因此在烧结过程中即使对纯金属也不常见。在目前的工作中，符合式（4-11），特别是在最低温度（1400～1450℃）下，可能是测量孔隙率相当低的试样表面区域的晶粒尺寸的结果。对于在 1500℃和 1600℃下烧结的样品，测量的晶粒尺寸更能代表总样品。

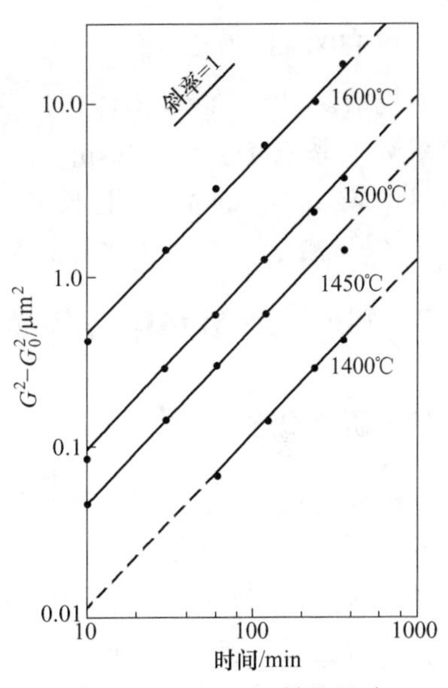

图 4-45 $MgAl_2O_4$ 晶粒尺寸与时间的关系

计算每种温度的晶粒生长速率常数，结果如图 4-46 所示，体积扩散系数为 D_V。适合晶粒生长数据的最小二乘法给出了 K 的表达式：

$$K = 51.3\exp[-110/(RT)] \qquad (4\text{-}12)$$

为了计算表观扩散系数 D_V，通过孔隙度函数的增量除以相应的时间增量并乘以适当的 G' 得到。在每个温度下进行大约 10 次这样的计算。并将这些值平均以确定来自等式（4-13）的平均 D_V。对于这个计算表面能 γ（$MgAl_2O_4$ 的量为 $1000erg \cdot s/cm^2$），空位体积 a^3 为 $1.65 \times 10^{-23} cm^3$。以这种方式获得的体积扩散系数见图 4-46。对这些数据拟合的最小二乘法给出了表观体积扩散系数的表达式：

$$D_V = 157\exp[-118/(RT)] \quad (4\text{-}13)$$

用于 $MgAl_2O_4$ 的中间阶段烧结的活化能（118kcal/mol）几乎与初始烧结（116kcal/mol）的活化能相同。因此，可以得出结论，体积扩散机制对于致密化的两个阶段都是有效的。但是，这些阶段的表观体积扩散系数相差大约一个数量级。根据与本发明类似的另一种烧结研究结果，并考虑到“模型烧结”与“实际烧结”的简化，两种烧结模型的体积扩散系数的数量级出现差异并不奇怪。

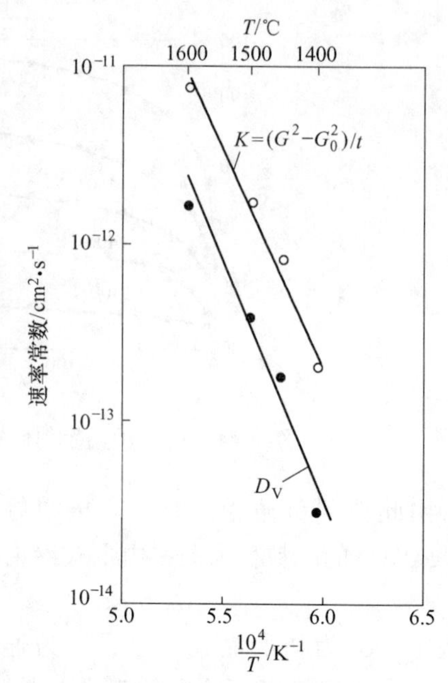

图 4-46 每种温度的晶粒生长速率常数

4.6.4 研究小结

在 1300~1600℃下测定 $MgAl_2O_4$ 的中间阶段烧结动力学。烧结由体积扩散控制，扩散系数关系式 $D_V = 157\exp[-118/(RT)]$ 给出。$MgAl_2O_4$ 的晶粒生长遵循表达式 $G^2 - G_0^2 = Kt$，并且 K 的关系式是 $K = 51.3\exp[-110/(RT)]$。

4.7 LiF 掺杂 $MgAl_2O_4$ 尖晶石的烧结动力学

4.7.1 研究概述

已经开发了几种陶瓷以适应需要高红外透明度的红外光学装置和透明装甲应用的需要[59]。由于高强度和耐腐蚀性是这些应用中的附加性能限制因素，多晶陶瓷被认为是最好的材料。为了保持高透明度，多晶陶瓷必须具有接近理论密度，或者它们必须具有 50nm 的孔径，并且具有优选的立方对称性以使双折射效应最小化。铝酸镁尖晶石 $MgAl_2O_4$ 目前是红外导弹圆顶的主要候选材料，因为它在 3~5μm 波长范围内具有出色的光学透过率，并具有高硬度和高强度。其高强度和耐化学性也使其成为透明装甲应用的理想选择[60]。

在过去的 30 年中，加工尖晶石以生产透明组件已被证明具有挑战性[60]。掺杂 LiF 的尖晶石可以热压至约 98%以上的密度，但仍然必须通过后续工艺步骤（例如热等静压）除去残余孔隙。考虑到成型和致密化所需的各种步骤，存在许多可能的加工变化，包括加热和冷却速率，施加和移除压力的速率，保持时间以及最大温度和压力。LiF 的分布增加了额外的复杂性，因为它可能被困在结构中或者在低温下和在高温下会导致快速粗化[1]。以前的研究表明，在烧结前它在

粉末压块中的分布会影响它的有效性[61]。在完全致密化之前去除 LiF 是必要的，否则它会散射光。这使得 LiF 的热压具有挑战性，因为它经历的化学反应和随后的蒸发对温度和施加的压力非常敏感。因此，有意义的是在整个尖晶石烧结过程中控制 LiF 和任何相关反应产物的分布和产生的行为。

4.7.2 研究设计

4.7.2.1 粉末混合

在该研究中使用的起始材料含有 0.5%或 1.0%（质量分数）的 LiF 或者是纯 $MgAl_2O_4$ 尖晶石。供应商给出的尖晶石粉末中的主要杂质是（以 μg/g 计）：Na10，K200，Fe20，Si50 和 Ca30。d_{50} 值为 350nm，平均附聚物尺寸为 2.5mm，比表面积为 $30m^2/g$。使用 Heat Systems 声波混合装置制备 LiF-尖晶石混合物。将 50g 尖晶石与适量的 LiF 一起置于 250mL 高密度聚乙烯容器中。将 100mL 甲醇倒在粉末混合物上。使用甲醇代替去离子水，因为 LiF 在室温下可溶于水中至 0.375g/mL。将超声波混合装置设定为 40kW，持续 30s。然后使用 Rotovap 真空干燥系统干燥均化的混合物，将饱和的混合物在水浴（40℃）中旋转并同时抽出甲醇。

4.7.2.2 热压和晶粒尺寸测量

所有热压实验均使用具有石墨内部的完全可编程的真空热压机进行。在所有实验期间保持低于 10^{-5} Torr❶的真空。使用两个 C 型热电偶来监测和控制温度。通过可编程控制器以液压方式施加单轴负载。安装在模具下方的称重传感器用于监测压力。直径为 1in❷的模具和冲头组件用高纯度石墨加工。在倒入粉末之前，模具衬有三层 0.37mm 厚的高纯度石墨箔。切割石墨箔盘以适合圆柱形冲头的端部。将 6~8g 粉末混合物倒入模头组件中。然后将两个石墨盘置于粉末顶部，并将石墨垫片和单个石墨箔盘置于顶部。最后，将圆柱形冲头插入模具中。

在将组件放入热压室之前，将保护性石墨套管放置在模具周围。模具底部的小销将组件与热柱塞对齐。缓慢降低液压热压夯（石墨）直至其与冲头接触。此时，目视验证了冲头和冲头之间的对准。然后将压头进一步降低，直到称重传感器检测到小负荷（0.2~0.4MPa）。

在研究结束时制造三个样品以检查在特定温度下施加压力以实现光学透过率的重要性。用如上所述制备的 1%LiF 制备试样，最大压力为 33MPa。制造的唯

---

❶ 1Torr = 133.3224Pa。

❷ 1in = 25.4mm。

一区别是，对于三个样品，施加最大压力的温度为1100℃，1200℃和1300℃。如下文所述，通过目视检查评估光学透过率。

在热压样品的抛光部分上通过线截距法测定平均晶粒尺寸。使用每种样品类型的五张显微照片。

4.7.2.3 收集密度-温度-时间数据

首先，确定特定试验的压力范围的室温绿色密度。制备含有适当粉末混合物的模头并装入热压机中，载荷为1.1MPa。线性位置指示器设置为零。当载荷从1.1MPa缓慢增加到33.0MPa时记录柱塞的位置，然后移除样品，并根据样品几何尺寸计算其密度。假设样品的体积与样品高度线性相关，因此可以在所使用的压力范围内记录绿色密度。对于所有样品，在升高的温度下应用类似的程序，以便可以确定密度、压力和温度之间的关系。

每个实验通过用合适的粉末填充模具，关闭腔室并施加约0.1MPa的预载荷来进行。接下来，当载荷增加到3.0MPa时将腔室抽空并保持在那里直到达到10^{-5}Torr的气氛。然后施加测试载荷并以所需的加热速率升高温度。选择的加热速率为2℃/min，5℃/min和10℃/min。运行压力分别为3.3MPa，16.5MPa和33.0MPa。加热后立即施加压力，并且在冷却期间一旦温度达到900℃就将其除去。在整个实验过程中记录用线性可变位移传感器测量的位移和温度。在低温（<400℃）运行期间确定整个系统（负载组件加样品）的体膨胀系数（CTE），其中样品致密化可忽略不计。在没有样品的单独运行中，确定系统CTE在此处检查的整个温度范围内是近似线性的（25~1550℃）。了解系统CTE可以测量由于致密化导致的样品位移。在所有情况下，平均系统线性膨胀为1.3×10^{-4}/℃。该样品位移测量用于计算致密化期间样品的密度。没有必要原位测量样品直径，因为在实验之前和之后通过阿基米德方法测量初始和最终样品密度。后者的测量用去离子水进行，并且在0.1%内可重复。一旦获得密度-温度-时间数据，就可以应用MSC算法。

4.7.2.4 MSC 算法

在这里开创了寻找MSC的方法以致密率为准。

$$\frac{\mathrm{d}\rho}{\rho \mathrm{d}t} = -\frac{3\Omega\gamma}{k_B T}\left(\frac{D_v \Gamma_v}{G^3} + \frac{b D_b \Gamma_b}{G^4}\right) \tag{4-14}$$

式中，ρ和t为密度和时间百分比；Ω为原子体积；γ为表面能；k_B为玻耳兹曼常数；T为温度；D_v为晶格扩散；D_b为边界扩散；b为增强扩散的边界区域的厚度；G为平均晶粒尺寸。Γ_v和Γ_b定义为

$$\Gamma_v = \frac{\alpha C_k C_s}{C_p C_A C_\lambda} \qquad \Gamma_b = \frac{\alpha C_k C_L}{C_p C_A C_\lambda} \tag{4-15}$$

式中，C_k，C_p，C_A 和 C_λ 为与晶粒尺寸有关的常数；C_s 和 C_L 分别是与平均边界扩散和晶格扩散有关的常数。α 将化学势与平均扩散距离联系起来。汉森的 Γ_b 实验测定结果表明，它是相对密度 ρ 的函数，ρ 从 $\rho_{50\%}$ 急剧下降，在 $\rho_{75\%}$ 附近减慢。这与传统的烧结模型一致，因为它表明致密化开始减慢和粗化。尽管在目前的工作中尚未对其进行研究，但这些比例因子对于将实验室数据纳入工业环境来说应该是最重要的。将 G 和 Γ 作为相对密度函数进行积分[62]：

$$\frac{k_B}{3\Omega\gamma b^n D_0}\int \frac{G(\rho)^{3+n}}{\rho\Gamma(\rho)}\mathrm{d}\rho = \int \frac{1}{T}\mathrm{e}^{-\frac{Q}{RT}}\mathrm{d}t \tag{4-16}$$

式中，D_0为扩散常数（对于晶格扩散或边界扩散）；Q 为扩散的活化能；n 对于晶格扩散是 0，对于边界扩散是 1。以这种方式排列等式将所有常数和密度相关项置于一侧，将测量可访问温度和时间相关项置于另一侧。通过式（4-16）获得的数据，可以说是驻留在 MSC 上，右侧被视为 $y(T, t)$。

$$\theta(T, t) = \int \frac{1}{T}\mathrm{e}^{-\frac{Q}{RT}}\mathrm{d}t \tag{4-17}$$

并且 ρ 隐含地是 θ 的函数：

$$\rho(\theta) = f(\theta(T, t)) \tag{4-18}$$

其中 T 从初始温度 T_0 以恒定速率 K 随时间增加。必须将 $\theta(T, t)$ 计算为指数积分：

$$\theta(T, t) = \int_0^\tau \frac{\mathrm{e}^{-\frac{Q}{R(k_t+T_0)}}}{K\tau + T_0}\mathrm{d}t = -\frac{1}{K}\left[Ei\left(-\frac{Q}{RT_0}\right) - Ei\left(-\frac{Q}{R(K\tau + T_0)}\right)\right] \tag{4-19}$$

其中 $T=K\tau+T_0$在时间 τ 之后为 0。该积分被评估为一系列扩展。描述 θ 的函数为

$$\rho(\theta) = \rho_0 + \frac{A}{\left(1 + \mathrm{e}^{-\frac{\ln\theta - \ln\theta_0}{B}}\right)^C} \tag{4-20}$$

式中，A，B，C，ρ_0和 θ_0都被认为是拟合参数。然后使用等式将在所有加热速率下收集的时间和温度的数据转换为 θ。使用 Levenberg-Marquardt 非线性拟合程序（Mathematica 中的 Nonlinear Regress）将收集的（θ, ρ）数据拟合到式（4-17）。通过合理的数值范围（100～1000kJ/mol）使残留误差最小化。这可以使用最小化例程来完成，例如 Excel 中的“解算器”或 Mathematica 中的“Find Minimum”；后一种程序适用于此。烧结的活化能作为 Q 值，得到最低的残余误差。

4.7.3 研究结果与讨论

图 4-47 显示了样品高度（按重量标准化）随温度的变化。一些数据中的正

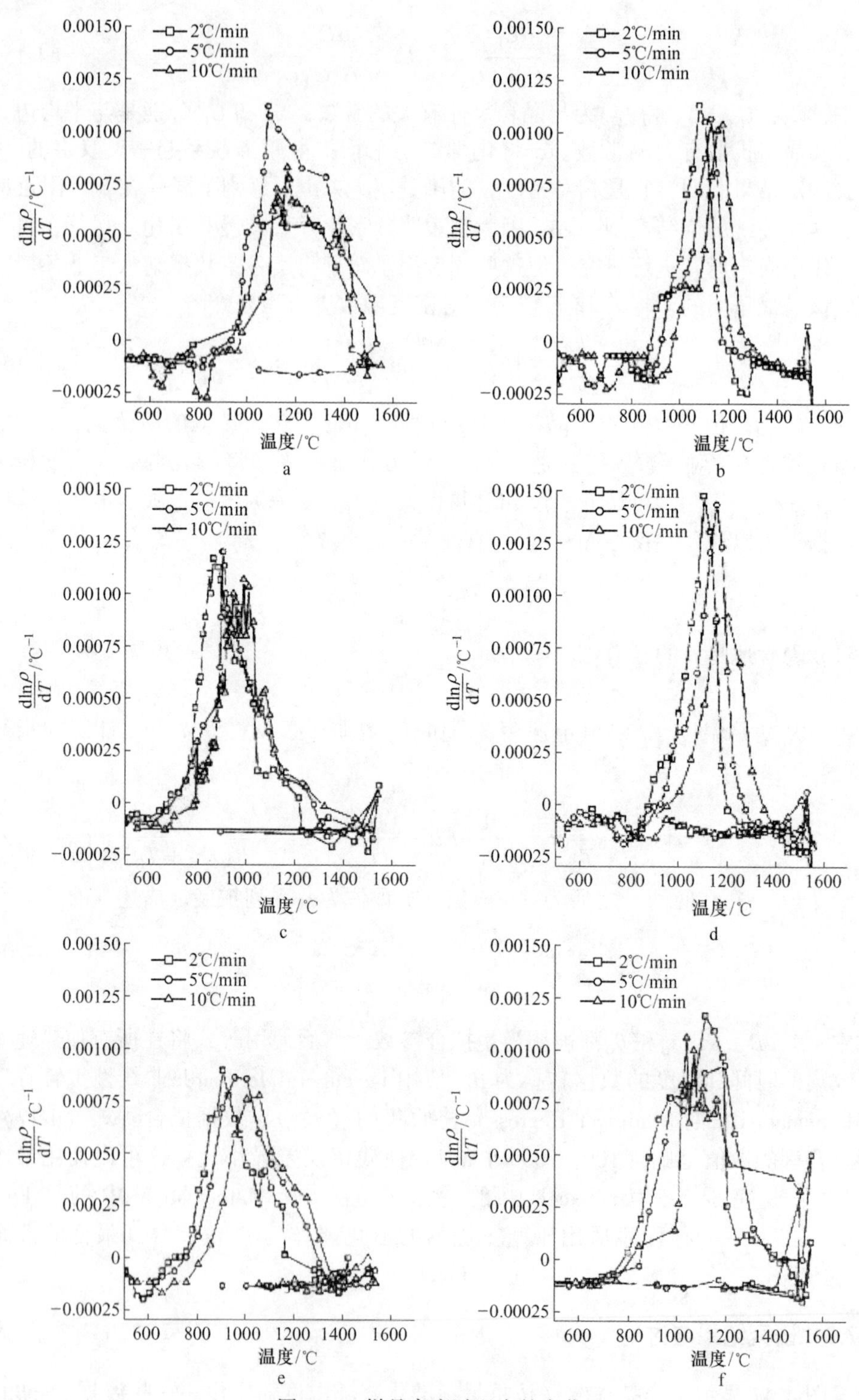

图 4-47　样品高度随温度的变化

弦波动是压力控制系统的人为因为温度升高并且样本改变尺寸而试图保持恒定负载。对于在 33MPa 压制的样品，掺杂有 LiF 的样品通常比纯尖晶石对温度升高具有更敏锐的响应。所有试样均表明峰值烧结速率最大的温度 T_{max} 是加热速率的函数。图 4-48 显示了组合物的相对密度与温度的关系以及在各种加热速率下测试的压力。图 4-48a～c 显示掺杂有 0、0.5%和 1.0%LiF 的样品在 33MPa 下的致密化曲线。图 4-48a 显示了 1550℃刚好足以使纯尖晶石在 33MPa 下致密化。在较低压力下在 1550℃下致密的纯尖晶石未达到甚至 95%的密度，因此这里未显示数据，因为它们不能用于提取活化能。当在 33MPa 下压制时，以 0.5%和 1.0%LiF

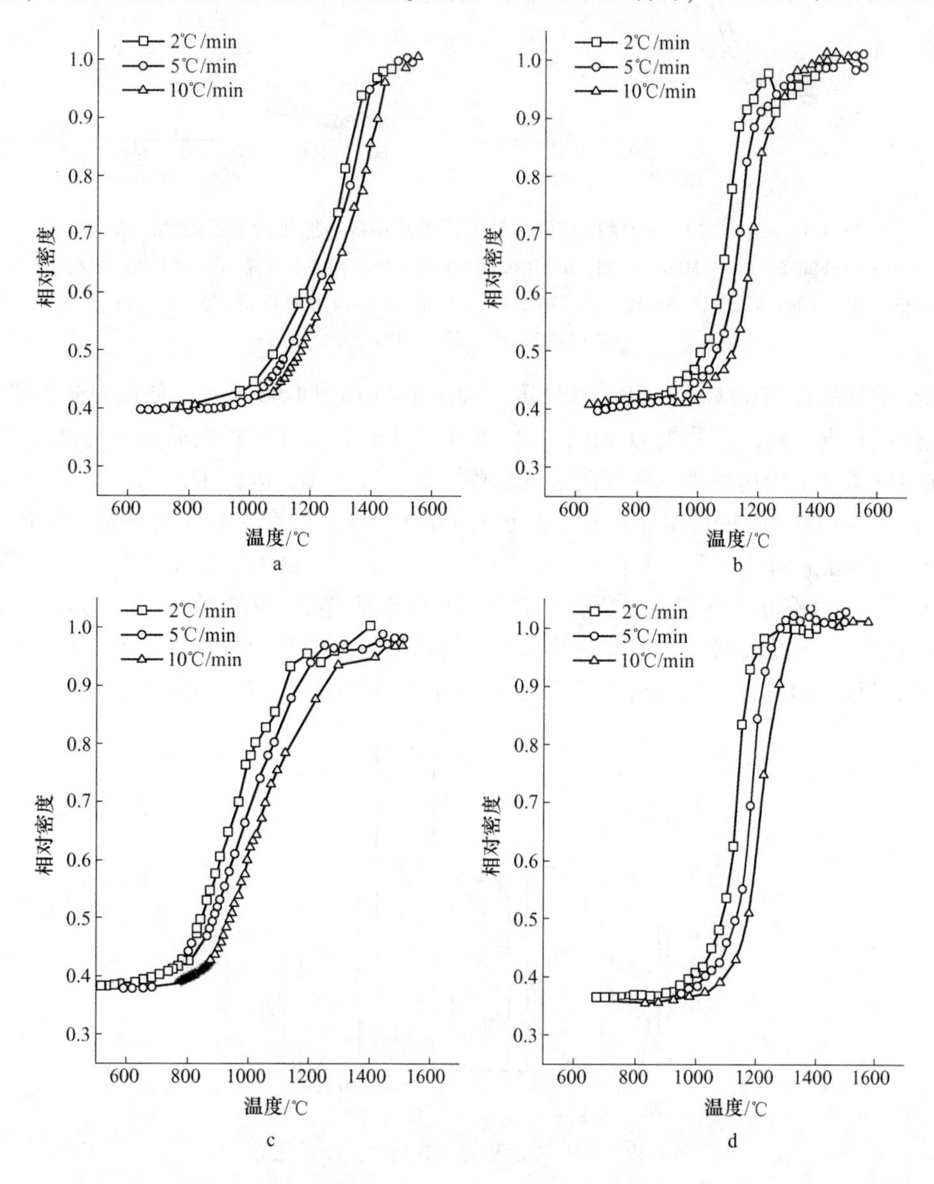

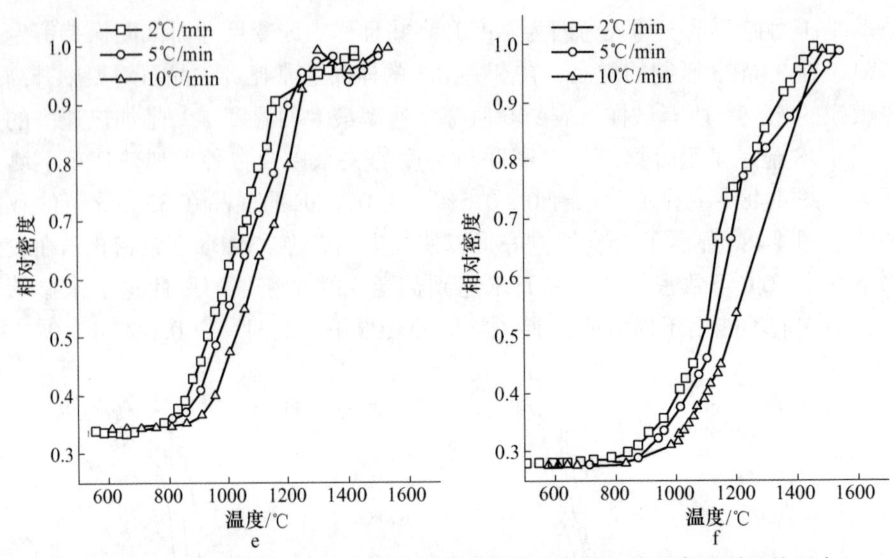

图 4-48 组合物的相对密度与温度的关系以及在各种加热速率下测试的压力

a—含 0%LiF 组分在 33MPa 下压制；b—含 0.5%LiF 组分在 33MPa 下压制；c—含 1.0%LiF 组分在 33MPa 压制；d—含 0.5%LiF 组分在 16.5MPa 下压制；e—含 1.0%LiF 组分在 16.5MPa 下压制；f—含 1.0%LiF 组分在 3.3MPa 下压制

掺杂的样品在 1300℃下达到 98%密度，如图 4-49 和图 4-50 所示。使用 MSC 理论从烧结数据计算的活化能 Q 如图 4-49 所示。对于未完全致密化循环的样品，即在当前条件下未达到理论密度附近的那些，Q 无法计算，因此未示出。最高的活化能是在不含 LiF 的样品中。相对少量的 LiF(0.5%) 的存在导致 Q 的显著降低。为了说明 LiF 对热压动力学的影响，图 4-50 显示了在 33MPa 下压制的所有样品的 MSC。曲线很好地描述了数据。对于 LiF 掺杂的样品，在较低压力（3MPa 和 16.5MPa）下的数据显示出在一般形状中的相似行为、压力趋势，并且它们由理论曲线很好地描述。图 4-51 显示了 1.0%LiF 在 3.3MPa，16.5MPa 和 33MPa 下的

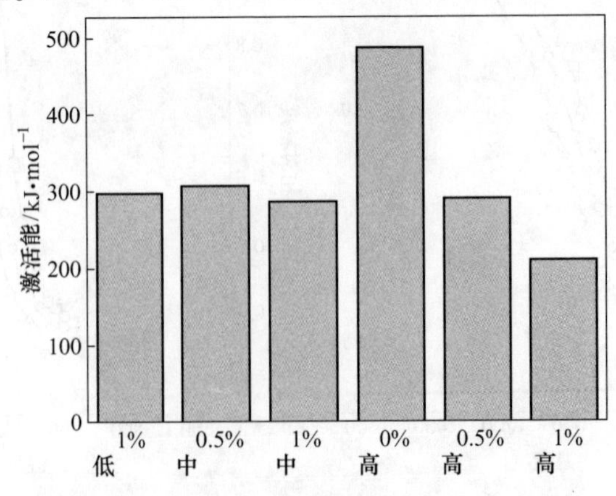

图 4-49 MSC 理论从烧结数据计算的活化能

烧结行为。再一次，曲线可以很好地描述每组数据。注意，在三个压力下 0.5% LiF 的数据类似于图 4-51 中给出的数据，除了它们在相同的 lg(*y*)，lg*y* 值下转移到较低密度。

不同加工条件下烧结活化能的比较如图 4-49 所示。“低”表示施加的压力为 3MPa。“中”代表 16.5MPa 的压力。“高”表示施加的压力为 33MPa。

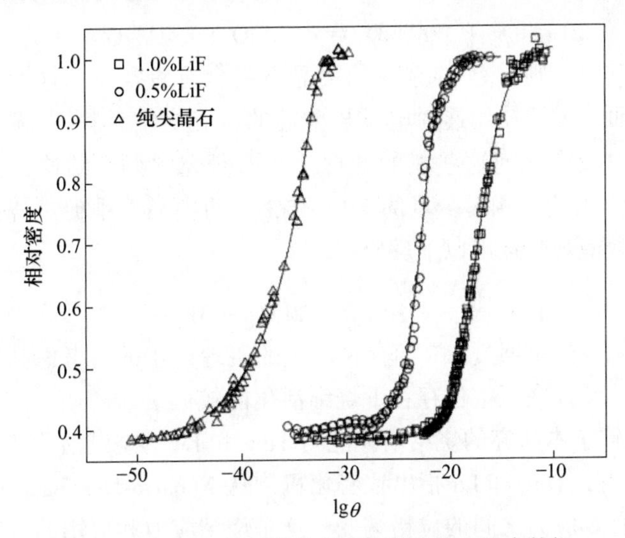

图 4-50 33MPa 热压样品的主烧结曲线和拟合数据

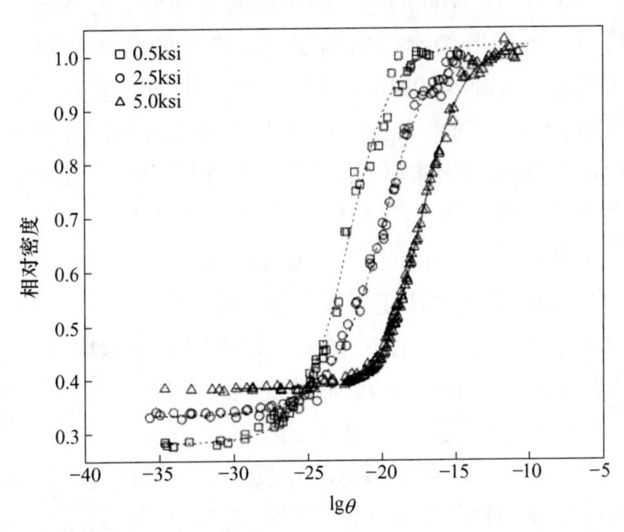

图 4-51 在增加的压力下压制 1.0%LiF 掺杂的尖晶石的主烧结曲线和数据

上述结果表明，LiF 的存在降低了铝酸镁尖晶石致密化的有效活化能。其中向尖晶石中加入大量（40%）LiF 的先前工作揭示了 LiF 和 $MgAl_2O_4$ 在高达 1500℃的温度下的反应顺序。发现在这些温度下，对于具有大的初始 LiF 添加量的样品，$LiAlO_2$ 和 MgF_2 是活性反应产物。包含 MgF_2 和 LiF 组分的液相在中间温度下形成，但在 $MgAl_2O_4$ 重整期间在较高温度下消失。如果在开放系统中处理，系统中的所有初始 LiF 最终在超过 1350℃的温度下作为气相离开。基于之前的工作，考虑了以下两个反应：

$$2LiF + MgAl_2O_4 \xlongequal{} MgF_2 + 2LiAlO_2 \tag{4-21}$$

$$2LiAlO_2 + MgAl_2O_4 \xlongequal{} MgO + Li_2Al_4O_7 \tag{4-22}$$

如果发生这些反应，则含有 Li 杂质的尖晶石将含有氧空位，这可以导致增强的质量传递。然而，最近使用透射电子显微镜的低温烧结实验[63]显示在含有高达 5%LiF 的样品中没有任何这些相的证据。在该研究中得出结论，铝酸盐 $LiAlO_2$ 和 $Li_2Al_4O_7$ 不太可能在相对少量的 LiF(<5%）的尖晶石中促进烧结。相反，基于透射电子显微镜观察提出以下反应：

$$LiF \xrightarrow{MgAl_2O_4} Li'_{Mg} + 2Li''_{Al} + 3F^{\cdot}_{O} + V^{\cdot\cdot}_{O} \tag{4-23}$$

特别重要的是氧空位是通过 LiF 的存在产生的机理产生的。考虑到烧结速率可能与扩散相结合，预计在氧空位存在下烧结活化能较低。

图 4-52 比较了本研究的烧结活化能与 Ting 和 Lu 的烧结活化能。对于具有过量 MgO 的尖晶石，Ting 和 Lu 指出致密化机制从 Nabarro-Herring 扩散蠕变变为低有效应力和高有效应力之间的位错蠕变，这是烧结应力和应用的总和。此外，他们指出这些因素意味着两种不同的速率决定机制，即低应力状态下氧的晶格扩散和高应力应变状态下的爬升控制位错蠕变。氧空位的移动限制了这两者。据报道，氧扩散的活化能在 430~490kJ/mol 之间[40]。化学计量尖晶石中爬升控制蠕变的活化能为 550kJ/mol，随着 MgO 含量的增加降低至 478kJ/mol。在 33MPa 下热压的纯 $MgAl_2O_4$ 的烧结活化能与 Ting 和 Lu 的无压烧结和 26MPa 热压尖晶石的数据相当。这表明对于纯尖晶石，烧结行为实际上与热压压力无关，这是一个相当意外的结果。这些样品的活化能值为 480kJ/mol（图 4-52）。此外，它与 Ting 和 Lu 的决定一致，即整体速率决定机制是氧晶格扩散。

如图 4-52 所示，显然在 LiF 存在下可以使用不同的机理。大多数掺杂有任何量的 LiF 的样品表现出 300kJ/mol 和更低的烧结活化能。这些样品中较低的活化能可能部分地来自传统液相烧结的优点。当 LiF 首先熔化时，系统的密度仅通过颗粒的重排而增加。在 LiF 开始与 $MgAl_2O_4$ 反应后，氟化物通过溶液再沉淀过程促进烧结，从而产生新的缺陷颗粒，由于存在氧空位，含尖晶石以增强的速率生长。再沉淀可能起源于演化微观结构内的高曲率区域。较大颗粒表面上的氧空位浓度的增加导致增强扩散区域的宽度增加。在 LiF 存在下，MgO 和 Al_2O_3 之间的反应烧结可以考虑类似物，以形成 $MgAl_2O_4$。Huang 等人[64]已确定后一过程的活化能为 165kJ/mol。可以预期，在较高温度下控制尖晶石重整的过程的活化能

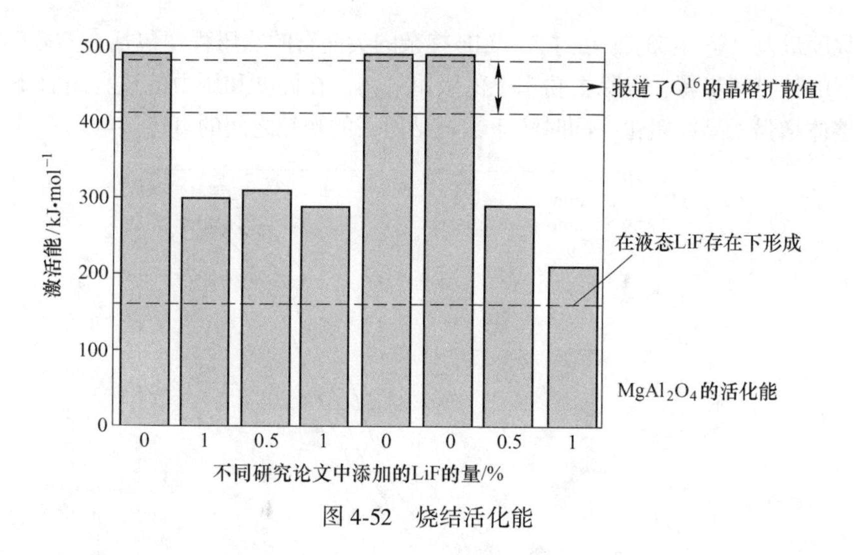

图 4-52 烧结活化能

量将具有 165kJ/mol 的量级。

在上述反应过程中，氟化物熔体上方的蒸气压增加。在所有烧结曲线中，烧结速率在 1000℃之后减慢，在较低温度下较慢的加热速率受到影响。当温度接近 1000℃时，LiF 开始以气体形式离开压块，反应回复到产物，同时烧结机制回复到纯尖晶石，从而提高了有效活化能；因此，LiF 的益处在不再存在 LiF 的较高温度下消失。通过检查在 3.3MPa 下压制的 1.0%LiF 掺杂的尖晶石的烧结数据可以最好地看出后一种效果。该试样的烧结数据（相对密度随温度变化）显示出与理论曲线的明显偏差（图 4-53）。可以将该偏差与掺杂有在 33MPa 下压制的 1.0%LiF 的样品进行比较（图 4-48c），其具有 210kJ/mol 的最低烧结活化能。在后一个样品的所有加热速率下的良好配合表明单一机制是活跃的。在这种情况下，氟化物熔体保持高密度，其余部分作为蒸汽被除去，沿着晶粒边界输送。从图 4-51 中可以明显看出，LiF 和尖晶石之间相互作用时间最长的试样具有最低的活化能，过早蒸发损失 LiF 的试样具有的激活能在尖晶石重整之间（165kJ/mol）和氧气通过晶格的扩散（380kJ/mol）。然而，如果压力增加得太快，则 LiF 的扩散路径减少并且保留任何化学反应的产物。在某些情况下，据报道发现过量的 MgO 和 $LiAlO_2$ 颗粒沉淀[65]。

值得注意的是，这项工作的一个意想不到的后果是确定了夸大的晶粒生长的来源，这种现象长期困扰着高强度尖晶石的加工。当发生显著量的尖晶石再沉淀时，存在双峰晶粒尺寸分布，随后是晶粒粗化。对本试样进行研磨，抛光和热蚀刻，以用线截距法测量平均晶粒尺寸。在 3.3MPa 下以最低加热速率烧结的 1.0%掺杂尖晶石样品的平均晶粒尺寸为 25mm（标准偏差 6.1mm），其中所有其他样品的平均晶粒尺寸小于 8mm（标准偏差 3.5mm）。前一个样本的数据与 MSC 预测的曲线的拟合程度最差（图4-53）。在过去，LiF 掺杂的尖晶石的热压程序包括在900℃的低压力下的长时间步骤，以除去粉末上的吸附气体。在温度和压力的这种组合下，氟化物熔体增强了晶粒粗化，同时防止了烧结所需的颗粒之间的直接接触。

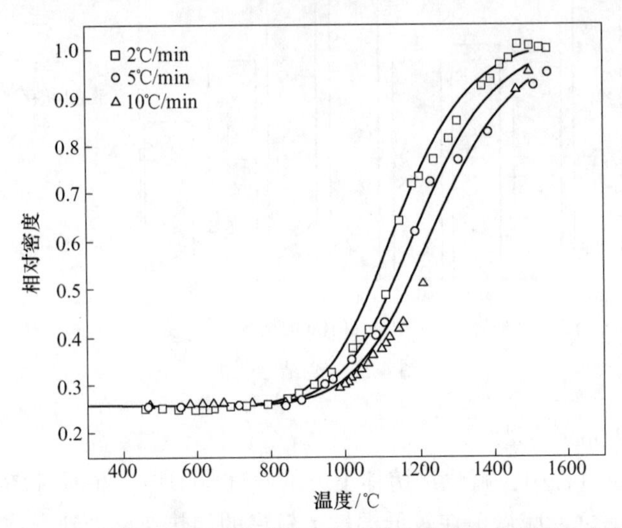

图4-53 1.0%LiF 样品在不同升温速率下其密度随烧结温度的变化趋势

基于目前的实验数据，可以仔细配制热压参数以产生低孔隙率，细粒尖晶石微观结构。本文未对此进行明确测试。LiF 有助于在1200℃以下烧结 $MgAl_2O_4$，其中 LiF 的蒸气压相对较低。为了防止 LiF 蒸发，应将样品快速加热（101℃/min）至略高于 LiF 熔点的温度。此时，仅应施加小负荷以帮助将熔融 LiF 分配通过系统。仅保持几分钟（对于本研究中直径为25.4mm 的圆盘，选择5min 的任意时间），温度和压力应同时增加。本研究预测，对于优化的热压曲线，压力应在1200℃达到最大值（33MPa），以便 LiF 在孔闭合之前离开系统，但在与尖晶石充分相互作用之前不离开。超过1200℃，只有固态扩散机制是活跃的，温度必须增加到至少1550℃并在那里保持约1h 以去除残余孔隙。在热重分析系统中加热 $MgAl_2O_4$ 以检查 LiF 何时离开系统。在1100℃下施加最大压力的试样表现出来自捕集在孔中的材料的黄色雾度。在1300℃施加最大压力的试样是不透明的，因为 LiF 在与尖晶石相互作用之前蒸发。当最大压力施加在1200℃时，实现最佳透明度。在冷却至低于1000℃的温度时必须保持33MPa 的压力，或者已经表明晶界上的残余孔隙率将粗化，对透过率产生负面影响。

4.7.4 研究小结

本研究解决了在有和没有 LiF 的情况下烧结的 $MgAl_2O_4$ 致密化动力学之间的差异。MSC 方法提供了关于致密化机制的指南。对活化能的检查表明，氧晶格扩散限制了尖晶石的致密化，并且当在烧结过程中添加 LiF 时可能形成氧空位。

参考文献

[1] Rozenburg K, Reimanis I E, Kleebe H J, et al. Chemical interaction between LiF and $MgAl_2O_4$ spinel during sintering [J]. Journal of American Ceramic Society, 2007, 90 (7): 2038-2042.

[2] Yu J, Hiragushi K. Sintering behavior of spinel with added TiO_2 [J]. Taikabutsu Overseas, 1996, 16 (4): 61-63.

[3] Tripathi H S, Singla S, Ghosh A. Synthesis and densification behavior of magnesium aluminate spinel: Effect of Dy_2O_3 [J]. Ceramics International, 2009, 35 (6): 2541-2544.

[4] Ghosh A, Das S K, Biswas J R, et al. The effect of ZnO addition on the densification and properties of magnesium aluminate spinel [J]. Ceramics International, 2000, 26 (6): 605-608.

[5] Chen I W, Wang X H. Sintering dense nanocrystalline ceramics without final-stage grain growth [J]. Nature, 2000, 404 (6774): 168-171.

[6] Nadernezhad A, Moztarzadeh F, Hafezi M, et al. Two step sintering of a novel calcium magnesium silicate bioceramic: Sintering parameters and mechanical characterization [J]. Journal of the European Ceramic Society, 2014, 34 (15): 4001-4009.

[7] Hsu W H, Hsiang H I, Yen F C, et al. Low-temperature sintered $CuIn_{0.7}Ga_{0.3}Se_2$ prepared by colloidal processing [J]. Journal of the European Ceramic Society, 2012, 32 (14): 3753-3757.

[8] Mazaheri M, Valefi M, Hesabi Z R, et al. Two-step sintering of nanocrystalline $8Y_2O_3$ stabilized ZrO_2 synthesized by glycine nitrate process [J]. Ceramics International, 2009, 35 (1): 13-20.

[9] Zhang Z, Liu Y, Yao G, et al. Solid-state reaction synthesis of $NiFe_2O_4$ nanoparticles by optimizing the synthetic conditions [J]. Physica E: Low-dimensional Systems and Nanostructures, 2012, 45 (8): 122-129.

[10] Wu M W. Two-step sintering of aluminum-doped zinc oxide sputtering target by using a submicrometer zinc oxide powder [J]. Ceramics International, 2012, 38 (8): 6229-6234.

[11] Shahraki M M, Shojaee S A, Sani M A F, et al. Two-step sintering of ZnO varistors [J]. Solid State Ionics, 2011, 190 (1): 99-105.

[12] Isobe T, Ooyama A, Mai S, et al. Pore size control of Al_2O_3 ceramics using two-step sintering [J]. Ceramics International, 2011, 38 (1): 787-793.

[13] Bodisova K, Sajgalik P, Galusek D, et al. Two-stage sintering of alumina with submicrometer grain size [J]. Journal of the American Ceramic Society, 2007, 90 (1): 330-332.

[14] Yu H, Wang X, Jian F, et al. Grain size effects on piezoelectric properties and domain structure of $BaTiO_3$ ceramics prepared by two-step sintering [J]. Journal of the American Ceramic Society, 2013, 96 (11): 3369-3371.

[15] Lin K, Chen L, Chang J. Fabrication of dense hydroxyapatite nanobioceramics with enhanced mechanical properties via two-step sintering process [J]. International Journal of Applied Ce-

ramic Technology, 2012, 9 (3): 479-485.

[16] Su H, Tang X, Zhang H, et al. Sintering dense NiZn ferrite by two-step sintering process [J]. Journal of Applied Physics, 2011, 109 (7): 160.

[17] 张厚兴，孙加林，周宁生，等. MgAlON 材料的合成及烧结机理的研究 [C]. 全国高技术陶瓷学术年会，2002.

[18] Cullity B D. Elements of X-ray diffraction [M]. 2nd ed. London: Addison-Wesley, 1978: 351.

[19] Ganesh I, Teja K A, Thiyagarajan N, et al. Formation and densification behavior of magnesium aluminate spinel: the influence of CaO and moisture in the precursors [J]. Journal of the American Ceramic Society, 2005, 88 (10): 2752-2761.

[20] Ganesh I, Olhero S M, Rebelo A H, et al. Formation and densification behavior of $MgAl_2O_4$ spinel: The influence of processing parameters [J]. Journal of the American Ceramic Society, 2008, 91 (6): 1905-1911.

[21] Zawrah M F, Hamaad H, Meky S. Synthesis and characterization of nano $MgAl_2O_4$ spinel by the co-precipitated method [J]. Ceramics International, 2007, 33 (6): 969-978.

[22] Wurst J C, Nelson J A. Lineal intercept technique for measuring grain size in two-phase polycrystalline ceramics [J]. Journal of the American Ceramic Society, 1972, 55 (2): 109.

[23] Yin Zhimin, Pan Qinglin, Jiang Feng, et al. Scandium and its alloys [M]. Changsha: Central South University Press, 2007.

[24] Sarkar R, Das S K, Banerjee G. Effect of addition of Cr_2O_3 on the properties of reaction sintered MgO-Al_2O_3 spinel [J]. Journal of European Ceramic Society, 2002, 22 (8): 1243-1250.

[25] Ma B Y, Zhu Q, Sun Y, et al. Synthesis of Al_2O_3-SiC composite and its effect on the properties of low-carbon MgO-C refractories [J]. Journal of Materials Science and Technology, 2010, 26 (8): 715-720.

[26] Li J, Ye Y. Densification and grain growth of Al_2O_3, nanoceramics during pressureless sintering [J]. Journal of the American Ceramic Society, 2006, 89 (1): 139-143.

[27] Mayo M J, Hague D C, Chen D J. Processing nanocrystalline ceramics for applications in superplasticity [J]. Materials Science and Engineering A, 1993, 166 (1-2): 145-159.

[28] Skandan G, Hahn H, Roddy M, et al. Ultrafine-grained dense monoclinic and tetragonal zirconia [J]. Journal of the American Ceramic Society, 2005, 77 (7): 1706-1710.

[29] Binner J, Annapoorani K, Paul A, et al. Dense nanostructured zirconia by two stage conventional/hybrid microwave sintering [J]. Journal of the European Ceramic Society, 2008, 28 (5): 973-977.

[30] Wang C J, Huang C Y, Wu Y C. Two-step sintering of fine alumina-zirconia ceramics [J]. Ceramics International, 2009, 35 (4): 1467-1472.

[31] Azargohar R, Dalai A K. Production of activated carbon from luscar char: experimental and modeling studies [J]. Microporous and Mesoporous Materials, 2005, 85 (3): 219-225.

[32] Wang X H, Chen P L, Chen I W. Two-step sintering of ceramics with constant grain-size Ⅰ. Y_2O_3 [M]. Journal of the American Ceramic Society, 2006, 89 (2): 431-437.

[33] Feaugas X, Haddou H. Grain-size effects on tensile behavior of nickel and AISI 316L stainless steel [J]. Metallurgical and Materials Transactions A, 2003, 34 (10): 2329-2340.

[34] Shi J L, Gao J H, Lin Z X, et al. Effect of agglomerates in ZrO_2 powder compacts on microstructural development [J]. Journal of Materials Science, 1993, 28 (2): 342-348.

[35] Sarkar R. Refractory applications of magnesium aluminate spinel [J]. Interceram International Ceramic Review, 2010: 11-14.

[36] Maschio R D, Fabbri B, Fiori C. Industrial applications of refractories containing magnesium aluminate spinel [J]. Ind. Ceram., 1988, 8 (2): 121-126.

[37] Harris D C. History of development of polycrystalline optical spinel in the U. S. [J]. Proceedings of SPIE—The International Society for Optical Engineering, 2005: 1-22.

[38] Carter R E. Mechanism of solid state rection between MgO and Al_2O_3 and MgO and Fe_2O_3 [J]. J. Am. Ceram. Soc., 1961, 44 (3): 116-120.

[39] Yamaguchi G, Shibatsuji M. Experimental manufacture of spinel refractories from bauxite and sea-water magnesia [J]. Journal of the Ceramic Society of Japan, 1954, 62 (691): 35-37.

[40] Banerjee J C, Chaterjee N B. Spinel refractories from indian bauxite [J]. Cent. Glass Ceram. Res. Inst. Bull., 1957, 4 (4): 172-181.

[41] Chen L, Tian S. Study on the sintering of magnesium aluminate spinel synthesized from light burnt magnesite and industrial alumina sintering and materials [C]. Proceedings of the 6th International Symposium on Science and Technology of Sintering, Haikou, 1995, 278-283.

[42] Xiang W J, Qi Z Y, Hua Z L. Magnesium aluminate spinel prepared from natural raw materials [C]. Proceedings of the Second International Symposium on Refractories, 1992, 215-225.

[43] Mazzoni A, Agletti E F, Pereira E. Preparation of spinel ($MgAl_2O_4$) at low temperature by the mixing of activated oxides [C]. Actas Congr. Expocion. Argent. Ⅱ Ibero Am. Ceram., 1988, 8: 95-102.

[44] Sarkar R, Das S K, Banerjee G. Calcination effect on magnesium hydroxide and aluminium hydroxide for the development of magnesium aluminate spinel [J]. Ceramics International, 2000, 26 (1): 25-28.

[45] Sarkar R, Das S K, Banerjee G. Effect of attritor milling on the densification of magnesium aluminate spinel [J]. Ceramics International, 1999, 25 (5): 485-489.

[46] Ting C J, Lu H Y. Defectreactions and the controlling mechanism in the sintering of magnesium aluminate spinel [J]. Journal of the American Ceramic Society, 2010, 82 (4): 841-848.

[47] Huang J L, Sun S Y, Chen C Y. Investigation of high alumina-spinel: effects of LiF and $CaCO_3$ addition (part 2) [J]. Materials Science & Engineering A, 1999, 259 (1): 1-7.

[48] Skomorovskaya L A. Magnesia spinel ceramics alloyed with rare-earth oxides [J]. Glass & Ceramics, 1993, 50 (4): 165-168.

[49] Sarkar R, Das S K, Banerjee G. Effect of additives on the densification of reaction sintered and

presynthesised spinels [J]. Ceramics International, 2003, 29 (1): 55-59.

[50] Jouini A, Yoshikawa A, Brenier A, et al. Optical properties of transition metal ion-doped $MgAl_2O_4$ spinel for laser application [J]. Physica Status Solidi, 2011, 4 (3): 1380-1383.

[51] Fujimoto Y, Tanno H, Izumi K, et al. Vanadium-doped $MgAl_2O_4$ crystals as white light source [J]. Journal of Luminescence, 2008, 128 (3): 282-286.

[52] Lim J H, Kim B N, Kim Y, et al. Non-rare earth white emission phosphor: Ti-doped $MgAl_2O_4$ [J]. Applied Physics Letters, 2013, 102 (3): 446-449.

[53] Kingery W D, Berg M. Study of the initial stages of sintering solids by viscous flow, evaporation-condensation, and self-diffusion [J]. Journal of Applied Physics, 1955, 26 (10): 1205-1212.

[54] Johnson D L, Cutler I B. Diffusion sintering: Ⅰ, initial stage sintering models and their application to shrinkage of powder compacts [J]. Journal of the American Ceramic Society, 2010, 46 (11): 541-545.

[55] Coble R L. Initial sintering of alumina and hematite [J]. Journal of the American Ceramic Society, 2010, 41 (2): 55-62.

[56] Johnson D L, Glarke T M. Grain boundary and volume diffusion in the sintering of silver [J]. Acta Metallurgica, 1964, 12 (10): 1173-1179.

[57] Bratton R J. Coprecipitates yielding $MgAl_2O_4$ spinel powders [J]. Am. Ceram. Soc. Bull, 1969, 48 (8): 759-762.

[58] Bratton R J. Initial sintering kinetics of $MgAl_2O_4$ [J]. Journal of the American Ceramic Society, 2010, 52 (8): 417-419.

[59] Coble R L. Sintering crystalline solids. Ⅰ. intermediate and final state diffusion models [J]. Journal of Applied Physics, 1961, 32 (5): 787-792.

[60] Hartnett T M, Wahl J M, Goldman L M. Recent advances in spinel optical ceramic [C]. Proc Spie, SPIE Conference Proceedings, 2005, 70-74.

[61] Villalobos G R, Sanghera J S, Bayya S, et al. Fluoride salt coated magnesium aluminate: US, US7211325 [P]. 2007.

[62] Su H, Lynn J D. Master sintering curve: A practical approach to sintering [J]. Journal of the American Ceramic Society, 2010, 79 (12): 3211-3217.

[63] Reimanis I E, Kleebe H J. Reactions in the sintering of $MgAl_2O_4$ spinel doped with LiF [J]. International Journal of Materials Research, 2007, 98 (12): 1273-1278.

[64] Huang J L, Sun S Y, Ko Y C. Investigation of high-alumina spinel: Effect of LiF and $CaCO_3$ addition [J]. Journal of the American Ceramic Society, 2010, 80 (12): 3237-3241.

[65] Chen S K, Cheng M Y, Lin S J. Reducing the sintering temperature for MgO-Al_2O_3 mixtures by addition of cryolite (Na_3AlF_6) [J]. Journal of the American Ceramic Society, 2010, 85 (3): 540-544.

5 镁铝尖晶石的应用

5.1 光学透明陶瓷应用

虽然镁铝尖晶石已被用于几个重要的领域，但就这种材料而言，光学透明陶瓷应用是独一无二的，因为它在这些应用中的性能超过了许多同类产品[1]。它的面心立方（fcc）晶体结构允许光无损耗的传输，这是它在光学应用中具有更好性能的原因。对于由六方晶体组成的透明材料（例如氧化铝），光传输损耗是一个常见问题。就战略行业而言，光学透明应用也非常重要。例如，大量导弹使用透明圆顶和窗户部件，包括传感器保护和多光谱窗口。导弹通常从发射管发射，其中包括一个密封窗口，旨在发射时破裂，但它应该是透明的红外或紫外辐射。任何密封窗材料的典型特征是：

（1）在长时间暴露于紫外线和高温，腐蚀性环境如氧化环境或酸性环境条件下的稳定性；

（2）耐磨损或侵蚀，特别是当以 500m/s 的速度经受灰尘、沙子或水滴时，以及在水中不溶解；

（3）所需的硬度以抛光至高度光滑度。

用于制备这些窗户的常用材料是 MgF_2，它具有一定程度的红外光透光度。由于这种材料在紫外线波长下的透过率较差，因此无法在发射台窗口应用中显示所需的（即几毫米）厚度所需的透明度。

另外，透明装甲的要求与窗户和圆顶的要求有很大不同，但同样具有挑战性，即材料必须轻便，承受多次局部碰撞后视觉失真最小，并且夜视能够兼容其他要求。因此，透明装甲系统的基本要求是透明度，抵抗弹道威胁以及以最小扭曲的能力。对于所有比手枪更大的威胁，透明装甲系统基于透明陶瓷材料，其中最古老和最常见的是硅酸盐玻璃，但它们太薄弱无法用作实用透明装甲，因为窗户和圆顶高速运转导弹。此外，导弹圆顶和吊舱窗口必须透过 5μm 波长，但硅酸盐玻璃不能很好地传输超过 2μm。硫化锌透过超过 5μm，但它太薄弱，不适用于这些应用。除了良好的光学性能外，由于导弹飞行中经历的极端条件，陶瓷窗户还必须具有良好的耐磨性和高强度。单晶蓝宝石在许多这些系统中用作基准材料；不幸的是，蓝宝石窗口的成本很高，部分原因是所涉及的加工温度，因为到目前为止，生产蓝宝石穹顶的最昂贵的一步是需要大量的研磨才能将碟片从单晶片切割成圆屋顶。由于没有用于制造近网形单晶蓝宝石窗口和圆顶的工艺，这将使加工成本降低50%以上，向低成本电磁窗的过渡，要求发展粉末和加工技术将陶瓷粉末转化为高质量、透明的多晶窗。

烧结多晶亚微米 Al_2O_3 也被认为是这些应用的理想候选材料，因为它具有最高的硬度（HV10=20~22GPa）材料。然而，通过这种材料的光透射不仅受到孔隙的吸收和散射（如所有其他透明材料一样），而且还由于每个交叉处的光束的六角形双折射分裂引起的损耗从一个晶体到另一个晶体。很难想象烧结氧化铝会达到所需的透明度，因为它是一个与双折射传输损耗总是相关的六角形系统。减少双折射散射损耗的一种方法是使用小的亚微米晶粒尺寸，使得电磁波包不会看到单个晶体。通常，对于高致密烧结 Al_2O_3 的晶粒尺寸约为0.5μm，RIT在1mm厚度时为60%（理论极限的70%）。所有这些损失随厚度增加。对于较厚的部件，这些损失将更高，而安全的弹道性能要求至少1.5~2mm的厚度。新技术使传输更接近极限将晶粒尺寸0.3μm与理论最大值（0.8mm厚度）的84%~93%的RIT联系起来。这些极端的结果也再次怀疑它将有可能制造出具有足够高透明度的更大和更厚的 Al_2O_3 窗。然而，亚微米 Al_2O_3 已被认为是红外窗以及可以使用更薄的瓦片的低威胁装甲应用的很好选择。先进的近网成形技术的成功开发也将大大降低这些组件的加工成本。

其他用于制造较厚透明窗的陶瓷材料包括MAS、AlON（氧氮化铝）和铌酸铝。蓝宝石、MAS或AlON（$Al_{23}O$）作为坚硬透明前层的概念具有通过侵蚀和破碎引起对射弹核的损害的功能，是在40年前引入的。与铌酸铝相比，MAS和AlON更好地应用于透明窗户。但是这些都非常难用作有效护甲。更高的效率使得装甲系统更薄更轻，这在很多情况下可能成为当前和未来地面和空中平台的启动因素。AlON由Raytheon Corporation生产氮掺入氧化铝晶格稳定尖晶石晶相，产生各向同性的立方晶体结构。使用瞬态液相烧结方法的高温处理产生透过率为85%和雾度为14%的样品。此外，该材料在4.5~5.5μm光谱区域中具有较短的透射截止，导致在该临界频带中有较高的吸收系数。另外，多晶MAS对紫外光、可见光和中红外波长是透明的，与AlON相比具有一定的优势，包括较低的加工温度和IR区域内的优异光学性能。由于MAS晶体结构是立方光学各向同性的，可以制造多晶形状，而没有诸如氧化铝的多晶非立方材料固有的严重散射问题。

由于MAS中不存在双折射散射，因此获得具有较大晶粒尺寸的高透过率值，即可以应用较高的温度来去除最后的孔隙（只要夸大的生长不导致颗粒内孔隙）。较高的透过率降低了有害的厚度效应，并且这种立方体镁铝尖晶石陶瓷比 Al_2O_3 更容易获得真正透明的窗口。此外，镁铝尖晶石不会经历任何多态变换，因此不会由于热引起的相变而造成问题。弹道测试显示，1/4in的镁铝尖晶石与

2.5in 的子弹具有相同的阻力。事实上，镁铝尖晶石在三种硬质透明陶瓷材料（即 MAS，AlON 和 Al_2O_3）中具有最低的密度，由于所有这三种材料的防弹性能基本相当，因此在质量效率和重量方面具有优势。这些特性使得镁铝尖晶石成为轻型车辆和护目镜或步兵头盔面罩上不可或缺的候选材料。除此之外，镁铝尖晶石穹顶还有资格获得至少两枚红外制导导弹和导弹发射管窗口。

由于这些优点，透明镁铝尖晶石元件被用作导弹的 IR 罩和窗户，用于空中和地面车辆的透明装甲、光学透镜、激光主体材料、激光窗口、光学热交换器、电弧封套、碱金属蒸气放电器件、高压弧光灯、光学纳米器件，用于显像管应用的高亮度荧光屏、光学透明光纤温度传感器、压力容器，用于射频粉末注射器的窗口、等离子体诊断设备、钟表晶体，用于高压或温度的视镜容器、激光器的被动调 Q 开关、非线性光学器件等。透明镁铝尖晶石护目镜也用于防止日晒、刮风和灰尘，以及某些情况下的激光器。在战场上使用的地面车辆设备，如坦克、卡车和补给车辆，也受到镁铝尖晶石装甲的保护。由于大多数威胁/武器是自动或半自动的，因此这些护甲应该能够承受多次击中。窗户也必须是全尺寸的，以便车辆可以按照设计的方式进行操作。例如，卡车上的一个小窗口可以提高弹道生存能力，但是如果驾驶员没有安全防护能力，将降低操作安全性。直升机和其他用于作战或辅助作战的飞机也受到 MAS 透明装甲的保护。直升机的应用包括挡风玻璃、防爆罩、观察窗和传感器保护。这些直升机的一般要求也类似于地面车辆的要求，但要求的重要性各不相同。重量是直升机应用的关键因素。

在一项研究中，Harris[2] 记录了包括镁铝尖晶石在内的各种商业红外材料的透射光谱。$MgAl_2O_4$ 尖晶石与蓝宝石和 AlON 相比，具有明显的传输优势，从 4.5~5.5μm。光散射由于镁铝尖晶石的立方晶体结构，通常非常低；然而，晶界处的孔隙和杂质会增加散射和吸收。图 5-1 比较了制备的 $MgAl_2O_4$ 尖晶石和典型先进氧化铝的透明度，比亚微米尺寸的多晶氧化铝显示出好得多的透光率。

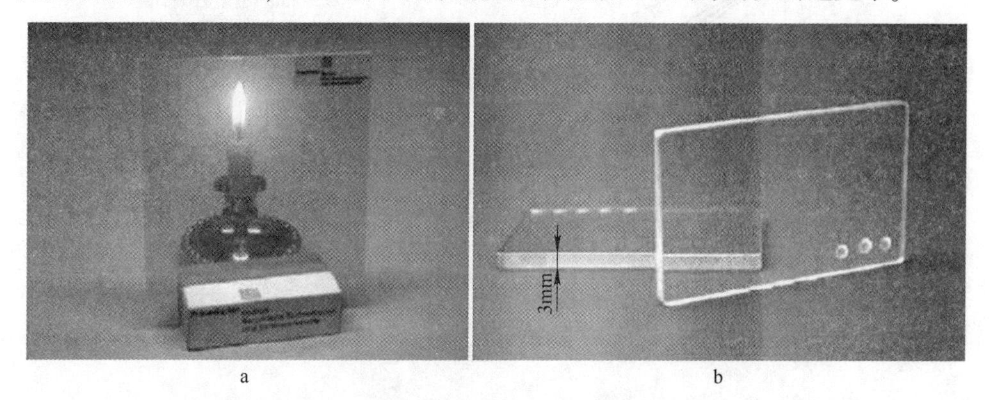

图 5-1 $MgAl_2O_4$ 尖晶石（a）和典型先进氧化铝（b）的透明度

图 5-2 显示了弹道测试装配的示意图和照片。典型的防弹测试装置由三个主要部件组成：

（1）厚度介于 1.3~8.3mm 之间的陶瓷前层；

（2）安全玻璃由一、二或三层碱石灰浮法玻璃组成；

（3）一个 4mm 厚的聚碳酸酯层。

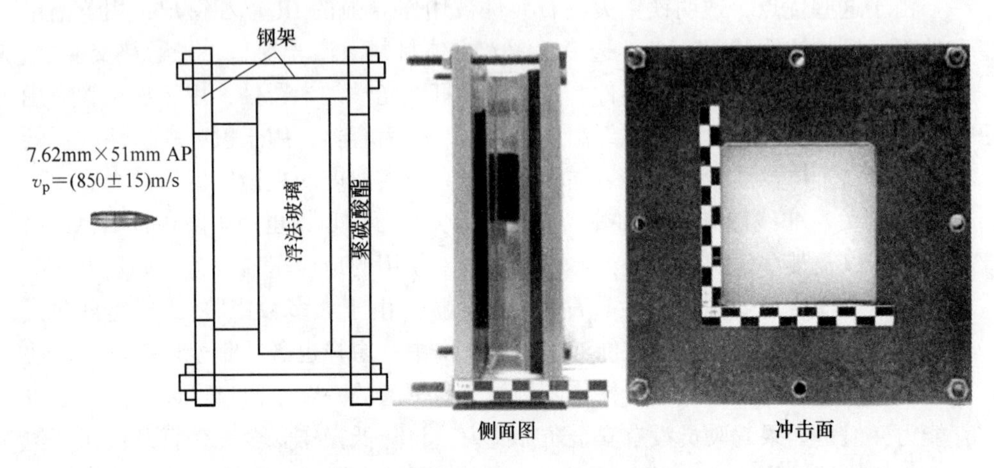

图 5-2 弹道测试装配的示意图和照片

图 5-3 显示了落弹的剩余黏度与各种透明装甲陶瓷的总面密度的函数关系。以烧结的 Al_2O_3 为原料和由 Fraunhofer Institute 陶瓷技术和系统（德国德累斯顿）制备得到镁铝尖晶石。盔甲穿孔弹是一个口径 7.62mm×51mm 的钢芯和总质量为

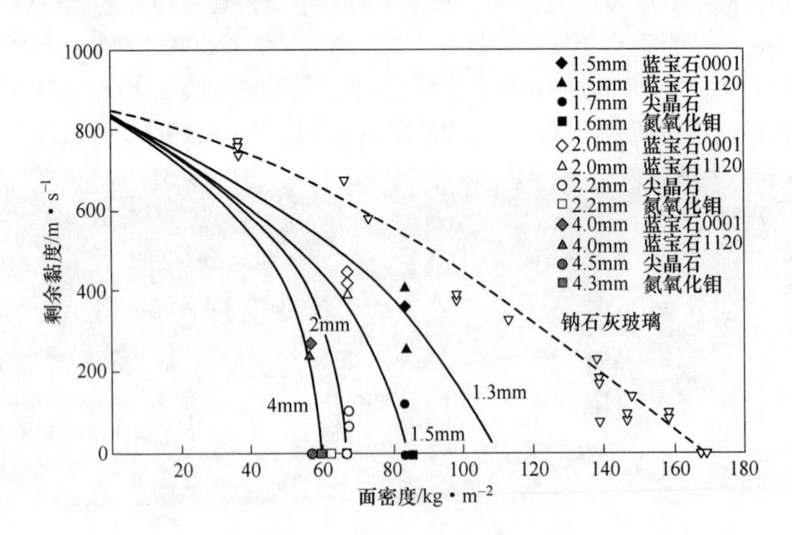

图 5-3 落弹的剩余黏度与各种透明装甲陶瓷的总面密度的函数关系

9.5g。钢芯质量为3.7g，长度为23.5mm。冲击速度为（850±15）m/s。总面密度ρ_{FTOT}可以定义为三者的面密度的总和，而部件的面密度分别定义为材料密度和厚度的乘积。随着镁铝尖晶石穿孔的陶瓷厚度为1.7mm和2.2mm。穿孔的最大残留速度小于120m/s。在镁铝尖晶石厚度4mm时没有发生穿孔。这意味着，所测试的镁铝尖晶石的保护强度几乎与烧结的Al_2O_3的保护强度一样好，并且显著高于蓝宝石。

过渡氧化物对于工程应用是有价值的，例如用于非常高温的电弧封闭外壳、碱金属蒸汽放电装置、天线窗、红外传输装置和装甲。然而，半透明多晶氧化物的生产通常需要独特的、高度技术性的受控过程。难以生产半透明的简单氧化物，并且生产这种混合氧化物更具挑战性。没有合适的混合氧化物粉末和缺乏对其烧结行为的了解是主要的障碍。

本研究描述了通过常规烧结方法制备半透明多晶镁铝尖晶石及其光学性质[3]。随后报道了镁铝尖晶石粉末加工的发展以及未掺杂粉末烧结行为的后续研究[4]。

尖晶石粉末显示出不同程度的可烧结性，这取决于制备方法和纯度。在本工作中，通过在1100℃下煅烧Mg-Al氢氧化物共沉淀物4h来制备粉末。在煅烧后，将粉末筛分（约200目）并储存在干燥环境中。通过光谱分析测定，所得粉末含有小于500μg/g阳离子杂质。主要阳离子杂质（μg/g）是Si 200，Na 100，K 50，Fe 10，Ca 10和Pb 10。根据电子显微照片确定的粉末的平均粒度为70nm。但是，存在大小约为1μm的聚集体。目前，这些可能阻碍完全致密化的聚集体被最小化在1100℃下煅烧之前，将干燥的共沉淀物（湿的或干的）球磨在塑料瓶中。事实上，该步骤对于在烧结期间实现完全致密化和良好的光学质量是重要的。

少量添加CaO显著提高了烧结速率，并影响了镁铝尖晶石的晶粒生长。需要均匀分散CaO以生产具有均匀性能的陶瓷。最令人满意的方法是机械混合镁铝尖晶石悬浮液，粉末在Ca盐溶液中，例如，$Ca(NO_3)_2$、$CaSO_4$或$CaCl_2$。混合后，将其定期混合干燥，以防止Ca盐偏析，然后过筛（100目）。将粉末煅烧以从800~1000℃的范围内除去Ca盐中的挥发性产物。

将混合的粉末在没有黏合剂的情况下在10000~50000psi下压实成圆盘，并在1000℃下在空气中预烧1h。管状样品在15000~60000psi下等静压。为了获得高烧结密度和良好的光学性能，需要压制密度为理论值的50%。图5-4显示了在1500℃，氧气中烧结1h的样品的压制和烧结密度之间的关系。

烧结分别在真空、真空和氩气、氢气和氧气三种气氛中进行。在1500~1600℃的真空中烧结约1h（以除去残余气体），然后在真空或Ar中在1750~1850℃下最终烧结16h，以获得超高密度半透明陶瓷。大多数收缩期间：烧结发

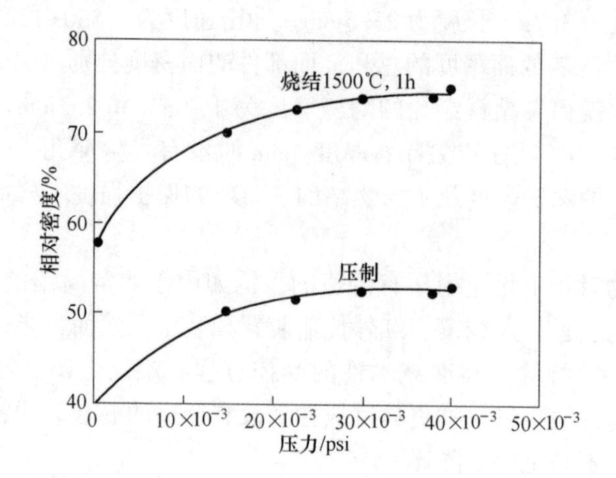

图 5-4 1500℃氧气中烧结 1h 的样品的压制和烧结密度之间的关系

生在 1300~1500℃时 CaO 存在。图 5-5 说明了添加 0.25%CaO 时的这种行为。烧结的盘在两个面上进行研磨和抛光，以进行光传输测量。还通过积分球方法在可见区域中测量总透过率。

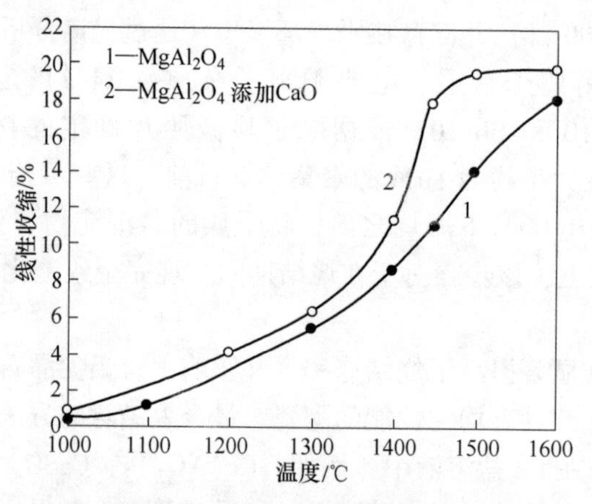

图 5-5 $MgAl_2O_4$ 的线性收缩

CaO 促进 $MgAl_2O_4$ 的致密化的有效性如图 5-6 所示。尽管少至 0.1%（质量分数）的 CaO 引起显著的致密化，但是在 0.5%~1.0%下获得最大值；当添加量大于 1.5%时，对烧结是不利的。尽管这些在 1500℃下在氧气中的烧结实验可用于证明 CaO 作为烧结助剂的有效性，但是即使在较高温度下，氧气气氛也不适合于完全致密化。图 5-7 显示了在有和没有 CaO 的情况下在 1800℃下在氧气中烧结的镁铝尖晶石的微观结构。在这些烧结条件下，孔去除不完全。图 5-7 中的大颗粒状黑点是由抛光引起的拉出。这种拉出趋势是在边界处的第二阶段的结果，其被认为是玻璃相。在气体氧化材料中拉出最大，并且随着 CaO 浓度的增加而增加。

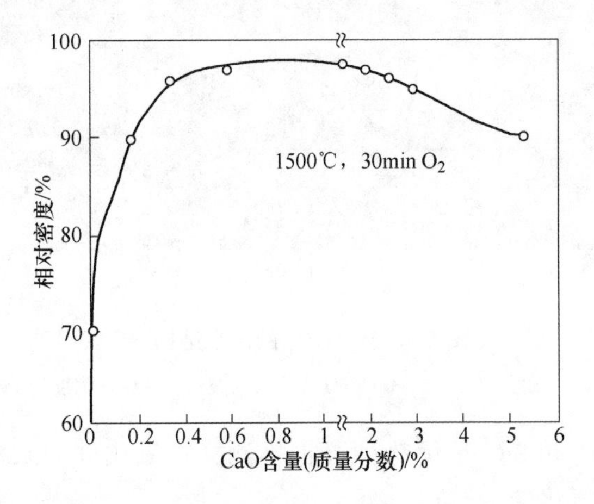

图 5-6 CaO 含量对 $MgAl_2O_4$ 烧结密度的影响

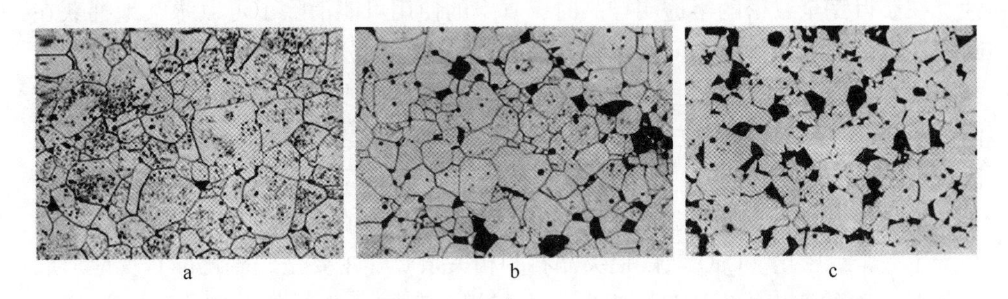

图 5-7 共沉淀得到的 $MgAl_2O_4$ 在 1800℃下烧结 6h 所得烧结试样的微观结构

a—不含添加剂；b—含 0.25%CaO；c—含 1.00%CaO

当使用最佳量的 CaO 且温度为 1800~1900℃时，在真空中烧结或在真空中进行两阶段烧结然后 Ar 导致密度为理论值的 99.7%~100%。图 5-8 显示镁铝尖晶石的微观结构。在 1850℃下烧结 3h。对于 CaO 浓度（质量分数）为 0.5%和 1.0%，基本上消除了孔隙率，并且样品是半透明的。

通过 CaO 促进致密化很可能是通过液相形成提高烧结速率的结果。这种实现半透明多晶氧化物的方式与确定的氧化铝、Y_2O_3、ThO_2 的机理非常不同。例如 Al_2O_3-MgO，其中晶界处的固溶体抑制快速的晶界运动和随后的孔隙截留[5]以及 ThO_2-CaO[6]，其中第二相粒子防止夸大的晶粒生长。液相烧结机理的支持证据包括：（1）在 1400℃以上观察到 CaO 掺杂粉末的快速烧结速率，预计在 MgO-Al_2O_3-CaO[7]体系中形成液体；（2）光学观察烧结后的晶粒角处的三角形玻璃状第二相区域，以及在真空中烧结后的一些残余玻璃相；（3）第二相的微探针分

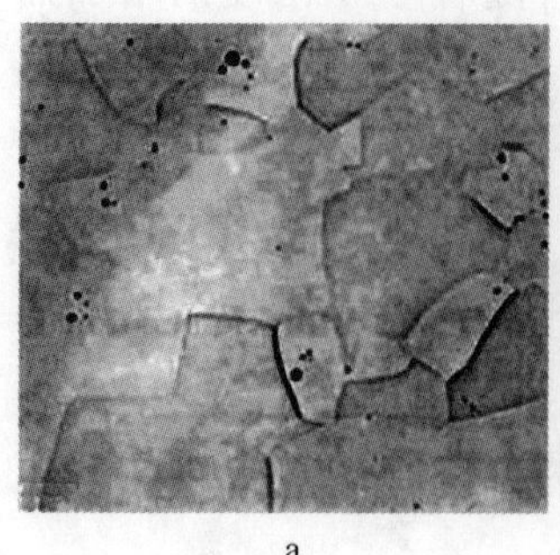
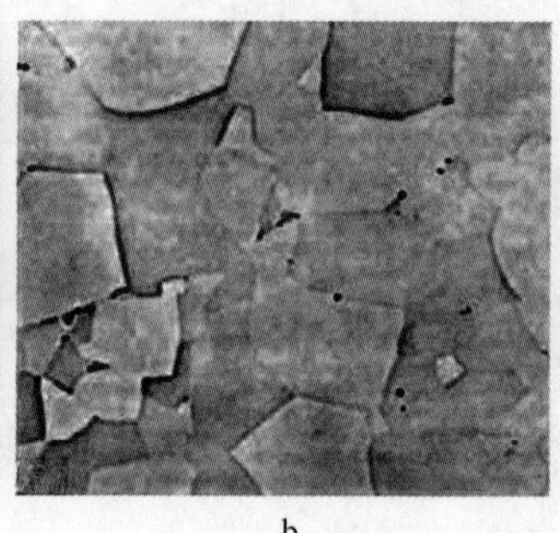
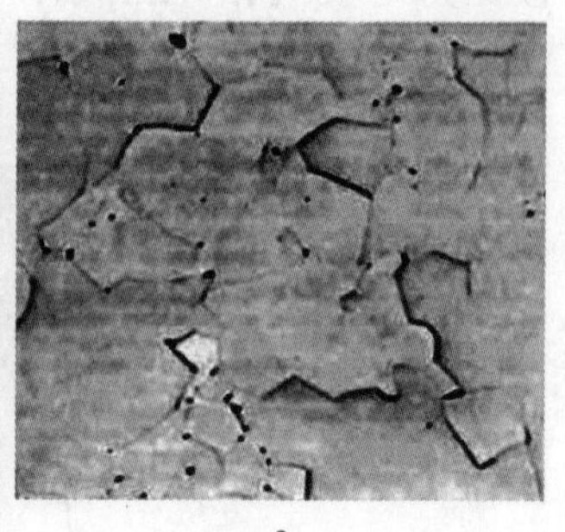

a b c

图 5-8 $MgAl_2O_4$ 的微观结构

a—CaO 浓度为 0.25%；b—CaO 浓度为 0.5%；c—CaO 浓度为 1%

析表明 CaO、Al、O 和 SiO 是优势种（据推测，二氧化硅的来源，似乎总是与 CaO 有关偏析的二氧化硅杂质）。

通过真空烧结与烧结（图 5-7 和图 5-8）得到的微观结构证明了气氛的重要性。在获得完全致密的半透明样品时，真空的使用可能消除了可以永久地捕获在封闭孔隙中的气态物质，从而影响孔闭合动力学和部分去除液相，这都会影响尖晶石的光学透过率。时间和温度对于这些过程都很重要。如图 5-8 所示，在烧结温度下 3h 不足以完全除去残留的玻璃相，其在晶粒拐角处表现为小的三角形区域。

添加少量 CaO 对于致密化的促进作用是足够的：在 1800~1900℃的真空中烧结产生完全致密化。CaO 与镁铝尖晶石和相关杂质（主要是二氧化硅）反应形成高于 1400℃的液相。CaO 与镁铝尖晶石和相关杂质（主要是二氧化硅）反应形成高于 1400℃的液相。在线光学透过率在 0.3~6.5μm 大于 10%。可见光区域的总透过率为 67%~78%。

5.2 中子辐射电阻应用

在中子辐照下，氧亚点阵被认为是相当严格的，尽管氧原子相对于金属原子的相对原子质量较低，并且需要大于 0.60eV 的能量来取代一个氧原子。金属原子（阳离子）具有较低的位移能（对于 Mg 和 Al 而言约为 20eV），因此最容易受辐射影响。在文献中一直有关于 MAS 中阳离子位移性质的争论[8~11]。在中子辐照下可以观察到 Al^{3+} 和 Mg^{2+} 的阳离子位置交换。然而，这种由辐照造成的紊乱使得这种 MAS 混合或完全相反，但不会导致晶体学对称性或晶格参数的任何变化。众所周知，MAS 的热力学稳定基态是正常尖晶石，因此需要能量以反相形式使其紊乱。在宽泛的温度范围内，MAS 陶瓷中没有观察到辐射引起的膨胀，没有形成微裂纹和其力学性能。MAS 的耐辐射性归因于存在大量空隙的情况下由位移碰撞产生点缺陷的高复合率。MAS 承受辐射损伤的能力也被认为是两个因素的结果。第一个是高间隙空位（i-v）重组率。第二种是晶格耐受阳离子晶格上显著的固有反位障碍的能力，如公式（5-1）所述：

$$Mg_{Mg}^{X} + Al_{Al}^{X} \longrightarrow Mg_{Al}' + Al_{Mg}^{\cdot} \tag{5-1}$$

这得到来自化学计量 MAS 中子衍射数据的支持，其证明在暴露于高辐射（在 385℃，249dpa）的样品中出现显著的阳离子紊乱。最近对 MAS 中位移级联的原子模拟也导致高浓度的阳离子反位点缺陷。

根据一项研究，Gupta[9] 表明 MAS 中的辐射诱导阳离子紊乱取决于辐射的性质。对于低能量，四面体位置的 Mg 原子与八面体位置上的 Al 原子之间的交换更有利，因为它需要较少的能量，并且这种无序导致 MAS 的简单反转。最初的 MAS 结构保存在这种无序中。在这个阶段，没有晶体转变或晶格参数除以 2。在较高能量下，反 MAS 中四面体位置的阳离子被置换到先前未占据的 16c 八面体位置。生成的结构是一个伪立方体结构，可以用原始空间组 Fd3m 进行索引。然而，随着进一步照射，这种伪立方结构也转变为理想的有缺陷的立方 NaCl 型结构，如同倒置一样。转化为有缺陷的 NaCl 型结构所需的总能量在两个过程中都是相同的，即 2. 16eV。

在另一项研究中，Yano 等[10] 辐照 MAS 陶瓷具有不同的化学计量比，在 200℃以下，中子浓度高达 $3.8\times10^{23}\,nm^{-2}$ 和 $5.7\times10^{23}\,nm^{-2}$，然后等温退火至 1000℃。没有注意到两种照射条件下的性质变化。由于这些辐照造成的宏观长度变化量几乎随着线性增加而增加，增加 Al_2O_3 的含量。在退火过程中，样品的宏观长度在 200℃ 时开始下降，单方面下降到 550℃。之后，长度稍微增加至 650℃，然后再降低至 800℃。这些最终值对应于照射前样品的长度。据推测，中子照射在低于或大约 200℃ 的温度下引起阴离子 Frenkel 缺陷（空位和间隙）和阳离子紊乱进入 MAS。在 1h 退火的情况下，阳离子紊乱被保存直到 600℃，并在该温度以上恢复，而阴离子的 Frenkel 缺陷逐渐从照射温度消失直到 800℃。

5.3 湿度传感器应用

监测和控制环境湿度受到越来越多的关注，主要是为了舒适性和工业过程[12]。湿度传感器在许多不同领域有广泛的用途和应用。每个应用领域需要不同的操作条件，因此需要不同种类的湿度传感器以满足不同的要求。利用电参数变化的湿度传感器中使用的材料大致分为三类：电解质，有机聚合物和陶瓷。在这三种类型中，陶瓷在其表现上显示出优势机械强度，对化学侵蚀的抵抗力以及它们的热和物理稳定性。陶瓷湿度传感器的唯一问题与它们需要通过热清洁定期再生以恢复其湿度敏感特性有关，由长期暴露于潮湿环境导致。在表面上逐渐形成稳定的化学吸附 OH^-，导致陶瓷湿度传感器的电阻逐渐漂移。此外，湿度传感器通常暴露在含有大量杂质（如灰尘、污垢、油、烟雾、酒精、溶剂等）的环境中。这些杂质的附着或吸附陶瓷表面上的化合物引起传感器响应的不可逆变化。污染物的作用方式与化学吸附水相同，也可以通过加热除去。基于陶瓷传感元件的商用传感器配备了用于再生的加热器在迄今为止测试的各种陶瓷基湿度传感器中，基于其基本特性，MAS 在灵敏度、稳定性和响应时间方面表现出了令人鼓舞的结果。由于烧结 MAS 颗粒的传导机制是离子，导电性随着化学吸附、物理吸附和/或孔隙结构内水的毛细凝结的增加而增加。已发现 MAS 在不同环境湿度下的体相和薄膜形式的传导机制都是离子型的。

在一项研究中，Laobuthee 等人[12]研究了 MAS 颗粒的湿度传感特性。图 5-9 显示了在 60%、70% 和 80% 相对湿度（RH）下测量的在 1300℃ 下烧结 8h 的 MAS 的阻抗数据。图 5-9a 显示了复阻抗平面图，图 5-9b 复阻抗的虚部 Z''，以及复杂电子的虚部模量 M''。对于两种颗粒，在低 RH 值（<20%RH）下记录的复阻抗平面图显示出一个半圆，其略微倾向于实轴并且不从原点开始。在更大相对湿度值，光谱轨迹在较高频率下以半圆形分解，在低频下以线性分支形式分解，这是一种类似瓦伯格的线。RH 越大，物料的阻抗越小。发生 RC 元件松弛的频率随 RH 增加而增加。它高频区域的实轴不随 RH 变化。

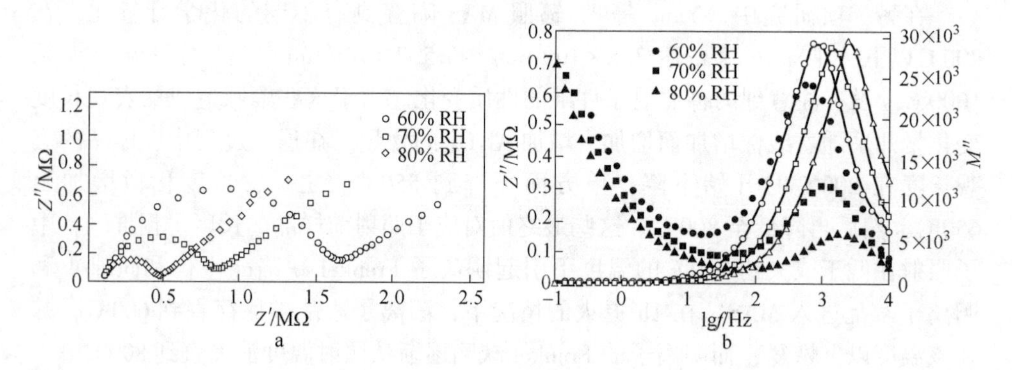

图 5-9　60%、70%和 80%相对湿度（RH）下测量的在 1300℃下烧结 8h 的 MAS 的阻抗数据
a—复阻抗平面图；b—复阻抗的虚部 Z''（实心符号）和 M''（空心符号）

5.4 耐火材料应用

尽管从 20 世纪 20 年代就开始将 MAS 用于耐火砖，但仅仅在过去的 35 年左右，MAS 才被认为是一种潜在的耐火材料[13~15]。这些应用的 MAS 开发的主要障碍是成本相对较高。引起近期 MAS 在这些应用中兴趣激增的主要驱动力已被用作水泥窑中氧化镁铬砖的替代耐火砖材（开始于 20 世纪 70 年代中期）以及其在整体式钢包内衬中的使用（在 20 世纪 80 年代后期在日本开创）。$MgAl_2O_4$ 尖晶石在这些应用中被认为是一种合适的替代品，因为它也被证明比原始材料具有

更好的性能。由于 MAS 是一种对环境无害的材料，它已经取代了镁铬铁基耐火材料市场，因为后者的材料是有毒的含铬化合物。$MgAl_2O_4$ 尖晶石主要应用于水泥回转窑的燃烧和过渡区以及钢包的底部和侧壁，并被用作富含氧化镁或富氧化铝基体的主要成分。另一个重要的应用是玻璃罐式再生器的检查工作，其中最重要的是获得纯 MAS 产品。因此，从耐火材料的应用角度来看，所有化学计量的，富含氧化镁和富含氧化铝的 MAS 组合物都是重要的。除此之外，还有用于耐火材料应用的融合 MAS 晶粒[13]。

在一项研究中，Ganesh 等人[14]制备了掺入 20%（质量分数）MAS 的高氧化铝（70%Al_2O_3，中国铝土矿基）和镁-碳（中国电熔镁基）耐火砖并对它们在纯氧化铝和氧化镁碳砖上的性能进行了比较，用于炉渣侵蚀，熔渣渗透和永久线性变化测试。包含 MAS 的砖已显示出改进的抗渣侵蚀和渗透性。在高氧化铝的情况下，沿着侧壁（沿着孔的半径）和底部（沿着孔的半径）的炉渣耐侵蚀性。在添加 MAS 后，孔的深度分别提高了 58.26%和 26%，并且其抗熔渣渗透阻力也增加了 14.45%。在镁质碳砖的情况下，沿侧壁和底部的耐熔渣侵蚀性分别提高了 47.72%和 45.31%。由于氧化镁炭砖颜色是黑色的，因此无法测量炉渣渗透程度。MAS 引入了高氧化铝与纯高氧化铝试件相比，其显示出更稳定和平衡的正永久线性变化（PLC）值。MAS 在高温下的相对较低的热膨胀归因于这些有利的 PLC 值。

5.4.1 水泥行业

首先将铝酸镁尖晶石作为耐火材料引入水泥回转窑，以降低镁铬合金体的环境风险。对水泥回转窑的研究发现，由于高热应力、磨损以及液体和碱蒸气的存在，上部（进料部分）和下部（出料端）过渡区与主烧结区相比具有低得多的衬里寿命[16]，如图 5-10 所示。尖晶石耐火材料是这类应用的更好选择，Bartha[17]报道，方镁石尖晶石体的寿命比镁铬砖长两到三倍。Fumikazu 和 Toru[18]研究了具有合成尖晶石熟料和海水氧化镁熟料的方镁石尖晶石体，用于水泥回转窑的燃烧和过渡区，与直接黏结的镁铬砖相比，其运行寿命增加了 40%~100%。Klischat 和 Bartha[19]研究了在水泥回转窑的过渡区和烧结区中添加尖晶石在镁质尖晶石砖中的优势，并报告了衬里的强度和运动寿命的提高。Gonsalves 等[20]发现由天然菱镁矿和熔融尖晶石颗粒制成的砖表现出更高的抗水化、碳化和碱侵蚀性，并且比由烧结尖晶石和海水氧化镁制造的砖提供更好的性能和更长的回转窑应用寿命。较大的晶体尺寸和较低的熔融尖晶石颗粒的反应性是改善性能的原因。Zongqi 和 Rigaud[21]发现，镁质尖晶石砖中的细晶状尖晶石与水泥中的 CaO 发生反应，形成低熔点相，具有良好的附着力，因此适用于涂层成型所需的区域。同样，由于工业现在意识到含铬耐火材料对健康的危害，含镁铝酸盐尖晶石的砖正成为水泥回转窑中无铬衬里的唯一选择。

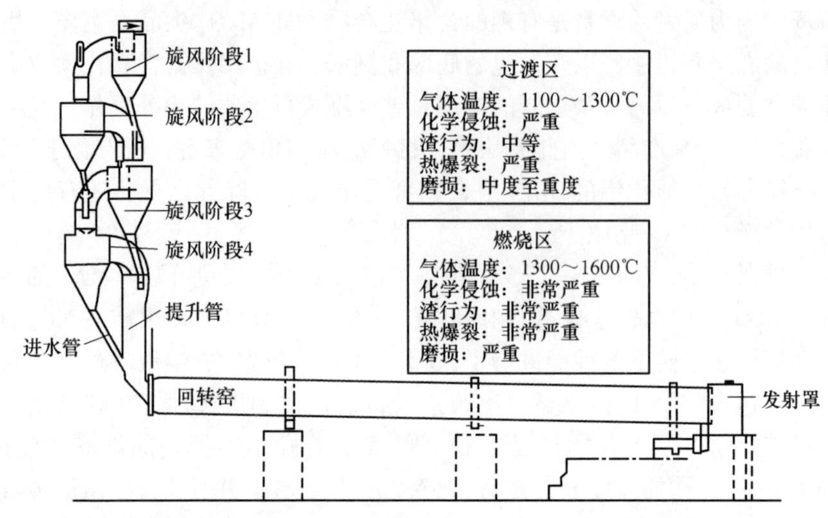

图 5-10 水泥回转窑及其过渡区、燃烧区及其主要条件

自那时起，节约能源导致在水泥回转窑中使用不同的工业废弃物作为燃料，并且由于碱，盐，温度升高，窑内的大气波动等原因，已经观察到衬里寿命的整体缩短等。建议通过使用结构致密、热性能更好的镁质尖晶石砖改善回转窑的寿命。使用废料作为燃料，Itoh 等[22]在水泥回转窑过渡区使用的镁质尖晶石砖中发现了一种带状结构。他们在旧砖中观察到脆性热面、裂缝中间区和致密背部。他们还报告说，$CaSO_4$ 的形成（由于廉价燃料中存在硫）和大气的减少降低了黏结强度并削弱了砖耐腐蚀性，导致寿命缩短。他们建议改善基质黏合，以提高衬里的性能。

5.4.2 钢铁工业

铝酸镁尖晶石也为钢铁工业做出了贡献。这些应用是在平炉的屋顶上开始的，主要是在苏联。由于平炉几乎已经过时，因此该应用几乎停止了。屋顶产品的早期开发以氧化镁尖晶石体的形式出现，其表现出比镁铬砖更好的性质。尖晶石增加共晶温度并在工作面上形成致密的子熔体层，这增加了砖的抗性。其他研究人员[15]获得了更高的软化温度和更低的蠕变速率，同时提高了含有 81%～85%尖晶石的皇冠耐火材料的耐磨性。Pyatikop 等[23]表明，方镁石尖晶石耐火材料中 30%（质量分数）尖晶石对屋顶产品是最佳的，并得出结论，尖晶石和方镁石颗粒之间的紧密接触导致更好的性能。Antonov 等人[24]发现在方镁石体中 30%（质量分数）的熔融尖晶石最适合双池熔炉的顶部。他们还观察了旧砖中的带状结构，并将这些区域描述为富铁工作面，硅化物中间区域和砖背面未改变的部分。

铝酸镁尖晶石在钢铁工业中最重要的应用是作为富含氧化铝的尖晶石浇注料的钢包内衬（图5-6）。钢包需要能够承受高温腐蚀、机械磨损和热冲击的耐火材料，这是铝酸镁尖晶石的特征。因此，含尖晶石的耐火衬里具有优异的性能和使用寿命[25]。添加尖晶石的主要优点是增加了耐腐蚀性，按照Ko[26]，改善的原因是尖晶石本身溶解在渗透炉渣中，从而减少了进一步的腐蚀。Ko还表明，随着尖晶石中MgO含量的增加，渗透率降低。Cho等人[27]还发现随着MgO含量的增加，氧化铝尖晶石浇注料的抗渣侵蚀性增加。Buhr[28]表明，与氧化铝浇注料相比，氧化铝尖晶石浇注料在1600℃时具有更高的热破碎强度和抗蠕变性，这对于钢包应用非常重要。

Teriyuki等人[29]通过将氧化铝尖晶石浇注料涂覆到侧壁和底部，获得了碱性氧气炉（BOF）钢包的良好使用寿命。增加抗剥落性，该衬里具有优异的耐腐蚀性和耐磨性，可防止熔渣和金属侵蚀，从而有助于提高衬里寿命。Tujii和其他人[30]报道了一种用于尖晶石和刚玉熟料的钢包衬里的铸造材料，发现剥落损伤减少，衬里寿命延长。Yamamura等人[31]通过改变尖晶石含量及其尺寸，研究了钢包中氧化铝尖晶石衬里对结构和热剥落，熔渣侵蚀和裂缝发生的抵抗力。他们认为尖晶石含量为25%（质量分数），0.3mm尺寸最好能获得更长的寿命和更好的经济性。Kato等人[32]据报道，在钢包底部，氧化铝尖晶石浇注衬里的使用寿命延长，耐火材料成本降低，因此减少了重新安装时间。Okubo等人[33]使用未燃烧的高铝尖晶石砖（氧化铝含量为92%）和非钢包精炼钢包的绝缘永久衬里，并且报道了玫瑰砖的显著改进。其还发现，即使长时间保持金属，钢水温度也会大大降低。

现在可以在原位尖晶石形成氧化铝氧化镁浇注料上进行大量工作，作为添加预成型尖晶石和氧化铝的替代方案。尖晶石在使用氧化铝氧化镁浇注料时的原位形成与尖晶石形成的体积膨胀有关，这可以抵消浇注料的收缩并提供一组出色的性能[34]。Ko报道[35]，氧化铝氧化镁浇注料中较小尺寸和较大量的原位形成的尖晶石颗粒主要是对氧化铝尖晶石浇注料具有更好的抗渣腐蚀性能，这已通过详细的XRD分析得到证实。对于钢包侧壁的应用，其中抗渣性、热力学稳定性和衬里柔韧性（以应对应力）更为重要，优选尖晶石成型浇注料。但对于需要高热强度、抗蠕变性和高温下非常高的耐磨性的钢包底部，含有氧化铝尖晶石浇注料的预制尖晶石预制形状优于尖晶石形成浇注料。

Mori等人[36]研究了使用细小的氧化镁粉末通过尖晶石形成来增强氧化铝结构的情况。使用细氧化镁导致尖晶石在基质中均匀分布并有助于提高强度。Tawara等人[37]发现粗氧化镁降低了热应力，当用于钢包衬里时，细氧化镁（MgO/SiO_2 比为4∶8）抑制了氧化铝尖晶石浇注料的线性变化。Hoteiya等人[38]

试验了具有较高抗渣性的镁铝尖晶石浇注料。用于钢包的侧壁代替氧化铝尖晶石浇注料。他们发现含 5%和 7.5%MgO 的镁铝尖晶石的抗熔渣渗透性和腐蚀性增强。他们还报告了使用寿命的延长和成本的降低。Kimiaki 等人[39]研究了含有富含镁质尖晶石的镁质尖晶石砖（MgO：Al_2O_3 重量比为 70：30）对钢精炼钢包的适用性，并获得了更高的耐腐蚀性和更高的抗剥落性。Torii 等人[40]由于镁铬砖对高碱性炉渣的耐受性差，粉尘磨损和处理问题，用氧化镁尖晶石砖代替真空氧气脱碳（VOD）钢包中的镁铬砖。他们报告说没有氧化镁尖晶石砖的粉尘磨损，因为没有形成 2CaO-SiO_2 相。

Eitel[41]提出了一种新的整体衬里技术，称为“ELS”（无尽衬里系统），使用铝酸镁尖晶石。根据 Eitel 的说法，对提高抗腐蚀、磨损和热冲击以及降低这些材料开裂的可能性可以提供更高的运动寿命。因此，他得出结论，可以减少耐火材料的消耗来生产更清洁的钢材。同样，Axel 等人尝试了烧制的氧化铝尖晶石砖[42]。钢包应用作为不同系统的替代材料，即陶土尖晶石浇注料的无端衬里、铝土矿-白云石形状、镁铬合金砖等。Axel 获得了最佳的炉渣腐蚀和抗穿透性的结果。Nanba 等人[43]研究了基于 Al_2O_3-SiC-C 体系在高炉槽浇注料中添加尖晶石。他们观察到随着尖晶石量的增加，浇注料的耐熔渣腐蚀性增加。但是在较高的百分比下，尖晶石倾向于有助于 SiC 的氧化，导致质量下降。在二级炼钢过程中，如 RH 脱气机，Fujitani 等人[44]与镁铬砖相比，镁质尖晶石砖具有更好的耐腐蚀性和抗剥落性。由于存在针对两种组分的热失配而出现的微裂纹，因此建议增加衬里的抗剥落性。

含尖晶石的耐火材料的许多新应用日益在钢铁工业中出现。尖晶石炭砖[45]由于在高出钢温度和长保温时间下具有出色的抗腐蚀和热冲击性能，因此对于钢包应用变得越来越重要。Magnesia 尖晶石滑动门板[46]也用于 Ca 处理钢，因为它具有更高的抗腐蚀性和抗热剥落性。用于电弧炉的尖晶石黏结的方镁石砖[47,48]在渣带中也表现良好并且防止了熔剂渗透。

5.4.3 玻璃工业

玻璃熔炉再生器的格子砖遭受来自烟道气的高硫酸盐和碱的侵蚀，并且热波动也很严重。Bartha[49]研究了尖晶石砖在检查结构中的应用，发现耐腐蚀性与具有纯尖晶石组成的物体有关。据报道，对于 25%（质量分数）尖晶石和 75%（质量分数）氧化镁的组合物，改善了最大的热冲击特性。Kettner 和 Christ[50]研究了 100%尖晶石砖在熔融碱金属硫酸盐（Na_2SO_4）中的行为。他们在腐蚀的砖中发现了非常少量的硅酸盐相，并且没有破坏尖晶石和方镁石晶体之间的键。他们还表明砖几乎没有与熔融硫酸盐反应，这导致砖的高热强度，即使在硫酸盐渗透到结构中之后也是如此。在另一项工作[51]中，他们还提出了铝酸镁尖晶石砖用于玻璃熔炉再生器的中间层，因为它们对 SO_3 和碱金属硫酸盐的侵蚀具有高度稳定性。Olbrich 和 Rostami[51] 在火焰存在下将不同黏合剂和添加剂的尖晶石砖暴露在 $NaHSO_4$ 和 SO_2 中。据报道，尖晶石黏合的熔融尖晶石砖在 700～1100℃之间对碱金属硫酸盐侵蚀具有最高的耐腐蚀性。为了降低成本和节约能源，Iwakawa 等人[52] 使用未燃烧的尖晶石格子砖作为验查工作的中间层，发现这些砖优于未烧制的镁-铬砖。他们建议铝酸钠作为抵抗碱侵蚀的优良黏合剂。Ichikawa 等人[53] 测试尖晶石体作为再生器应用的格子砖，并建议使用适当分布的尖晶石和氧化镁用于燃油玻璃罐式炉。在这些应用中，作者发现 CaO 和 V_2O_5 产生非常低熔点的液体，导致晶粒生长、微观结构松动和尖晶石砖的蠕变变形。Teichi 等也观察到类似的特征[54]。Dunkl 等人[55] 开发了直接黏结的纯 $MgAl_2O_4$ 基砖，对碱性蒸汽（Na 和 K）具有优异的耐腐蚀性，用于氧化燃料玻璃熔炉的顶部和上部结构的衬里。电熔块[56] 含有约 60%（摩尔分数）MA，40%（摩尔分数）MgO 和次要硅酸盐界面相，具有非常高的强度、优异的抗蠕变性和耐腐蚀性，最适合于高温玻璃熔池炉的上部结构。

5.4.4　其他耐火材料应用

铝酸镁尖晶石对许多其他关键的耐火材料应用也很重要。与其他耐火材料相比，铝酸镁具有较低的磨损率，并且在铜冶炼厂的转炉中提供更长的寿命[57]。根据 Christopher[58] 的观点，铝酸镁还可以替代矿物加工窑炉衬里的镁铬合金体，并可以提高对碱冲击和热冲击的抵抗力。他还提到了改善使用寿命和减少处理废物的问题。铝酸镁尖晶石作为通过“铝热反应”还原铀的坩埚材料也很重要[59]。即使在氟存在下的这种大规模反应之后，尖晶石也能保持其物理完整性。Angappan 等人[60] 已经合成并提出了铝酸镁尖晶石作为冶金工业的合适阳极材料，以取代传统的碳阳极。

5.5　催化剂和催化剂载体应用

由于其良好的化学稳定性、表面碱性、机械强度和高熔点温度（2135℃），MAS 已被确定为各种有机反应的优良催化剂和催化剂载体，如石油加工，精细化学品生产，分别用于丙烷和丁烷脱氢的 Oleflex 和 Star 工艺，反应/催化 SO_x 减排，NO_x 的 SCR 等[61~63]。对于工业应用，载体材料具有足够的高温（至少 700℃）耐受性至关重要。此外，载体材料必须在操作期间保持催化剂的金属分散。这意味着载体材料也是催化体系的一个非常重要的部分。对于几种催化反应，$MgAl_2O_4$ 尖晶石被认为是比 Al_2O_3 热力学更好的载体材料。MAS 的分子结构类似于 c-Al_2O_3，具有 32 个氧离子填充成密堆积的立方结构。不同之处在于 MAS 中氧离子间隙中共有 24 个阳离子插入，而 c-Al_2O_3 中只有 21 和 1/3 铝阳离子分布在密排立方晶格中。这种饱和结构使得 MAS 比 c-Al_2O_3 更热稳定，其熔点为 2135℃。由 MAS 催化剂和催化剂载体催化的各种反应总结在表 5-1 中。Lercher 等人[64]报道随着 MAS 中镁含量的增加，酸性位点的强度降低并且碱性位点的强度增加。三种不同的路易斯酸位点（OH 基团，Mg^{2+} 和 Al^{3+} 阳离子）报道用于 MAS。由于其具有优良的性质，MAS 被认为是最受追捧的催化剂和具备作为催化剂载体所需的一些基本性质。

表 5-1 MAS 催化剂和催化剂载体催化的各种反应

反应	催化剂	制备方法
SO_2 氧化成 SO_3	$MgAl_2O_4$	固态反应
SO_2 氧化成 SO_3	$MgAl_2O_4$	共沉淀
SO_x减排	$CeO_2/MgAl_2O_4$	共沉淀/浸渍
De-SO_x反应	$CeO_2/MgAl_2O_4$. MgO	共沉淀/浸渍
De-SO_2 反应	$CeO_2/MgAl_2O_4$	共沉淀/浸渍
De-SO_2 反应	$MgFe_2O_4$+$MgAl_2O_4$	共沉淀
De-SO_2 反应	$MgAl_2O_4$ 和 $CeO_2/MgAl_2O_4$	共沉淀/浸渍
NO 的 SCR 反应	$CuO/MgAl_2O_4$	共沉淀
NO_x储存和减少	$K/Pt/MgAl_2O_4$	溶胶凝胶/浸渍
NO_x储存/减少	$MgAl_2O_4$	共沉淀
氨合成	Ru 或 Ba-Ru/$MgAl_2O_4$	固态反应/浸渍
氨分解	Ba-Ru 和 Cs-Ru/$MgAl_2O_4$	沉淀沉积/浸渍
n-丁烷脱氢	$PtSn/MgAl_2O_4$	固相反应/浸渍
n-丁烷脱氢	$InPtSn/MgAl_2O_4$	固相反应/连续浸渍
n-丁烷脱氢	$Pt/MgAl_2O_4$	机械化学合成，固态反应或共沉淀/浸渍
丙烷脱氢	$Pt/MgAl_2O_4$	共沉淀/浸渍
丙烷脱氢	Pt-Sn/$MgAl_2O_4$	共沉淀/浸渍
丙烷氢解	$Ni/MgAl_2O_4$	共沉淀/浸渍
丙烷的氧化脱氢	$V_2O_5/MgAl_2O_4$	溶胶凝胶/溶液接枝
甲烷干重整	$Ni/MgAl_2O_4$	共沉淀/浸渍
甲烷干重整	$Ni/MgAl_2O_4/Al_2O_3$	浸渍
甲烷干重整	Ni/CeO_2-ZrO_2/$MgAl_2O_4$	共沉淀/浸渍
甲烷重整	Ni-Pt/$MgAl_2O_4$	共沉淀/浸渍
甲烷的蒸汽重整	$Ni/MgAl_2O_4$	共沉淀/浸渍

续表 5-1

反　应	催 化 剂	制 备 方 法
庚烷的蒸汽重整	$Rh/MgAl_2O_4$	固态反应/浸渍
乙醇蒸汽重整	$Rh/Mg_xNi_{1-x}Al_2O_3/Al_2O_3$	固态反应/浸渍
乙醇缩合	$MgAl_2O_4$	共沉淀
气相和催化剂 己烷的氧化裂解	$Pt/MgAl_2O_4$	共沉淀/初期 湿润浸渍
化学循环燃烧	$Fe_2O_3/MgAl_2O_4$	共沉淀/浸渍
高级烃的催化氧化裂解	$Pt/MgAl_2O_4$	共沉淀/浸渍
柴油燃料的热解	$Co\text{-}MgAl_2O_4$	自蔓延高温合成
化学循环燃烧	$NiO/MgAl_2O_4$	共沉淀/冷冻制粒
化学循环燃烧和化学循环重整	Fe 或 $Mn/MgAl_2O_4$	共沉淀/干浸渍
合成碳纳米管（CNT）	$Fe/Co\text{-}MgAl_2O_4$	燃烧合成
生物乙醇生产氢气	$Rh/MgAl_2O_4$	固态反应/浸渍
大豆油的甲醇分解	$MgO\text{-}MgAl_2O_4$	水热合成
气相胺化 2，6-二异丙基苯酚	$Pd\text{-}La/MgAl_2O_4$	共沉淀
水煤气反应	$Ru+Fe_2O_3+La_2O_3/MgAl_2O_4$	共沉淀/浸渍

5.5.1 催化 SO_x 减排

气态酸氧化物向大气中的排放，最终导致酸雨，越来越不能接受。二氧化硫是一种特别严重的污染物，因为它是非脱硫燃料和焦炭燃烧的产物。来自流体催化裂化（fcc）装置的 SO_x（约 90%SO_2 和 10%SO_3）的排放正受到监管机构对烟雾和酸雨问题的更严格审查。烟气洗涤和原料加氢脱硫是 SO_x 控制的有效手段，但是费力且昂贵。成本最低的替代方案是向 fcc 单位催化剂库存中添加 SO_x 还原催化剂。理想的转移催化剂应该能够容易地促进 SO_2 氧化成 SO_3，对所产生的硫（Ⅵ）物种具有高吸附容量，并且容易再生。通过将硫酸盐还原成硫化氢进行再生，然后通过改进的 Claus 工艺（$SO_2+2H_2S\rightarrow 3/nS_n+2H_2O$）得到元素硫。焦炭中的硫主要被氧化成 SO_2（方程式（5-2））。SO_2 应进一步氧化成 SO_3（方程式（5-3）），氧化物形成硫酸盐（方程式（5-4））。

$$S(\text{在焦炭中}) + O_2(\text{空气}) \longrightarrow SO_2 + SO_3 \quad (5\text{-}2)$$

$$2SO_2 + O_2 = 2SO_3 \quad (5\text{-}3)$$

$$SO_3 + MO = MSO_4 \quad (5\text{-}4)$$

形成 SO_3（式（5-2））的自由能在 675℃ 时为 −9.5kJ/mol，在 730℃ 时为

-4.4kJ/mol。因此，fcc 装置的再生温度在 650~775℃之间。催化反应（方程式(5-3)）是 SO_x催化剂的主要功能之一。方程式（5-4）表示催化剂在再生器中捕获 SO_3。催化剂随后移动到 fcc 反应器，在那里硫酸盐被氢气和其他还原气体还原成金属氧化物、H_2S 或金属硫化物。

$$MSO_4 + 4H_2 == MO + H_2S + 3H_2O \tag{5-5}$$

$$MSO_4 + 4H_2 == MS + 4H_2O \tag{5-6}$$

金属硫化物可以在汽提塔中水解形成最初的金属氧化物：

$$MS + H_2O == MO + H_2S \tag{5-7}$$

一个普遍接受的机制和一个 fcc 单元的示意图如图 5-11 所示。再生器必须被还原性气氛剥离在裂化反应器部分。如果硫不能被除去，则硫积聚会使脱 SO_x 催化剂饱和并使其无用。

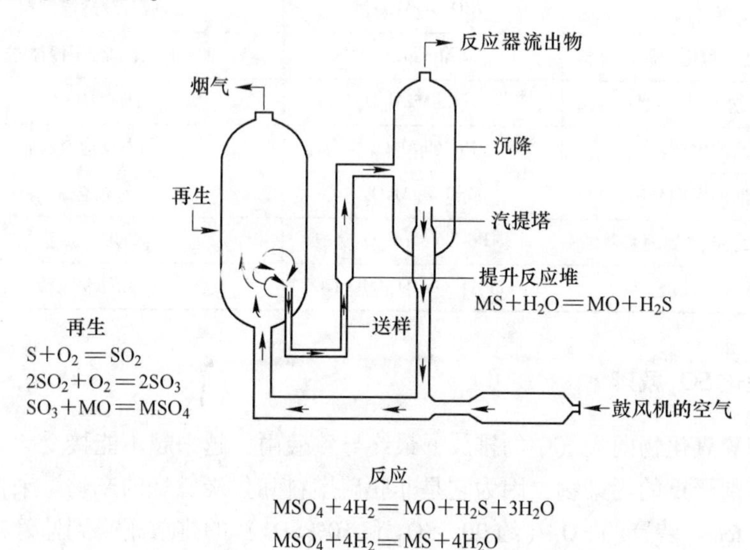

图 5-11 普遍接受的机制和 fcc 单元的示意图

众所周知，SO_2 是一种酸性气体，其在催化剂上的吸附受到固体基本性质的强烈影响。由于 MAS 的基本性质和高温稳定性以及高耐磨损和耐磨损性能，MAS 已经成为最赚钱的催化材料。MAS 和 MgO 的固溶体，即 $Mg_2Al_2O_5$（即 $MgAl_2O_4$+MgO）已经被用作催化剂载体，已经表明硬度接近典型的面心立方催化剂。SO_x的去除活性随着 $CeO_2/MgAl_2O_4$-yMgO 催化剂固溶体中 MgO 含量的增加而增加，并在 $y=1$ 处达到最大值。这种材料在 $y=1$ 处是最广泛使用的 SO_x还原催化剂。这些固溶体材料即使在严酷的蒸汽处理之后也非常稳定，并且蒸汽催化剂与其原始催化剂对应物相同或有时令人惊讶地更具活性。明确地确定了硫酸化催化剂的还原效率和固体溶液催化剂的组成之间的关系，此外，确定了 MAS

和 CeO_2 的固溶体提供了最佳结构，使得 SO_3 分子可以在 MAS 表面上的—O—Mg—O—Al—O—部分上以硫酸盐形式被拾取。发现 CeO_2/MgO 催化剂的 SO_x 活性高于固溶体催化剂 $CeO_2/MgAl_2O_4$，其摩尔比为 1：1 MAS 中的 MgO。与这种固体溶液体系相反，纯净的 MgO 催化剂通过蒸汽处理剧烈地失活。最后，含有 MgO 过量 MAS 催化剂（$CeO_2/MgAl_2O_4$-yMgO）的 CeO_2 被确定为最好的 SO_x 去除催化剂。

Bhattacharyya 等人[62]显示了脱 SO_x 工艺的吸收和还原半循环。某些商业试验表明，可以容易地从 MAS 基催化剂中除去硫。在 732℃的温度下，降低速度非常快，在实验室达到了 90%的脱硫率。用 H_2 或丙烷还原由实验室 SO_x 活性测试得到的硫酸化 MAS 以再生催化剂。SO_x 吸收试验是氧化和吸收半循环，H_2/丙烷还原反应是再生半循环。随着这些 MAS 材料中氧化铝含量的增加，硫酸盐的还原变得更容易并且需要较低的温度。这些结果表明，到目前为止，用于该反应的各种催化剂中，$CeO_2/MgAl_2O_4 \cdot MgO$ 是最佳的 SO_x 减排催化剂。

5.5.2　化学循环燃烧和化学循环重整（CLR）

发电过程中化石燃料的燃烧将大量的温室气体 CO_2 排放到大气中。人们普遍认为减少温室气体排放对避免重大损失是必要的气候变化。化学回路燃烧已经成为一种新型燃烧技术，其中燃烧气体燃料，并使得 CO_2 本身与其余烟气分离。CLC 系统通常有两个流化床反应器，空气反应堆和燃料反应堆在 CLC 中，燃料和空气不会混合；相反，金属氧化物被用作氧气载体，其将氧气从空气传递到燃料反应器。燃料在燃料反应器中被金属氧化物氧化。

$$(2n+m)M_yO_x + C_nH_{2m} \longrightarrow (2n+m)M_yO_{x-1} + nCO_2 + mH_2O \quad (5\text{-}8)$$

式中，M_yO_x 为完全氧化的氧载体；M_yO_{x-1} 为还原形式的氧载体。来自燃料反应器的排出流仅含有 CO_2 和 H_2O。因此，纯 CO_2 可以通过缩合 H_2O 而获得。还原的金属氧化物 M_yO_{x-1} 被送至空气反应器，在那里它被氧化。

$$M_yO_{x-1} + 1/2O_2 \longrightarrow M_yO_x \quad (5\text{-}9)$$

来自空气反应器的烟气流含有 N_2 和一些未反应的 O_2。燃料反应器中燃料和金属氧化物之间的反应可以是吸热的，也可以是放热的，这取决于所使用的氧载体，而空气反应器中的反应总是放热的。由于空气和燃料不会在 CLC 中混合，并且在 1400℃以下的温度下没有火焰就会发生燃烧，因此完全避免了 NO_x 的形成。该技术已经在互连流化床的 10kW 和 50kW 原型中得到成功验证。Al_2O_3，MgO，YSZ 和 $MgAl_2O_4$ 等不同惰性材料上负载的过渡态金属，Mn，Fe，Co，Ni 和 Cu，已经被研究用于 CLC。一般而言，NiO 具有非常高的反应活性，已成功用作原型中的氧气载体。基于 10kW 和 50kW 的相互连接的流化床许多研究小组已经用不同类型的惰性（载体）材料测试了不同类型的氧载体[65~67]。Mattisson 等人[68]发表了对这项工作的详细评论。在所研究的氧载体中，发现 NiO 和 MAS 的体系非常有前景。

Zafar 等人[63]研究了使用10%CH_4 还原和5%O_2 进行氧化后通过 TGA 经浸渍路线形成的 MAS 上负载的 Ni、Mn、Fe 和 Cu 的氧化物，并发现 NiO/MAS 是 CLC 和 CLR 的候选材料，因为在还原过程中具有高反应性和优异的可再生性。在另一项研究中，Villa 等人[67]研究了使用 CH_4 作为燃料的 NiO/$NiAl_2O_4$ 和 NiO/MAS 载体。他们还发现在 $NiAl_2O_4$ 尖晶石存在下防止 NiO 氧载体的晶体尺寸增长。在他们的研究中，Mattisson 等人[68]也研究了 NiO 负载在 $NiAl_2O_4$、MAS、TiO_2 和 ZrO_2 上，在实验室流化床反应器中的反应。他们指出所有氧气载体都具有高反应性，并且没有颗粒破裂或结块。

5.5.3 NO_x存储和还原（NSR）

为了符合严格的排放法规，建议使用稀燃汽油发动机的处理后系统，因为常规三元催化剂在过量氧气条件下不能去除 NO_x 的污染，即使稀燃引擎有助于防止全球变暖[69~71]。已提出 NSR 催化剂体系，目前正被认为最可行和最有吸引力的解决方案之一。一种典型的 NSR 催化剂由钡或钾化合物作为 Pt 掺杂 γ-Al_2O_3 上的 NO_x 储存材料[71]。在氧化性气氛中，NO 首先被氧化成 NO_2，然后与 NO_x 储存材料结合，最后作为硝酸根离子储存。在接下来的还原阶段，储存的硝酸根离子从 NO_x 储存材料中释放为 NO 或 NO_2，然后还原为氮气。稀薄燃烧发动机的常规 NSR 催化剂主要在 400℃左右，因为这些催化剂的最大 NO_x 去除效率在 300～400℃之间。Ryden 等人[72]的研究表明，稀薄气氛中的 NO_x 储存量与随后的 400℃以上的高峰期的 NO_x 减少量相同；因此，400℃以上的 NSR 能力受到 NO_x 储存量的限制。对于稀薄燃烧汽油的汽车，发动机在 100km/h 以上时，会产生 600℃以上的温度。众所周知，美国的电子状态金属会受到载体金属催化剂中载体氧化物或添加剂相互作用的影响并发生变化。这些事实表明，可提高钾 NO_x 储存材料的碱度，如果载体材料具有比 γ-Al_2O_3 更高的碱度。

在一项研究中，Takeuchi 等人[71]从四水乙酸镁（$(CH_3COO)_2Mg \cdot 4H_2O$）和异丙醇铝（$Al[OCH(CH_3)_2]_3$）制备化学计量 MAS 在 850℃下煅烧 5h 后，将该 MAS 粉末涂覆在具有 30mm 直径和 50mm 长度的六边形单元整体式衬底（62 个单元/cm^2）。然后将涂覆的样品浸入二硝基二氨基铂（$Pt(NH_3)_2(NO_2)_2$）的硝酸溶液中 1h，然后通过空气冲洗除去剩余的溶液，在 120℃干燥过夜，最后在空气中于 250℃煅烧 1h。然后将涂覆的基材浸入乙酸钾（CH_3COOK）水溶液中 10min，用空气吹扫除去剩余的溶液，在 120℃下干燥过夜，最后在 500℃下煅烧 3h。所得材料是 K/Pt/MAS 催化剂。Rydén 等人[72]研究发现在任何 K_2O 负载下在 K/Pt/MAS 催化剂上的 NO_x 储存量高于在 K/Pt/Al_2O_3 催化剂上的储存量。然而，与新鲜催化剂不同，这两种热老化催化剂之间 NO_x 储存的差异在增加 K_2O 的负载量时增加。Takeuchi 等人[71]还发现，使用 K/Pt/MAS 催化剂的 NO_x 储存残余比率即热老化催化剂上的 NO_x 储存量与新鲜催化剂上的 NO 被发现一直高于 K/Pt/Al_2O_3 催化剂。此外，K/Pt/MAS 催化剂上的 NO_x 储存残留率相对于 K_2O 量增加，而 K/Pt/Al_2O_3 的储存残留率几乎保持不变。含 3%K_2O 的 K/Pt/MAS 催化剂几乎 100%，表明该催化剂由于热老化处理而没有劣化。这些结果表明，使用基本的 MAS 作为钾 NO_x 储存的载体是提高 NSR 催化剂在高温下的性能的有前途的突破性解决方案。

5.5.4 甲烷干重整

在过去的几十年中，从全球变暖和替代能源的角度出发高度重视用 CO_2 干燥 CH_4($CH_4+CO_2 \rightleftharpoons 2CO+2H_2$，$\Delta H_{298}=247kJ/mol$)。干燥重整过程提供了几个选择。根据用于克服反应吸热的能源种类，干重整可以对环境有利，因为它将两种丰富的温室气体（CH_4 和 CO_2）转化为合成气。生产的合成气具有通常低于蒸汽重整的 H_2/CO 摩尔比，使得干燥重整与用于液体燃料合成的 Fischer-Tropsch 工艺更加相容。使用干燥重整的感兴趣的反应是将富含 CO_2 的 CH_4 转化成合成气。沼气是 CH_4 和 CO_2 的混合物，由农业和工业食品废物发酵产生，是一种有前景的可再生能源。由于高 CO_2 含量，干重整可能是将沼气转化为合成气的最合适的工艺之一。此外，天然气转化为合成气，近期天然气储量已超过石油储量，引起了人们的高度关注。已经开发了多种催化剂用于该反应[73~75]。基于 Ni 的催化剂显示出高活性和选择性，并且便宜，但是涉及沉积炭（即焦炭）。这些催化剂上的焦炭沉积对其裂化活性和选择性有显著的影响，并且是催化剂失活的主要原因。CH_4 干重整过程中无活性炭 C(s) 的来源可能通过 CH_4 分解。

$$CH_4 \longrightarrow 2H_2 + C(s) \quad \Delta H^{\ominus}=+17.9kcal/mol \tag{5-10}$$

或 CO 歧化反应（即 Boudouard 反应）

$$2CO \longrightarrow CO_2 + C(s) \quad \Delta H^{\ominus}=+41.2kcal/mol \tag{5-11}$$

这些存放的焦炭可能具有不同的结构顺序、形态和反应性，取决于催化剂的具体反应条件和结构。最近，Guo 等人[76]发现，当用作 Ni 催化剂的载体时，MAS 可以有效抑制焦炭形成。此外，不管 Ni/MAS 上沉积的焦炭量如何，在运行 55h 期间没有观察到活性损失，表明这部分碳没有毒性。相比之下，在运行 10h 期间，Ni/MgO-Al_2O_3 和 Ni/γ-Al_2O_3 经历严重失活。这些结果表明 MAS 是极好的载体材料，可用于几种适于进行不同类型的商业上重要反应的催化反应。

参 考 文 献

[1] Roy D W, Hastert J L. Dome and window for missiles and launch tubes with high ultraviolet

transmittance: US, US 4930731 A [P]. 1990.

[2] Harris D C. Materials for infrared windows and domes: Properties and performance [M]. Bellingham: SPIE Optical Engineering Press, 1999.

[3] Bratton R J. Magnesium-aluminatespinel member having calcium oxide addition and method for preparing: US, US3567472 [P]. 1971.

[4] Bratton R J. Coprecipitates yielding $MgAl_2O_4$ spinel powders [J]. Am. Ceram. Soc. Bull, 1969, 48 (8): 759-762.

[5] Jorgensen P J, Westbrook J H. Role of solute segregation at grain boundaries during final-ftage sintering of alumina [J]. Journal of the American Ceramic Society, 2010, 47 (7): 332-338.

[6] Jorgensen P J, Schmidt W G. Final stage sintering of ThO_2 [J]. Journal of the American Ceramic Society, 2010, 53 (1): 24-27.

[7] Levin E M, Robbins C R, Mcmurdie H F. Phase diagrams for ceramists [M]. Columbus: American Ceramic Society, 1964.

[8] Soeda T, Matsumura S, Kinoshita C, et al. Cation disordering in magnesium aluminate spinel crystals induced by electron or ion irradiation [J]. Journal of Nuclear Materials, 2000, 283 (283): 952-956.

[9] Gupta R P. Radiation-induced cation disorder in the spinel $MgAl_2O_4$ [J]. Journal of Nuclear Materials, 2006, 358 (1): 35-39.

[10] Yano T, Insani A, Sawada H, et al. Neutron-induced damage in near-stoichiometric spinel ceramics irradiated below 200℃ and its recovery due to annealing [J]. Journal of Nuclear Materials, 1998, 258: 1836-1841.

[11] Sickafus K E. Comment on order-disorder phase transition induced by swift ions in $MgAl_2O_4$ and $ZnAl_2O_4$ spinels [J]. Journal of Nuclear Materials, 2003, 312 (1): 111-123.

[12] Laobuthee A, Wongkasemjit S, Traversa E, et al. $MgAl_2O_4$, spinel powders from oxide one pot synthesis (OOPS) process for ceramic humidity sensors [J]. Journal of the European Ceramic Society, 2000, 20 (2): 91-97.

[13] O'Driscoll M. Fused spinel-monolithics market future [J]. IM Fused Minerals Review, 1997, 36-46.

[14] Ganesh I, Bhattacharjee S, Saha B P, et al. A new sintering aid for magnesium aluminate spinel [J]. Ceramics International, 2001, 27 (7): 773-779.

[15] Matsumoto O, Isobe T, Nishitani T, et al. Alumina-spinal monolithic refractories: US, US 4990475 A [P]. 1991.

[16] Maschio R D, Fabbri B, Fiori C. Industrial applications of refractories containing magnesium aluminate spinel [J]. Inds. Ceram., 1988, 2 (8): 121-126.

[17] Bartha P. The properties of periclase spinel bricks and its service stresses in rotary kilns [J]. Refractories Manual-Interceram Special Issue, 1984, 15.

[18] Fumikazu T, Toru H. Aptitude of spinel bricks for rotary kiln (cement) and results of its use [J]. Taikabutsu, 1980, 92 (279): 479-486.

[19] Klischat H J, Bartha P. Further development of magnesia spinel bricks with their own specific properties for lining the transition and sintering zones of rotary cement kilns [J]. World Cem., 1992, 23 (9): 52-58.

[20] Gonsalves G E, Duarte A K, Brant P O R C. Magnesia-spinel brick for cement rotary kilns [J]. American Ceramic Society Bulletin, 1993, 72 (2): 49-54.

[21] Guo Z, Rigaud M. Adherence characteristics of cement clinker on basic bricks [J]. Chinas Refractories, 2002, 11 (4): 9-16.

[22] Ito K, Kajita Y, Tsuchiya Y, et al. Wear mechanisms for magnesia-spinel bricks in the transition zone of rotary cement kilns [J]. Taikabutsu Overseas, 1996, 16.

[23] Pyatikop P D, Antonov G I, Shcherbenko G N, et al. Magnesite-spinel roof products with sintered magnesia-alumina spinel in the batch [J]. Refractories, 1972, 13 (7-8): 455-462.

[24] Antonov G I, Nedosvitii V P, Podpalov P L, et al. Magnesite-Spinel refractories for the crown of two-pool furnaces [J]. Refractories, 1973, 14 (11-12): 749-753.

[25] Zhang S, Lee W E. Spinel containing refractories in refractories hand book [M]. Marcel Dekker Inc., 2004, 215-258.

[26] Ko Y C. Role of spinel composition in the slag resistance of AlO-spinel and AlO-MgO castables [J]. Ceramics International, 2002, 28 (7): 805-810.

[27] Cho M K, Hong G G, Lee S K. Corrosion of spinel clinker by $CaO-Al_2O_3-SiO_2$ ladle slag [J]. J. Europ. Ceram. Soc., 2002, 22: 1783-1790.

[28] Buhr A. Latest development in refractory monolithics, presented at the 7th India [C]. International Refractories Congress (IREFCON 08), Kolkata (India), 2008.

[29] Teriyuki N, Takashi G, Saburo M. Application of the alumina spinel castable for BOF ladle lining [J]. Proceedings of UNITECR, 1989, 529-540.

[30] Tujii K, Furusato I, Tkita I. Composition of spinel clinker for teeming ladle casting materials [J]. Stahl Eisen, Special Issue, 1991, 108-110.

[31] Yamamura T, et al. Alumina spinel castable refractory for steel teeming ladle [J]. Taikabutsu Overseas, 1992, 1 (1): 21-27.

[32] Kato H, Takahashi T, Kondo T, et al. Application of alumina-spinel castable refractories to ladle bottom [J]. Refractories, 1996, 48 (3): 22-27.

[33] Okubo K, Kamiya K, Yoshida Y. Application of unburnt high alumina spinel bricks for steel ladles [J]. Taikabutsu Overseas, 1997, 17 (4): 77.

[34] Lee W E, Vieira W, Zhang S, et al. Castable refractory concretes [J]. Metallurgical Reviews, 2001, 46 (3): 145-167.

[35] Ko Y. Influence of the characteristics of spinels on the slag resistance of Al_2O_3-MgO and Al_2O_3-Spinel Castables [J]. Journal of the American Ceramic Society, 2000, 83 (9): 2333-2335.

[36] Mori J, Toritani Y, Tanaka S. Development of alumina magnesia castable for steel ladle [J]. Proceedings of UNITECR, 1995 (3): 171-178.

[37] Tawara M, Fujii K, Taniguchi T, et al. Application of alumina-magnesia castable in high tem-

perature steel ladles [J]. Taikabutsu Overseas, 1996, 16.

[38] Hoteiya M, Miki T, Ogiso Y, et al. Use of an alumina-magnesia castable for steel ladle sidewall [J]. Taikabutsu Overseas, 1996, 16.

[39] Kimiaki S, et al. Magnesia spinel brick containing MgO rich spinel for steel refining ladle [J]. Proceedings of UNITECR, 1995 (3): 257-264.

[40] Torii K, et al. Application of magnesia spinel brick for VOD ladles [J]. Taikabutsu Overseas, 1997, 17 (4): 69.

[41] Eitel W. Development of monolithic refractories for iron & steel industry [C]. 9th M. G. Bhagat Memorial Lec-ture at the 60th Annual Session of the Indian Ceramic Society, Ranchi, 1996.

[42] Axel E, Klaus S, Hans B. Wear mechanism of Al_2O_3 spinel bricks in steel ladles [J]. Proceedings of UNITECR, 1995, 3: 250-260.

[43] Nanba M, et al. Effect of spinel addition on a B. F. trough castable [J]. Taikabutsu Overseas, 1996, 16 (4): 76.

[44] Fujitani S, Otani T, Itoh K, et al. Magnesia-spinel bricks for refining furnaces [J]. Taikabutsu Overseas, 1996, 16.

[45] Tao S P, Li W X, Cao Y. Application of spinel carbon brick in steel ladle [J]. Proceedings of UNITECR, 1995, 2: 205-213.

[46] Tomotsu W, et al. Development of magnesia spinel slide gate plate for Ca-treated steel [J]. Proceedings of UNITECR, 1995, 2: 40-47.

[47] Miyatake K, Furumi K, Kano H. Chemical and physical changes in direct bonded basic bricks used in walls of electric furnaces [J]. Taikabutsu, 1966, 18 (102): 328-330.

[48] Bron V A, et al. Spinel bonded magnesia brick for the walls of high tonnage EAF [J]. Ogneupory, 1962, 27 (8): 345-350.

[49] Bartha P. Trends in the development of refractories containing spinel for the middle layers of regenera-tor packing for oil fired glass tanks [J]. Glastech. Ber., 1985, 58 (10): 288-294.

[50] Kettner P, Christ G. MA-spinel brick in glass furnace regenerators [J]. Radex Rundschau, 1986, 1: 3-11.

[51] Olbrich M, Rostami F. Sodium sulfate attack on magnesium aluminate spinel brick [J]. Glastech. Ber., 1990, 63 (7): 204-209.

[52] Iwakawa K, Imai I, Sueyoshi K. Unburned spinel checker brick for glass furnace regenerators [J]. Taikabutsu Overseas, 1996, 16: 35-38.

[53] Ichikawa K, et al. Application of spinel checker brick for glass furnace regenerators [J]. Taikabutsu Overseas, 1995, 15 (3): 30-35.

[54] Teichi F, et al. Application of spinel checker brick for glass furnace regenerators [J]. Shinagawa Giho, 1994, 37: 105-116.

[55] Dunkl M, et al. Rebonded spinel for use in oxy fuel super structure application [J]. Ceram. Eng. Sc. Proc., 1999, 21 (1): 79-84.

[56] Winder S, Selkregg K. Corrosion of refractories in glass-melting application [M]. The American Ceramic Society, 2012: 195-221.

[57] Sattarova A S, Antonov G I. Magnesite-spinel refractories after service in converters for copper production [J]. Refractories, 1979, 20 (5-6): 304-307.

[58] Christopher M. Evaluation of magnesite spinel refractories for mineral processing kilns [J]. Industrial Heat, 1992, 59 (4): 28-29.

[59] Arenberg C A, Boquist C W, Magoteaux O R. Refractories for uranium reduction [J]. American Ceramic Society Bulletin, 1961, 40.

[60] Angappan S, Johnberchmans L, Augustin C O. Sintering behaviour of $MgAlO_4$-a prospective anode material [J]. Materials Letters, 2004, 58 (17): 2283-2289.

[61] Waqif M. Evaluation of magnesium aluminate spinel as a sulfur dioxide transfer catalyst [J]. Applied Catalysis, 1991, 71 (2): 319-331.

[62] Bhattacharyya A A, Woltermann G M, Jin S Y, et al. Catalytic SO_x abatement: the role of magnesium aluminate spinel in the removal of SO_x from fluid catalytic cracking (FCC) flue gas [J]. Industrial & Engineering Chemistry Research, 1988, 27 (8): 1356-1360.

[63] Qamar Zafar, Alberto Abad, Tobias Mattisson A, et al. Reaction kinetics of freeze-granulated $NiO/MgAl_2O_4$ oxygen carrier particles for chemical-looping combustion [J]. Energy & Fuels, 2011, 21 (2): 610-618.

[64] Lercher J A, Colombier C, Vinek H, et al. Acid and base strength of alumina-magnesia mixed oxides [J]. Studies in Surface Science & Catalysis, 1985, 20: 25-31.

[65] Yoo J S, Bhattacharyya A A, Radlowski C A, et al. De-SO_x catalyst; The role of iron in iron mixed solid solutions spinels, $MgO/MgAl_{2-x}Fe_xO_4$ [J]. Industrial and Engineering Chemistry Research (United States), 1992, 31 (5): 1252-1258.

[66] Adánez J, Gayán P, Celaya J, et al. Chemical looping combustion in a 10kW · h prototype using a CuO/Al_2O_3 oxygen carrier: Effect of operating conditions on methane combustion [J]. Industrial & Engineering Chemistry Research, 2006, 45 (17): 6075-6080.

[67] Villa R, Cristiani C, Groppi G, et al. Ni based mixed oxide materials for CH_4, oxidation under redox cycle conditions [J]. Journal of Molecular Catalysis A Chemical, 2003, 204 (3): 637-646.

[68] Mattisson T, Johansson M, Lyngfelt A. The use of NiO as an oxygen carrier in chemical-looping combustion [J]. Fuel, 2006, 85 (5-6): 736-747.

[69] Bögner W, Krämer M, Krutzsch B. Removal of nitrogen oxides from the exhaust of a lean-tune gasoline engine [J]. Applied Catalysis B Environmental, 1995, 7 (1-2): 153-171.

[70] Takahashi N, Shinjoh H, Iijima T, et al. The new concept 3-way catalyst for automotive lean-burn engine: NO_x, storage and reduction catalyst [J]. Catalysis Today, 1996, 27 (1-2): 63-69.

[71] Takeuchi M, Matsumoto S. NO_x, storage-reduction catalysts for gasoline engines [J]. Topics in Catalysis, 2004, 28 (1-4): 151-156.

[72] Rydén M, Lyngfelt A, Mattisson T. Synthesis gas generation by chemical-looping reforming in a continuously operating laboratory reactor [J]. Fuel, 2006, 85 (12): 1631-1641.

[73] Yoshida H, Yazawa Y, Hattori T. Effects of support and additive on oxidation state and activity of Pt catalyst in propane combustion [J]. Catalysis Today, 2003, 87 (1-4): 19-28.

[74] Mori Y, Mori T, Miyamoto A, et al. Support effect on surface reaction rates in carbon monoxide hydrogenation over supported rhodium catalysts [J]. Journal of Physical Chemistry, 1989, 93 (5): 2039-2043.

[75] Vannice M A. CO reforming of CH [J]. Catalysis Reviews Science & Engineering, 1999, 41 (1): 1-42.

[76] Guo J J, Lou H, Zhao H, et al. Improvement of stability of out-layer $MgAl_2O_4$, spinel for a $Ni/MgAl_2O_4/Al_2O_3$, catalyst in dry reforming of methane [J]. Reaction Kinetics & Catalysis Letters, 2005, 84 (1): 93-100.